全国高等农林院校"十一五"规划教材
高等农林院校生命科学类系列教材

植物学学习指导

第 2 版

许鸿川　主编
顾红雅　主审

中国林业出版社

图书在版编目(CIP)数据

植物学学习指导/许鸿川主编. —2版. —北京：中国林业出版社，2010.8(2023.6重印)
(高等农林院校生命科学类系列教材，全国高等农林院校"十一五"规划教材)
ISBN 978-7-5038-5876-5

Ⅰ.①植…　Ⅱ.①许…　Ⅲ.①植物学-高等学校-教学参考资料　Ⅳ.①Q94

中国版本图书馆CIP数据核字(2010)第135336号

出版	中国林业出版社（100009　北京西城区刘海胡同7号）
网址	http//www.forestry.gov.cn/lycb.html
E-mail:jiaocaipublic@163.com　　电话　010-83223120	
发行	中国林业出版社
印刷	三河市祥达印刷包装有限公司
版次	2005年4月第1版 2010年8月第2版
印次	2023年6月第4次
开本	787mm×1092mm　1/16
印张	18.25
字数	436千字
印数	9 501~10 500册
定价	50.00元

高等农林院校生命科学类系列教材

编写指导委员会

顾　问：谢联辉
主　任：尹伟伦　董常生　马崎英
副主任：林文雄　张志翔　李长萍　董金皋　方　伟　徐小英
编　委（以姓氏笔画为序）：

马崎英	王冬梅	王宗华	王金胜	王维中	方　伟
尹伟伦	关　雄	刘国振	张志翔	张志毅	李凤兰
李长萍	李生才	李俊清	李国柱	李存东	杨长峰
杨敏生	林文雄	郑彩霞	胡德夫	郝利平	徐小英
徐继忠	顾红雅	蒋湘宁	董金皋	董常生	谢联辉
童再康	潘大仁	魏中一			

全国高等农林院校"十一五"规划教材
高等农林院校生命科学类系列教材

《植物学学习指导（第2版）》
编 写 组

主　　编：许鸿川

副主编：张定宇

编著者：（以姓氏笔画为序）

　　　　　许鸿川（福建农林大学）

　　　　　张定宇（山西农业大学）

　　　　　林　如（福建农林大学）

　　　　　黄春梅（福建农林大学）

　　　　　黄榕辉（福建农林大学）

　　　　　葛丽萍（山西农业大学）

主　　审：顾红雅（北京大学）

出版说明

进入 21 世纪以来，生命科学日新月异，向人们展现出了丰富多彩的生命世界及诱人的发展前景，生命科学已成为高等院校各相关专业关注的焦点，包括理科、工科和文科在内的各个学科相继酝酿、开设了与生命科学相关的课程。为贯彻和落实教育部"十五"规划高等学校课程体系改革的精神，满足农林院校中生物专业和非生物专业教学的需要，中国林业出版社与北京林业大学、福建农林大学、山西农业大学、河北农业大学、浙江林学院等院校共同组织了各院校相关学科的资深教师编写了这套适合于高等农林院校使用的生命科学类系列教材，并希望成为一套内容全面、语言精炼的生命科学的基础教材。

本系列教材系统介绍了现代生命科学的基本概念、原理、重要的科学分支及其研究新进展以及研究技术与方法。我们期望这套系列教材不仅可以让农林院校的学生了解生命科学的基础知识和研究的新进展，激发学生们对生命科学研究的兴趣，而且可以引导他们从各自的研究领域出发，对各种生命现象从不同的角度进行深入的思考和研究，以实现各领域的合作，推动学科间的协同发展。

近几年来，各有关农林院校的一大批长期从事生物学、生态学、遗传学以及分子生物学等领域的教学和科研工作的留学归国人员及骨干教师，他们在出色完成繁重的教学和科研任务的同时，均亲自参与了本系列教材的编撰工作，为系列教材的编著出版付出了大量的心血。各有关农林院校的党政领导和教务处领导对本系列教材的组织编撰都给予了极大的支持和关注。在此谨对他们表示衷心的感谢。

生命科学的分支学科层出迭起，生命科学领域内容浩瀚、日新月异，且由于我们的知识构成和水平的限制，书中不足之处在所难免，恳请广大读者和同行批评指正。

高等农林院校生命科学类系列教材
编写指导委员会
2004 年 5 月 18 日

第 2 版前言

《植物学学习指导》自 2005 年 4 月出版以来已 5 年多了，期间已进行过两次印刷，根据对使用者的调查，普遍认为本书作为与理论教材相配套的教学用书，具备先进性、实践性和实用性。本书针对植物学知识结构的特点，介绍如何学好各章节的主要内容，启发学生学会归纳和总结，学会联系和区别，学会理论联系实际，学会知识的融会贯通，学会如何应用所学的知识去解决相关的问题。通过培养学生的自学能力，独立思考能力以及分析问题和解决问题的能力，使学生真正地、完整地、牢固地掌握植物学的知识，为学好其他专业基础课和专业课打下坚固的基础。

本教材经过多年的应用，已深受使用者的普遍欢迎和好评，现已被全国多所高等农林院校选用，其中，作为本科专业基础课教材使用的包括生物类和农林类中的 20 多个专业。此外，本教材也被部分高等农林院校的生物类和农林类专业选作硕士研究生招生入学考试用书；还被部分省份作为选拔普通高职高专应届优秀毕业生进入本科高等学校继续学习生物类和农林类入学考试用书。

这次再版主要是对第一版中存在的缺点和不足进行修订，订正了一些文字，充实了一些内容，使之更加完善。

再版工作自始至终得到中国林业出版社的指导和支持。同时也得到编者所在学校和学院领导以及有关教师和实验技术人员的热情关心、大力支持和帮助。

请允许编者在此对所有选用本教材以及对本教材的再版工作给予关心、支持和帮助的同志们，表示衷心的感谢！

欢迎兄弟院校使用本教材。由于编者理论水平和实践经验有限，书中难免有错误或欠妥之处，敬请各位读者批评指正。

编　者
2010 年 6 月

前　言

植物学是高等农林院校生物科学类、植物生产类、环境生态类和资源类本、专科各专业必修的一门专业基础课。主要研究被子植物个体发育和植物界各类群系统发育的基本规律以及与规律有关的基本过程。在微观方面，它从细胞、组织和器官三个层次来剖析高等显花植物（主要是被子植物）的形态、结构和功能；在宏观方面，它从植物界的基本类群和分类以及被子植物的主要分科两条线索来阐述植物界的发生和发展规律以及植物与人类的关系。通过理论教学和实验研究，使学生掌握植物学的基本理论知识和实验研究方法，为进一步学习其他专业基础课和专业课以及进行科学研究打下良好的基础。

植物学涉及的知识面很广，但由于教学时间较少，教师的课堂教学通常侧重于解决一些难点和突出重点，引导学生进行自学，进行归纳总结。因此，课堂教学就不可能面面俱到。长期以来，如何解决知识面广而教学时间少的矛盾，一直是各个农林院校植物学教学改革探索的焦点，其主要方向在于如何培养学生的自学能力、独立思考能力以及分析问题和解决问题的能力。

本教材正是适应当前教学改革的趋势，依据高等农林院校植物学的教学目的和要求编写而成的。目的在于辅助学生自觉地、更好地做好课前的预习和课后的复习，使教学改革的开展更加顺利。本教材共分十章，内容涵盖了国内高等农林院校目前使用的大多数《植物学》教材的主要内容。每一章包括学习要点和目的要求、学习方法、练习题、参考答案四个部分。书末还精心编选了7套植物学考试模拟试卷，供学生综合练习用。

学习要点在于概述各章、节的主要知识点，从中获知由这些知识点所构成的知识框架。在这个框架上构建目的要求的三个层次，即"掌握"、"理解"和"了解"，使学生对各章节学习的目的要求更加明确。"掌握"是目的要求的最高层次，即重点内容，不仅要弄懂，而且要记牢。"理解"是目的要求的中间层次，只需弄懂即可。"了解"是目的要求的最低层次，只作一般性了解即可。

学习方法主要针对植物学知识结构的特点，介绍如何学好各章节的主要内容，启发学生学会归纳和总结，学会联系和区别，学会理论联系实际，学会知识的融会贯通，学会如何应用所学的知识去解决相关的问题。

练习题多注重于课本中的重点和难点，形式多样，有填空题、选择题、改错题、填图和绘图题以及分析和问答题等。练习是理解内容、掌握知识、运用知识解决实际问题必不可少的一个重要环节。练习题的覆盖面较广，题量较大，各校教师在布置学生做练习时，可以根据各校植物学教学时间和教学大纲的要求有所选择。有些重点知识在练习题中以多种形式出现，如"凯氏带"不仅出现在名词解释中，也出现在填空题和选择题等题型中，目的在于通过反复练习，加快和加深对重点内容的掌握。希望同学们能利用课余时间，尽量多做练习，以求真正而牢固地掌握知识。

学好任何一门课程，都与重视预习，取得好的听课效果，课后及时进行复习巩固分不开的。预习能使听课效果倍增，复习则能使学到的知识加固；预习能丰富课堂笔记，复习则能加深对概念的理解。多思考，能使头脑灵活；多练习，能使思路敏捷。编写本教材的目的就在于锻炼学生的自学能力，让学生多动脑筋，广开思路；让学生学会思考、懂得思考、善于思考；让学生真正地、牢固地掌握植物学的基本知识，为学好其他专业基础课和专业课打下坚固的基础。值得一提的是，做练习题的目的不应该单纯为了考试，而是在于真正地掌握知识，因此，做题时，还必须与教材中相关的内容以及实验课所观察到的实物有机地联系起来，以加深理解，在理解的基础上，才能记得牢。

本教材可作为高等农林院校生物科学类、植物生产类、环境生态类和资源类本、专科各专业学生的学习参考书，也可作为其他高等院校与植物学课程配套的学习或教学参考书，同时也可作为参加植物学专业研究生入学考试的学生及植物爱好者的参考书。

本教材由许鸿川主编，并负责全书的统稿工作。编写工作分工如下：福建农林大学许鸿川编写了全书的主要内容，共约25万字。福建农林大学黄春梅对第一章至第三章的内容作了补充，共约2万字。福建农林大学林如对第四章至第六章的内容作了补充，共约2万字。福建农林大学黄榕辉对第七章至第九章的内容作了补充，共约2万字。山西农业大学的张定宇和葛丽萍分别对本教材各章内容作了补充，其中张定宇编写了6万字，葛丽萍编写了5万字。全书共约42万字。

本教材承蒙北京大学生命科学学院副院长顾红雅教授主审。书中所用插图多引自国内外有关书籍，限于篇幅，恕未逐一加注。编写工作自始至终得到中国林业出版社的指导和支持，同时也得到编者所在学校和学院领导以及有关教师和实验技术人员的热情关心、大力支持和帮助。请允许编者在此对所有参与本教材审稿以及对本教材的编写工作给予关心、支持和帮助的同志们，表示衷心的感谢！

由于编者理论水平和实践经验有限，书中难免有错误或不妥之处，敬请各位读者批评指正。

编　者
2005年1月

目　录

第一章　植物细胞 …………………………………………………………… (1)
　　一、学习要点和目的要求 ……………………………………………… (1)
　　二、学习方法 …………………………………………………………… (1)
　　三、练习题 ……………………………………………………………… (5)
　　四、参考答案 …………………………………………………………… (15)

第二章　植物组织 …………………………………………………………… (25)
　　一、学习要点和目的要求 ……………………………………………… (25)
　　二、学习方法 …………………………………………………………… (25)
　　三、练习题 ……………………………………………………………… (30)
　　四、参考答案 …………………………………………………………… (38)

第三章　根 …………………………………………………………………… (47)
　　一、学习要点和目的要求 ……………………………………………… (47)
　　二、学习方法 …………………………………………………………… (47)
　　三、练习题 ……………………………………………………………… (52)
　　四、参考答案 …………………………………………………………… (60)

第四章　茎 …………………………………………………………………… (70)
　　一、学习要点和目的要求 ……………………………………………… (70)
　　二、学习方法 …………………………………………………………… (71)
　　三、练习题 ……………………………………………………………… (76)
　　四、参考答案 …………………………………………………………… (86)

第五章　叶 …………………………………………………………………… (97)
　　一、学习要点和目的要求 ……………………………………………… (97)
　　二、学习方法 …………………………………………………………… (98)
　　三、练习题 ……………………………………………………………… (100)
　　四、参考答案 …………………………………………………………… (107)

第六章　营养器官之间的联系及其变态 …………………………………… (113)
　　一、学习要点和目的要求 ……………………………………………… (113)
　　二、学习方法 …………………………………………………………… (113)
　　三、练习题 ……………………………………………………………… (117)
　　四、参考答案 …………………………………………………………… (121)

第七章 花 ············ (127)
- 一、学习要点和目的要求 ············ (127)
- 二、学习方法 ············ (128)
- 三、练习题 ············ (132)
- 四、参考答案 ············ (142)

第八章 种子与果实 ············ (154)
- 一、学习要点和目的要求 ············ (154)
- 二、学习方法 ············ (154)
- 三、练习题 ············ (157)
- 四、参考答案 ············ (165)

第九章 植物界的基本类群与演化 ············ (175)
- 一、学习要点和目的要求 ············ (175)
- 二、学习方法 ············ (176)
- 三、练习题 ············ (181)
- 四、参考答案 ············ (197)

第十章 被子植物主要分科 ············ (212)
- 一、学习要点和目的要求 ············ (212)
- 二、学习方法 ············ (213)
- 三、练习题 ············ (219)
- 四、参考答案 ············ (230)

植物学考试模拟试卷1 ············ (239)
　参考答案 ············ (242)
植物学考试模拟试卷2 ············ (245)
　参考答案 ············ (249)
植物学考试模拟试卷3 ············ (252)
　参考答案 ············ (254)
植物学考试模拟试卷4 ············ (257)
　参考答案 ············ (259)
植物学考试模拟试卷5 ············ (262)
　参考答案 ············ (264)
植物学考试模拟试卷6 ············ (267)
　参考答案 ············ (269)
植物学考试模拟试卷7 ············ (273)
　参考答案 ············ (275)

参考文献 ············ (279)

第一章
植物细胞

一、学习要点和目的要求

1. 细胞概述

掌握细胞学说的要点。掌握细胞的基本概念。理解原核细胞和真核细胞的区别特征。理解植物细胞的大小和形状。掌握植物细胞的基本结构及其与动物细胞的主要区别特征。

2. 细胞生命活动的物质基础——原生质

掌握原生质和原生质体的概念及两者的区别。理解原生质的化学组成、物理性质和生理特性。

3. 植物细胞的外被结构

掌握细胞壁各层的发生和化学成分。掌握细胞膜和生物膜的概念及其化学组成。理解细胞壁特化的几种类型。理解细胞膜的结构模型。

4. 植物细胞的联络结构

掌握纹孔的概念。理解纹孔的主要类型。掌握胞间连丝的概念。理解胞间连丝的超微结构。

5. 植物细胞质

理解胞基质的概念和成分。掌握细胞器的概念。掌握各细胞器的形态、结构和功能。掌握细胞骨架系统的组成及其功能。

6. 植物细胞核

理解核的形态及其在细胞内的分布。理解核的超微结构。掌握核膜、核仁和染色质的功能。掌握间期核的功能。

7. 植物细胞的后含物

掌握后含物的概念。理解后含物各物质的形态和成分。

8. 植物细胞的分裂、生长和分化

掌握细胞周期的概念。理解分裂间期中各个时期的特点。掌握有丝分裂的概念和各期的特点。掌握无丝分裂的概念和特点。掌握植物细胞生长、分化、脱分化和再分化的概念。掌握细胞全能性的概念。理解细胞极性的概念。理解细胞不等分裂的现象。

二、学习方法

本章内容在中学阶段已有一定基础,因此这里的首要任务是回顾知识和掌握重点知识，为后续的章节打好基础。在学习过程中，可采取下面几种方法，并互相联系、穿插运用。

(一) 表解法

1. 列表归纳植物细胞的基本结构

植物细胞的形状、大小和功能虽然不一，但一般都具有相同的基本结构，即都由原生质体和细胞壁组成，各部分的结构可归纳见表1-1。

表1-1 植物细胞的基本结构

原生质体	质膜			由磷脂和蛋白质构成，控制细胞内外物质交换，稳定内环境，接受外界信号，细胞识别作用等	
	细胞质	胞基质		细胞质中除去细胞器以外的半透明物质，维持细胞器所需离子环境	
		细胞器	质体	叶绿体	双层膜，负责营养物质的合成与积累	光合作用
				有色体		积累淀粉、脂类和胡萝卜素，赋予花果鲜艳颜色
				白色体		分造粉体、造油体和造蛋白体
			线粒体	双层膜包围，与呼吸作用有关	
			核糖体	无膜结构，与蛋白质合成有关	
			内质网	粗糙型	单层膜	与蛋白质的合成、包装和运输有关
				平滑型		合成、包装和运输脂类和糖类
			高尔基体	单层膜结构，与多糖等物质的合成和分泌以及细胞壁形成有关	
			溶酶体	单层膜结构，含多种水解酶，起分解消化作用	
			微体	过氧化物酶体	单层膜结构，与光呼吸有关
				乙醛酸循环体	单层膜结构，与脂肪分解有关
			圆球体	半单位膜结构，与脂肪的积累和分解有关	
			液泡	单层膜，与贮藏物质、调节pH、稳定细胞内环境有关	
		细胞骨架系统	微管	无膜结构	与维持细胞形状、细胞壁建造、纺锤丝构成、染色体移动、胞质运动和物质运输等有关
			微丝		与胞质流动、叶绿体运动、染色体移动、胞质分裂、物质运输及膜的内吞与外排作用等有关
			中间纤维		与维持细胞形状、胞质运动、细胞连接及细胞器和细胞核的定位等方面有关
	细胞核	核膜		双层膜，控制细胞核与细胞质之间物质交换	控制遗传性状，调节代谢途径，控制蛋白质合成及细胞的生长和发育
		核质	核液	作为细胞核行使各种功能的环境	
			染色质	遗传物质的载体。分裂期称染色体	
		核仁		无膜，是加工和装配核糖体亚单位的重要场所	
细胞壁	胞间层			果胶质为主要成分。黏着细胞，缓冲细胞间的挤压。有胞间连丝穿过	
	初生壁			主要成分为纤维素、半纤维素和果胶质。有胞间连丝穿过	
	次生壁			主要成分为纤维素，此外还有木质等其他物质。壁上有纹孔	

2. 列表概括后含物的类型

后含物是植物细胞在生长、分化和成熟过程中，由新陈代谢活动所产生的贮藏物质、代谢废物和次生物质等。后含物的类型见表1-2。

表1-2　后含物的类型

后含物	贮藏物质	淀粉	以颗粒状的淀粉粒存在，遇碘呈蓝-紫色
		蛋白质	以无定形或结晶状的糊粉粒存在，遇碘呈黄褐色
		脂肪	以小油滴或固体状存在，遇苏丹Ⅲ呈橙黄色或橘红色
	废物		草酸钙晶体和碳酸钙晶体等
	次生物质		酚类化合物、生物碱、类黄酮、甙等

3. 列表整理有丝分裂的细胞周期

持续分裂的细胞，从结束一次分裂开始，到下一次分裂完成为止的整个过程，称为细胞周期。有丝分裂的细胞周期可分为分裂间期和有丝分裂期两个阶段，各阶段的具体划分可整理见表1-3。

表1-3　细　胞　周　期

细胞周期	间期	DNA合成前期（G1期）	RNA、蛋白质和磷脂等合成
		DNA合成期（S期）	染色体复制，DNA和组蛋白的量加倍
		DNA合成后期（G2期）	RNA和微管蛋白合成、能量贮备
	有丝分裂期	前期	染色质螺旋化形成染色体，核仁、核膜消失
		中期	纺锤体形成，染色体的着丝点排列在赤道面上
		后期	染色单体从着丝点分开成为子染色体，并分别向两极移动
		末期	子染色体解螺旋成染色质，核仁、核膜重新出现，母细胞分裂成2个子细胞

（二）分析比较法

本章有许多概念和结构既有联系，又有区别，因此可运用分析比较法分清其内涵，找出它们的相同点和不同点。举例如下：

1. 比较原生质与原生质体

相同点：化学组成一样。

不同点：原生质是指细胞中的生活物质，是物质的概念。原生质体由原生质特化而来，包括细胞膜、细胞质和细胞核等结构，是形态、结构与功能的概念。

2. 比较细胞膜与生物膜

相同点：化学组成和生理功能一样。

不同点：细胞膜通常指的是细胞表面的一层薄膜，亦称质膜。生物膜是指细胞中所有膜的总称，也称膜系统，包括外表的细胞膜和它以内的核膜以及各种细胞器的膜。

3. 比较液泡与溶酶体

相同点：外围均有单层单位膜，均含有水解酶。

不同点：液泡的生理功能多样化，主要包括渗透调节、贮藏和消化等方面。溶酶体主要起分解消化作用，包括异体吞噬、自体吞噬和自溶作用。

4. 区别初生壁与次生壁

初生壁是植物细胞中，紧贴胞间层的第一层细胞壁。是新细胞自身的壁，也是细胞生长增大体积时所形成的壁层。有胞间连丝通过，无纹孔。构成初生壁的主要物质有纤维素、半纤维素和果胶质，无木质素或木栓质等。

次生壁是植物细胞体积停止增大后加在初生壁内表面的壁层。无胞间连丝通过，有纹孔。构成次生壁的物质以纤维素为主，但还有木质或木栓质等其他物质。一般认为，分化完成后原生质体消失的植物细胞，才具有次生壁。

5. 区别纹孔与胞间连丝

纹孔是植物细胞壁次生加厚后留下的凹陷，在这个凹陷内只有初生壁和胞间层，水溶液可从纹孔透过。

胞间连丝是穿过植物细胞壁的细胞质细丝，它连接相邻细胞的原生质体，主要起细胞间物质运输、刺激传导等作用。

6. 区别有丝分裂与无丝分裂

有丝分裂过程复杂，出现纺锤丝和纺锤体等变化，耗能多，分裂速度慢，但遗传物质能平均分配到子细胞，子细胞的遗传性较为稳定。

无丝分裂过程简单，不出现纺锤丝和纺锤体等变化，耗能少，分裂速度快，但遗传物质没有平均分配到子细胞，子细胞的遗传性不稳定。

（三）实验法

本章许多内容较为抽象，必须通过实验观察才能理解和掌握，才能融会贯通，因此，务必认真做好实验，并在实验中注意如下一些相关问题：

（1）细胞的结构问题。此问题涉及细胞的显微结构、亚显微结构和超显微结构。显微结构是指普通光学显微镜所分辨的结构，分辨率在 $0.2 \sim 100 \mu m$，观察的对象为组织和细胞。亚显微结构指的是比较高级的显微镜所分辨的结构，分辨率在 $1 nm \sim 0.2 \mu m$（$1 \mu m = 1000 nm$），观察的对象为细胞器。超显微结构则指电镜所分辨的结构，分辨率小于 $1 nm$，观察的对象为细胞器。

在实验观察和今后的科学研究过程中，必须明确所观察的结构是何种结构，以便能更好地理解和掌握。

（2）细胞的生命现象问题。生活的植物细胞都能表现出一些生命现象，有些现象可借助显微镜进行观察，如原生质的运动（或胞质运动）、细胞分裂、细胞生长、细胞分化、细胞融合、细胞的全能性、细胞的极性、细胞的特化、细胞的脱分化和再分化等。

在实验观察和今后的科学研究过程中，需要透过上述这些现象看清其所反映的本质，以加深理解和掌握。

（3）植物生长、发育过程中的一些主要特征。植物生长、发育过程中所表现出来的一些重要特征，如生长点细胞的有丝分裂；快速生长部位细胞的无丝分裂；有性生殖过程中母细胞的减数分裂；胚乳发育过程中的细胞自由形成等。其中的有丝分裂是植物生长过程中最普通的一种分裂方式，在实验观察过程中，应注意如下四个时期的主要特征：

前期：染色质螺旋化缩短成染色体，核仁解体，核膜消失，纺锤丝出现。

中期：纺锤体形成，染色体的着丝点排列在赤道板上。

后期：染色单体在着丝点处分开，子染色体分别移向两极。

末期：染色单体到达两极，染色体解螺旋转变为染色质，新的核膜形成，核仁重新出现，形成两个子核，经胞质分裂后形成两个子细胞。

（四）图解法

在植物学的学习中，看懂书中的图例，理解形态、结构与功能的关系，是掌握知识必不可少的。本章的图例可归纳为以下四种类型：

（1）与生理功能相关的形态图例。植物细胞依其功能的不同而有不同的形态。如表皮细胞扁平状，贮藏细胞圆球状，输导细胞长管状，纤维细胞细长形等。

（2）与生理功能相关的结构图例。植物细胞体现出来的一些结构特征也与其所执行的功能相关联。举例如下：①在细胞膜的液态镶嵌模型图上，可看到膜的主要组分磷脂和蛋白质的排列情况，可据此联系到膜的主要功能，如物质的跨膜运输、细胞识别、细胞间的信号转导等。②不同的细胞器有着不同的生理功能，这也与其结构的不同相关联。如叶绿体的结构与光合作用有关，线粒体的结构与呼吸作用有关，液泡的结构与贮藏及调节细胞的水势和膨压等有关，核糖体的结构与蛋白质的合成有关，微管和微丝的结构与组成细胞的骨架系统等有关，高尔基体的结构与细胞的分泌及物质的运输等有关，等等。

（3）与生命活动相关的图例。如有丝分裂过程图、无丝分裂过程图等。这些图例对实验观察和知识的掌握是至关重要的。

（4）后含物的形态图例。主要有淀粉、糊粉粒和晶体等，其形态常因植物的不同而有差异。在不同的植物中，淀粉粒的形状、大小和脐的位置各有特点，可在显微镜下鉴别出来，因此，可作为商品检验和生药鉴定的依据。

三、练 习 题

（一）填空题

1. _____年，英国人虎克用他改进了的显微镜观察_____的结构，发现并命名了细胞。

2. 细胞学说是由德国植物学家_____和动物学家_____二人于_____年间提出的。细胞学说认为：A、_____，B、_____，C、_____，D、_____。

3. 细胞学说的重要意义在于它使_____在_____水平上得到了统一，证明了_____这一共同的起源。

4. 细胞不仅是生物体_____的基本单位，而且也是生物体_____的基本单位。

5. 自然界还有比细胞更简单的生命有机体。如_____是目前已知的最小的生命单位，它们只由_____所组成，不具有细胞结构，可称为_____。

6. 细胞的形态和大小，取决于_____，_____以及_____，且伴随着细胞的_____和_____，常相应地发生改变。

7. 一切生命有机体，从简单的单细胞生物到复杂的生物体都是由_____构成的，但是动物细胞与植物细胞的区别，在于植物细胞有_____和_____。

8. 构成植物生命有机体的形态结构和生命活动的基本单位是_____，构成蛋白质的基本单位是_____，构成核酸的基本单位是_____，构成糖类的基本单位是_____。

9. 组成原生质的有机物有_____、_____、_____和_____，还有极其微量的生理活跃物质，主要有_____、_____、_____、_____等。

10. 原生质的化学物质中，_____能影响原生质的胶体状态，_____是细胞代谢的重要能源，_____是膜结构的重要成分，_____是细胞壁构成的重要物质，_____对遗传和蛋白质合成特别重要。

11. 细胞的大小常以细胞的_____来表示，一般细胞大小在_____之间。细胞体积都很_____，而表面积却_____，这就有利于物质交换。

12. _____是遗传的分子基础，主要存在于细胞核的_____上，也存在于两个具有独立自主的能量转换器_____和_____中。

13. 原生质体是_____，_____和_____三者的总称，是由_____特化来的。

14. 质膜的主要成分是_____和_____。

15. 绿色真核细胞具有两层膜的细胞器有_____，_____和_____等，单层膜的有_____，_____，_____，_____和_____等。还有_____和_____等是无膜的。

16. 植物细胞器中，跟合成和积累同化产物有关的是_____，跟呼吸作用有关的是_____，跟光呼吸作用有关的是_____，跟脂肪分解有关的是_____等，跟蛋白质合成有关的有_____和_____等，跟细胞物质的运输有关的有_____和_____等，跟细胞消化作用有关的有_____和_____等。在细胞中起支架作用的是_____系统，包括_____、_____和_____。

17. 未成熟的质体称为_____，成熟后，根据颜色和功能的不同分为_____、_____、_____。呈红、黄色的质体是因为含有_____，其主要功能是_____，而无色的质体不含任何色素，包括_____、_____和_____。

18. 植物细胞的基本结构是_____和细胞壁，初生壁的增厚方式以_____为主，次生壁增厚方式以_____为主。

19. 构成细胞壁的物质种类很多，按其在组成细胞壁中的作用有_____（主要是纤维素），还有_____（含非纤维素的多糖、水和蛋白质）。有些细胞还分泌附加物质，结合到基质中，称为_____，如果结合到外表上，则称为_____。

三、练 习 题

20. 在观察南瓜筛管时，发现有很多_____和_____，这说明有机体细胞是互相联系成统一整体的。
21. 细胞繁殖是通过_____实现的，组织和器官的建成是取决于细胞的_____。
22. 细胞核在分裂间期是由_____，_____，_____等部分组成。
23. 纺锤丝发生在细胞有丝分裂的_____期到_____期，它是由_____组成的细丝，主要功能是_____。
24. 在有丝分裂过程中，染色体计数的最适宜时期是_____，因为此时_____。纺锤丝有两种，一种是_____，另一种是_____。
25. 细胞的繁殖主要是以_____方式进行；细胞的生长表现在_____和_____的增加，分化是指细胞_____和_____的特化。
26. 植物细胞体积的增加的具体过程表现在初生细胞壁的_____生长以及_____的长大两个方面。
27. 一个细胞内极性的建立，通常引起它的不等分裂，如_____、_____、_____、_____等的分裂，都是细胞不等分裂。
28. 细胞无丝分裂不出现纺锤丝等一系列变化，_____少，_____快。但其_____，所以子细胞的_____不稳定。
29. 根据_____理论，用_____方法。一个雄性细胞可以发育成一个个体，这在遗传学上称_____植株，其主要特点是_____。
30. 各种组织的形成是由于细胞的_____作用而导致的；花粉粒培养出花粉植物的理论依据是细胞的_____。
31. 细胞中的核酸有_____和_____两种，前者主要存在于_____中，后者主要分布在_____里。
32. 细胞核分_____、_____和_____等三部分，它的主要功能是_____和_____等。
33. 核仁是合成和贮存_____的场所。其大小随_____状况而定。
34. 经过固定染色的植物细胞的细胞核可分为_____、_____、_____、_____四部分。
35. 外露地面萝卜变青色，是由于_____。
36. 高等植物叶绿体具有_____、_____、_____和_____等四种色素。
37. 内质网由于在其上有无_____而分为_____和_____二类。
38. 花瓣的颜色常因细胞液 pH 值的变化而呈现出红色、紫色或蓝色，这是细胞内有_____的缘故，成熟番茄和红辣椒的红色是细胞内有_____的缘故，两者的主要区别是前者为_____，后者为_____。
39. 液泡中所含的水溶液叫_____，主要成分有_____、_____和_____等。
40. 草酸钙结晶体形成于细胞的_____里，常见形状的种类有_____，

_____和_____等。

41. 植物细胞与动物细胞相区别的主要结构特征是植物细胞有_____、_____和_____。

42. 多细胞植物是通过_____使各细胞连成统一的整体。

43. 细胞壁增厚时，次生壁是不均匀地附加在初生壁上的，有的地方还保持很薄，这些区域称为_____，它一般分为_____和_____两种类型。

44. 构成细胞壁的化学成分最主要的是_____，其次是_____等多糖物质；此外，细胞在生长和分化过程中，细胞壁中常渗入_____、_____或_____等，从而改变了细胞壁的性质。

45. 在有丝分裂的前期，细胞的主要变化特征是_____、_____、_____和_____。

46. 在有丝分裂的连续过程中，一般分为_____分裂和_____分裂两个方面。其中的_____分裂先发生，_____分裂后发生。

47. 细胞有丝分裂的间期包括_____、_____、_____三个时期，分裂期包括_____、_____、_____、_____四个时期。

48. 植物细胞的生长通常是指幼龄细胞_____；分化是指细胞在成熟过程中改变了原来的_____、_____和_____而成为特定类型的细胞。

49. 我们通常看到在成熟的植物细胞中，由于_____的缘故，使细胞核位于_____，其他原生质体位于_____。

（二）选择题

1. 细胞学说的创立是_____。
   A. 1665 年　　　B. 1840 年前后　　C. 1953 年　　　D. 1677 年

2. 细胞的生命中枢是_____；高等植物细胞内没有的细胞器是_____。
   A. 细胞核　　　B. 染色体　　　C. 线粒体　　　D. 中心体
   E. 高尔基体　　F. 质体　　　　G. 微管　　　　H. 核糖体

3. 细胞器的功能：和呼吸作用有关的是_____，和合成蛋白质有关的是_____，和染色体移动有关的是_____，和分泌作用有关的是_____，和细胞壁建造有关的是_____。
   A. 细胞核　　　B. 液泡　　　　C. 线粒体　　　D. 中心体
   E. 高尔基体　　F. 质体　　　　G. 微管　　　　H. 核糖体

4. 微管的物质组成是_____；细胞壁的构架物质是_____；液泡内含量最多的物质是_____；花粉外壁的主要成分是_____。
   A. 纤维素　　　B. 水分　　　　C. 蛋白质　　　D. 糖类
   E. 脂类　　　　F. 有机酸　　　G. 孢粉素

5. 叶绿体内膜系统的基本组成单位是_____；光合作用的光反应是在_____中进行；光合作用的暗反应是在_____中进行。
   A. 基粒　　　　B. 类囊体（片层）C. 叶绿素　　　D. 基质

三、练 习 题

6. 植物幼龄细胞通过_____发育成有特定结构与功能的细胞或组织。在一定条件下又沿着一条新的途径_____成为没有特定结构和功能的细胞，然后又_____成为具有特定结构和功能的细胞，在适应环境的长期_____过程中又可_____成为植物物体内某些具有_____增厚的次生壁管状结构和专门功能的组织。
    A. 进化 B. 特化 C. 分化
    D. 木化 E. 脱分化 F. 再分化

7. 典型的次生分生组织是指_____。
    A. 原形成层 B. 木栓形成层 C. 维管形成层 D. 束中形成层

8. 目前已知的最小生命单位是_____。
    A. 细菌 B. 细胞 C. 支原体 D. 病毒

9. DNA 的加倍染色体的复制都是在细胞分裂的_____。
    A. 间期 B. 前期 C. 中期 D. 后期和末期

10. 显微镜的优劣主要决定于_____。
    A. 放大倍数 B. 分辨率的高低
    C. 机械部分的牢固程度 D. 接物镜镜头的多少

11. 显微镜下所观察到的标本是_____。
    A. 正立放大虚像 B. 倒立放大虚像
    C. 正立放大实像 D. 倒立放大实像

12. 在使用显微镜时，如果发现镜头上有灰尘，可用来揩擦的是_____。
    A. 干净的手指 B. 纱布 C. 吸水纸 D. 擦镜纸

13. 低倍镜下看清楚了的视野中央的物像，当转过高倍镜观察时有些模糊，这时操作方法是_____。
    A. 用粗调节螺旋调焦 B. 用细调节螺旋调焦
    C. 调换一张切片观察 D. 换一个镜头观察

14. 植物细胞初生壁主要由哪一类物质组成？_____。
    A. 纤维素、木质素和果胶质 B. 木质素、半纤维素和果胶质
    C. 纤维素、半纤维素和果胶质 D. 角质、纤维素和果胶质

15. 蛋白质合成是在哪一种细胞器上进行的？_____。
    A. 线粒体 B. 核糖体 C. 溶酶体 D. 高尔基体

16. 基因存在于_____。
    A. 核仁里 B. 内质网上
    C. 染色质或染色体的 DNA 分子链上 D. 微体里

17. 糊粉粒贮藏的物质主要是_____。
    A. 淀粉 B. 糖类 C. 脂肪 D. 蛋白质

18. 淀粉遇何种试剂呈蓝色？_____。
    A. 苏丹Ⅲ液 B. 乳酸酚 C. 碘液 D. 间苯三酚

19. 植物细胞在生长过程中不断形成_____。
    A. 初生壁 B. 胞间层 C. 次生壁 D. 后生壁

20. 植物细胞特有的结构是哪一种？_____。
    A. 溶酶体　　　B. 高尔基体　　　C. 细胞壁　　　D. 核
21. 细胞的代谢产物主要贮藏在哪种结构中？_____。
    A. 内质网　　　B. 质体　　　　　C. 液泡　　　　D. 核仁
22. 胞间层（中胶层）的物质主要是_____。
    A. 纤维素　　　B. 蛋白质　　　　C. 果胶质　　　D. 淀粉
23. 检验淀粉的药品是_____。
    A. 紫药水　　　B. 红墨水　　　　C. 中性红　　　D. 碘-碘化钾
24. 叶绿体的被膜是_____。
    A. 单层膜　　　B. 双层膜　　　　C. 三层膜　　　D. 四层膜
25. 细胞停止生长后所产生的细胞壁为_____。
    A. 次生壁　　　B. 胞间层　　　　C. 初生壁　　　D. 胼胝质壁
26. 相邻细胞间的共有细胞壁层是_____。
    A. 初生壁　　　B. 次生壁　　　　C. 角质层　　　D. 胞间层
27. 植物细胞内的细胞器，具双层单位膜包被的是_____。
    A. 内质网、质体　　　　　　　　B. 高尔基体、有色体
    C. 原生质体、液泡　　　　　　　D. 细胞核、线粒体、叶绿体
    E. 以上都不是
28. 细胞进行有丝分裂时 DNA 的复制是在_____。
    A. 间期　　　　B. 前期　　　　　C. 中期　　　　D. 末期
29. 叶绿素分布在叶绿体的哪一部位？_____。
    A. 外膜　　　　B. 内膜与外膜之间　C. 基粒片层　　D. 基质中
30. 下列哪种细胞器具有单层膜结构_____。
    A. 核蛋白体　　B. 叶绿体　　　　C. 高尔基体　　D. 溶酶体
31. 初生壁是_____。
    A. 相邻两细胞之间的细胞壁层
    B. 细胞生长过程中不断形成的细胞壁层
    C. 细胞停止生长后形成的细胞壁层
    D. 细胞最里面的壁层
32. 初生纹孔场存在于_____。
    A. 次生壁　　　B. 初生壁　　　　C. 胞间层　　　D. 角化层
33. 细胞间隙是指_____。
    A. 细胞的胞间层溶解的间隙　　　B. 细胞中间的空腔
    C. 细胞上的小孔　　　　　　　　D. 纹孔存在的部位
34. 成熟细胞的特点是_____。
    A. 液泡小，细胞核大　　　　　　B. 液泡小，细胞核小
    C. 液泡大，细胞核靠边　　　　　D. 液泡大，细胞核大
35. 细胞有丝分裂前期的主要特点是_____。
    A. 纺锤体开始形成　　　　　　　B. 染色体形态和数目最清楚

C. 染色体向细胞两极移动　　　D. 纺锤丝消失
36. 观察细胞有丝分裂最好取材于_____。
   A. 叶尖　　　B. 茎尖　　　C. 根尖　　　D. 节间
37. 在细胞分裂中纺锤丝由什么组成？_____。
   A. 微纤丝　　B. 微管　　　C. 微丝　　　D. 中间纤维
38. 下列哪个特征属于细胞分裂末期？_____。
   A. 染色体排列在赤道面上　　　B. 染色体移向细胞两极
   C. 染色单体分开　　　　　　　D. 核仁、核膜重新出现
39. 细胞分裂间期的主要意义在于_____。
   A. 细胞得以休息　B. 细胞长大　C. 染色体形成　D. DNA 复制
40. 有丝分裂中期的特征之一是染色体排列在细胞的_____。
   A. 细胞板上　B. 筛板上　　C. 赤道面上　D. 成膜体上
41. 有丝分裂后期的特点是_____。
   A. 纺锤体把染色单体牵引到细胞两极
   B. 纺锤体明显，染色体排列在赤道板上
   C. 出现两个子细胞
   D. 新的核膜、核仁出现
42. 用显微镜观察洋葱鳞叶表皮细胞的装片时，为了使视野内看到的细胞数目最多，应该选用_____。
   A. 目镜 10×　物镜 15×　　B. 目镜 5×　物镜 10×
   C. 目镜 10×　物镜 40×　　D. 目镜 5×　物镜 40×
43. 在适当的标本中，质膜的横断面在电镜下呈现_____三条平行的带。
   A. 明—暗—暗　B. 明—明—暗　C. 暗—明—暗　D. 明—暗—明
44. 细胞形状和大小取决于_____。
   A. 植物体的形状和大小　　　B. 细胞的遗传性
   C. 对外界环境的适应　　　　D. 所担负的生理功能
45. 在下列细胞器中，含有 DNA 分子的有_____。
   A. 微体　　　B. 高尔基体　　C. 内质网
   D. 叶绿体　　E. 溶酶体　　　F. 线粒体
46. 细胞周期正确顺序是_____。
   A. G1 期—M 期—G2 期—S 期　　B. G1 期—S 期—G2 期—M 期
   C. G1 期—G2 期—S 期—M 期　　D. G1 期—S 期—M 期—G2 期

（三）改错题（指出下列各题的错误之处，并予以改正）
1. 细胞是构成植物体的基本单位，细胞间主要由于纹孔的存在，从而使植物体形成一个整体。
   错误之处：_____　改为：_____
2. 细胞学说的重要意义在于它从分子水平提供了生物界统一的证据，证明了动物和植物有着细胞这一共同起源。
   错误之处：_____　改为：_____

3. 在自然界中，细胞是目前已知的最小的生命单位。
   错误之处：＿＿＿＿＿＿＿＿＿＿＿＿＿＿改为：＿＿＿＿＿＿＿＿＿＿＿＿＿＿
4. 染色质是核酸与蛋白质的复合物，即核蛋白体组成的复杂的物质结构。
   错误之处：＿＿＿＿＿＿＿＿＿＿＿＿＿＿改为：＿＿＿＿＿＿＿＿＿＿＿＿＿＿
5. 细胞质是细胞中的生活物质。
   错误之处：＿＿＿＿＿＿＿＿＿＿＿＿＿＿改为：＿＿＿＿＿＿＿＿＿＿＿＿＿＿
6. 花和果实的颜色全都是由有色体赋予的。
   错误之处：＿＿＿＿＿＿＿＿＿＿＿＿＿＿改为：＿＿＿＿＿＿＿＿＿＿＿＿＿＿
7. 内质网具有合成蛋白质和酶的功能。
   错误之处：＿＿＿＿＿＿＿＿＿＿＿＿＿＿改为：＿＿＿＿＿＿＿＿＿＿＿＿＿＿
8. 线粒体内含有 DNA，可以控制自身多数蛋白质的合成。
   错误之处：＿＿＿＿＿＿＿＿＿＿＿＿＿＿改为：＿＿＿＿＿＿＿＿＿＿＿＿＿＿
9. 光合作用的光反应是在类囊体膜上进行，暗反应是在基质片层进行。
   错误之处：＿＿＿＿＿＿＿＿＿＿＿＿＿＿改为：＿＿＿＿＿＿＿＿＿＿＿＿＿＿
10. 有人将纤维素分子、微纤丝和大纤丝三者合称为微梁系统或细胞骨架，起细胞支架作用。
    错误之处：＿＿＿＿＿＿＿＿＿＿＿＿＿＿改为：＿＿＿＿＿＿＿＿＿＿＿＿＿＿
11. 细胞内的汁液称为细胞液。
    错误之处：＿＿＿＿＿＿＿＿＿＿＿＿＿＿改为：＿＿＿＿＿＿＿＿＿＿＿＿＿＿
12. 质体有多方面功能，具有制造、包装和运输代谢产物的作用。
    错误之处：＿＿＿＿＿＿＿＿＿＿＿＿＿＿改为：＿＿＿＿＿＿＿＿＿＿＿＿＿＿
13. 乙醛酸循环体存在于高等植物叶的光合细胞内，它们常和叶绿体、线粒体在一起，执行光呼吸的功能。
    错误之处：＿＿＿＿＿＿＿＿＿＿＿＿＿＿改为：＿＿＿＿＿＿＿＿＿＿＿＿＿＿
14. 有丝分裂中的纺锤丝是由微体参与构成的。
    错误之处：＿＿＿＿＿＿＿＿＿＿＿＿＿＿改为：＿＿＿＿＿＿＿＿＿＿＿＿＿＿
15. 微管、微体都对细胞壁的生长和分化起作用。
    错误之处：＿＿＿＿＿＿＿＿＿＿＿＿＿＿改为：＿＿＿＿＿＿＿＿＿＿＿＿＿＿
16. 细胞的次生壁是由原生质体向内分泌纤维素、木质等物质构成的。
    错误之处：＿＿＿＿＿＿＿＿＿＿＿＿＿＿改为：＿＿＿＿＿＿＿＿＿＿＿＿＿＿
17. 大多数植物细胞具有次生壁。
    错误之处：＿＿＿＿＿＿＿＿＿＿＿＿＿＿改为：＿＿＿＿＿＿＿＿＿＿＿＿＿＿
18. 在有丝分裂中期，染色体的着丝点排列在赤道板的两侧。
    错误之处：＿＿＿＿＿＿＿＿＿＿＿＿＿＿改为：＿＿＿＿＿＿＿＿＿＿＿＿＿＿
19. 细胞的生长主要表现为长度的增加。
    错误之处：＿＿＿＿＿＿＿＿＿＿＿＿＿＿改为：＿＿＿＿＿＿＿＿＿＿＿＿＿＿
20. 在细胞分化的过程中，生理生化上的分化迟于形态结构上的分化。
    错误之处：＿＿＿＿＿＿＿＿＿＿＿＿＿＿改为：＿＿＿＿＿＿＿＿＿＿＿＿＿＿
21. 在植物的生活史中，所有的细胞都是由细胞分裂而成的。

错误之处：_____ 改为：_____

22. 绝大多数细胞的体积都很小，它们所形成的表面积小，有利于物质交换。
    错误之处：_____ 改为：_____

23. 在有丝分裂中，胞质分裂始于中期。
    错误之处：_____ 改为：_____

24. 细胞板是由液泡及内质网分离出来的小胞汇集到赤道面上，并与成膜体的微管融合而成的。
    错误之处：_____ 改为：_____

25. 酶是一类非蛋白质，它在细胞内的各种生化反应中起催化作用。
    错误之处：_____ 改为：_____

26. 一个细胞内的生活物质称为原生质体。
    错误之处：_____ 改为：_____

27. 在原生质的全部分子组成中，蛋白质所占的比例最大。
    错误之处：_____ 改为：_____

28. 原生质是细胞膜、细胞质和细胞核的总称。
    错误之处：_____ 改为：_____

29. 活的植物体内，每一个细胞都是有生命的。
    错误之处：_____ 改为：_____

30. 核糖核蛋白体是细胞中糖类和蛋白质合成的主要场所。
    错误之处：_____ 改为：_____

31. 细胞核中的遗传物质是染色质和核质。
    错误之处：_____ 改为：_____

32. 微体、液泡、溶酶体、线粒体的膜均是单层膜。
    错误之处：_____ 改为：_____

33. 细胞核始终位于细胞的中央。
    错误之处：_____ 改为：_____

34. 核仁是细胞核内形成核蛋白体亚单位的部位，核仁的外表面有一层膜。
    错误之处：_____ 改为：_____

35. 细胞器都是由生物膜所组成。
    错误之处：_____ 改为：_____

36. 植物细胞的结构包括细胞壁和原生质两部分。
    错误之处：_____ 改为：_____

37. 质体是植物细胞特有的细胞器，所有的植物细胞都有质体。
    错误之处：_____ 改为：_____

38. 每个生活的细胞核内，常有1个核仁。
    错误之处：_____ 改为：_____

39. 质体是一类合成、累积、消化同化产物细胞器。
    错误之处：_____ 改为：_____

40. 叶绿体是进行光合作用的质体,只存在于植物的叶肉细胞中。
    错误之处:_____ 改为:_____
41. 叶绿体中一叠扁平圆盘形的囊状构造为基质片层。
    错误之处:_____ 改为:_____
42. 构成次生壁的物质以木质为主,但也有纤维素……等其他物质。
    错误之处:_____ 改为:_____
43. 在初生纹孔场或纹孔的纹孔膜上以及初生壁上的其他部位都有胞间连丝相互连通。
    错误之处:_____ 改为:_____
44. 胞间连丝只有在细胞壁的纹孔内才能通过。
    错误之处:_____ 改为:_____
45. 植物的细胞壁绝大多数有胞间层、初生壁和次生壁三层。
    错误之处:_____ 改为:_____
46. 用果胶酶处理厚壁组织后得到的离析细胞,其最外层应是次生壁。
    错误之处:_____ 改为:_____
47. 复粒淀粉粒是具有2个以上的脐点和各自的轮纹的淀粉粒,外面还有共同的轮纹包围着。
    错误之处:_____ 改为:_____
48. 糊粉粒是植物细胞中最普遍的贮藏物质。
    错误之处:_____ 改为:_____
49. 糊粉粒是贮藏淀粉的一种颗粒结构。
    错误之处:_____ 改为:_____
50. 减数分裂是最普遍,最常见的细胞分裂方式。
    错误之处:_____ 改为:_____
51. 在细胞有丝分裂前期,由于每个染色体的准确复制,染色体数目因此而增加了1倍。
    错误之处:_____ 改为:_____
52. 细胞分化是植物的普遍现象。
    错误之处:_____ 改为:_____
53. 植物各种器官的生长是因为细胞分裂使细胞数量增多造成的。
    错误之处:_____ 改为:_____

(四) 名词解释
1. 单位膜　　　　2. 流动镶嵌模型　　3. 细胞器　　　　4. 胞质运动
5. 细胞骨架系统　6. 核小体　　　　　7. 核被膜　　　　8. 胞间层
9. 初生壁　　　　10. 次生壁　　　　 11. 纹孔　　　　 12. 胞间连丝
13. 细胞周期　　 14. 有丝分裂　　　 15. 无丝分裂　　 16. 赤道面
17. 细胞板　　　 18. 染色单体　　　 19. 姐妹染色单体 20. 同源染色体
21. 后含物　　　 22. 糊粉粒　　　　 23. 纺锤体　　　 24. 成膜体
25. 细胞分化　　 26. 细胞的全能性　 27. 细胞脱分化　 28. 极性现象

（五）填图题

按照英文字母的图号和标线上的序号填写图 1-1 有关名称。

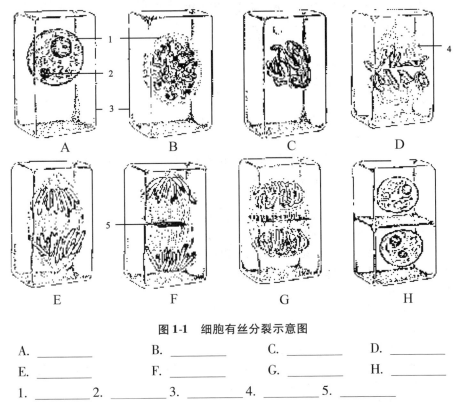

图 1-1　细胞有丝分裂示意图

A. _____　　B. _____　　C. _____　　D. _____
E. _____　　F. _____　　G. _____　　H. _____
1. _____　2. _____　3. _____　4. _____　5. _____

（六）分析和问答题

1. 概述植物细胞有丝分裂过程中成膜体和细胞板的形成过程。
2. 区别染色质与染色体的概念。
3. 比较线粒体与叶绿体的异同点。
4. 比较过氧化物酶体与乙醛酸循环体的异同点。
5. 区别细胞周期中的间期与分裂期。
6. 区别赤道板与细胞板的概念。

四、参 考 答 案

（一）填空题

1. 1665、软木
2. 施莱登、施旺、1838～1839、动物和植物组织均由细胞构成、所有细胞均由细胞分裂或融合而来、卵和精子都是细胞、一个细胞可以分裂形成组织
3. 生物体、细胞、植物和动物有着细胞
4. 结构、功能
5. 病毒、蛋白质外壳包围核酸芯子、非细胞的生命形态
6. 细胞的遗传性、所担负的功能、对环境的适应、长大、分化

7. 细胞、细胞壁、质体
8. 细胞、氨基酸、核苷酸、单糖
9. 蛋白质、核酸、脂类、糖类、酶、激素、维生素、抗生素
10. 水、单糖、磷脂、结构多糖、核酸
11. 直径和长度、10～100μm、小、大
12. DNA、染色体、叶绿体、线粒体
13. 细胞膜、细胞质、细胞核、原生质
14. 磷脂、蛋白质
15. 细胞核、线粒体、质体、内质网、高尔基体、液泡、溶酶体、微体（或过氧化物酶体和乙醛酸循环体）、核糖体、微管
16. 质体、线粒体、过氧化物酶体、乙醛酸循环体、核糖体和粗糙型内质网、内质网和高尔基体、溶酶体和液泡、细胞骨架（或微梁），包括微管（系统）、微丝（系统）和中间纤维（系统）
17. 前质体（或原质体）、叶绿体、有色体、白色体、类胡萝卜素、赋予花果以鲜艳的色彩、造粉体（或淀粉体）、造油体、造蛋白体（或蛋白体）
18. 原生质体、内填（或填充）、敷着（或附加）
19. 构架物质、衬质、内镶物质、复饰物质
20. 筛孔、联络索
21. 细胞分裂、分化
22. 核膜、核质、核仁
23. 前期、末期、微管、牵引染色体运动
24. 中期、所有染色体的着丝点都排列在赤道面上、连续丝、染色体丝（或染色体牵丝）
25. 分裂、体积、重量、形态结构、生理功能
26. 内填、液泡
27. 根毛母细胞、筛管母细胞、合子、单核花粉粒
28. 消耗能量、分裂速度、遗传物质没有平均分配到子细胞、遗传性
29. 细胞全能性、组织培养、单倍体、矮小，不能正常开花结实
30. 分化、全能性
31. DNA、RNA、细胞核、细胞质
32. 核膜、核质、核仁、贮存和复制DNA、合成和向细胞质转运RNA
33. 核蛋白体亚单位、细胞的生理
34. 核膜、核仁、核液、染色质
35. 白色体转变为叶绿体的缘故
36. 叶绿素a、叶绿素b、胡萝卜素、叶黄素
37. 核糖体、粗糙型内质网、光滑型内质网
38. 花色素苷（或花青素）、有色体、色素、细胞器
39. 细胞液、水、无机盐、有机酸、糖类
40. 液泡、针晶体、晶簇、棱状结晶体
41. 细胞壁、质体、大液泡
42. 胞间连丝
43. 纹孔、单纹孔、具缘纹孔
44. 纤维素、果胶质（或半纤维素）、木质、栓质、硅质
45. 染色质凝缩成染色体、核仁解体、核膜消失、纺锤体开始形成

四、参考答案

46. 核、胞质、核、胞质
47. DNA 合成前期（或 G1 期）、DNA 合成期（或 S 期）、DNA 合成后期（或 G2 期）、前期、中期、后期、末期
48. 体积和重量的增加、形态、结构、功能
49. 具中央大液泡、细胞的边缘、液泡的外围而紧贴着细胞壁

（二）选择题

1. B	2. A、D	3. C、HA、DG、E、EG	4. C、A、B、G
5. B、A（或 B）、D	6. C、E、F、A、B、D	7. B	8. D
9. A	10. B	11. D	12. D	13. B	14. C
15. B	16. C	17. D	18. C	19. A	20. C
21. C	22. C	23. D	24. B	25. A	26. D
27. D	28. A	29. C	30. C、D	31. B	32. B
33. A	34. C	35. A	36. C	37. B	38. D
39. D	40. C	41. A	42. B	43. C	
44. B、C、D	45. D、F	46. B			

（三）改错题（指出下列各题的错误之处，并予以改正）

1. 错误之处：__纹孔__ 改为：__胞间连丝__

（分析：细胞是植物体形态、结构和功能和基本单位。植物体生活细胞的初生壁和胞间层上一般都有胞间连丝穿过，相邻细胞通过胞间连丝相互沟通，一些物质和信息可以经胞间连丝传递。纹孔则存在于纤维细胞、石细胞、导管分子和管胞等一些厚壁的死细胞的次生壁上，作为细胞间水分运输的通道，但它并不像胞间连丝那样在植物体的生活细胞中广泛存在并起着不可或缺的作用。因此可以认为，细胞间主要由于胞间连丝的存在，从而使植物体形成一个整体。）

2. 错误之处：__分子水平__ 改为：__细胞水平__

（分析：细胞学说认为："一切生物，从单细胞到高等动、植物都是由细胞组成的；细胞是生物形态结构和功能的基本单位。"细胞学说论证了生物界的统一性和共同起源。因此，细胞学说的重要意义在于它从细胞水平提供了生物界统一的证据，证明了动物和植物有着细胞这一共同起源。）

3. 错误之处：__细胞__ 改为：__病毒__

（分析：在自然界中，病毒是比细胞更简单的生命有机体，是目前已知的最小生命单位，它们只是由蛋白质外壳包围核酸芯子所组成的，并不具有细胞结构，可称为非细胞的生命形态。）

4. 错误之处：__核蛋白体__ 改为：__核蛋白__

（分析：核蛋白体也称核糖核蛋白体或核糖体，是一种细胞器，也是细胞中合成蛋白质的主要场所。它们主要存在于胞基质中，也存在于细胞核、粗糙型内质网外表面及质体和线粒体的基质中。核蛋白则是组成染色质的一种核酸与蛋白质的复合物。可见，本题的错误就发生在核蛋白体概念的错用。）

5. 错误之处：__细胞质__ 改为：__原生质（或胞基质）__

（分析：细胞中的生活物质称为原生质，而不是称为细胞质。细胞质是原生质体的组成部分，是由原生质特化来的。细胞质可进一步分为胞基质和细胞器。细胞器是细胞内具有特定结构和功能的亚细胞结构。胞基质是包围细胞器的细胞质部分。即使在电镜下也看不出胞基质有什么结构存在，因此可以认为，胞基质是细胞质中没有特化的原生质部分，是细胞中的生活物质。）

6. 错误之处：　全都是由有色体　　改为：　主要是由有色体和花色素苷　

（分析：除了有色体能赋予花果鲜艳的颜色外，花色素苷也与花果的颜色有密切关系。花色素苷是类黄酮色素中最常见的色素之一，常分布于花瓣和果实内，随细胞液酸碱度的不同而呈现不同的颜色。因此可以认为，花和果实的颜色主要是由有色体和花色素苷赋予的。）

7. 错误之处：　内质网　　改为：　粗糙型内质网　

（分析：本题要明确内质网是何种类型的内质网，因为其功能有所不同。内质网可分为粗糙型内质网和光滑型内质网两类。前者的膜表面附有大量核糖体，与蛋白质和酶的合成有关；后者的膜表面无核糖体附着，则与脂类和糖类的合成有关。）

8. 错误之处：　多数　　改为：　少数　

（分析：线粒体基质中含有与原核生物相似的环状 DNA 分子，没有结合组蛋白，而且所含的核糖体比细胞质中的核糖体小。线粒体 DNA 只能控制自身少数蛋白质的合成，大多数的线粒体蛋白质的合成，仍然是受核控制的。叶绿体的情况也与线粒体类似。）

9. 错误之处：　基质片层　　改为：　基质中　

（分析：光合作用分为光反应和暗反应两大步骤，其中的光反应是在类囊体膜上进行，而暗反应在基质中进行。基质片层是连接基粒的类囊体部分，也是光反应的地方，并不是暗反应的场所。）

10. 错误之处：　纤维素分子、微纤丝和大纤丝　　改为：　微管、中等纤维、微丝　

（分析：本题是错用概念的例子。纤维素分子、微纤丝和大纤丝三者都是细胞壁构架物质纤维素的单位。纤维素分子是由葡萄糖分子聚合而成的直链，在细胞壁中，纤维素分子结合成电镜下可以辨认的微纤丝，许多微纤丝进一步结合成光学显微镜下可见的大纤丝。所以，高等植物细胞壁的构架，是由纤维素分子组成的纤丝系统。而微梁系统或细胞骨架通常是指细胞中的微管、中等纤维和微丝三者的合称，其中的中等纤维也称为中间纤维、中间丝或居间纤维。微梁系统在细胞内形成了错综复杂的立体网络，将细胞内的各种结构联结和支架起来，以维持在一定的部位上，使各种结构能执行各自的功能。）

11. 错误之处：　细胞内　　改为：　液泡内　

（分析：液胞内的汁液通常称为细胞液。细胞液是成分复杂的水溶液，一般为溶于水中的无机盐、糖类、脂类、蛋白质、酶、单宁、有机酸、植物碱、花色素苷等物质。）

12. 错误之处：　质体　　改为：　内质网　

（分析：质体主要包括叶绿体、有色体和白色体三种类型，其主要功能是合成和累积同化产物。同时具有制造、包装和运输代谢产物作用的是内质网，而不是质体。）

13. 错误之处：　乙醛酸循环体　　改为：　过氧化物酶体　

（分析：乙醛酸循环体和过氧化物酶体是植物细胞中已明确的两种微体。前者主要存在于油料植物种子的胚乳或子叶中，与脂肪代谢有关；后者普遍存在于高等植物叶的光合细胞内，常与叶绿体和线粒体在一起，执行光呼吸的功能。）

14. 错误之处：　微体　　改为：　微管　

（分析：微管是由微管蛋白围成的中空的长管状结构。有丝分裂和减数分裂中的纺锤丝都是由微管参与构成的，与微体无关。）

15. 错误之处：　微体　　改为：　高尔基体和内质网　

（分析：对细胞壁的生长和分化起作用的是微管、高尔基体和内质网，而不是微体。微管在细胞壁建成时，能控制纤维素微纤丝的排列方向。高尔基体能合成一些细胞壁的多糖类物质，在有丝分裂时，参与新壁的形成。内质网在细胞内的分布位置，能反映或预示细胞分化的一些特征。例如，在形成导管前，凡有内质网存在之处，以后不会沉积次生增厚的壁物质；在形成筛管前，凡端壁附近有内质网存在之处，将来则形成筛孔；又如花粉形成外壁前，凡

四、参考答案

内方有内质网存在之处，将来形成萌发孔。）

16. 错误之处：__向内分泌__ 改为：__向外分泌__
（分析：次生壁是细胞体积停止增大后加在初生壁内表面的壁层，是由原生质体向外分泌纤维素、木质等物质构成的。）

17. 错误之处：__大多数__ 改为：__只有少数__
（分析：只有少数植物细胞具有次生壁，如纤维细胞、石细胞、导管分子、管胞和木栓细胞等。）

18. 错误之处：__赤道板的两侧__ 改为：__赤道板上__
（分析：在有丝分裂中期，染色体的两条染色单体的着丝点排列在处于两极当中的垂直于纺锤体纵轴的平面即赤道板上，而染色体的其余部分在两侧任意浮动。中期的染色体缩短到最粗短的程度，是观察研究染色体的最佳时期。与有丝分裂形成鲜明对照的是：在减数分裂中期Ⅰ，同源染色体的两条染色体上的着丝点分列在赤道板的两侧，与有丝分裂的情况不同。减数分裂中期Ⅱ的特点与有丝分裂中期相似，只是细胞中的染色体数只有母细胞的一半。）

19. 错误之处：__长度的增加__ 改为：__体积的增大和重量的增加__
（分析：细胞生长是指在细胞分裂后形成的子细胞体积的增大和重量的增加。对植物而言，细胞生长包括原生质体生长和细胞壁生长两个方面。）

20. 错误之处：__迟于__ 改为：__早于__
（分析：细胞分化是指在个体发育过程中，细胞在形态、结构和功能上变成彼此互异的过程。细胞分化，基本上包括形态结构和生理生化的分化两个方面。很多试验表明，在出现形态结构上的分化之前，早已发生和进行着生理生化上的分化了。）

21. 错误之处：__所有的__ 改为：__并非所有的__
（分析：在植物的生活史中，无时无刻不在进行着细胞的分裂。细胞分裂是植物生长发育的基础，有了细胞的不断分裂和新细胞的不断产生，才能使植物体正常生长发育，才能使1个受精卵发育成1株高大的植物体。但植物要完成整个生活史过程，也需要细胞的融合。植物有性生殖过程中的同配、异配和卵式生殖都发生了细胞的融合。被子植物的双受精过程则同时进行精子与卵细胞的融合以及精子与极核的融合，并分别发育为胚和胚乳。由此可见，在植物的生活史中，并非所有的细胞都是由细胞分裂而成的。）

22. 错误之处：__表面积小__ 改为：__表面积大__
（分析：对植物体某一器官或组织来说，在相同体积中，由体积小的细胞组合所形成的表面积要比体积大的细胞组合所形成的表面积大。）

23. 错误之处：__中期__ 改为：__晚后期或早末期__
（分析：在有丝分裂中，在原细胞赤道面处形成新的质膜和细胞壁，分隔母细胞细胞质的过程称为胞质分裂。胞质分裂通常始于晚后期或早末期，即始于两组子染色体分别接近两极时。）

24. 错误之处：__液泡__ 改为：__高尔基体__
（分析：与成膜体融合形成细胞板的小泡是来自高尔基体及内质网，并不是来自液泡。小泡中含有一些多糖类的造壁物质，这些物质参与了新壁的形成。）

25. 错误之处：__非蛋白质__ 改为：__蛋白质__
（分析：酶是一类特殊的蛋白质，它是细胞内生化反应的催化剂。酶具有高度的专一性，一般情况下，一种酶只能催化一种生化反应。酶的种类繁多，据估计，1个细胞内约有3000种酶，合理地分布在细胞的特定位置，从而使各种复杂的生化反应能够同时在细胞内有条不紊地进行。）

26. 错误之处：__原生质体__ 改为：__原生质__

（分析：一个细胞内的生活物质称为原生质，而不是称为原生质体。原生质体是由原生质特化来的，包括细胞膜、细胞质和细胞核三个部分。）

27. 错误之处：　蛋白质　　改为：　水　

（分析：在原生质的全部分子组成中，水所占的比例最大，一般可占细胞全重的60%～90%。细胞中的许多代谢反应，都是在水作为介质中进行的。蛋白质在原生质中的含量仅次于水，约占干重的60%。蛋白质不仅是原生质的重要组成物质，而且还以酶等形式起着重要的作用。）

28. 错误之处：　原生质　　改为：　原生质体　

（分析：本题是概念的错用。要注意原生质和原生质体两个概念的区别。）

29. 错误之处：　每一个　　改为：　并非每一个　

（分析：活的植物体内，并非每一个细胞都是有生命的。因为活的植物体内也有许多死细胞，如纤维细胞、导管分子、管胞和石细胞等。）

30. 错误之处：　糖类　　改为：　把"糖类"删除即可　

（分析：核糖核蛋白体是合成蛋白质的主要场所。粗糙型内质网外表面结合有核糖核蛋白体，因此也与合成蛋白质有关。糖类的合成主要由质体、光滑型内质网、高尔基体等细胞器负责。）

31. 错误之处：　染色质和核质　　改为：　DNA　

（分析：细胞核中的遗传物质是DNA。染色质是DNA的载体，是属于核质的部分。核质处于核仁以外、核膜以内，包含了染色质和核液两个部分。）

32. 错误之处：　线粒体　　改为：　把"线粒体"删除即可　

（分析：微体、液泡和溶酶体均是单层单位膜包围的细胞器，而线粒体则为双层单位膜包围的细胞器。）

33. 错误之处：　始终　　改为：　并非始终　

（分析：本题涉及细胞核在细胞中所处的位置。可以说，在幼期细胞中，核常位于细胞的中央，但其位置随着细胞的生长和分化而相应发生改变。因此本题可改为：细胞核并非始终位于细胞的中央。）

34. 错误之处：　核仁的外表面有一层膜　　改为：　核仁的外表面不存在膜　

（分析：在电镜水平下，可以看到核仁有四种基本结构的组成成分：颗粒、纤维、染色质和蛋白质的基质。但电镜下没有发现核仁的外表面有膜的存在。）

35. 错误之处：　都是　　改为：　并非都是　

（分析：由于部分细胞器，如核蛋白体、微管、微丝等都没有膜结构，因此本题可改为：细胞器并非都是由生物膜所组成。）

36. 错误之处：　原生质　　改为：　原生质体　

（分析：本题错用了原生质的概念。原生质是细胞中的生活物质；原生质体是由原生质特化来的，包括细胞膜、细胞质和细胞核三个部分。前者是物质的概念，后者则是形态、结构和功能的概念。）

37. 错误之处：　所有的　　改为：　并非所有的　

（分析：因为细菌、真菌和蓝藻等低等植物的细胞没有质体，因此本题的后半句可改为：并非所有的植物细胞都有质体。）

38. 错误之处：　1个　　改为：　1个或几个　

（分析：生活的细胞核内，常有1个或几个核仁。核仁是形成细胞质的核蛋白体的亚单位。没有核仁的细胞是不能正常生活的。）

39. 错误之处：　消化　　改为：　把"消化"删除

四、参考答案

（分析：质体只有合成和累积同化产物的功能，没有消化功能。因此，本题应把"消化"删除。）

40. 错误之处：__只存在于__ 改为：__主要存在于__

（分析：叶绿体主要存在于植物的叶肉细胞中，在地上器官表皮的保卫细胞和其他绿色组织细胞中也存在。）

41. 错误之处：__基质片层__ 改为：__基粒__

（分析：叶绿体中由扁平圆盘形的类囊体垛叠在一起形成的构造称为基粒，其中的每一类囊体称为基粒片层。基质片层是指连接基粒的类囊体部分。）

42. 错误之处：__以木质为主，但也有纤维素__ 改为：__以纤维素为主，但也有木质__

（分析：次生壁的物质依然以纤维素为主，纤维素是包括初生壁和次生壁在内的细胞壁的构架物质，也是细胞壁最主要的物质。木质是细胞壁的内镶物质，虽然也是次生壁的主要成分，但与纤维素相比并不占优势。）

43. 错误之处：__纹孔的纹孔膜__ 改为：__把"纹孔的纹孔膜"删除__

（分析：因为纹孔是次生壁产生的过程中形成的，纹孔膜虽然只包括胞间层和初生壁的部分，但由于次生壁形成后，细胞中的原生质体已消失，纹孔膜上不可能有胞间连丝相互连通，因此本题要把"纹孔的纹孔膜"删除，改为：在初生纹孔场和初生壁上的其他部位都有胞间连丝相互连通。）

44. 错误之处：__在细胞壁的纹孔内__ 改为：__在初生壁上__

（分析：因为纹孔存在于次生壁上，有次生壁的细胞通常为死细胞，纹孔内不可能有胞间连丝通过，因此本题可改为：胞间连丝只有在初生壁上才能通过。）

45. 错误之处：__次生壁__ 改为：__把"次生壁"删除__

〔分析：因为植物中有次生壁的细胞只占少数（如厚壁细胞、导管分子、管胞和石细胞等），因此本题要把"次生壁"删除，改为：植物的细胞壁绝大多数有胞间层和初生壁。〕

46. 错误之处：__次生壁__ 改为：__初生壁__

（分析：初生壁是靠近胞间层的细胞壁，次生壁是位于初生壁内方的细胞壁。当果胶酶把胞间层溶解后，细胞最外层应该是初生壁，而不是次生壁。）

47. 错误之处：__复粒__ 改为：__半复粒__

（分析：复粒和半复粒的淀粉粒都具有2个以上的脐点和各自的轮纹，两者的主要区别就在于半复粒淀粉的外面还有共同的轮纹包围着。）

48. 错误之处：__糊粉粒__ 改为：__淀粉__

（分析：植物细胞中最普遍的贮藏物质是淀粉，而不是糊粉粒。所有薄壁细胞中都有淀粉粒存在，尤其在各类贮藏器官中更为集中，如种子的胚乳和子叶中，植物的块根、块茎、球茎和根状茎中都含有丰富的淀粉粒。）

49. 错误之处：__淀粉__ 改为：__蛋白质__

（分析：糊粉粒是贮藏蛋白质的一种颗粒结构。糊粉粒较多地分布于植物种子的胚乳或子叶中，有时它们集中分布在某些特殊的细胞层中。例如禾谷类种子胚乳最外面的一层或几层细胞中，含有大量糊粉粒，特称为糊粉层。）

50. 错误之处：__减数分裂__ 改为：__有丝分裂__

（分析：许多低等植物的生活史中仅有营养繁殖或有营养繁殖和无性生殖而没有出现有性生殖，生活史中也就没有减数分裂的产生。在高等植物中，除了形成大、小孢子时以减数分裂方式进行繁殖之外，其他细胞的分裂繁殖，一般都以有丝分裂方式进行。因此，本题应把减数分裂改为有丝分裂。）

51. 错误之处：__前期__ 改为：__间期__

（分析：在细胞周期中，染色体的复制是发生在间期，而不是在前期。复制后，每条染色体由两条完全相同的染色单体组成，两条染色单体各含一个相同的 DNA 分子。）

52. 错误之处：__植物__ 改为：__高等植物__

（分析：因为大多数低等植物没有细胞分化现象，因此本题可改为：细胞分化是高等植物的普遍现象。）

53. 错误之处：__细胞分裂使细胞数量增多__ 改为：__细胞分裂、生长和分化__

（分析：细胞分裂使细胞数量增多只是植物器官生长过程中的一个阶段。器官生长除了包括细胞分裂外，还包括细胞生长和细胞分化两个阶段。细胞生长是在细胞分裂的基础上进行的，主要表现在细胞体积的增大和重量的增加；细胞分化则在细胞生长的基础上发生，主要体现在细胞形态结构和功能上变成彼此互异，并产生了各种成熟组织。植物器官要完成整个生长过程，这三个阶段缺一不可。由此可见，植物各种器官的生长是因为细胞分裂、生长和分化造成的。）

（四）名词解释

1. 单位膜：膜结构的一种假设模型，是根据电镜观察的结果提出来的。用电镜观察，膜的横断面呈现"暗—明—暗"三条平行的带，即内外两层暗的带（由大的蛋白质分子组成）之间，有一层明亮的带（由脂类分子组成），这样的膜称为单位膜。

2. 流动镶嵌模型：是膜结构的一种假说模型。脂类物质分子的双层，形成了膜的基本结构的衬质，而膜的蛋白质则和脂类层的内外表面结合，或者嵌入脂类层，或者贯穿脂类层而部分地露在膜的内外表面。磷脂和蛋白质都有一定的流动性，使膜结构处于不断变动状态。

3. 细胞器：细胞质内由原生质分化形成的具有特定结构和功能的亚细胞结构。如质体、线粒体、内质网和高尔基体等。

4. 胞质运动：是指细胞质在生活细胞中的环流运动，在具液泡细胞中常可观察到。胞质运动对胞内各种物质运动有重要作用，体现着细胞的生命现象。

5. 细胞骨架系统：细胞内微管系统、中间纤维系统和微丝系统三者的总称。三者在细胞内形成了错综复杂的立体网络，将细胞内的各种结构连接和支架起来，以维持在一定的部位上，使各结构能执行各自的功能。

6. 核小体：构成染色质的基本单位。每个核小体的中心有 8 个组蛋白分子，DNA 双螺旋盘在它的表面，核小体之间有一段 DNA 双螺旋，并由另一个组蛋白分子相连。核小体组成串珠状，先构成染色质的基本结构，再进一步螺旋化构成染色体。

7. 核被膜：即核膜，指包围着细胞核的两层单位膜。核被膜有许多具一定结构的孔，称为核孔，由内、外两层单位膜愈合而成，沟通细胞质与细胞核之间的物质运输。外层核膜上附着有核糖体，在一些部位，外膜向外延伸，与内质网膜相连，可经内质网和相邻的细胞相通。核被膜是选择透性膜，离子和分子量较小的物质可以通过。

8. 胞间层：又称中层，由相邻的两个细胞向外分泌的果胶物质构成的，胞间层能缓冲胞间的挤压又不致阻碍初生壁生长扩大表面面积。

9. 初生壁：在植物细胞中，紧贴中层的第一层细胞壁。是新细胞最初产生的壁，也是细胞增大体积时所形成的壁层，由邻接的细胞分别在胞间层两面沉积壁物质而成。构成初生壁的主要物质有纤维素、半纤维素和果胶物质等。

10. 次生壁：细胞体积停止增大后加在初生壁内表面的壁层。构成次生壁的物质以纤维素为主，但还有木质或木栓质等其他物质。一般认为，分化完成后原生质体消失的细胞，才具有次生壁。

11. 纹孔：细胞壁次生加厚后留下的凹陷，在这个凹陷内只有初生壁和中层。纹孔可以起通水作用。

12. 胞间连丝：穿过细胞壁的细胞质细丝，它连接相邻细胞的原生质体。电镜研究表明，胞间连丝与相邻细胞中内质网相连，从而构成了一个完整的膜系统。胞间连丝主要起细胞间的物质运输和刺激传递的作用。

13. 细胞周期：持续分裂的细胞，从结束一次分裂开始，到下一次分裂完成为止的整个过程，称为细胞周期。可分为两个阶段：分裂间期和有丝分裂期。

14. 有丝分裂：细胞繁殖的主要方式。它的主要特点在于分裂期中，已经复制了的染色体逐步浓缩、变粗成为染色体，并在纺锤丝的作用下移向两极，准确地、均等地分配到两个子细胞中去。所产生的两个子细胞都有与亲代相同数目的染色体。整个分裂过程分为前、中、后、末四个时期。

15. 无丝分裂：细胞分裂的一种方式。细胞分裂时，先是细胞核延长，成哑铃形，最后缢裂成两部分，细胞质随之分裂，成为两个子细胞。无丝分裂的过程简单，不出现纺锤丝和纺锤体等一系列变化，消耗能量少，分裂速度快，但其遗传物质没有平均分配到子细胞，所以子细胞的遗传性可能是不稳定的。

16. 赤道面：细胞有丝分裂中期，染色体逐渐集中到细胞中部，所有染色体的着丝点，都排在中部平面上，这个面称为赤道面，亦称"赤道板"，此时由于染色体排列在一个平面内，故是计算染色体数目最适宜时期。

17. 细胞板：在细胞有丝分裂末期，两个子核之间开始形成的那部分胞壁，称为细胞板，它是由高尔基体及（或）内质网分离出来的小胞汇集到赤道面上，且和成膜体的微管融合而成的。

18. 染色单体：染色体复制形成的由同一着丝粒联结在一起的两个子染色体。着丝粒分裂后，染色单体即分开成为染色体。

19. 姐妹染色单体：在细胞周期的间期时，由同一染色体复制形成的两个染色单体并由同一着丝粒联结着，这两个染色单体称为姐妹染色单体。在分裂期的后期，着丝粒分裂，两个染色单体分开成为独立的两个染色体。

20. 同源染色体：减数分裂中，一个来自父本，一个来自母本的一对染色体，互为同源染色体。同一物种内一对同源染色体形态、结构相同，包含相同的基因序列，因而使二倍体细胞中每一基因各具二份。

21. 后含物：细胞原生质在代谢过程中产生的非原生质的产物，包括贮藏物质（如淀粉，脂类和蛋白质）、次生代谢产物以及废物等。

22. 糊粉粒：在禾谷类颖果的胚乳外面有一层细胞，内含蛋白质和油脂，常成颗粒状，故称糊粉粒。糊粉粒含有水解酶，因此，除了是一种蛋白质的贮藏结构外，还可看作一种被隔离的含水解酶的溶酶体。

23. 纺锤体：在有丝分裂和减数分裂中，组织染色单体或同源染色体向两极分布的丝状结构。在分裂中期，所有纺锤丝形成了一个纺锤状的构象，因此称为纺锤体。

24. 成膜体：在细胞分裂的早末期或晚后期，两极的纺锤丝消失，但在两子核之间的纺锤丝却保留下来，并且增多微管而向赤道面四周离心地扩展，形成桶状的构形，这种在染色体离开赤道面后变了形的纺锤体，称为成膜体。

25. 细胞分化：在生物个体发育中，细胞向不同的方向发展，各自在结构和功能上表现出差异的一系列变化的过程称为细胞分化。细胞分化，基本上包括形态结构和生理生化上的分化两个方面，其中生理生化上的分化先于形态结构上的分化。

26. 细胞的全能性：即指植物的大多数生活细胞，在适当条件下都能由单个细胞经分裂、生长和分化形成一个完整植株的现象或能力。

27. 细胞脱分化：植物体内某些生活的成熟细胞，分化程度浅，具有潜在的分裂能力，在一定条件下，可恢复分裂性能，重新具有分生组织细胞的特性，这个过程称为脱分化。

28. 极性现象：植物细胞分化中的一个基本现象，指器官、组织、细胞在轴向的一端和另一端之间，存在结构和生理功能上的差异现象。如胚轴的上端是胚芽，下端是胚根，二者分别形成地上枝系和地下根系，这是器官分化的极性现象。

（五）填图题

按照英文字母的图号和标线上的序号填写图1-1有关名称。

A. 间期　　　　B. 早前期　　　　C. 晚前期　　　　D. 中期　　　　E. 后期
F. 早末期　　　G. 晚末期　　　　H. 子细胞　　　　1. 核膜　　　　2. 核仁
3. 细胞壁　　　4. 纺锤丝　　　　5. 细胞板

（六）分析和问答题

1. 概述植物细胞有丝分裂过程中成膜体和细胞板的形成过程。

染色体到达两极后，两极的纺锤丝消失，但在两个子核之间的纺锤丝（中间丝）越来越密，并且微管数量增加，在赤道面区域形成桶状构形的成膜体，与此同时（或答伴随着成膜体的形成），由高尔基体及（或）内质网分离出来的小泡汇集到赤道面上，并与成膜体的微管融合成为细胞板。

2. 区别染色质与染色体的概念。

染色质是染色体在间期时的存在形式，是高度伸展开成细丝状的染色体。染色体是染色质在分裂期的表现形式，是高度螺旋化的染色质。

3. 比较线粒体与叶绿体的异同点。

相同点：外围均有双层单位膜，均有独立于核外的遗传系统。

主要区别：叶绿体内膜向内折叠形成片层系统，含色素，主要功能是进行光合作用。线粒体内膜向内形成脊并分布有电子传递粒，不含色素，主要功能是进行呼吸作用。

4. 比较过氧化物酶体与乙醛酸循环体的异同点。

相同点：均为单层膜包围的细胞器。

主要区别：过氧化物酶体主要存在于高等植物叶的光合细胞中，常和叶绿体及线粒体结合在一起，执行光呼吸的功能。乙醛酸循环体多存在于贮藏组织的细胞中，功能是把脂肪或油分解成糖类。

5. 区别细胞周期中的间期与分裂期。

间期是细胞进行生长的时期，主要进行DNA、RNA和蛋白质的合成并积累能量，为细胞分裂做准备。

分裂期是细胞进行分裂的时期，主要进行核分裂和胞质分裂，产生子细胞。

6. 区别赤道板与细胞板的概念。

细胞有丝分裂中期，所有染色体的着丝点都排列在中部平面上，这个面称为赤道面，亦称赤道板。此时由于染色体排列在一个平面内，故是计算染色体数目最适宜之时。

细胞有丝分裂末期，在两个子核之间开始形成的那部分胞壁，称为细胞板。它是由高尔基体及（或）内质网分离出来的小胞汇集到赤道面上，且和成膜体的微管融合而成的。

第二章
植物组织

一、学习要点和目的要求

1. 植物组织的概念与类型

掌握植物组织的概念。掌握组织的类型及其分类的依据。

2. 分生组织

掌握分生组织的概念。掌握分生组织的细胞特点。掌握各类分生组织的位置、来源、去向及相互之间的关系。

3. 营养组织

掌握营养组织的细胞特点和分类。掌握各类营养组织的位置、形态和功能。掌握传递细胞的概念。理解传递细胞的存在位置。

4. 保护结构

掌握初生保护结构（表皮）和次生保护结构（周皮）的来源、存在位置、组成及其功能。掌握表皮与周皮的区别特征。

5. 机械组织

掌握厚角组织和厚壁组织的区别特征及其功能。理解石细胞、韧皮纤维和木纤维的形态特征及存在位置。

6. 输导组织

掌握输导组织的分类。掌握导管与管胞、导管与筛管、筛管与筛胞的区别特征。掌握导管的类型及其在被子植物中的分布位置。掌握筛管和伴胞的形态结构特征及其作用。理解管胞和筛胞的形态及其分布。

7. 分泌结构

掌握外分泌结构和内分泌结构的概念和一些常见类型的形态结构特点。

8. 复合组织和组织系统

掌握复合组织、维管组织、维管束和维管植物的概念。掌握三大组织系统的组成。掌握维管组织的排列方式。掌握被子植物中常见的维管束类型。

二、学 习 方 法

本章以第一章的植物细胞为基础，要学好本章内容，必须先巩固细胞中的理论知识和实验知识，尤其细胞的形态、结构和功能以及细胞的分裂、生长和分化的知识。组织是形态、结构相似，在个体发育中来源相同，担负着一定生理功能的细胞组合，是细胞分裂、生长和分化的结果。因此，细胞和组织这两章内容是相辅相成的。学习中，可采取下面的方法，并互相联系，穿插运用。

（一）表解法

1. 利用表解法总结植物组织的分类

构成植物体的组织种类很多，通常根据发育程度、生理功能和形态结构的不同分为分生组织和成熟组织两大类。分生组织存在于植物体的生长部位，是具有持续性或周期性分裂能力的细胞群。植物体的其他组织均由分生组织的细胞经过分裂、生长和分化而形成。因此，分生组织与植物的生长密切相关。成熟组织是在器官形成时由分生组织分裂所产生的细胞，经过生长和分化后形成的，包括营养组织、保护结构、机械组织、输导组织和分泌结构五类。各类组织的形态结构特点各不相同，因此担负的功能也不一样。组织的分类可归纳见表2-1。

表2-1 植物组织的分类

植物组织	分生组织	按位置分	顶端分生组织	分布于根尖、茎尖等部位
			侧生分生组织	分布于根、茎的周侧，包括维管形成层和木栓形成层
			居间分生组织	分布于成熟组织之间，如禾本科植物节间基部，韭、葱叶的基部都有存在
		按来源分	原分生组织	生长点最先端，由胚性细胞组成
			初生分生组织	由原分生组织衍生而来，分为原表皮、原形成层和基本分生组织
			次生分生组织	由薄壁细胞脱分化而成，木栓形成层和束间形成层是典型的次生分生组织
	成熟组织	保护结构	表皮	初生保护结构，包括表皮细胞、气孔器、表皮毛等
			周皮	次生保护结构，包括木栓层、木栓形成层和栓内层
		营养组织	吸收组织	根毛区的表皮细胞和根毛
			同化组织	叶肉是典型的同化组织，幼茎等绿色部位也有分布
			贮藏组织	细胞内充满营养物质，主要有淀粉、蛋白质和脂肪等
			通气组织	胞间隙非常发达，或部分薄壁细胞解体形成气腔
			传递细胞	细胞壁内突，进行短途物质的运输
		机械组织	厚角组织	细胞壁局部增厚，增厚部分仍为初生壁
			厚壁组织	细胞壁全面加厚，木化或栓化，加厚部分为次生壁
		输导组织	输导水分 导管	端壁穿孔，原生质体解体
			输导水分 管胞	端壁不穿孔，原生质体解体，比较原始
			输导养料 筛管	端壁成筛板，有原生质体
			输导养料 筛胞	端壁不成筛板，有原生质体，比较原始
		分泌结构	外分泌结构	分泌物排出体外，有腺毛、腺鳞、蜜腺、排水器等
			内分泌结构	分泌物贮存体内，有分泌腔、分泌道、乳汁管等

2. 利用表解法概括分泌结构的类型、形态结构、分泌物、分布及作用

分泌结构是与产生、贮藏、输导分泌产物（如挥发油、树脂、乳汁、蜜汁等）有关的细胞组合。分泌结构的类型很多，通常把分泌产物排到体外去的称外分泌结构，如腺毛、腺鳞、蜜腺和排水器等；把分泌产物积贮于植物体内的称内分泌结构，如分泌腔、分泌道和乳汁管等。现把分泌结构的有关内容归纳见表2-2。

表 2-2　分泌结构的类型、形态结构、分泌物及分布

类型			形态结构	分泌物	分布
外分泌结构	腺表皮		表皮细胞	挥发油、糖、氨基酸、酚类等	花瓣、柱头
	腺毛		一至多细胞组成，常有柄和产生分泌物的头部两部分	黏液或精油等	幼茎或叶的表面（如烟草和棉等）
	消化腺		柄和头部均为多细胞组成	蜜露、消化酶等	食虫植物（如猪笼草）的变态叶
	盐腺		由柄和头部组成	盐分	盐生植物的体表
	蜜腺	花蜜腺	由分泌细胞组成。有的是腺表皮特化而成，呈球形、杯状或棒状等多种形态	糖液	花中
		花外蜜腺			通常在叶上
	排水器		由水孔和排列疏松的通水组织构成	水分	叶尖和叶缘
内分泌结构	分泌细胞		单个分散于薄壁组织中的生活细胞或非生活细胞，囊状、管状或分枝状	油（樟科）、单宁（蔷薇科等）、芥子酶（十字花科等）	各器官中
	分泌道	溶生分泌道	细胞溶解和胞间层溶解而形成的	树脂、漆汁等	杧果属的叶和茎
		裂生分泌道	一些细胞之间胞间层溶解而成的长形胞间隙		木质部（如松柏类树脂道）和韧皮部（如漆树的树脂道）
	溶生分泌腔		一些细胞溶解后形成的腔囊状结构	芳香油（柑橘）	叶、果皮
	乳汁管	无节乳汁管	单个细胞不断伸长，分枝而成，长达几米	多种成分如橡胶、蛋白质、脂类、糖类、植物碱、有机酸、盐类、单宁等	桑科、夹竹桃科、大戟属等
		有节乳汁管	许多管状细胞端壁融化消失，相互连接而成		菊科、旋花科、罂粟科、番木瓜科、橡胶属等

3. 利用表解法归纳维管束的类型

维管束是一种复合组织，是在维管植物（蕨类植物和种子植物）中，由木质部和韧皮部组成的束状结构，由原形成层分化而来。根据维管束内形成层的有无和维管束能否继续增大，可将维管束分为有限维管束和无限维管束；还可根据木质部和韧皮部的位置和排列情况，将维管束分为外韧维管束、双韧维管束和同心维管束等几种类型。维管束的类型是后续章节中重点探讨并需牢固掌握的内容，可归纳见表2-3。

表2-3 维管束的类型

维管束类型	按有无形成层分	有限维管束	无束中形成层，不能进行次生生长，见于大多数单子叶植物中
		无限维管束	有束中形成层，能进行次生生长产生次生结构，见于大多数双子叶植物和裸子植物中
	按韧皮部、木质部位置分	外韧维管束	有限外韧维管束：韧皮部在外，木质部在内，无束中形成层，见于大多数单子叶植物的茎中
			无限外韧维管束：韧皮部在外，木质部在内，有束中形成层，见于大多数双子叶植物和裸子植物的茎中
		双韧维管束	木质部内外各有一个并生的韧皮部，多见于南瓜等葫芦科和马铃薯等茄科植物中
		同心维管束	周木维管束：木质部围绕韧皮部，见于菖蒲、鸢尾和一些莎草科植物的根状茎中
			周韧维管束：韧皮部围绕木质部，位于蕨类植物根状茎、叶柄中和一些被子植物的花丝中

（二）分析比较法

本章也存在着许多既有联系，又有区别的概念和结构，因此，运用分析比较法可达到加深理解和快速掌握知识的目的。举例如下：

1. 区别原分生组织、初生分生组织和次生分生组织

原分生组织由胚性细胞所组成，持续分裂的时间长，由它衍生形成初生分生组织。

初分生组织由原分生组织衍生而来，具边分裂边分化的特点，分化的结果产生初生结构。

次生分生组织由成熟的薄壁组织恢复分裂能力转化而来，也具边分裂边分化的特点，分化的结果产生次生结构。

2. 比较气孔和水孔

相同点：均处在植物体的表皮上，均由保卫细胞所构成。

不同点：气孔主要分布于茎和叶的表皮上，范围广，其保卫细胞能够自动调节开闭。水孔主要存在于叶尖和叶缘，它的保卫细胞没有自动调节开闭的能力，经常处于开放状态。

3. 比较木纤维与韧皮纤维

相同点：均为两端尖削的长纺锤形的死细胞，同属于厚壁组织。

不同点：韧皮纤维通常是指韧皮部发生的纤维，长度比木纤维长，细胞壁木化程度低，坚韧而有弹性。木纤维是指发生于木质部的纤维，长度较韧皮纤维短，细胞木化程度较高，脆而易断。

4. 区别侵填体与胼胝体

侵填体是由邻接导管的薄壁细胞通过侧壁上的纹孔向导管腔内生长所形成的

一种堵塞导管的囊状凸出物，所含物质常为单宁和树脂及其他代谢产物。

胼胝体是在筛板和筛域上形成的一种堵塞筛孔的垫状物，组成的物质主要是胼胝质（黏性碳水化合物）。

5. 区别维管组织与维管束

维管组织是木质部和韧皮部或其中之一的总称，不包含维管形成层。

维管束是由木质部和韧皮部共同组成的束状结构，无限维管束中含有维管形成层。

（三）实验法

本章内容主要涉及植物组织的形态、结构和功能，需要明确的是，组织是生物在发生和发展过程中为适应环境的变化，细胞进行分工而形成的。由于各类组织所担负的功能不一样，其体现出来的形态结构特点各不相同。通过组织的实验观察，可以加深对植物体中各种组织的形态结构特点的认识，加深对植物组织的形态、结构和功能的相关性以及植物对环境的各种适应性的理解。在实验过程中，应注意如下一些观察内容，并与学习方法中的比较法、图解法等穿插起来，同时也与它们所执行的生理功能联系起来：

（1）各种分生组织的存在位置及细胞的形态特征。
（2）表皮的细胞组成和形态特征。
（3）周皮的细胞组成和形态特征。
（4）厚角组织的存在位置及细胞形态。
（5）厚壁组织（纤维和石细胞）的存在位置及细胞形态。
（6）输导组织中导管、管胞、筛管和伴胞的形态和结构。
（7）一些分泌结构（分泌腔、分泌道、乳汁管和腺毛等）的形态特征。

（四）图解法

在本章的学习过程中，需要看懂书中有关植物组织各种类型的形态和结构图例，这是深刻理解组织的形态、结构与功能的关系，牢固掌握知识必不可少的。本章的图例可归纳为以下两种类型：

1. 与生理功能相关的形态图例

组织是由细胞组成的，因此，组织的形态往往体现在细胞的形态上，同时，组织的功能往往体现在细胞的功能上。如初生保护组织主要由表皮细胞组成，而体现为扁平状，主要起保护作用；输导组织主要由长管状的细胞（导管、管胞和筛管等）组成，主要起输导作用；机械组织主要由厚角细胞和厚壁细胞（纤维细胞和石细胞）组成，细胞壁有不同程度加厚，主要起机械支持作用等。

2. 与生理功能相关的结构图例

植物组织体现出来的一些结构特征也与其所执行的功能相关联。举例如下：

（1）气孔器由保卫细胞构成，由于保卫细胞中含有叶绿体，靠近气孔处的细胞壁较厚，这种特殊的结构使气孔器具备了自动调节开闭的能力。

（2）在输导水分的组织中，导管由导管分子纵向相连而成，端壁上具有大的穿孔；管胞没有纵向相连，端壁上也不具大穿孔。显而易见，导管的结构特点使它比管胞具备更高的输导能力。

三、练 习 题

（一）填空题

1. 种子植物的各器官是由不同的组织构成的，植物组织可分为_____、_____、_____、_____、_____及_____6大类。
2. 木栓形成层从组织的性质来源看，是_____组织，从它所在的位置来看，是_____组织。
3. 植物的组织类型很多，其中具持续分裂能力，产生新细胞，形成新组织的细胞群的是_____组织，分布在植物体顶端（根尖或茎尖）的是_____组织，分布在植物体侧面的是_____组织，分布在稻、麦节间基部的是_____组织。
4. 传递细胞最显著的特征是_____，它们在植物体内起_____作用。
5. 双子叶植物的气孔是由两个_____形的_____细胞组成的。
6. 植物体的初生保护组织是_____，它是由初生分生组织的_____发育而来的；次生保护组织是_____，它是由次生分生组织_____的活动产生的。
7. 在植物体内起巩固和支持作用的组织称为_____，细胞的主要特点是_____，根据_____的差异和部位不同可分为_____和_____二类。
8. 输导组织根据其结构和输送的物质不同可分为两大类：一类是在木质部运输_____的组织，包括_____和_____；另一类是在韧皮部运输_____的组织，包括_____、_____和_____。
9. 导管根据其_____和_____的不同可分类为_____、_____、_____、_____和_____等类型。
10. 在成熟的筛管细胞内_____已退化消失，_____也退化消失。
11. 初生维管组织是由_____分裂、分化形成，次生维管组织由_____分裂、分化形成。在被子植物中，初生木质部的组成分子有_____、_____、_____与_____；初生韧皮部的组成分子有_____、_____、_____与_____。
12. 筛管分子的筛板上存在着许多_____，上下两个筛管分子通过_____彼此相连。
13. 分泌结构中蜜腺因分泌物处于植物体的表面故属_____结构，而分泌腔的分泌物处于植物体内部，故属_____结构。
14. 常见的乳管有两种类型，一种叫做_____，另一种叫做_____。
15. 下列植物的细胞和结构属于何种组织：
    表皮_____，叶肉细胞_____，导管_____，纤维_____，原形成层_____，根毛_____，树脂道_____，石细胞_____。
16. 植物组织的种类很多，通常按其_____和_____的不同，以及

_____的分化特点，进行分类。

17. 从分生组织的发生来源来看，具有边分裂边分化能力的细胞群称为_____；具有恢复分裂能力的称为_____；永久保持分生能力的称为_____。

18. 分化程度较低的成熟组织细胞，在一定条件下，通过_____，可恢复分裂能力，转变为_____。

19. 根茎的伸长主要靠_____组织活动；双子叶植物的根、茎增粗主要是_____组织活动；水稻的拔节、抽穗主要是_____组织活动；雨后春笋的迅速生长主要是_____组织活动。

20. 表皮可包含_____，_____，_____和_____等几种不同的细胞类型。

21. 原生木质部的导管一般为_____和_____导管，可随器官的生长而伸延。后生木质部和次生木质部的导管为_____、_____和_____导管，为被子植物主要的输水组织。

22. 筛管的筛板形成时，只有一个筛域的称_____，分布着数个筛域的称_____，细胞质成丝状的_____，通过_____上下相连，相互贯通。

23. 有关维管束的类型：大多数种子植物茎的维管束属于_____；也有一些种子植物如瓜类、茄类、马铃薯、甘薯等植物茎的维管束属于_____。

24. 木栓层是_____组织，它和_____及_____共同构成周皮；水稻根茎因_____组织很发达适应湿生条件；由于南瓜茎边缘分布着_____组织，能起支持作用；苎麻纤维主要是_____纤维；桃核坚硬主要是由_____构成；油菜花托上有发达的_____，是良好的蜜源植物；漆树韧皮部中有_____，其上皮细胞能向管道内分泌和积累漆液。

25. 粮食作物主要利用植物的_____组织，纤维作物的特点是利用植物的_____组织，木材是利用_____组织中的_____。

26. 侧生分生组织包括_____和_____。

27. 管胞除具_____的功能外，还兼有_____的功能。

28. 凡由同一种类型的细胞构成的组织称_____组织，由多种类型的细胞构成的组织称_____组织。前者如_____和_____等，后者如_____、_____、_____、_____和_____等。

（二）选择题
1. 管胞是一种_____。
   A. 无核的生活细胞　　　　　　B. 有核的生活细胞
   C. 木化的死细胞　　　　　　　D. 栓化的死细胞
2. 周皮包括_____。
   A. 表皮和皮层　　　　　　　　B. 表皮和内皮层

C. 木栓层、木栓形成层和栓内层　　D. 木栓层和栓内层
3. 指出成熟时保留有生活原生质体的组织或细胞类型：_____。
   A. 厚壁组织　　　B. 筛管分子　　　C. 木栓层
   D. 厚角组织　　　E. 导管分子　　　F. 表皮细胞
4. 石细胞的特点是_____。
   A. 细胞壁厚，具纹孔道，细胞腔小　　B. 细胞壁薄，细胞腔大
   C. 细胞壁厚，细胞腔大　　　　　　　D. 细胞壁薄，细胞腔小
5. 被子植物的木质部由下列哪些细胞组成？_____。
   A. 导管分子　　B. 筛胞　　　　　C. 木纤维　　　D. 保卫细胞
   E. 管胞　　　　F. 木薄壁细胞　　G. 表皮毛　　　H. 木栓层
6. 韭菜叶割了以后又能继续生长，是由于哪种组织的活动？_____。
   A. 顶端分生组织　　　　　　B. 侧生分生组织
   C. 居间分生组织　　　　　　D. 次生分生组织
7. 木栓形成层属于_____。
   A. 原生分生组织　　　　　　B. 初生分生组织
   C. 次生分生组织　　　　　　D. 三生分生组织
8. 栅栏组织属于_____。
   A. 保护结构　　　　　　　　B. 营养组织
   C. 分泌结构　　　　　　　　D. 机械组织
9. 导管横切面的特点是_____。
   A. 细胞壁薄，细胞腔大，原生质体丰富
   B. 细胞壁厚，细胞腔大，原生质体解体
   C. 细胞壁厚，原生质体丰富
   D. 细胞壁薄，细胞腔大，原生质体解体
10. 下列哪种形态特征不属于筛管所具有？_____。
    A. 长形的生活细胞
    B. 组成分子相连接的横壁形成筛板
    C. 细胞成熟过程中次生壁不均匀加厚
    D. 细胞成熟后，细胞核消失
11. 伴胞存在于_____。
    A. 皮层　　　B. 韧皮部　　　C. 木质部　　　D. 髓部
12. 哪种分生组织的细胞既开始分化，而又仍具有较强的分裂能力？
    _____。
    A. 原分生组织　　　　　　　B. 初生分生组织
    C. 次生分生组织　　　　　　D. 都不是
13. 纤维属于_____。
    A. 厚角细胞　　B. 薄壁细胞　　C. 石细胞　　　D. 厚壁细胞
14. 典型的次生分生组织是指_____。
    A. 原形成层　　B. 木栓形成层　　C. 维管形成层　　D. 基本分生组织

15. 原表皮、基本分生组织和原形成层属于_____。
    A. 居间分生组织　　　　　　　B. 原分生组织
    C. 初生分生组织　　　　　　　D. 伸长区
16. 花生雌蕊柄之所以能将花生的花推入土中是因为其基部有下列何种分生组织之故？_____。
    A. 顶端分生组织　　　　　　　B. 居间分生组织
    C. 侧生分生组织　　　　　　　D. 原分生组织
17. 被子植物中，具有功能的死细胞是_____。
    A. 导管分子和筛管分子　　　　B. 筛管分子和纤维
    C. 纤维和伴胞　　　　　　　　D. 导管分子和纤维
18. 筛管分子最明显的特征是其_____。
    A. 侧壁具筛域　　B. 为具核的生活细胞
    C. 端壁具筛板　　D. 为有筛域、筛板而无核的生活细胞
19. 次生分生组织可由_____经脱分化转变而成。
    A. 薄壁组织　　　　　　　　　B. 原分生组织
    C. 初生分生组织　　　　　　　D. 次生分生组织
20. 存在于周皮上的通气结构是_____。
    A. 气孔　　　　B. 皮孔　　　　C. 穿孔　　　　D. 纹孔
21. 由分生组织向成熟组织过渡的组织是_____。
    A. 原分生组织　　　　　　　　B. 初生分生组织
    C. 次生分生组织　　　　　　　D. 薄壁组织
22. 水稻和小麦等禾谷类作物拔节、抽穗时，茎迅速长高，以及茎秆倒伏后能恢复直立，是靠_____的活动。
    A. 顶端分生组织　　　　　　　B. 侧生分生组织
    C. 居间分生组织　　　　　　　D. 次生分生组织
23. 漆树中的漆是从茎韧皮部的_____产生。
    A. 溶生型分泌道　　　　　　　B. 溶生型分泌腔
    C. 裂生型分泌道　　　　　　　D. 裂生型分泌腔
24. 厚角组织与厚壁组织的区别，主要在于厚壁组织是_____。
    A. 活细胞，壁均匀地次生加厚　　B. 死细胞，壁均匀地次生加厚
    C. 活细胞，壁均匀地初生加厚　　D. 死细胞，壁均匀地初生加厚
25. 厚壁组织与厚角组织的区别，主要在于厚角组织是_____。
    A. 死细胞，壁在角隅处次生加厚　　B. 活细胞，壁在角隅处次生加厚
    C. 死细胞，壁在角隅处初生加厚　　D. 活细胞，壁在角隅处初生加厚
26. 在植物体内，可称为营养组织或基本组织的是_____。
    A. 薄壁组织　　B. 保护组织　　C. 机械组织　　D. 分泌组织
27. 具有纹孔道的细胞是_____。
    A. 传递细胞　　B. 韧皮纤维　　C. 厚角组织细胞　　D. 石细胞
28. 既能适应支持器官直立，又能适应器官生长的组织是_____。

A. 木纤维　　　B. 厚角组织　　　C. 石细胞　　　D. 厚壁组织
29. 在下列导管类型中，木质化程度最低的是_____。
　　A. 孔纹导管　　B. 网纹导管　　　C. 螺纹导管　　D. 梯纹导管
30. 茎的维管形成层可以细分为束中形成层与束间形成层，从它们在植物中所处的位置以及来源性质上看，二者_____。
　　A. 均为典型的次生分生组织
　　B. 均不是典型的次生分生组织
　　C. 并非次生分生组织，而是初生分生组织
　　D. 均为次生分生组织，束中形成层具有初生分生组织的性质，束间形成层却是典型的次生分生组织
31. 被子植物的维管束中一般没有_____。
　　A. 管胞　　　　B. 筛管　　　　　C. 筛胞　　　　D. 导管
32. 梨、桃、椴树等植物茎的维管束属于_____。
　　A. 有限外韧维管束　　　　　B. 周韧维管束
　　C. 无限外韧维管束　　　　　D. 无限双韧维管束
33. 维管束类型属于有限维管束的是_____。
　　A. 蕨类植物茎　B. 双子叶植物茎　C. 裸子植物茎　D. 单子叶植物茎
34. 被子植物的韧皮部由下列哪些细胞组成？_____。
　　A. 筛管分子　　B. 筛胞　　　　　C. 木纤维　　　D. 韧皮纤维
　　E. 管胞　　　　F. 木薄壁细胞　　G. 伴胞　　　　H. 韧皮薄壁细胞
35. 蕨类植物和裸子植物是靠_____输导有机物质的。
　　A. 导管和管胞　B. 管胞　　　　　C. 筛胞　　　　D. 筛管

（三）**改错题**（指出下列各题的错误之处，并予以改正）

1. 典型的次生分生组织直接起源于初生分生组织。
　　错误之处：_____改为：_____
2. 原分生组织可以直接形成表皮，皮层和中柱。
　　错误之处：_____改为：_____
3. 小麦和玉米的拔节、抽穗是植物顶端生长的结果。
　　错误之处：_____改为：_____
4. 正常植物茎的表皮细胞是不含质体的死细胞。
　　错误之处：_____改为：_____
5. 保卫细胞以及它们之间的孔隙总称为气孔器。
　　错误之处：_____改为：_____
6. 周皮是由木栓层和木栓形成层两种不同的组织构成的。
　　错误之处：_____改为：_____
7. 传递细胞具有外突生长的细胞壁，细胞壁的表面积大为增加，有利于细胞对物质的吸收和传递。
　　错误之处：_____改为：_____
8. 薄壁组织分化程度浅，其中有一部分可经再分化转变为分生组织。

错误之处：_____改为：_____
9. 厚角组织的细胞壁在角隅处明显加厚，这种加厚属于次生壁性质。
　　错误之处：_____改为：_____
10. 木纤维是厚壁细胞的一种，它的化学成分以木质素为主。
　　错误之处：_____改为：_____
11. 厚壁组织是机械组织之一，具有不均匀增厚的次生壁。
　　错误之处：_____改为：_____
12. 厚角组织也是机械组织之一，是由细胞壁不均匀增厚的死细胞组成。
　　错误之处：_____改为：_____
13. 木栓层细胞、纤维细胞、石细胞、厚角细胞、筛管分子、管胞、导管分子等全部是死细胞。
　　错误之处：_____改为：_____
14. 在筛管细胞的端壁上，具有筛孔的凹陷区域称为筛板。
　　错误之处：_____改为：_____
15. 导管是没有细胞核的特殊的生活细胞。
　　错误之处：_____改为：_____
16. 导管是输导水分、无机盐和有机营养物质的输导组织。
　　错误之处：_____改为：_____
17. 导管和筛管均属输导组织，所不同的是导管分子成熟后为具厚壁的死细胞，而筛管分子成熟后为具有细胞核的生活细胞。
　　错误之处：_____改为：_____
18. 导管中的侵填体形成后到第二年春天还可以溶解。
　　错误之处：_____改为：_____
19. 筛板是指分布着筛域的筛管分子的侧壁。
　　错误之处：_____改为：_____
20. 导管分子的侧壁有不同形式的加厚，并经过了栓质化，但仍有未加厚的部位，水分可以通过这些未加厚的部位，运往侧面组织中去。
　　错误之处：_____改为：_____
21. 柑橘叶及果皮中常见到的黄色透明小点的油囊分泌腔，是由于细胞间的胞间层溶解，细胞相互分开而形成的。
　　错误之处：_____改为：_____
22. 分泌道是由于细胞溶解后而形成的。
　　错误之处：_____改为：_____
23. 双子叶植物根、茎的增粗主要是木栓形成层分裂活动的结果。
　　错误之处：_____改为：_____
24. 韭菜割叶后仍能继续生长，主要是由顶端分生组织的分裂活动引起的。
　　错误之处：_____改为：_____
25. 束中形成层和木栓形成层是典型的次生分生组织。
　　错误之处：_____改为：_____

26. 成熟组织是由次生分生组织分化来的。
    错误之处：＿＿＿＿＿＿＿＿＿＿＿＿＿　改为：＿＿＿＿＿＿＿＿＿＿＿＿＿
27. 粗老树干形成层以外的所有部分常被称为周皮。
    错误之处：＿＿＿＿＿＿＿＿＿＿＿＿＿　改为：＿＿＿＿＿＿＿＿＿＿＿＿＿
28. 黄麻纤维比苎麻好，因为前者的纤维细胞长，细胞壁含纤维素较纯。
    错误之处：＿＿＿＿＿＿＿＿＿＿＿＿＿　改为：＿＿＿＿＿＿＿＿＿＿＿＿＿
29. 石细胞一般是由纤维细胞经过细胞壁的强烈增厚分化而来的。
    错误之处：＿＿＿＿＿＿＿＿＿＿＿＿＿　改为：＿＿＿＿＿＿＿＿＿＿＿＿＿
30. 老的筛管失去输导能力，主要由于筛板上形成侵填体的缘故。
    错误之处：＿＿＿＿＿＿＿＿＿＿＿＿＿　改为：＿＿＿＿＿＿＿＿＿＿＿＿＿
31. 据分泌结构是否处于植物体表面，可分为外分泌结构和内分泌结构。
    错误之处：＿＿＿＿＿＿＿＿＿＿＿＿＿　改为：＿＿＿＿＿＿＿＿＿＿＿＿＿
32. 筛管中运输的碳水化合物主要是以麦芽糖的形式出现的。
    错误之处：＿＿＿＿＿＿＿＿＿＿＿＿＿　改为：＿＿＿＿＿＿＿＿＿＿＿＿＿
33. 种子植物茎的维管束大多数为周韧维管束。
    错误之处：＿＿＿＿＿＿＿＿＿＿＿＿＿　改为：＿＿＿＿＿＿＿＿＿＿＿＿＿
34. 按起源来讲，主根和茎顶端的初生分生组织直接起源于种子内的胚。
    错误之处：＿＿＿＿＿＿＿＿＿＿＿＿＿　改为：＿＿＿＿＿＿＿＿＿＿＿＿＿

（四）填图题
1. 按照标线上的序号填写图 2-1 各部分的名称。

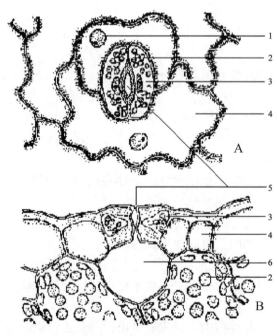

图 2-1　双子叶植物叶表皮的一部分，示表皮细胞和气孔器
A. 表皮顶面观　B. 叶横切面的一部分

1.＿＿＿＿　2.＿＿＿＿　3.＿＿＿＿　4.＿＿＿＿　5.＿＿＿＿　6.＿＿＿＿

2. 按照标线上的序号填写图2-2各部分的名称。

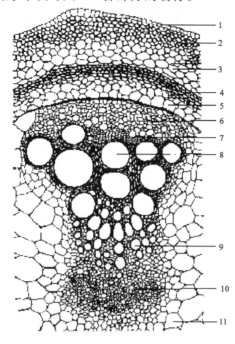

图2-2 南瓜茎的部分横切面，表示双韧维管束

1. _____ 2. _____ 3. _____ 4. _____
5. _____ 6. _____ 7. _____ 8. _____
9. _____ 10. _____ 11. _____

3. 输导组织填图

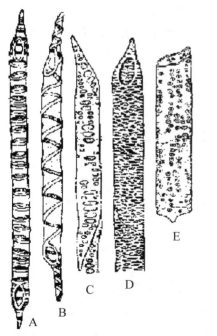 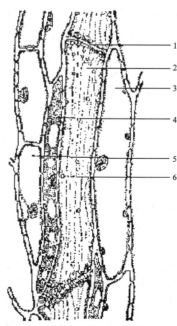

图2-3 导管类型　　　　图2-4 韧皮部筛管和伴胞

(1) 按照英文字母的图号填写图 2-3 有关名称。
A. _____ B. _____ C. _____ D. _____ E. _____
(2) 按照标线上的序号填写图 2-4 各部分的名称。
1. _____ 2. _____ 3. _____ 4. _____ 5. _____ 6. _____

（五）名词解释

1. 顶端分生组织   2. 侧生分生组织   3. 居间分生组织
4. 角质膜   5. 周皮   6. 传递细胞
7. 伴胞   8. 筛域   9. 筛板
10. 侵填体   11. 胼胝体   12. 排水器
13. 分泌腔   14. 分泌道   15. 维管组织
16. 木质部   17. 韧皮部   18. 维管束
19. 有限维管束   20. 无限维管束   21. 外韧维管束
22. 双韧维管束   23. 维管系统   24. 复合组织
25. 组织系统   26. 皮组织系统   27. 维管组织系统
28. 基本组织系统

（六）分析和问答题

1. 比较表皮、周皮和广义树皮的异同点。
2. 比较厚角组织与厚壁组织的异同点。
3. 比较导管与筛管的异同点。
4. 比较导管与管胞的异同点。
5. 比较筛管与筛胞的异同点。
6. 任举三例说明植物组织的形成是细胞生长分化的结果。
7. 说明表皮层细胞的形态、结构和生理功能的相适应性。
8. 为什么薄壁组织又称为营养组织？组织离体培养为什么常用薄壁组织？
9. 分析传递细胞结构和功能的相关性？
10. 试分析导管的构造特点和它的机能的统一。
11. 导管是如何生长分化形成的？

四、参 考 答 案

（一）填空题

1. 分生组织、保护结构（或保护组织）、营养组织（或基本组织，或薄壁组织）、机械组织、输导组织、分泌结构
2. 次生分生、侧生分生
3. 分生、顶端分生、侧生分生、居间分生
4. 具有壁-膜器结构（或胞壁内突生长，形成多褶突起）、短途运输
5. 肾形、保卫
6. 表皮、原表皮、周皮（或木栓层）、木栓形成层
7. 机械组织、细胞壁局部或全部加厚、细胞形态和细胞壁加厚方式、厚角组织、厚壁组

四、参考答案

织
8. 水分和无机盐、导管、管胞、同化产物、筛管、筛胞、伴胞
9. 发育先后、次生壁木化程度、环纹、螺纹、梯纹、网纹、孔纹
10. 细胞核、大部分细胞器
11. 原形成层、次生分生组织、导管、管胞、木纤维、木薄壁组织、筛管、伴胞、韧皮纤维、韧皮薄壁组织
12. 筛孔、联络索
13. 外分泌、内分泌
14. 无节乳汁管、有节乳汁管
15. 初生保护组织、同化组织、输导组织、厚壁组织、初生分生组织、吸收组织、分泌结构、厚壁组织
16. 发育程度、主要功能、形态结构
17. 初生分生组织、次生分生组织、原分生组织
18. 脱分化、分生组织
19. 顶端分生、侧生分生、居间分生、居间分生
20. 表皮细胞、保卫细胞、副卫细胞、表皮毛（或腺毛）
21. 环纹、螺纹、梯纹、网纹、孔纹
22. 单筛板、复筛板、联络索、筛孔
23. 外韧维管束、双韧维管束
24. 次生保护、木栓形成层、栓内层、通气、厚角（或机械）、韧皮、石细胞、蜜腺、漆汁道（或分泌道，或裂生型分泌道）
25. 贮藏组织（或薄壁组织，或基本组织，或营养组织）、纤维（或厚壁）、维管、木质部
26. 维管形成层、木栓形成层
27. 运输水分、支持
28. 简单、复合、分生组织、薄壁组织、表皮、周皮、树皮、木质部、韧皮部、维管束

（二）选择题

1. C	2. C	3. B、D、F	4. A	5. A、C、E、F	6. C
7. C	8. B	9. B	10. C	11. B	12. B	13. D
14. B	15. C	16. B	17. D	18. D	19. A	20. B
21. B	22. C	23. C	24. B	25. D	26. A	27. D
28. B	29. C	30. D	31. C	32. C	33. D	
34. A、D、G、H	35. C					

（三）改错题（指出下列各题的错误之处，并予以改正）

1. 错误之处：__初生分生组织__ 改为：__初生结构中的薄壁组织__

（分析：典型的次生分生组织包括束间形成层和木栓形成层，它们并非直接由初生分生组织衍生而来。其来源是这样的：先由初生分生组织经过初生生长形成初生结构，再由初生结构中的薄壁组织恢复分裂功能转化成典型的次生分生组织。由此可见，典型的次生分生组织直接起源于初生结构中的薄壁组织。非典型的次生分生组织通常是指束中形成层，它是直接由初生分生组织中的原形成层发展来的。）

2. 错误之处：__原分生组织__ 改为：__初生分生组织__

（分析：原分生组织是由胚性细胞所构成的，由它衍生出初生分生组织。表皮，皮层和中柱均属于初生结构，是初生分生组织的细胞经过分裂、生长和分化转变而成的。因此，可

以直接形成表皮、皮层和中柱的是初生分生组织，而不是原分生组织。）

3. 错误之处：__顶端生长__　改为：__居间生长__

（分析：小麦、玉米等禾本科植物茎的每个节间基部具有居间分生组织。拔节、抽穗就是由于这种分生组织的细胞旺盛分裂和迅速生长的结果。因此，小麦和玉米的拔节、抽穗并不是植物顶端生长的结果，而是植物居间生长的结果。）

4. 错误之处：__不含质体的死细胞__　改为：__不含叶绿体的生活细胞__

（分析：分化成熟的质体可根据颜色和功能的不同，分为叶绿体、有色体和白色体三种主要的类型。正常的植物茎的表皮细胞是生活细胞，一般没有叶绿体，但有时可有白色体存在。因此，本题可改为：正常植物茎的表皮细胞是不含叶绿体的生活细胞。）

5. 错误之处：__气孔器__　改为：__气孔__

（分析：气孔一般指保卫细胞以及它们之间的孔隙，实践中也常将气孔与孔隙等同。气孔器通常指保卫细胞及其围成的孔隙、孔下室或再连同副卫细胞共同组成的结构。）

6. 错误之处：__木栓层和木栓形成层两种__　改为：__木栓层、木栓形成层和栓内层三种__

7. 错误之处：__外突生长的细胞壁，细胞壁的表面积__　改为：__内突生长的细胞壁，细胞质膜的表面积。__

（分析：传递细胞的特殊结构是具有内突生长的细胞壁和发达的胞间连丝，细胞膜紧贴内突的壁上，使细胞的吸收、分泌以及与外界交换物质的面积大大地增加，有利于细胞对物质的吸收和传递。）

8. 错误之处：__再分化__　改为：__脱分化__

（分析：再分化通常指薄壁组织进一步分化或特化为其他成熟组织的过程。脱分化则指成熟的薄壁组织恢复分裂能力，转变为分生组织的过程。）

9. 错误之处：__次生壁性质__　改为：__初生壁性质__

（分析：厚角组织细胞壁增厚处的主要成分是纤维素、果胶质和半纤维素，但不含木质素等次生壁的成分，因此其增厚属于初生壁性质。）

10. 错误之处：__木质素__　改为：__纤维素__

（分析：木纤维加厚的壁为次生壁，主要化学成分仍以纤维素为主，但木质化程度较高。）

11. 错误之处：__不均匀__　改为：__均匀__

（分析：机械组织包括厚角组织和厚壁组织两种类型，前者的壁是不均匀增厚的，后者的壁是均匀增厚的。细胞壁的两种不同增厚方式正是它们之间的主要区别特征之一。）

12. 错误之处：__死细胞__　改为：__生活细胞__

（分析：厚角组织是由细胞壁不均匀增厚的生活细胞组成。而厚壁组织则是由细胞壁均匀增厚的死细胞组成。两种截然不同的细胞特征也是厚角组织与厚壁组织两者之间的主要区别特征之一。）

13. 错误之处：__厚角细胞、筛管分子__　改为：__把"厚角细胞、筛管分子"删除即可__

（分析：厚角细胞和筛管分子都不是死细胞。厚角细胞由于细胞壁不均匀增厚，从而确保它依然存在着生活的原生质体，并能随着植物体的生长而生长。筛管分子虽然没有细胞核，但细胞中依然具有生活的原生质体，并能行使输导有机物质的功能。）

14. 错误之处：__筛板__　改为：__筛域__

（分析：筛板是由筛管分子的端壁特化而成的结构，在筛板上分布着一至多个筛域。筛域是指筛板上具有筛孔的凹陷区域。）

15. （答案一）错误之处：__导管__　改为：__筛管__

四、参考答案

（答案二）错误之处：__生活细胞__ 改为：__死细胞__

（分析：本题的错误主要在于前后内容无法对应，这种情况可有两种改错方法，一种是保留后面的，改正前面的，如答案一；另一种是保留前面的，改正后面的，如答案二。从本题的两种不同的答案中可以看出，细胞是否为生活细胞是导管与筛管的主要区别特征之一。）

16. 错误之处：__和有机营养物质__ 改为：__把"和有机营养物质"删除即可__

（分析：导管主要负责输导水分和无机盐；筛管则负责输导有机营养物质。输导物质的不同也是导管与筛管的主要区别特征之一。）

17. 错误之处：__具有细胞核__ 改为：__无细胞核__

（分析：筛管分子是没有细胞核的生活细胞，这可以说是生活细胞中的一种极其特殊的类型。无核的筛管分子之所以能完成输导有机物质的功能，可能与其旁边的伴胞有关。伴胞与筛管分子是由同一母细胞分裂而来，伴胞的细胞核较大，有丰富的细胞器和发达的膜系统，细胞质较密，代谢活性较高，与筛管分子的侧壁之间有胞间连丝相通。有些植物的伴胞还有内突生长的细胞壁，使筛管分子与伴胞的联系更加紧密，从而能更有效地进行输导有机物质的功能。）

18. （答案一）错误之处：__导管中的侵填体__ 改为：__筛管中的胼胝体__

（答案二）错误之处：到第二年春天还可以溶解 改为：__一般不再溶解__

（分析：侵填体是堵塞导管的囊状凸出物，是由邻接导管的薄壁细胞胀大，通过导管壁上未增厚的部分或纹孔，侵入导管腔内形成的；初期主要是细胞壁和细胞质的成分，后来则常为单宁、树脂等物质所填充；侵填体形成后，一般不再溶解。胼胝体是由胼胝质沉积在筛板上所形成的一种堵塞筛孔的垫状物；一些多年生双子叶植物在冬季来临之前，其筛管于胼胝体形成后，暂时停止输导功能，到翌年春天，胼胝体溶解，筛管的功能又渐恢复。本题的错误主要在于前后内容无法对应，这种情况可有两种改错方法，一种是保留后面的，改正前面的，如答案一；另一种是保留前面的，改正后面的，如答案二。）

19. 错误之处：__侧壁__ 改为：__端壁（或横壁）__

（分析：筛板位于筛管分子上下两端的壁，即端壁上，而不是侧壁上。）

20. 错误之处：__栓质化__ 改为：__木质化__

（分析：导管分子的侧壁上加厚的物质主要是木质素，因此，其加厚的过程是属于木质化，而不是栓质化。）

21. 错误之处：__细胞间的胞间层溶解，细胞相互分开__ 改为：__细胞溶解后__

（分析：柑橘叶及果皮中常见到的黄色透明小点的油囊分泌腔，是由于细胞溶解后形成的一种溶生型的内分泌结构。）

22. 错误之处：__细胞溶解后__ 改为：__细胞间的胞间层溶解，细胞相互分开__

（分析：分泌道是一种裂生型的内分泌结构，是由于细胞间的胞间层溶解，细胞相互分开后形成的。如松柏类植物的树脂道和漆树的漆汁道都是裂生型的分泌道。）

23. 错误之处：__主要是木栓形成层__ 改为：__主要是维管形成层和木栓形成层__

（分析：双子叶植物根、茎的增粗包括两个方面，除了木栓形成层分裂活动产生周皮的增粗外，更主要的是由维管形成层的分裂活动产生了次生木质部、次生韧皮部和维管射线所引起的增粗。）

24. 错误之处：__顶端分生组织__ 改为：__居间分生组织__

（分析：韭菜叶的基部存在着居间分生组织，割叶后仍能继续生长，主要是由居间分生组织的分裂活动引起的。）

25. 错误之处：__束中形成层__ 改为：__束间形成层__

（分析：束中形成层并非典型的次生分生组织，它是由初生分生组织中的原形成层发展来的。束间形成层和木栓形成层都是典型的次生分生组织,它们均由初生薄壁组织恢复分裂功能转变而来。)

26. 错误之处:　次生　　改为:　把"次生"删除即可
（分析:成熟组织是由分生组织的细胞经过分裂、生长和分化形成的,可分为初生成熟组织和次生成熟组织两大类。前者由初生分生组织分化而来,由它组成初生结构;后者由次生分生组织分化而来,由它组成次生结构。）

27. 错误之处:　周皮　　改为:　树皮（广义）
（分析:本题是概念的错误。粗老树干外面有三种皮,即周皮、狭义树皮和广义树皮,这三个概念要注意区分,千万不能错用。）

28. 错误之处:　黄麻纤维比苎麻好　　改为:　苎麻纤维比黄麻好
（分析:苎麻纤维细胞长,细胞壁含纤维素较纯,是优质的纺织原料;黄麻的纤维细胞短,细胞壁木质化程度高,故仅适宜于作绳或织麻袋等用途。）

29. 错误之处:　纤维细胞　　改为:　薄壁细胞
（分析:石细胞与纤维细胞一样,都属于厚壁组织,它们都是由薄壁细胞经过次生壁加厚而形成的。两者形态差异很大,一旦形成后,细胞已失去生命状态,就无法互相转化了。因此可以说,石细胞并不是来源于纤维细胞。）

30. 错误之处:　侵填体　　改为:　胼胝体
（分析:有关侵填体和胼胝体的概念在前面已述及,这里需要再次强调的是:侵填体是堵塞导管的结构,胼胝体则是堵塞筛管的结构,这两个概念容易被混淆,答题时常张冠李戴,因此要注意作区别。）

31. 错误之处:　分泌结构是否处于植物体表面　　改为:　分泌物是否排出植物体外面
（分析:分泌结构可分为外分泌结构和内分泌结构,这是依据分泌物是否排出植物体外面来划分的,并不是依据分泌结构是否处于植物体表面来划分。）

32. 错误之处:　麦芽糖　　改为:　蔗糖
（分析:筛管中运输的碳水化合物主要是以蔗糖的形式出现的,叶片光合作用制造的己糖通常要转化为蔗糖才能运送到其他器官。）

33. 错误之处:　周韧维管束　　改为:　外韧维管束
（分析:种子植物茎的维管束大多数为外韧维管束,其初生韧皮部位于初生木质部的外侧,两者内外并生成束。少数种子植物如大黄、秋海棠等的茎具有周韧维管束,其维管束的韧皮部围绕木质部呈同心圆排列。周韧维管束常见于蕨类植物的根状茎中。）

34. 错误之处:　初生分生组织　　改为:　原分生组织
（分析:主根和茎顶端的初生分生组织是由原分生组织衍生而来,原分生组织则起源于种子内的胚,由胚性细胞组成,具有持续分裂的能力。）

（四）填图题

1. 按照标线上的序号填写图 2-1 各部分的名称。
   1. 细胞核　　2. 叶绿体　　3. 保卫细胞　　4. 表皮细胞
   5. 气孔　　　6. 孔下室

2. 按照标线上的序号填写图 2-2 各部分的名称。
   1. 表皮　　　2. 厚角组织　　3. 薄壁组织　　4. 纤维带
   5. 薄壁组织　6. 外韧皮部　　7. 维管形成层　8. 后生木质部
   9. 原生木质部　10. 内韧皮部　11. 薄壁组织

3. 输导组织填图
（1）按照英文字母的图号填写图 2-3 有关名称。

A. 环纹导管　　　　B. 螺纹导管　　　　C. 梯纹导管
D. 网纹导管　　　　E. 孔纹导管

（2）按照标线上的序号填写图2-4各部分的名称。
1. 筛板　　　　2. 筛管　　　　3. 韧皮薄壁细胞　　　　4. 伴胞
5. 韧皮薄壁细胞　　　　6. 筛管质体

（五）名词解释

1. 顶端分生组织：位于根尖和茎尖的分生区部位，由它们分裂出来的细胞，一部分继续保持分裂能力，一部分将来逐渐分化，形成各种成熟组织。

2. 侧生分生组织：位于植物体内的周围，包括维管形成层和木栓形成层。维管形成层分裂出来的细胞，分化为次生韧皮部、次生木质部和维管射线。木栓形成层的分裂活动，则形成木栓层和栓内层，它们分裂的结果，使裸子植物和双子叶植物的根、茎得以增粗。

3. 居间分生组织：来源于顶端分生组织，在植物发育过程中被成熟组织隔开，因此是一种与顶端分离而间生于成熟组织之间的分生组织，如禾本科植物节间的分生组织、叶片基部的分生组织均属居间分生组织。

4. 角质膜：位于表皮细胞壁的外部，包括角化层和角质层两个层次。角化层位于内方，紧接表皮细胞外壁，由角质、纤维素和果胶质构成；角质层位于外方，由角质和腊质混合组成。角质膜对于减低水分蒸腾，防止病菌侵害方面有着重要作用。

5. 周皮：位于裸子植物和双子叶植物老根与老茎或某些变态器官的外表，是取代表皮起保护作用的次生保护结构，由木栓层、木栓形成层和栓内层三个层次构成。木栓层由多层扁平细胞组成，高度栓化，不易透水和透气，为良好的保护组织。茎的栓内层细胞中常含叶绿体，起营养作用。木栓层和栓内层是由木栓形成层分别向外和向内分裂、分化而产生的。

6. 传递细胞：是一些具有胞壁向内生长特性的、能行使物质短途运输功能的特化的薄壁细胞。传递细胞的特点是在产生次生壁时，纤维素微纤丝向细胞腔内形成许多多褶突起，并与质膜紧紧相靠，形成了壁—膜器，使质膜的表面积大大增加，提高了细胞内外物质交换和运输的效率。

7. 伴胞：伴胞与筛管分子不但在个体发育上，两者来源于同一个母细胞，而且在生理功能上也有密切联系。伴胞核大、质浓，与筛管之间有许多胞间连丝相通，对筛管的代谢活动和物质的运输起很大作用。

8. 筛域：指在筛管分子两端胞壁上呈凹陷的区域，具筛孔，并有原生质组成的束通过，以连接相邻的筛管分子。

9. 筛板：在一个筛管分子中，具一个或多个筛域的那部分胞壁称为筛板；筛板是被子植物所具有的特征。

10. 侵填体：由邻接导管的薄壁细胞所形成的一种堵塞导管的囊状凸出物称为侵填体，侵填体形成后，导管即失去输水能力。侵填体对防止病菌的侵害以及增强木材的致密程度和耐水性能都有一定的作用。

11. 胼胝体：在筛板和筛域上形成的一层胼胝质的垫状物称为胼胝体。胼胝体形成后，筛管即失去输导能力，而被新筛管所替代。

12. 排水器：一种排水的结构，排水器存在于许多植物的叶尖和叶缘。排水器主要由水孔和通水组织构成。水孔与气孔相似，但它的保卫细胞分化不完全，不能自动调节开闭，因此，水孔始终开放着。通水组织是一些排列疏松的小细胞，与脉梢的管胞相连，管胞里的水分就经过通水组织间隙，再经水孔的开口流出。

13. 分泌腔：一种内分泌结构，通常由细胞溶生而成，腔内含有分泌物。例如柑橘属和桉属植物叶子中的油腔。

14. 分泌道：一种内分泌结构，是由细胞间的胞间层溶解后，裂生形成的管道状结构。在管道中的分泌物由分泌道周围的上皮细胞产生。例如松柏类植物的树脂道和漆树植物的漆汁道。

15. 维管组织：木质部或韧皮部及其总称。

16. 木质部：维管植物中负责运输水分和无机盐的复合组织，主要由导管（蕨类植物及多数裸子植物无导管）和管胞所组成，还有木纤维和木薄壁细胞等组成分子，木质部，特别是次生木质部，还具有支持作用。

17. 韧皮部：维管植物中担负运输同化产物的复合组织，组成分子包括筛管、伴胞（蕨类植物及裸子植物为筛胞，无伴胞），韧皮薄壁细胞和韧皮纤维等。

18. 维管束：植物体内由原形成层分化而来的，担负运输作用的束状构造，包含木质部和韧皮部。根据维管束内形成层的有无和维管束能否继续增大，可将维管束分为有限维管束和无限维管束；还可根据木质部和韧皮部的位置和排列情况，将维管束分为外韧维管束、双韧维管束和同心维管束等几种类型。

19. 有限维管束：指无束内形成层的维管束。这类维管束不能再行发展，如大多数单子叶植物中的维管束。

20. 无限维管束：有束内形成层的维管束。这类维管束以后通过形成层的分生活动，能产生次生韧皮部和次生木质部，可以继续扩大，如很多双子叶植物和裸子植物的维管束。

21. 外韧维管束：外韧维管束的木质部排列在内，韧皮部排列在外，二者内外并生成束，一般种子植物的茎具这种维管束。

22. 双韧维管束：维管束的木质部内、外方都存在韧皮部。如瓜类、马铃薯、甘薯等植物茎的维管束属此类型。

23. 维管系统：指一株植物或一个器官中全部维管组织的总称。

24. 复合组织：由多种类型细胞构成的组织称为复合组织。如表皮、周皮、木质部、韧皮部和维管束等。

25. 组织系统：植物器官或植物体中，由一些复合组织进一步在结构和功能上组成的复合单位，称为组织系统。通常将植物体中的各类组织归纳为皮组织系统、维管组织系统和基本组织系统三种。

26. 皮组织系统：简称为皮系统，包括表皮、周皮和树皮。它们覆盖于植物体外表，在植物个体发育的不同时期，分别对植物体起着不同程度的保护作用。

27. 维管组织系统：简称为维管系统，包括韧皮部和木质部，它们连续地贯穿于整个植物体内，输导水分、无机盐和有机养料。

28. 基本组织系统：简称基本系统，主要包括各类薄壁组织、厚角组织和厚壁组织。它们分布于皮系统和维管系统之间，是植物体各部分的基本组成。

（六）分析和问答题

1. 比较表皮、周皮和广义树皮的异同点。

相同点：都属于复合组织，都处在植物体的外表，均有保护功能。

主要区别如下：

表皮处于幼嫩植物体的外表，属初生保护结构，它是初生分生组织的原表皮分化来的，通常由一层薄壁细胞组成。表皮包含有表皮细胞、气孔器的保卫细胞和副卫细胞、表皮毛或腺毛等外生物。

周皮处于具次生结构的成熟植物体的外表，属次生保护结构，它是次生分生组织的木栓形成层分化来的，由木栓层、木栓形成层和栓内层三个层次构成。

树皮处于木本植物体的外表，有广义和狭义两种概念。狭义概念指的是历年形成的周皮以及周皮以外的死亡组织，也称落皮层或外树皮。广义树皮是指维管形成层以外所有组织的总称，组成部分包括周皮和韧皮部，茎的树皮还包括部分皮层，既起保护作用，又起输导有机物质的作用。

2. 比较厚角组织与厚壁组织的异同点。

相同点：均是机械组织，均起支持巩固作用。

主要区别如下：

厚角组织由活细胞构成，壁的增厚部分常位于细胞的角隅处，增厚的壁属于初生壁性质，具可塑性和延伸性。

厚壁组织由死细胞构成，细胞壁均匀增厚，增厚的壁属于次生壁性质，没有可塑性和延伸性。

3. 比较导管与筛管的异同点。

相同点：同为被子植物的输导组织，均由长管状的细胞纵向连接而成。

主要区别如下：

导管存在于木质部，由细胞壁木化的死细胞（导管分子）连接而成，主要功能是运输水分和溶解于水中的无机盐。

筛管存在于韧皮部，由活细胞（筛管分子）连接而成，主要功能是运输溶解状态的同化产物。

4. 比较导管与管胞的异同点。

相同点：同为输导水分和溶解于水中的无机盐的组织，都存在于木质部，细胞均为木化的死细胞，侧壁上都有各式增厚的纹理。

主要区别如下：

导管由多细胞（导管分子）纵向连接而成，端壁具穿孔，输导效率高，是被子植物主要的输水组织。

管胞是单独的细胞，没有互相连接，端壁无穿孔，水分和无机盐主要通过侧壁上的纹孔由一管胞进入另一管胞，互相沟通，输导效率低，是蕨类植物和裸子植物的唯一输水组织，被子植物也有管胞，但不是主要的。

5. 比较筛管与筛胞的异同点。

相同点：均为生活的细胞，都存在于韧皮部，都起输导同化产物的作用。

主要区别如下：

筛管存在于被子植物中，由多细胞（筛管分子）纵向连接而成，端壁具筛板和筛孔，输导效率较高。

筛胞存在于蕨类植物和裸子植物中，是单独的细胞，没有互相连接，端壁不具筛板，侧壁和末端部分只有一些初步分化的小孔，输导效率不及筛管。

6. 任举三例说明植物组织的形成是细胞生长分化的结果。

本题可以从分生组织分裂、生长和分化形成各种成熟组织为例。如：根或茎的原表皮细胞经过分裂、生长和分化后，形成了初生保护结构（表皮）。根的基本分生组织的细胞经过分裂、生长和分化后，形成了皮层薄壁组织。茎的基本分生组织的细胞经过分裂、生长和分化后，形成了皮层的薄壁组织和厚角组织以及髓和髓射线的薄壁组织。根的原形成层细胞经过分裂、生长和分化后，形成了中柱的各种成熟组织。茎的原形成层细胞经过分裂、生长和分化后，形成了由维管组织组成的维管束。又如：双子叶植物根（或茎）次生分生组织的细胞经过分裂、生长和分化后，形成了次生保护结构（周皮）和次生维管组织（次生木质部和次生韧皮部），等等。

7. 说明表皮层细胞的形态、结构和生理功能的相适应性。

表皮细胞扁平，主要起保护作用，外壁常具角质层，对减少水分蒸腾，防止病菌侵入有重要作用。根的表皮细胞向外凸出形成根毛，起吸收作用。气孔器由两个保卫细胞合围而成，能自动调节开闭，主要起通气作用和蒸腾作用。表皮上存在着表皮毛或腺毛，表皮毛加强了表皮的保护作用，腺毛则与植物体的分泌作用有关。

8. 为什么薄壁组织又称为营养组织？组织离体培养为什么常用薄壁组织？

薄壁组织皆由生活的薄壁细胞所组成，是植物体进行各种代谢活动的主要组织，担负吸收、同化、贮藏、通气和传递等营养功能，故称为营养组织。薄壁组织的细胞分化程度较浅，有潜在的分生能力，在一定的条件下，可以脱分化，转变为分生组织，也可以进一步分化为其他组织，所以组织离体培养常用薄壁组织。

9. 分析传递细胞结构和功能的相关性？

传递细胞的最显著特征是细胞壁的内突生长，突入细胞腔内形成许多不规则的多褶突起，细胞质膜紧贴这种多褶突起，形成了壁—膜器结构。这样，细胞质膜的表面积大为增加，从而有利于细胞对物质的吸收和传递。

10. 试分析导管的构造特点和它的机能的统一。

导管是由许多长管状的，胞壁木化的死细胞（导管分子）纵向连接而成的，导管分子端壁的初生壁溶解形成了穿孔，导管的这种长而连贯的管状结构以及穿孔的出现都有利于水分和溶于水中的无机盐的纵向运输，导管的侧壁有纹孔，是与毗邻的其他细胞进行输导的通道。

11. 导管是如何生长分化形成的？

幼期的导管分子比较狭小，含有原生质体，随着细胞长度的延伸和直径的增粗，侧壁出现了不同纹式的次生加厚，并形成纹孔。不久，导管分子发生胞溶现象，液泡膜破裂并释放出水解酶，原生质体逐渐被分解而消失，并使端壁形成不同形式的穿孔，从而形成了长而连贯的管状结构。

第三章
根

一、学习要点和目的要求

1. 根的功能

理解根的一般功能。了解根的特殊功能。

2. 根的形态类型

掌握主根与侧根、定根与不定根的概念。掌握直根系与须根系的概念。了解根系在土壤中的分布状态。

3. 根尖的初生生长与初生结构的形成

掌握根的分区。掌握分生区的细胞特点。掌握原分生组织和初生分生组织的位置及它们之间的关系。掌握根冠的构造及功能。理解伸长区的细胞特点。理解根毛的发生情况。理解不活动中心的特点及作用。

掌握根初生生长和初生结构的概念。掌握根初生结构中三大部分的来源。

掌握双子叶植物根表皮的结构特点。掌握内皮层的结构特点和作用。掌握中柱鞘细胞的特点和功能。掌握初生木质部和初生韧皮部外始式的发育方式。掌握初生木质部与初生韧皮部的排列方式。理解外皮层的结构特点。

掌握禾本科植物根表皮的结构特点。掌握外皮层和内皮层的结构特点及其作用。掌握中柱鞘细胞的特点和功能。掌握初生木质部的多原型特征。

4. 侧根的发生

掌握侧根的发生位置和发生过程。理解侧根在母根上的分布情况。

5. 双子叶植物根的次生生长与次生结构

掌握双子叶植物根的次生生长与次生结构的概念。掌握维管形成层的发生部位和活动。掌握木栓形成层的发生部位和活动。

6. 根瘤与菌根

掌握根瘤的概念、形成过程及作用。掌握菌根的概念、类型及功能。

二、学习方法

器官是由组织构成的,要学好本章内容,必须先巩固组织中的理论知识和实验知识,不仅要明确组织在根中的分布位置,更要明确根的形态、结构和功能如何通过各种组织的分工协作而体现出来。学习中,可采取下面的方法,并互相联系、穿插运用。

（一）表解法

1. 列表归纳根尖分区

根尖是根的吸收和生长的部位，从顶端往后依次可分为根冠、分生区、伸长区和成熟区（或根毛区）。各区的形态、结构与生理功能各有其特点，可归纳见表 3-1。

表 3-1　根尖分区

分区	位置	特点	主要功能
根冠	位于根尖最先端	帽状，由薄壁细胞组成，排列疏松	保护分生区；分泌黏液，利于根的伸长；控制根的向地性生长
分生区	位于根冠内方	由分生细胞组成，细胞小，排列紧密	是产生新细胞的主要地方，故又称为生长点。有的植物在原分生组织顶端具不活动中心，可能与激素合成有关
伸长区	位于分生区上方	细胞已停止分裂，伸长迅速	是根伸长的主要部位
成熟区	位于伸长区上方	其内细胞已分化为各种成熟组织	根的各种组织都由这区产生。表面密被根毛，也称根毛区，是根吸收水分和矿物质的主要部位

2. 列表概括根的形态类型

有关根的形态类型的概念很多，有主根与侧根、定根与不定根、直根系与须根系、深根系与浅根系等，为了理顺它们的关系，可概括见表 3-2。

表 3-2　根的形态类型

类型	组成	来源	特点
直根系	由主根和各级侧根组成	主根来源于胚根，由主根产生各级侧根。它们都有一定的发生位置，称为定根	主根发达，在土壤中扎根较深，也称为深根系。是裸子植物和绝大多数双子叶植物根系的特征
须根系	由不定根组成	来源于胚轴或茎的基部产生的不定根（不定根是位置不固定的根，可从胚轴、茎、叶或老根上产生）	主根不发达，在土壤中扎根较浅，也称为浅根系。是大多数单子叶植物根系的特征

3. 表解被子植物根尖组织分化成熟的过程

分生区顶端的原始分生细胞不断分裂，并衍生出原表皮、基本分生组织和原形成层三种初生分生组织，经一段时间分裂后，细胞逐渐停止分裂而开始伸长，稍后进入分化，形成了根的初生组织，组成了初生结构。此过程表解见表 3-3。

表 3-3　被子植物根尖组织分化成熟的过程

分生区		伸长区	成熟区（根毛区）
原分生组织	初生分生组织		成熟组织（初生结构）
原始细胞 →	⎧ 原表皮 → ⎨ 基本分生组织 → ⎩ 原形成层 →	→	→ 表皮 → 皮层 → 维管柱
——细胞分裂→	——细胞分裂→	——细胞伸长→	——细胞分化→初生结构

4. 列表总结双子叶植物根的初生结构

根的成熟区内已由初生分生组织经过分裂、生长和分化（即初生生长）产生了各种初生组织，组成了根的初生构造，由外至内明显地分为表皮、皮层和维管柱（或中柱）三部分。各部分的形态、结构和功能可总结见表3-4。

表 3-4　双子叶植物根的初生结构

双子叶植物根的初生结构	表皮		位于幼根表面，由原表皮分化而来。细胞排列紧密，壁薄，角质膜薄而不明显。无气孔。有些细胞外壁凸出为根毛。吸收作用比保护作用更为重要
	皮层	外皮层	紧接表皮内方的1至数层细胞，细胞较小，排列较紧密，无叶绿体。当表皮上的根毛枯死后，外皮层细胞壁栓化，起临时的保护作用
	位于表皮与维管柱之间，由基本分生组织分化而来，由薄壁细胞组成	皮层薄壁细胞	细胞大型，排列疏松，具有贮藏营养物质的作用
		内皮层	皮层最内一层，细胞较小，排列紧密，其径向壁和横向壁上有凯氏带加厚。少数双子叶植物在凯氏带的基础上再行增厚，除外切向壁不增厚，其余五面壁都增厚，具有通道细胞。内皮层的特殊结构，对根的吸收有特殊意义
	维管柱	中柱鞘	由1层或数层薄壁细胞组成，排列紧密，具有分生潜能
		初生木质部	呈辐射状排列，外始式，输导水分和无机盐。其发育方式在生理上具适应意义，可提高输导效率
		初生韧皮部	与初生木质部相间排列，外始式，输导有机物质
		薄壁组织	位于初生木质部与初生韧皮部之间。在次生生长开始时，有一层细胞恢复分裂能力转变为形成层的一部分
		髓部	发育后期通常不存在

5. 列表概括禾本科植物根的结构特点

禾本科植物属于单子叶植物，其根系为须根系，主要由胚轴基部和分蘖节上产生的不定根组成。虽然根的来源与双子叶植物有所不同，但根的基本结构与双子叶植物一样，从外到内也可分为表皮、皮层和维管柱（也称中柱）三个部分。各部分的结构也有其特点，尤其是没有维管形成层和木栓形成层，不能进行次生生长。有的植物如水稻的老根中，除了韧皮部外，所有的组织都木化增厚，整个维管柱既保持输导的功能，又起着坚强的支持作用。现把其各部分的主要特点概括见表3-5。

表 3-5　禾本科植物根的结构特点

禾本科植物根的结构特点	表　皮		寿命较短，当根毛枯死后，往往解体而脱落
	皮层	外皮层	靠近表皮的1至数层细胞，在根的发育后期，往往转变为厚壁组织，代替表皮起保护作用
		皮层薄壁细胞	细胞排列疏松。水稻的老根中，部分皮层细胞分离解体而形成气腔
		内皮层	根的发育后期，除外切向壁不增厚，其余五面增厚，具有通道细胞
	维管柱	中柱鞘	常为1层细胞组成，是产生侧根之处。较老的根中，此层细胞常木化增厚，产生侧根的能力减弱
		初生木质部	一般为多原型，水稻不定根的原生木质部约6～10束，小麦7～8束或10束以上
		初生韧皮部	与初生木质部相间排列，整个生育期都不丧失输导功能
		薄壁组织	位于初生木质部与初生韧皮部之间，生长后期常转变为厚壁组织
		髓部	较明显，有些植物如水稻等发育后期可变成厚壁组织

6. 列表归纳双子叶植物根的次生生长和次生结构

大多数双子叶植物的主根和较大的侧根在完成初生生长之后进行次生生长。由初生韧皮部内侧的保持未分化的薄壁细胞和对着原生木质部的中柱鞘细胞恢复分生能力转变为维管形成层,切向分裂向外产生次生韧皮部和韧皮射线,向内产生次生木质部和木射线。由于次生维管组织不断增加,横径不断扩大,导致皮层和表皮等组织的破裂。此时,中柱鞘细胞恢复分生能力转变成木栓形成层,通过切向分裂向外产生木栓层,向内产生栓内层,三者共同构成周皮,代替了表皮起保护作用。多年生木本植物,由于木栓形成层活动有限,每年重新向内产生,直到发生在次生韧皮薄壁组织或韧皮射线。现把双子叶植物根的次生生长和次生结构表解见表3-6。

表3-6 双子叶植物根的次生生长和次生结构

次生生长的起始位置		——次生生长—→	次生结构	
中柱鞘细胞—→	木栓形成层	——切向分裂—→	木栓层	周皮
			木栓形成层	
			栓内层	
正对原生木质部的中柱鞘细胞恢复分裂活动—→	维管形成层	——切向分裂—→	韧皮射线	径向的射线系统
			木射线	
位于初生韧皮部内侧的保持未分化状态的薄壁细胞恢复分裂活动—→		——径向分裂—→	扩大维管形成层环	
		——切向分裂—→	次生韧皮部	轴向的维管系统
			次生木质部	

(二) 分析比较法

本章同样存在着一些既有联系、又有区别的概念和结构,为了加深理解,快速掌握知识,运用比较法依然是行之有效的途径。举例如下:

1. 比较维管形成层与木栓形成层

相同点:都是次生分生组织,主要分布于根、茎的周侧,并与所在器官的长轴成平行排列,分裂的结果都使裸子植物和双子叶植物的根、茎增粗。

区别之处:维管形成层的分裂活动,产生次生木质部和次生韧皮部以及维管射线,构成次生的维管系统和射线系统。

木栓形成层的分裂活动,产生木栓层和栓内层,构成周皮。

2. 区别初生结构与次生结构

初生结构是指由初生分生组织经过分裂、生长和分化(初生生长)所产生的结构,包括表皮、皮层或基本组织、初生木质部、初生韧皮部、髓及髓射线等。

次生结构是指由次生分生组织(维管形成层和木栓形成层)经过分裂、生长和分化(次生生长)所产生的结构,包括次生木质部、次生韧皮部、维管射线和周皮等。

(三) 实验法

本章内容主要涉及根的形态、结构和功能。通过实验观察,不仅可以加深对根的形态、结构与功能的相关性的理解和掌握,而且可以明确植物在营养生长过程中，根的形态、结构和功能如何日趋成熟和完善。

在实验观察过程中，应注意如下结构的形态特征，并与学习方法中的表解法、分析比较法和图解法等穿插起来，同时也与它们所执行的生理功能联系起来：

（1）根尖的外形及根毛的形态特征。
（2）直根系和须根系的形态特征。
（3）根尖纵切面各区细胞的形态特征。
（4）双子叶植物根横切面初生结构的特征。
（5）禾本科植物及其他单子叶植物根横剖面的结构特点，并与双子叶植物根的初生结构作比较。
（6）双子叶植物根的次生结构各部分的形态特征。
（7）侧根的发生位置和生长过程。
（8）根瘤与菌根的形态特征。

（四）图解法

在本章的学习过程中，需要看懂书中有关根的生长以及形态和结构图例，这是深刻理解根的生长过程以及形态、结构与功能的关系，牢固掌握知识必不可少的。本章的图例可归纳为以下三种类型：

1. 与根的初生生长和次生生长相关的图例

这些图例对理解和掌握根的初生结构和次生结构的形成过程是至关重要的。

（1）根的初生生长与根尖的纵向结构密切相关，其过程包括分生区细胞的分裂、伸长区细胞的生长和成熟区细胞的分化三个阶段。因此只要能看懂根尖的纵切面结构图，深刻领会各区的细胞特征及发展趋向，就能牢固掌握根的初生生长过程。

（2）根的次生生长则与成熟区的横向结构密切相关，其过程包括维管形成层的发生和活动以及木栓形成层的发生和活动两个方面。因此只要能看懂成熟区横切面结构图和次生生长过程图，深刻领会维管形成层和木栓形成层的发生位置和活动特点，就能牢固掌握根的次生生长过程。

2. 与生理功能相关的形态图例

根部体现出来的一些形态特征与其所执行的功能是密切相关的，举例如下：

（1）直根系的主根发达，具备往土壤深处伸长的能力；须根系的主根通常退化而不明显，因而不具备往土壤深处伸长的能力。

（2）根冠细胞内含有造粉体，多集中分布在细胞的下方，这种分布方式通常被认为与根的向地性有关。

（3）根的成熟区密被根毛，形成了很大的吸收面积，此区是根中吸收能力最强的部位。

（4）外生菌根的菌丝大部分生长在幼根的外表，其菌丝可代替根毛的作用，扩大了根的吸收面积，可显著提高根部吸收水分和无机盐类的效率。

3. 与生理功能相关的结构图例

根体现出来的一些结构特征也与其所执行的功能相关联。举例如下：

（1）根的表皮细胞壁薄，角质膜薄，适于水分和溶质渗透通过。一部分表皮细胞的外壁向外凸出形成根毛，扩大了根的吸收面积。根表皮的这种结构特点，体现出其吸收作用比保护作用更为重要。

（2）双子叶植物根内皮层为凯氏带加厚方式，电镜图显示出凯氏带与质膜紧紧附着在一起，这种特殊结构，对根内物质的运输起着控制作用，使根具备了进行选择性吸收的能力。

（3）单子叶植物根内皮层的五面壁加厚（亦称"U形"加厚，或称"马蹄铁形"加厚）方式以及具备通道细胞的特点，可以加快根对水分及矿物质的吸收和转运速率。

（4）在根的初生木质部中，原生木质部在外，导管直径小，而后生木质部在内，导管直径大，这种外始式的发育方式有利于根对水分的吸收和转运。

三、练 习 题

（一）填空题

1. 根尖是根的_____和_____的部位，从顶端起依次为_____、_____、_____和_____等四区。根的吸收能力最强的部位是_____。根尖以后的成熟部分主要执行_____功能。

2. 根冠在根生长过程中的功能之一是_____，使根尖容易在土壤中推进；根冠中央部分的细胞中通常含有_____，与根的向地性有关；此外，根冠还具有保护_____的作用。

3. 单子叶植物没有_____生长，根的内皮层可进一步发展，大多数内皮层细胞是_____壁显著加厚，并_____化，只有_____比较薄。少数正对着_____位置的内皮层细胞壁不加厚，称为_____，它起着_____的作用。

4. 据发现，根尖分生区不活动中心的细胞很少有_____和_____的合成，_____、_____和_____的含量都比较低，_____等细胞器也比较少。

5. 幼根的生长是由根尖分生区细胞经过_____、_____、_____三个阶段发展而来的，这种生长过程称为_____。

6. 初生木质部按其发育的先后分为_____和_____，了解初生木质部的原数对于_____有一定参考价值。

7. 豆科植物的根瘤是由于根瘤菌分泌_____的作用下，使根毛细胞_____，随即根瘤菌进入根内，并在根的_____进一步活动之后形成的。根瘤结构中的主要部分是_____。根瘤菌只有发展到_____阶段才能进行固氮。农业上的意义是_____。

8. 被子植物的营养器官是_____，_____，_____，繁殖器官是_____，_____，_____。

9. 植物的主根是由_____发育而来，而主茎则主要是由_____发育而来。
10. 水稻根系类型属于_____；大豆、棉花等属于_____。
11. 植物的根担负_____、_____、_____和_____等功能。
12. 皮层最内一层细胞叫_____，在这层细胞的_____和_____壁上有部分木质和栓质的加厚，叫做_____。
13. 双子叶植物根的增粗生长是_____和_____活动的结果。
14. 根瘤和菌根分别由_____和_____引起的，它们与根形成_____关系。
15. 根的木栓形成层最初由_____细胞恢复分裂能力产生。该层细胞还可以产生_____、_____、_____和_____等。
16. 根的最前端数毫米的部分称_____。它可分成_____、_____、_____、_____四部分。根的伸长主要靠_____和_____部分，根的吸收功能主要是_____部分。
17. 植物根毛母细胞进行_____分裂，产生大小不同的两个子细胞；其中小细胞分化为_____，大细胞分化为_____。
18. 根的初生木质部由_____，_____，_____，_____组成。按其发育方式来讲，根的初生木质部发育属_____式，即原生木质部在_____方，而后生木质部在_____方。
19. 根中初生木质部的成熟方式是_____；而茎中初生木质部的成熟方式是_____；根中初生木质部和初生韧皮部的排列是_____。而茎中初生木质部和初生韧皮部的排列是_____。
20. 根不断伸长是由于_____和_____区细胞进行_____和_____的结果。
21. 根尖的初生分生组织由_____、_____和_____构成，以后分别发育成_____、_____和_____。
22. 根的维管柱包括_____、_____、_____和薄壁细胞。
23. 在双子叶植物根的初生结构中，占比例最大的部分是_____，在双子叶植物老根的次生结构中，占比例最大的部分是_____。前者来源于_____分生组织中的_____，后者来源于_____分生组织中的_____。
24. 当次生结构形成后，在双子叶植物老根的横切面上，由外向内可依次分为_____、_____、_____、_____、_____、_____、_____和_____。
25. 玉米和甘蔗的分蘖节和地上茎节位置产生的根称为_____，地下所形成的根系称为_____，由于其入土较浅，也称为_____。大豆、松树的根系则称为_____，由于其入土较深，也称为_____。

（二）选择题
1. 下列哪些部分与根的伸长生长有直接关系？_____。
   A. 根冠和生长点 　　　　　　　　B. 生长点和伸长区

C. 伸长区和根毛区　　　　　　　D. 只有生长点
2. 甘薯藤的节上，所产生的根属于_____。
　　A. 主根　　　B. 侧根　　　C. 不定根　　　D. 定根
3. 扦插、压条是利用枝条、叶、地下茎等能产生_____的特性。
　　A. 定根　　　B. 不定根　　　C. 主根　　　D. 侧根
4. 甘蔗和玉米近地面的节上产生的根属于_____。
　　A. 主根　　　B. 侧根　　　C. 定根　　　D. 不定根
5. 要观察根的初生构造时选择切片最合适的部位是_____。
　　A. 根尖伸长区　　　　　　　　B. 根尖分生区
　　C. 根尖根毛区　　　　　　　　D. 根毛区以上的部位
6. 根毛是_____。
　　A. 中柱鞘产生的毛状侧根
　　B. 根表皮细胞向外分裂产生的突起
　　C. 中柱鞘产生的毛状不定根
　　D. 根表皮细胞外壁向外凸出伸长而成
7. 成熟区根毛细胞的主要作用是_____。
　　A. 通气　　　B. 保护　　　C. 吸收　　　D. 分泌
8. 双子叶植物根初生结构的中央部分是_____。
　　A. 后生木质部　　　　　　　　B. 髓
　　C. 后生木质部或髓　　　　　　D. 后生韧皮部或髓
9. 在没有次生生长的少数双子叶植物以及单子叶植物的根中，内皮层细胞在发育后期常五面增厚，只有_____是薄的。
　　A. 横壁　　　B. 径向壁　　　C. 内切向壁　　　D. 外切向壁
10. 凯氏带是幼根内皮层上兼呈_____的带状增厚。
　　A. 木质化和角质化　　　　　　B. 木质化和栓质化
　　C. 栓质化和角质化　　　　　　D. 木质化和矿质化
11. 侧根发生于_____。
　　A. 形成层　　　B. 内皮层
　　C. 中柱鞘　　　D. 木质部和韧皮部之间的薄壁组织
12. 根中凯氏带存在于内皮层细胞的_____。
　　A. 横向壁和径向壁上　　　　　B. 横向壁和切向壁上
　　C. 径向壁和切向壁上　　　　　D. 所有方向的细胞壁上
13. 根初生木质部的分化属于_____。
　　A. 内始式　　　B. 外始式　　　C. 内起源　　　D. 外起源
14. 根初生维管组织木质部和韧皮部的排列是_____。
　　A. 内外排列　　　B. 散生　　　C. 相间排列　　　D. 轮生
15. 菌根中与根共生的是_____。
　　A. 真菌　　　B. 细菌　　　C. 固氮菌　　　D. 放线菌
16. 根瘤细菌生活在豆科植物根部细胞中，两者的关系是_____。

A. 共生　　　B. 寄生　　　C. 腐生　　　D. 附生

17. 根的吸收作用主要在_____。
   A. 根冠　　　B. 分生区　　C. 根毛区　　D. 伸长区

18. 初生维管束之间，由髓部直达皮层的薄壁组织叫做_____。
   A. 维管射线　B. 髓射线　　C. 次生射线　D. 原生射线

19. 在被子植物体内起输导水分和无机盐的是_____。
   A. 管胞　　　B. 筛胞　　　C. 导管
   D. 筛管　　　E. 导管和管胞

20. 产生根或茎次生构造的组织是_____。
   A. 顶端分生组织　　　　B. 侧生分生组织
   C. 居间分生组织　　　　D. 形成层

21. 根维管形成层最先是在_____发生。
   A. 中柱鞘细胞　　　B. 原生木质部旁边未分化的薄壁细胞
   C. 初生韧皮部内侧的保持未分化的薄壁细胞

22. 下列描述哪些是根特有的结构特征？_____。
   A. 具有表皮和皮层　　　　B. 韧皮部外始式分化
   C. 木质部外始式分化　　　D. 具有明显的内皮层和中柱鞘
   E. 具有维管束　　　　　　F. 没有髓

23. 维管形成层除进行切向分裂增加细胞层数外，还通过径向分裂_____。
   A. 产生次生木质部　　　　B. 产生次生韧皮部
   C. 产生维管射线　　　　　D. 使周径扩大

24. 在次生生长的过程中，双子叶植物根和茎中的多数初生组织通常遭受破坏，但_____例外。
   A. 初生韧皮部　B. 初生木质部　C. 表皮　　　D. 皮层

25. 根的木栓形成层最初由_____细胞恢复分裂而形成。
   A. 表皮　　　B. 皮层　　　C. 中柱鞘　　D. 初生韧皮部

26. 与双子叶植物根的结构比较来看，禾本科植物根的结构具有如下一些相区别的特征：_____。
   A. 在营养生长过程中，没有次生生长和次生结构的产生
   B. 在营养生长过程中，能进行次生生长但不产生次生结构
   C. 在根的发育后期，外皮层细胞通常转变为厚壁的机械组织
   D. 在根的发育后期，由周皮行使保护功能
   E. 在根的发育后期，内皮层细胞常呈五面增厚，具通道细胞

27. 双子叶植物幼根维管柱中缺少的结构是_____。
   A. 中柱鞘　　B. 髓射线　　C. 薄壁细胞
   D. 束中形成层　E. 初生木质部　F. 初生韧皮部

28. 双子叶植物根的中柱鞘细胞由薄壁细胞组成，具有脱分化，恢复分裂的潜能，它可以产生_____。

A. 侧根　　　　B. 不定根　　　　C. 乳汁管　　　　D. 不定芽
E. 部分维管形成层　　　　F. 全部木栓形成层

（三）**改错题**（指出下列各题的错误之处，并予以改正）

1. 根的维管柱是由维管形成层分化来的。
    错误之处：＿＿＿＿＿＿＿＿＿＿＿＿＿＿改为：＿＿＿＿＿＿＿＿＿＿＿＿＿＿
2. 根的木栓形成层通常起源于皮层。
    错误之处：＿＿＿＿＿＿＿＿＿＿＿＿＿＿改为：＿＿＿＿＿＿＿＿＿＿＿＿＿＿
3. 水稻和小麦根的横切面可分为表皮、基本组织和维管束三部分。
    错误之处：＿＿＿＿＿＿＿＿＿＿＿＿＿＿改为：＿＿＿＿＿＿＿＿＿＿＿＿＿＿
4. 根的维管形成层最初起源于束中形成层。
    错误之处：＿＿＿＿＿＿＿＿＿＿＿＿＿＿改为：＿＿＿＿＿＿＿＿＿＿＿＿＿＿
5. 在幼根中，初生木质部与初生韧皮部相间排列，两者不构成束状结构，因此，根的次生结构中也没有维管束结构的出现。
    错误之处：＿＿＿＿＿＿＿＿＿＿＿＿＿＿改为：＿＿＿＿＿＿＿＿＿＿＿＿＿＿
6. 根毛是表皮细胞向外分裂所产生的多细胞结构。
    错误之处：＿＿＿＿＿＿＿＿＿＿＿＿＿＿改为：＿＿＿＿＿＿＿＿＿＿＿＿＿＿
7. 在选择茶树优良品种时，一般认为主根中维管束的束数较多的，其形成侧根的能力较强。
    错误之处：＿＿＿＿＿＿＿＿＿＿＿＿＿＿改为：＿＿＿＿＿＿＿＿＿＿＿＿＿＿
8. 后生木质部是由原生木质部和初生木质部组成的。
    错误之处：＿＿＿＿＿＿＿＿＿＿＿＿＿＿改为：＿＿＿＿＿＿＿＿＿＿＿＿＿＿
9. 在双子叶植物根中，木栓形成层最初是由初生韧皮部内侧的薄壁细胞恢复分裂能力而产生的。
    错误之处：＿＿＿＿＿＿＿＿＿＿＿＿＿＿改为：＿＿＿＿＿＿＿＿＿＿＿＿＿＿
10. 侧根是伴随着次生生长而产生的。
    错误之处：＿＿＿＿＿＿＿＿＿＿＿＿＿＿改为：＿＿＿＿＿＿＿＿＿＿＿＿＿＿
11. 根的初生木质部的发育方式为外始式，茎也不例外。
    错误之处：＿＿＿＿＿＿＿＿＿＿＿＿＿＿改为：＿＿＿＿＿＿＿＿＿＿＿＿＿＿
12. 根毛最主要的功能是起保护作用。
    错误之处：＿＿＿＿＿＿＿＿＿＿＿＿＿＿改为：＿＿＿＿＿＿＿＿＿＿＿＿＿＿
13. 侧根是维管形成层产生的。
    错误之处：＿＿＿＿＿＿＿＿＿＿＿＿＿＿改为：＿＿＿＿＿＿＿＿＿＿＿＿＿＿
14. 双子叶植物根能够增粗是由于有初生增粗分生组织。
    错误之处：＿＿＿＿＿＿＿＿＿＿＿＿＿＿改为：＿＿＿＿＿＿＿＿＿＿＿＿＿＿
15. 根毛起源于皮层，侧根起源于中柱鞘。
    错误之处：＿＿＿＿＿＿＿＿＿＿＿＿＿＿改为：＿＿＿＿＿＿＿＿＿＿＿＿＿＿
16. 将根尖切断后根仍能继续伸长。
    错误之处：＿＿＿＿＿＿＿＿＿＿＿＿＿＿改为：＿＿＿＿＿＿＿＿＿＿＿＿＿＿
17. 在初生根的横切面上，看到木质部的束数为 3 个，并有 3 束韧皮部与之相间隔排列，我们称为"六原型"。
　　错误之处：＿＿＿＿＿＿＿＿＿＿改为：＿＿＿＿＿＿＿＿＿＿

18. 根毛分布在根尖的伸长区和成熟区。
　　错误之处：＿＿＿＿＿＿＿＿＿＿改为：＿＿＿＿＿＿＿＿＿＿

19. 根的初生结构来自原形成层。
　　错误之处：＿＿＿＿＿＿＿＿＿＿改为：＿＿＿＿＿＿＿＿＿＿

20. 根系有两种类型，直根系由胚根发育而来，须根系由侧根所组成。
　　错误之处：＿＿＿＿＿＿＿＿＿＿改为：＿＿＿＿＿＿＿＿＿＿

21. 在根中，初生木质部与初生韧皮部相间排列，初生木质部的发育方式是外始式，而初生韧皮部的发育方式为内始式。
　　错误之处：＿＿＿＿＿＿＿＿＿＿改为：＿＿＿＿＿＿＿＿＿＿

22. 单子叶植物根与双子叶植物根的主要区别在于前者没有中柱鞘。
　　错误之处：＿＿＿＿＿＿＿＿＿＿改为：＿＿＿＿＿＿＿＿＿＿

23. 植物的根部只有根毛才具吸水作用。
　　错误之处：＿＿＿＿＿＿＿＿＿＿改为：＿＿＿＿＿＿＿＿＿＿

24. 单子叶植物主根不发达，由多数定根形成须根系。
　　错误之处：＿＿＿＿＿＿＿＿＿＿改为：＿＿＿＿＿＿＿＿＿＿

25. 根的生长，对水分的吸收及次生结构的分化，都集中在根尖以上的成熟部位进行。
　　错误之处：＿＿＿＿＿＿＿＿＿＿改为：＿＿＿＿＿＿＿＿＿＿

26. 根中的维管形成层是典型的次生分生组织，茎中的维管形成层不是典型的次生分生组织。
　　错误之处：＿＿＿＿＿＿＿＿＿＿改为：＿＿＿＿＿＿＿＿＿＿

27. 根的次生木质部是外始式成熟，茎的次生木质部是内始式成熟，二者有明显的区别。
　　错误之处：＿＿＿＿＿＿＿＿＿＿改为：＿＿＿＿＿＿＿＿＿＿

28. 对双子叶植物来说，根的初生结构中皮层很发达，在有周皮存在的次生结构中仍有皮层存在。
　　错误之处：＿＿＿＿＿＿＿＿＿＿改为：＿＿＿＿＿＿＿＿＿＿

29. 通过根尖的伸长区做一横切片，可以观察到根的初生构造。
　　错误之处：＿＿＿＿＿＿＿＿＿＿改为：＿＿＿＿＿＿＿＿＿＿

30. 观察根尖纵切永久切片，看到有些细胞没有细胞核，是因为该细胞原先就没有细胞核的存在。
　　错误之处：＿＿＿＿＿＿＿＿＿＿改为：＿＿＿＿＿＿＿＿＿＿

31. 菌根的主要作用是固氮。
　　错误之处：＿＿＿＿＿＿＿＿＿＿改为：＿＿＿＿＿＿＿＿＿＿

32. 根中初生韧皮部位于次生韧皮部的内方。
　　错误之处：＿＿＿＿＿＿＿＿＿＿改为：＿＿＿＿＿＿＿＿＿＿

33. 根中初生木质部位于次生木质部的外方。

错误之处：_____改为：_____
34. 老茎和老根的外表有皮孔进行气体交换。
　　错误之处：_____改为：_____

（四）名词解释

1. 不活动中心　　2. 凯氏带　　3. "马蹄铁形"加厚
4. 通道细胞　　5. 外始式　　6. 中柱鞘　　7. 切向分裂
8. 径向分裂　　9. 平周分裂　　10. 垂周分裂　　11. 维管射线
12. 初生构造　　13. 次生构造　　14. 根瘤　　15. 菌根
16. 维管柱　　17. 初生生长　　18. 次生生长　　19. 内起源
20. 定根　　21. 不定根　　22. 直根系　　23. 须根系

（五）绘图和填图题

1. 按照标线上的序号填写图 3-1 各部分的名称。

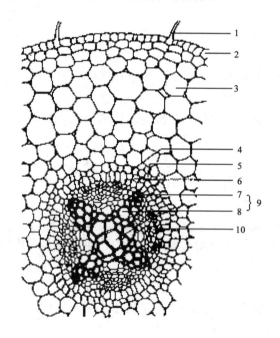

图 3-1　棉根横切面，示初生结构

1. _____　2. _____　3. _____　4. _____
5. _____　6. _____　7. _____　8. _____
9. _____　10. _____

2. 按照标线上的序号填写图 3-2 各部分的名称。

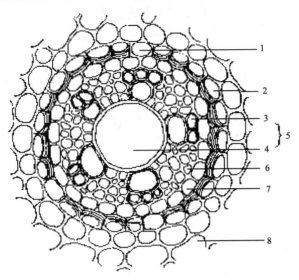

图 3-2 韭菜根横切面部分结构图

1. _____ 2. _____ 3. _____ 4. _____
5. _____ 6. _____ 7. _____ 8. _____

3. 绘简图表示双子叶植物根的初生结构，并注明各主要部分的名称。
4. 绘简图表示双子叶植物根的次生结构，并注明各主要部分的名称。

（六）分析和问答题

1. 区别定根与不定根。
2. 区别直根系与须根系。
3. 比较根瘤与菌根的异同点。
4. 比较双子叶植物根与单子叶植物根成熟区横切面构造上的异同点。
5. 何谓根尖？如何分区？
6. 以根尖的根毛区为例，说明根的形态结构和功能如何相适应？
7. 说明根的原分生组织、初分生组织与成熟组织的相互关系。
8. 试述根内皮层的结构和功能。
9. 中柱鞘细胞有何特点？它有哪些特殊功能？
10. 侧根如何发生？
11. 以韭菜根成熟区横切面为例，分析其结构与主要功能的相关性。
12. 植物根在进行次生生长时，维管形成层是怎么产生和活动的？
13. 植物根在进行次生生长时，木栓形成层是怎么产生和活动的？
14. 根由初生构造至次生构造发生了哪些变化？
15. 简述根是如何不断地伸长生长、分枝并增粗的？
16. 根瘤是如何形成的？
17. 菌根有哪些类型？试分析其特点和功能？

四、参考答案

（一）填空题

1. 生长、吸收、根冠、分生区、伸长区、根毛区、根毛区、运输和固着
2. 分泌黏液、造粉体（或平衡石）、分生区（或生长点）
3. 次生、五面、木质和栓质、外切向壁、原生木质部、通道细胞、输导物质
4. 蛋白质、核酸、DNA、RNA、蛋白质、线粒体
5. 分裂、生长、分化、初生生长
6. 原生木质部、后生木质部、选育优良品种
7. 纤维素酶、壁内陷溶解、皮层、皮层、拟菌体、固氮作用
8. 根、茎、叶、花、果实、种子
9. 胚根、胚芽
10. 须根系、直根系
11. 固着、吸收、输导、合成（或分泌、支持等）
12. 内皮层、横向、径向、凯氏带
13. 维管形成层、木栓形成层
14. 根瘤菌、真菌、共生
15. 中柱鞘、侧根、不定根、不定芽、部分维管形成层
16. 根尖、根冠、分生区、伸长区、根毛区、分生区、伸长区、根毛区
17. 不等分裂、根毛、表皮细胞
18. 导管、管胞、木纤维、木薄壁细胞、外始式、外、内
19. 外始式、内始式、相间排列、内外排列
20. 分生区、伸长区、分裂、生长
21. 原表皮、基本分生组织、原形成层、表皮、皮层、维管柱
22. 中柱鞘、初生木质部、初生韧皮部
23. 皮层、次生木质部、初生、基本分生组织、次生、维管形成层
24. 周皮、初生韧皮部、次生韧皮部、维管形成层、次生木质部、维管射线（包含韧皮射线和木射线）、初生木质部
25. 不定根、须根系、浅根系、直根系、深根系

（二）选择题

1. B	2. C	3. B	4. D	5. C	6. D
7. C	8. C	9. D	10. B	11. C	12. A
13. B	14. C	15. A	16. A	17. C	18. B
19. E	20. B	21. C	22. C、D	23. D	24. B
25. C	26. A、C、E	27. B、D	28. A、B、C、D、E、F		

（三）改错题（指出下列各题的错误之处，并予以改正）

1. 错误之处：__维管形成层__ 改为：__原形成层__
   （分析：根的维管柱是根初生结构的一部分，是由初生分生组织的原形成层分化来的。而维管形成层是属于次生分生组织，由它分化产生次生维管组织和次生射线。）

2. 错误之处：__皮层__ 改为：__中柱鞘__
   （分析：虽然在一些树木和多年生草本植物中，根的木栓形成层可在皮层中发生，但通常

四、参 考 答 案

起源之处是在中柱鞘。)

3. (答案一) 错误之处：__根__ 改为：__茎__
(答案二) 错误之处：__表皮、基本组织和维管束__ 改为：__表皮、皮层和维管柱__
(分析：本题是对器官的结构描述错误的例子。对水稻和小麦来说，根的横切面可分为表皮、皮层和维管柱三部分；茎的横切面可分为表皮、基本组织和维管束三部分。由于水稻和小麦的根与茎的横切面结构差异较大，本题如果要保留根的内容，就必须对后半句的结构部分进行改正；如果要保留后半句的结构部分，则必须把根改为茎。因此，本题就有两种不同的答案。改正时，一般是取较简单易行的方案，故答案一常被首选。)

4. (答案一) 错误之处：__束中形成层__ 改为：__初生韧皮部内侧的保持未分化状态的薄壁细胞__
(答案二) 错误之处：__根__ 改为：__把"根"改为"茎"，然后在束中形成层后面补充"以及邻接束中形成层的髓射线细胞"__
(分析：根没有束中形成层，当次生生长开始时，位于初生韧皮部内侧的保持未分化状态的薄壁细胞开始进行分裂活动，成为维管形成层的主要部分。因此，可把此位置作为维管形成层最初起源的位置。茎的维管形成层则起源于束中形成层以及邻接束中形成层的髓射线细胞，由该部位的细胞恢复分裂能力转变而成。本题的错误依然在于前后内容无法对应，这种情况可有两种改错方法，一种是保留前面的，改正后面的，如答案一；另一种是保留后面的，改正前面的，如答案二。改正时，一般是取较简单易行的方案，故答案一常被首选。)

5. 错误之处：__因此，根的次生结构中也没有维管束结构的出现__ 改为：__但是，根的次生结构中有维管束结构的出现__
(分析：根的维管形成层一经发生之后，即进行切向分裂，分别向内、向外形成次生木质部和次生韧皮部，两者内外并生排列，构成束状结构。因此，根的次生结构中有了维管束的结构。)

6. 错误之处：__向外分裂所产生的多细胞结构__ 改为：__向外突出的、顶端密闭的管状结构__
(分析：虽然极少数植物的根毛可以出现分叉，甚至形成多细胞的根毛，但绝大多数的根毛是单细胞的管状结构。)

7. 错误之处：__维管束__ 改为：__原生木质部__
(分析：一般认为根的初生结构没有维管束的结构，本题中出现了维管束是错误的。幼根的维管柱中，较早分化而且也是较明显的部分是原生木质部，也称为原型。原生木质部的束数在植物中是相对稳定的，但作物的不同品种之间，其原生木质部的束数有时会发生变化，例如，茶树因品种的不同而有5束、6束、8束和多至12束的，一般认为主根中原生木质部的束数较多的，其形成侧根的能力较强，这是茶树的优良品种的特征之一。)

8. 错误之处：__(后生木质部和初生木质部两者的关系颠倒了)__ 改为：__初生木质部是由原生木质部和后生木质部组成的__
(分析：本题是概念错误的例子。原生木质部和后生木质部都是初生木质部的组成部分，它们是根据发生先后的不同来命名的。在初生木质部的分化过程中，先分化成熟的称为原生木质部，较晚分化成熟的称为后生木质部。在组成和形态结构上，原生木质部的导管为环纹和螺纹导管，管腔较小；后生木质部的导管为梯纹、网纹和孔纹导管，管腔较大。)

9. (答案一) 错误之处：__木栓形成层__ 改为：__维管形成层__
(答案二) 错误之处：__初生韧皮部内侧的薄壁细胞__ 改为：__中柱鞘__
(分析：根的木栓形成层最初起源于中柱鞘，是在次生生长的过程中，由中柱鞘细胞恢复分裂能力形成的。根的维管形成层最初是由初生韧皮部内侧的薄壁细胞恢复分裂能力产生来的。本题的错误主要在于前后内容无法对应，这种情况可有两种改错方法，一种是保留后面的，改正前面的，如答案一；另一种是保留前面的，改正后面的，如答案二。）

10. 错误之处：　伴随着次生生长而产生的　　改为：　由中柱鞘细胞恢复分裂能力而产生的　

（分析：侧根发生于中柱鞘，是由中柱鞘细胞恢复分裂能力产生来的，与次生生长无关。）

11. 错误之处：　茎也不例外　　改为：　茎为内始式　

（分析：茎的初生木质部的发育方式与根的不同，为内始式。内方的原生木质部较早分化成熟，导管的口径较小；外方的后生木质部较晚分化成熟，导管的口径较大。）

12. 错误之处：　保护　　改为：　吸收　

（分析：根毛最主要的功能是从土壤中吸收水分和矿物质，它的吸收作用显然比保护作用更为重要。）

13. 错误之处：　维管形成层　　改为：　中柱鞘　

14. （答案一）错误之处：　双子叶植物根　　改为：　少数单子叶植物茎　

（答案二）错误之处：　初生增粗分生组织　　改为：　侧生分生组织（或次生分生组织）　

〔分析：双子叶植物根能够增粗是由于有侧生分生组织（或次生分生组织）的缘故。少数单子叶植物茎能够增粗是由于有初生增粗分生组织的缘故。本题的错误主要在于前后内容无法对应，这种情况可有两种改错方法，一种是保留后面的，改正前面的，如答案一；另一种是保留前面的，改正后面的，如答案二。〕

15. 错误之处：　皮层　　改为：　表皮　

（分析：根毛是由表皮细胞外壁向外凸出形成的。）

16. 错误之处：　仍能　　改为：　就不能　

（分析：根尖包含根冠、分生区、伸长区和根毛区四个区。根的伸长主要靠分生区细胞的分裂和伸长区细胞的生长。如果把根尖切断，就意味着把细胞分裂和细胞生长的部位切断，根就无法继续伸长。）

17. 错误之处：　"六原型"　　改为：　"三原型"　

〔分析：在初生根的横切面上，木质部呈束状与韧皮部相间排列。其束数因植物而异，一般双子叶植物2~7束，单子叶植物在7束以上。根据束数分别称其根为二原型、三原型、四原型……。由此可见，原型指的是木质部的束数，与韧皮部束无关。〕

18. 错误之处：　伸长区　　改为：　把"伸长区"删除即可　

（分析：伸长区的细胞处于生长阶段，尚未分化成熟，不可能产生根毛。只有成熟区才有根毛的分布，根毛是成熟区的表皮细胞外壁向外凸出形成的。）

19. （答案一）错误之处：　原形成层　　改为：　初生分生组织　

（答案二）错误之处：　初生结构　　改为：　维管柱　

〔分析：根的初生结构包括表皮、皮层和维管柱（或中柱）三大部分，它们是由初生分生组织中的原表皮、基本分生组织和原形成层分化来的。其中的原表皮分化为表皮；基本分生组织分化为皮层；原形成层分化为维管柱。本题的错误主要在于前后内容无法对应，这种情况可有两种改错方法，一种是保留前面的，改正后面的，如答案一；另一种是保留后面的，改正前面的，如答案二。〕

20. 错误之处：　侧根　　改为：　不定根　

（分析：须根系是由胚轴和茎的基部长出的不定根组成，各条根的粗细近似，丛生如须。须根系为大多数单子叶植物所具有。直根系是由胚根发育而来的主根和各级侧根所组成。直根系为裸子植物和双子叶植物所具有。）

四、参考答案

21. 错误之处：__内始式__ 改为：__外始式__
（分析：在根中，初生韧皮部的发育方式与初生木质部一样，都是外始式。）

22. 错误之处：__中柱鞘__ 改为：__次生生长和次生结构__
（分析：单子叶植物根与双子叶植物根都有中柱鞘，其主要区别在于前者没有次生生长和次生结构。）

23. 错误之处：__只有__ 改为：__并非只有__
（分析：植物的根部，不仅根毛具吸水作用，其他表皮细胞也具吸水功能。但由于根毛的表面积远大于其他表皮细胞，其吸水能力也就远大于其他表皮细胞的吸水能力，因而根毛是根的主要吸收部位。）

24. 错误之处：__定根__ 改为：__不定根__
（分析：单子叶植物的须根系不是由定根组成，而是由胚轴和茎的基部长出的不定根组成。定根是指发生于一定部位的根，主根和侧根均为定根。由定根所形成的根系是直根系，并非须根系。）

25. 错误之处：__以上的成熟部位__ 改为：__把"以上的成熟部位"删除即可__
（分析：根尖从顶端向后依次分为根冠、分生区、伸长区和根毛区。根的吸收主要在根毛区进行。根的初生生长与分生区、伸长区和根毛区均有关，其中的分生区负责细胞的分裂，伸长区负责细胞的生长，根毛区则负责细胞的分化，由这三个区共同完成根的初生生长过程。根的次生生长与根毛区有关，根毛区中有各种成熟组织，也称为成熟区，其中的部分薄壁细胞恢复分裂能力转变为次生分生组织，通过次生分生组织的活动产生了次生结构。由此可见，根的生长，对水分的吸收及次生结构的分化，都集中在根尖部位进行，而不是集中在根尖以上的成熟部位进行。）

26. 错误之处：__茎中的维管形成层__ 改为：__茎中的束中形成层__
（分析：根中的维管形成层均由成熟的薄壁细胞恢复分裂能力产生来的，因而可以说是典型的次生分生组织。茎中的维管形成层可明显区分为束中形成层和束间形成层，束中形成层是由初生分生组织中的原形成层保留下来的，因而通常认为它不是典型的次生分生组织；束间形成层是由邻接束中形成层的髓射线细胞恢复分裂能力转变而成，是典型的次生分生组织。）

27. 错误之处：__次生（两处都错）__ 改为：__初生（两处都改）__
（分析：外始式和内始式的发育方式一般是指根和茎初生木质部或初生韧皮部细胞分化成熟的顺序，与次生木质部或次生韧皮部的形成无关。因此本题只需把次生改为初生即可。）

28. 错误之处：__仍有皮层__ 改为：__通常没有皮层__
（分析：在根的次生生长过程中，木栓形成层是在中柱鞘的部位发生的。当木栓形成层分裂产生周皮后，由于木栓层细胞壁栓质化，不透水，不透气，使其外方的皮层和表皮断绝营养而死亡。且由于内方所产生的次生结构的不断外移推压，使皮层和表皮逐渐瓦解，最后脱落消失。因此，在有周皮存在的次生结构中，皮层通常已不存在或仅剩痕迹。）

29. 错误之处：__伸长区__ 改为：__成熟区__
（分析：根的伸长区的细胞尚处于生长阶段，尚未分化成熟，因而无法看到根的初生结构。根的初生构造由初生的成熟组织构成，只有在成熟区才有成熟组织。因此，要观察根的初生构造，必须通过根尖的成熟区做横切片。）

30. 错误之处：__是因为__ 改为：__并非因为__
（分析：根尖的生活细胞中一般都有细胞核的存在，之所以在一些细胞中没有看到细胞核，是因为该细胞的细胞核可能在制作永久切片时已被切除，或是在所观察的视野里，由于核隐藏在细胞中的某个角落而看不到。）

31.（答案一）错误之处：__固氮__ 改为：__从多方面促进植物的生长发育__
（答案二）错误之处：__菌根__ 改为：__根瘤__
（分析：菌根是高等植物根部与土壤中的某些真菌形成的共生体。菌根的主要作用并不是固氮，而是在下列诸方面促进植物的生长发育：外生菌根的菌丝能代替根毛的作用，扩大根的吸收面积；菌丝能分泌水解酶，促进根际有机物质的分解；菌丝呼吸产生的二氧化碳溶解成碳酸后，能提高土壤酸性，促进难溶性盐类的溶解，使易于吸收；真菌还能产生生长活跃物质，促进根系发育。据此，本题可把菌根的主要作用改为"从多方面促进植物的生长发育"。本题也可以保留后面的，改正前面的，即把菌根改为根瘤。）

32. 错误之处：__内方__ 改为：__外方__
（分析：根的维管形成层发生的位置是在初生韧皮部的内方，经过次生生长形成次生结构后，初生韧皮部通常被向外推移。由此可见，根中的初生韧皮部是在次生韧皮部的外方。）

33. 错误之处：__外方__ 改为：__内方__
（分析：根通过次生生长所产生的次生木质部，加在初生木质部的外方。此后，初生木质部就一直保留在次生木质部的内方。）

34. 错误之处：__老根__ 改为：__把"和老根"删除即可__
（分析：根处于地下，无法直接与外界进行气体交换，因此，不仅其表皮上没有气孔的分化，而且其周皮上也没有皮孔的分化。）

（四）名词解释

1. 不活动中心：位于根尖分生区中最先端的中心部分，有一些分裂活动弱甚至不分裂的细胞，形成一个近圆形的区域，称为不活动中心。当根冠破坏后，此区域细胞会恢复分生能力形成新的根冠。

2. 凯氏带：在幼根内皮层细胞的径壁和横壁上，有一条兼呈木化和栓化的带状加厚结构，称之为凯氏带。由于内皮层细胞排列紧密，无胞间隙，而且凯氏带与细胞质牢固结合，这一结构对根的吸收作用有特殊意义，它具有加强控制根的物质运转的作用。

3. "马蹄铁形"加厚：在没有次生生长的少数双子叶植物以及单子叶植物中，内皮层细胞常在凯氏带加厚的基础上，又再覆盖一层木化纤维层，变成厚壁结构，这种加厚通常发生在横壁、径向壁和内切向壁，而外切向壁是薄的，这种加厚方式，称为内五面加厚，由于在横切面上呈现马蹄铁形（或U形），也称为"马蹄铁形"（或"U形"）加厚。

4. 通道细胞：在根的U形加厚的内皮层上，少数正对原生木质部的内皮层细胞保持薄壁状态，这种薄壁的细胞称为通道细胞。它们是皮层与中柱之间物质转移的途径。

5. 外始式：一般指的是根的初生木质部细胞分化成熟的顺序是从外部开始，逐渐向内，也就是说，成熟的顺序是向心进行的。原生木质部在外，后生木质部在内，这种分化成熟的顺序由外及内的方式就称为外始式。根和茎的初生韧皮部细胞分化成熟的顺序也是外始式。

6. 中柱鞘：位于中柱外围与内皮层相毗连，由一层或几层排列紧密的薄壁细胞所组成，有潜在性的分裂性能，是侧根、不定芽和乳汁管的起源之处，也是木栓形成层和部分维管形成层的发生部位。

7. 切向分裂：分裂面（细胞分裂后形成新壁的面）与切向面互相平行的分裂，相当于平周分裂。

8. 径向分裂：分裂面与径向面互相平行的分裂，相当于垂周分裂。

9. 平周分裂：分裂面与圆周表面平行的分裂，相当于切向分裂。

10. 垂周分裂：分裂面与圆周表面垂直的分裂，相当于径向分裂。

11. 维管射线：也称为次生射线，是由维管形成层所产生的、呈径向排列的次生组织系统。见于双子叶植物的老根和老茎中，包括木射线、韧皮射线和维管束之间的次生射线。维管射线有横向运输功能,有时也有贮藏功能。

12. 初生构造:由初生分生组织经过分裂、生长和分化(即初生生长)所产生的构造称为初生构造。包括表皮、皮层(或基本组织)、初生木质部、初生韧皮部、髓及髓射线等部分。

13. 次生构造:由次生分生组织(维管形成层和木栓形成层)经过分裂、分化所产生的构造称为次生构造。包括次生木质部、次生韧皮部、维管射线和周皮部分。

14. 根瘤:是豆科植物根与根瘤细菌的共生结构。由土壤中的根瘤菌侵入根部皮层,从而引起这部分细胞的迅速分裂,使根的外部膨大成瘤状,故称为根瘤。根瘤中的根瘤菌能固定空气中的氮。

15. 菌根:是土壤中真菌和许多高等植物的共生结构。可分为外生菌根和内生菌根。外生菌根的菌丝能代替根毛的作用,扩大根的吸收面积。菌丝能分泌水解酶,促进根际有机物质的分解。菌丝呼吸产生的二氧化碳溶解成碳酸后,能提高土壤酸性,促进难溶性盐类的溶解,使易于吸收。真菌还能产生生长活跃物质,促进根系发育。

16. 维管柱:指皮层以内的中轴部分,在根中,它由中柱鞘、维管组织和薄壁组织组成;在双子叶植物茎中,它由维管束、髓和髓射线等组成。

17. 初生生长:由根尖和茎尖初生分生组织的细胞经过分裂、生长和分化形成了初生结构,这个生长过程称为初生生长。

18. 次生生长:大多数双子叶植物和裸子植物的根和茎在初生生长结束后,由于次生分生组织(维管形成层和木栓形成层)的发生和活动产生了次生结构,从而使根和茎增粗,这个生长过程称为次生生长。

19. 内起源:植物的侧根通常发生于根内的中柱鞘细胞,而不是起源于根外部的细胞,这种起源方式称为内起源。

20. 定根:植物的主根是由胚根直接发育而成,侧根则是在主根侧面所产生的各级分枝,它们都有一定的发生位置,而称为定根。

21. 不定根:有些植物可以从茎、叶、老根或胚轴上产生根,这种根产生的位置不固定,统称为不定根。

22. 直根系:主根粗壮发达,主根和侧根区分明显的根系称为直根系,如松、柏等裸子植物以及油菜、棉等大多数双子叶植物的根系。

23. 须根系:主根不发达或早期停止生长,由茎的基部产生许多不定根形成的须状根系,称为须根系。如稻、麦、蒜、百合等大部分单子叶植物的根系。

(五) 绘图和填图题

1. 按照标线上的序号填写图 3-1 各部分的名称。

   1. 根毛   2. 表皮   3. 皮层薄壁组织   4. 凯氏点
   5. 内皮层 6. 中柱鞘 7. 原生木质部   8. 后生木质部
   9. 初生木质部 10. 初生韧皮部

2. 按照标线上的序号填写图 3-2 各部分的名称。

   1. 通道细胞   2. 五面壁加厚(或马蹄铁形加厚或 U 形加厚)的内皮层细胞
   3. 原生木质部 4. 后生木质部 5. 初生木质部 6. 初生韧皮部
   7. 中柱鞘   8. 皮层薄壁组织

3. 下图是双子叶植物根的初生结构简图,仅供参考,其中的初生木质部束数(或原型)以及其他部分的表示方式和比例可因不同植物而异,因此都可作相应的改动。此图可结合实验所观察到的具体材料来绘,特别要注意图中各个部分的比例。

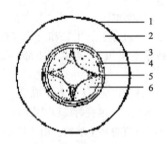

双子叶植物根的初生构造简图

1. 表皮 2. 皮层 3. 内皮层 4. 中柱鞘 5. 初生木质部 6. 初生韧皮部

4. 下图是双子叶植物根的次生结构简图，供参考。其中的初生木质部原型和维管束的束数以及其他部分的表示方式和比例可因不同植物而异，因此都可作相应的改动。此图可结合实验所观察到的具体材料来绘，特别要注意图中各个部分的比例。

说明：此图所表示的是由四原型的根经次生生长而形成的次生结构简图。中心部分是四原型的初生木质部，有四个辐射角。其尖端（原生木质部）正对着四条射线，这四条射线把四个维管束相隔开来。在每个维管束中，次生木质部在内，所占比例较大，有木射线分布，且有一些口径较大的导管；次生韧皮部在外，所占比例较小，有韧皮射线分布。外围是周皮，包含木栓层、木栓形成层和栓内层。周皮的内侧紧靠韧皮部，无皮层，这是根次生结构的重要特征之一。

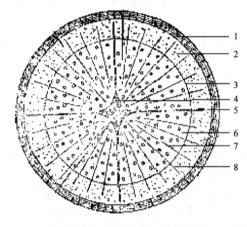

双子叶植物根的次生结构简图

1. 周皮 2. 次生韧皮部 3. 形成层 4. 初生木质部
5. 射线 6. 次生木质部 7. 木射线 8. 韧皮射线

（六）分析和问答题

1. **区别定根与不定根。**

定根是从植物体的固定部位长出来的，包括由胚根发育而来的主根和各级分枝侧根。不定根是从胚轴、茎、叶和老根上长出来的，没有主根和侧根之分。

2. **区别直根系与须根系。**

直根系具有明显的主根与侧根之分，是绝大多数双子叶植物根系的特征。须根系主要由不定根组成，是绝大多数单子叶植物根系的特征。

3. **比较根瘤与菌根的异同点。**

相同点：都是菌和根的共生体。

主要区别如下：

根瘤是根与根瘤细菌的共生体，根瘤中的根瘤细菌具有固氮作用。它能把空气中游离氮（N_2）转变为氨（NH_3），供给豆科植物利用。同时根瘤菌可以从根的皮层细胞中吸收生活所需的水分和养料。

菌根是根与真菌的共生体，菌根有多种功能：能代替根毛的作用；能分泌水解酶，分解根际的有机物；菌丝呼吸产生的 CO_2 溶解成碳酸后，能提高土壤酸性，促进难溶性盐类的溶解；真菌还能产生生长活跃物质，促进根系发育；有些真菌还有固氮作用。

4. 比较双子叶植物根与禾谷类植物根成熟区横切面构造上的异同点。

相同点：初生结构都有表皮、皮层和维管柱三个组成部分。

主要区别如下：

双子叶植物外皮层的细胞壁一般不加厚；内皮层的加厚方式通常为凯氏带（或四面）加厚；中柱鞘细胞能脱分化形成侧生分生组织；可通过次生生长产生次生结构。

在禾谷类植物根中，外皮层细胞在发育后期通常转变为厚壁的机械组织，起着支持和保护作用；内皮层细胞的加厚方式通常为五面加厚（亦称"马蹄铁形"加厚，或称"U"形加厚）；中柱鞘细胞在发育后期通常部分或全部木化，不能脱分化形成侧生分生组织；一生中一般只具初生结构，即不再进行次生生长而增粗。

5. 何谓根尖？如何分区？

根尖是指从根的顶端到着生根毛部分的这一段根。根尖是根生命活动最旺盛和最重要的部分，根的吸收功能，根的不断伸长，根内各种初生成熟组织的形成都在根尖完成。根尖从顶端向后依次分为根冠、分生区、伸长区和成熟区。根冠位于根尖的顶端，功能是保护分生区；分泌黏液，利于根的生长；控制根的向地性生长。分生区位于根冠内方，由分生细胞组成，能不断产生新细胞，促进根尖生长，故又称为生长点。伸长区位于分生区的上方，细胞沿根的长轴迅速伸长，此区是根伸长的主要动力。成熟区位于伸长区的上方，各种初生成熟组织分化形成；表面密被根毛，故又称为根毛区，是吸收功能的主要部位。

6. 以根尖的成熟区为例，说明根的形态结构和功能如何相适应？

根尖成熟区密被根毛，形成巨大的吸收面积，能从土壤中吸收大量水分和溶解于水中的无机盐类，供植物生活所需。根尖初生构造中的中柱鞘由薄壁细胞所组成，能脱分化产生侧根，形成庞大的根系，对植物体起固着和支持作用；中柱鞘细胞还能形成不定芽，可用来繁殖；双子叶植物的中柱鞘细胞还能产生木栓形成层和部分维管形成层，通过次生生长形成次生结构。根维管组织的导管和管胞负责把根吸收的水分和矿物质运往植物体的地上部分；维管组织中的筛管负责把地上部分合成的有机物质供给根的生长所需。根的薄壁组织具有贮藏营养物质的作用，还具有生物合成作用，能合成氨基酸、有机氮和生物碱，供植物生活所需。

7. 说明根的原分生组织、初分生组织与成熟组织的相互关系。

由原生分生组织衍生形成初生分生组织，初生分生组织包括原表皮、基本分生组织和原形成层，其中的原表皮分化为表皮，基本分生组织分化为皮层，原形成层分化为维管柱中的各种成熟组织。

8. 试述根内皮层的结构和功能。

在幼根的吸收部位，内皮层的细胞壁在径向壁和横向壁上有一条兼呈木化和栓化的带状加厚，称为凯氏带。在凯氏带之处，质膜紧贴于凯氏带上，这一结构对根的吸收作用具有特殊意义。它使土壤溶液由皮层进入中柱都要全部通过内皮层的选择透性的质膜，这样可以减少溶质的散失，使水分和溶质源源进入导管内。在没有次生生长的少数双子叶植物以及单子叶植物中，内皮层细胞常在凯氏带加厚的基础上，又再覆盖一层木化纤维层，这种加厚常发生在横向壁、径向壁和内切向壁上，形成五面加厚方式，少数正对原生木质部的内皮层细胞保持薄壁状态，称之为通道细胞。它是皮层与中柱之间物质转移的通道，皮层的水分和溶质只能由通道细胞进入初生木质部，缩短了输导的距离。

9. 中柱鞘细胞有何特点？它有哪些特殊功能？

中柱鞘处于维管柱的外围，由一至数层薄壁细胞组成，排列紧密而整齐。这些细胞具有潜在的分生能力，经脱分化后，可以形成侧根、不定根、不定芽、乳汁管和树脂道等。当根开始次生生长时，维管形成层的一部分及木栓形成层也都由此产生。

10. 侧根如何发生？

侧根发生于中柱鞘细胞，不同植物其发生位置有异。在二原型根中，侧根起源于原生木质部与原生韧皮部之间或正对原生木质部的中柱鞘细胞。在三原型、四原型根中，侧根是正对着原生木质部的中柱鞘细胞发生的。在多原型根中，则多正对着原生韧皮部发生。侧根开始发生时，上述部位的中柱鞘细胞首先恢复分裂能力，形成侧根原基，其顶端逐渐分化为生长点和根冠，生长点的细胞继续分裂、生长和分化，由根冠覆盖向前推进，最终穿透母根的皮层，伸出表皮，成为侧根。

11. 以韭菜根成熟区横切面为例，分析其结构与主要功能的相关性。

韭菜根的表皮上有根毛，起吸收水分和矿物质的作用。外皮层和中部皮层大而壁薄，主要起贮藏作用。内皮层有五面壁加厚（或"U形"加厚，或"马蹄铁形"加厚）细胞和通道细胞，有利于水分的快速运输。中柱鞘由排列紧密的薄壁细胞组成，能恢复分生能力产生不定根等结构。初生韧皮部的主要组成分子为筛管和伴胞，起输导有机物质的作用。初生木质部的主要组成分子为导管和管胞，起运输水分和矿物质的作用。初生木质部的发育方式为外始式，这种方式利于水分由外向内运输。

12. 双子叶植物根在进行次生生长时，维管形成层是怎么产生和活动的？

当次生生长开始时，位于初生韧皮部内侧的保持未分化状态的薄壁细胞开始进行分裂活动，形成片段的维管形成层，接着向两侧扩展至与中柱鞘相接。此时，正对原生木质部的中柱鞘细胞也进行分裂，转变为形成层的一部分，结果形成一个波浪形的形成层环。由于形成层发生的迟早不同及分裂速度不等，最后使波浪形的形成层环变为圆环形的形成层环。维管形成层发生后，即进行切向分裂，向内分裂出的细胞，分化成次生木质部，向外分裂出的细胞分化成次生韧皮部，由它们构成轴向的维管系统。有些形成层细胞产生径向排列的薄壁细胞称为维管射线，其中贯穿于次生木质部的称为木射线，贯穿于次生韧皮部的称为韧皮射线，由它们构成径向的射线系统。

13. 双子叶植物根在进行次生生长时，木栓形成层是怎么产生和活动的？

双子叶植物根在进行次生生长时，由中柱鞘细胞恢复分生能力转变成木栓形成层，向外产生木栓层，向内产生栓内层，三者组成周皮，代替了表皮起保护作用。多年生木本植物，由于木栓形成层活动有限，每年重新向内产生，直到发生在次生韧皮部的薄壁细胞中。这样，新的周皮和老周皮以及夹杂在其中的死亡组织构成了树皮（即狭义的树皮，也称为落皮层或外树皮；广义的树皮是指维管形成层以外所有组织的统称）。

14. 根由初生构造至次生构造发生了哪些变化？

根由初生构造至次生构造主要发生了两方面的变化：一方面，由于维管形成层的发生和活动，产生了次生木质部和次生韧皮部以及维管射线，并不断向外推移，导致根的皮层和表皮逐渐瓦解消失。另一方面，根的中柱鞘细胞除一小部分转变为维管形成层外，大部分转变为木栓形成层，通过活动产生了周皮，并由周皮取代表皮起保护作用。

15. 简述根是如何不断地伸长生长、分枝并增粗的？

根能不断地伸长生长，主要在根尖进行，是由根尖顶端分生组织的细胞经过分裂、生长和分化三个阶段来完成的，这个过程是不断进行的，从而使根不断地伸长。

根能不断地产生分枝形成侧根，产生分枝（即侧根）是由根毛区的中柱鞘细胞恢复分裂能力产生的。

双子叶植物根能不断增粗，这是通过维管形成层和木栓形成层的活动不断产生次生结构来实现的。

16. 根瘤是如何形成的？

豆科植物幼苗期间的分泌物吸引了分布在根附近的根瘤菌，使其聚集在根毛周围大量繁殖，根瘤菌分泌纤维素酶，分解根毛的细胞壁而侵入根毛细胞，在根毛中分裂滋生，聚集成带，外被黏液和根细胞分泌的纤维素，形成侵入线。随后，根瘤菌沿其侵入到根的皮层细胞里，并在该处进行繁殖，皮层细胞受刺激而快速分裂，细胞数量增多，皮层的体积膨大而向外凸出形成根瘤。

17. 菌根有哪些类型？试分析其特点和功能？

菌根有外生菌根、内生菌根和内外生菌根三种类型。外生菌根是真菌的菌丝包在根尖的外面形成鞘状的结构，仅有少数菌丝侵入根表皮和皮层的胞间隙中。内生菌根是真菌的菌丝侵入到根的表皮和皮层细胞中。内外生菌根是真菌的菌丝既能在根尖的外面形成鞘状的结构，又能侵入到根的表皮和皮层细胞中。菌根的菌丝可代替根毛的作用，扩大了根的吸收面积；菌丝能分泌水解酶，促进根际有机物质的溶解；真菌呼吸放出二氧化碳，溶解成碳酸，能促进难溶性物质的溶解，使之易于吸收；真菌还能产生维生素 B 类的生长活跃物质，促进根的发育；此外，菌根还能增加豆科植物固氮和结瘤率，提高一些药用植物的药用成分含量，提高苗木移栽、扦插成活率等。

第四章
茎

一、学习要点和目的要求

1. 茎的性质、生长习性及其主要生理功能

理解木本茎和草本茎的类型。掌握平卧茎与匍匐茎、攀缘茎与缠绕茎的区别特征。理解茎的主要生理功能。

2. 芽与枝条

掌握芽的概念和基本结构。掌握定芽和不定芽、叶芽和花芽及混合芽、顶芽和侧芽（或腋芽）的概念。理解裸芽和鳞芽、叠生芽和并列芽及柄下芽、活动芽和休眠芽概念。

掌握节和节间、长枝和短枝、皮孔、叶痕、叶迹的概念。理解枝痕、芽鳞痕的概念。掌握单轴分枝和合轴分枝的特点及意义。掌握二叉分枝和假二叉分枝的特点。掌握分蘖的概念。

3. 茎尖的分区及茎的初生生长

掌握茎尖各区的特点。了解原套—原体学说。理解原套和原体的概念。了解细胞组织分区概念。了解周缘分生组织和髓分生组织概念。掌握茎尖组织分化成熟的过程。掌握茎初生生长（顶端生长和居间生长）的概念。

4. 双子叶植物茎的初生结构

掌握茎表皮的结构特点。掌握茎皮层的结构特点。掌握无限外韧维管束的概念。掌握初生木质部内始式的发育方式。掌握初生韧皮部外始式的发育方式。掌握髓射线的概念。

5. 双子叶植物茎的次生生长与次生结构

掌握茎中维管形成层的来源和活动特点。掌握茎中木栓形成层的来源和活动特点。掌握年轮的形成过程。掌握年轮和假年轮的概念。掌握早材和晚材、边材和心材的概念。理解木材三切面的基本结构。理解优质木材的特征。掌握外树皮和广义树皮的概念。理解皮孔的形成过程和作用。理解裸子植物茎的特点。

6. 单子叶植物茎的结构特点

掌握禾本科植物茎节间的结构特点。掌握表皮的结构特点。掌握机械组织的组成和作用。掌握有限外韧维管束的结构特点。理解单子叶植物茎的初生加厚生长。了解单子叶植物茎的异常次生生长。

7. 茎的生长特性与人的生活

理解纤维植物的茎纤维特点。理解枝条生根与人工营养繁殖方式。理解茎的创伤愈合与嫁接。理解抗倒伏植物茎的结构特征。

二、学习方法

如同根一样，茎也是由各种组织构成的。学好本章内容的前提是巩固组织中的理论知识和实验知识，不仅要明确各种组织在茎中的分布位置，更要明确茎的形态、结构和功能如何通过各种组织的分工协作而体现出来。学习中，可采取下面的方法，并相互联系、穿插运用。

（一）表解法

1. 列表概括茎尖分区

茎尖是茎的生长部位，它的最前端外面无类似根冠的帽状结构，而是由许多幼小叶片紧紧包裹。从顶端往下依次分为分生区、伸长区和成熟区，各区的形态、结构与生理功能各有其特点，概括见表4-1。

表4-1 茎尖分区

分区	位置	特点	主要功能
分生区	位于茎的最先端	最先端的原分生组织具原套和原体之分，具叶原基和腋芽原基	是产生新细胞的主要地方。叶原基产生叶的原始体，腋芽原基产生枝的原始体
伸长区	位于分生区下方	细胞已停止分裂，伸长迅速	是茎伸长的主要部位
成熟区	位于伸长区下方	其内细胞已分化为各种成熟组织	茎的各种组织都由这区产生。具有节和节间，节上有芽，并由芽产生叶、花或花序

2. 列表归纳芽的类型

芽是未发育的枝、花或花序的原始体。按照芽生长的位置、性质、结构和生理状态的差异，可将芽的类型归纳见表4-2。

表4-2 芽的类型

芽的类型			
依芽着生位置分	定芽	顶芽	生长在茎端的芽
		腋芽	也称为侧芽，是生长在叶腋的芽
	不定芽		生长在老茎、根、叶或伤处的芽
依芽性质分	叶芽		发育为营养枝的芽
	花芽		发育为花或花序的芽
	混合芽		同时发育为枝、叶和花（或花序）的芽称为混合芽
依芽构造分	鳞芽		有芽鳞片包被的芽
	裸芽		无芽鳞片包被的芽
依芽生理状态分	活动芽		当年生长季形成新枝、花或花序的芽
	休眠芽		在生长季不活动，保持休眠状态的芽

3. 表解双子叶植物茎尖组织分化成熟的过程

分生区顶端的原套和原体细胞不断分裂，向下衍生出周缘分生组织和髓分生组织，继而形成原表皮、基本分生组织和原形成层三种初生分生组织，再经分裂、伸长和分化后形成茎的初生结构。此过程可表解见表4-3。

表4-3 双子叶植物茎尖组织分化成熟的过程

分生区		伸长区	成熟区
原分生组织	初生分生组织		初生结构
原套→周缘分生组织区→	原表皮—— 基本分生组织—— 原形成层——	→ → →	→表皮 →皮层 →维管束
原体→髓分生组织区→	基本分生组织		→髓
——细胞分裂——	——细胞分裂——	——细胞伸长——	——细胞分化→初生结构

4. 列表归纳双子叶植物茎的初生结构

双子叶植物的种类很多，但其茎的结构具有相同的规律，自外至内可分为表皮、皮层和维管柱三部分。各部分的形态、结构和功能可归纳见表4-4。

表4-4 双子叶植物茎的初生结构

茎的初生结构			内容
	表皮		位于幼茎的表面，由原表皮分化而来。细胞排列紧密，外壁较厚，角质膜明显。有气孔和表皮毛。主要起保护作用
	皮层	外皮层	常由1至几层厚角细胞组成，排列较紧密，内含叶绿体，使幼茎呈现绿色
		皮层薄壁细胞	细胞排列疏松，具有贮藏营养物质的作用
		内皮层	一般无内皮层分化，只有一些植物的地下茎或水生植物才有；有些植物如南瓜、蚕豆等的皮层最内层的细胞富含淀粉粒而被称为淀粉鞘；菊科的某些植物如益母草属和千里光属，在开花时皮层最内层才出现凯氏带
	维管柱	维管束 初生韧皮部	与初生木质部并生排列，外始式，输导有机物
		束中形成层	由原形成层转变而来，并非典型的次生分生组织
		初生木质部	内始式，输导水分及无机盐类
		髓射线	是维管束之间的薄壁细胞，也称初生射线；连接皮层和髓，有横向运输作用；次生生长开始时，邻接束中形成层的髓射线细胞能恢复分裂能力转变为束间形成层
		髓部	由薄壁细胞组成，排列疏松，具贮藏作用

5. 列表总结禾本科植物茎的结构

禾本科植物的茎可分为空心茎和实心茎两种类型，前者如水稻和小麦等，后者如甘蔗和玉米等。它们虽有不同之处，但也有共同特点：无形成层，不能产生次生结构；维管束散生在薄壁组织和机械组织之中；不能划分皮层、髓和髓射线的界限，只能划分为表皮、基本组织和维管束三个部分。各部分的形态、结构和功能可总结见表4-5。

表 4-5　禾本科植物茎的结构

禾本科植物茎的结构			
	表皮		表皮细胞有长细胞、栓细胞和硅细胞，细胞壁角化、栓化或硅化，有气孔，气孔器为哑铃形的保卫细胞组成，表皮主要起保护作用
	基本组成	机械组织	与表皮毗连，成环带，幼茎时常被绿色组织隔开（小麦），起支持作用
		绿色组织	存在于幼茎近表皮处，与机械组织间生，内含叶绿体，具光合能力
		薄壁组织	位于机械组织的内侧，由薄壁细胞组成，愈往茎内，细胞愈大。起贮藏作用
	维管束	初生韧皮部	与初生木质部并生排列，外始式，输导有机物质
		初生木质部	内始式，横切面上呈V形，V形基部为原生木质部，由环纹和螺纹导管及薄壁细胞组成。V形的臂部各有一个大型的孔纹导管，导管之间为薄壁细胞和管胞，共同构成后生木质部。输导水分及无机盐类
		维管束鞘	处于每一维管束的外围，由厚壁细胞组成
空心茎特点			中央具髓腔，维管束近似两轮排列；外轮较小，结构较简单，分布于机械组织之间；内轮较大，结构较复杂，分布于薄壁组织之中
实心茎特点			无髓腔，维管束散生分布在薄壁组织和机械组织之中；靠外的维管束较小，排列较密，结构较简单；愈往茎内，维管束愈大，排列愈疏，结构愈复杂

6. 列表概括双子叶植物茎的次生生长和次生结构

　　大多数双子叶植物的茎在初生生长的基础上还会进行次生生长。当次生生长开始时，邻接束中形成层那部分的髓射线细胞恢复分裂性能转变为束间形成层。最后，束中形成层和束间形成层连成一环，它们共同构成维管形成层。

　　维管形成层可分为纺锤状原始细胞和射线原始细胞两种，其中纺锤状原始细胞切向分裂向外产生次生韧皮部，向内产生次生木质部，构成轴向维管系统；射线原始细胞切向分裂向外产生韧皮射线，向内产生木射线，构成径向射线系统。

　　在适应内部直径增大的情况下，外周出现了木栓形成层。木栓形成层最初起源于表皮、皮层或初生韧皮部，因不同植物而异。木栓形成层切向分裂向外产生木栓层，向内产生栓内层，三者共同构成周皮，代替了表皮起保护作用。多年生木本植物，由于木栓形成层活动有限，每年重新向内产生，直到发生在次生韧皮部的薄壁细胞中。现将双子叶植物茎的次生生长和次生结构表解见表 4-6。

表 4-6　双子叶植物茎的次生生长和次生结构

次生生长的起始位置	——次生生长—→			次生结构	
表皮→ 皮层→ 初生韧皮部→	木栓形成层		——切向分裂——→	木栓层 木栓形成层 栓内层	周皮
束中形成层——→	维管形成层	纺锤状原始细胞	①——切向分裂——→	次生韧皮部 次生木质部	轴向的维管系统
			②——径向分裂或倾斜的垂周分裂——→	扩大维管形成层环	
束间形成层——→ （由邻接束中形成层的髓射线细胞恢复分裂能力转变而成）		射线原始细胞	①——径向分裂——→		
			②——切向分裂——→	韧皮射线 木射线	径向的射线系统

(二) 比较法

本章依然有许多既有联系、又有区别的概念和结构，运用比较法是加深理解、快速掌握知识的行之有效的途径。举例如下：

1. 比较居间生长与顶端生长

相同点：都属于初生生长，都使植物体伸长或长高。

主要区别：顶端生长在顶端分生组织所在的部位进行，经历了顶端分生组织细胞的分裂、生长和分化三个阶段。居间生长主要在居间分生组织所在的部位进行，经历了居间分生组织细胞的分裂、生长和分化三个阶段。

2. 比较原套与原体

相同点：同为茎尖原分生组织的部分。

主要区别：原套是指茎尖原分生组织中最外面的一层或数层细胞，这些细胞几乎都进行垂周分裂而不增加细胞层数。原体是原套包围着的一团不规则排列的细胞，它们沿垂周、平周各个方向进行分裂，增大体积。

3. 区别双子叶植物根和茎成熟区横切面维管柱的初生构造

根的维管柱外围具中柱鞘；初生木质部和初生韧皮部呈辐射状相间排列，没有结合成束状的维管束；初生木质部的发育方式为外始式；无髓射线；在初生结构发育后期，髓部基本上被初生木质部所占据。

茎的维管柱外围大多缺乏中柱鞘的构造（或不明显）；初生木质部和初生韧皮部内外排列，两者结合成外韧维管束；初生木质部的发育方式为内始式；有髓射线；髓部终生保留。

4. 区别气孔与皮孔

气孔通常存在于幼茎表皮和叶表皮上，由保卫细胞（有些植物还有副卫细胞）构成，气孔可以自动调节开关，由此来调节气体交换和水分蒸腾。

皮孔主要见于老茎的周皮上，由排列疏松的栓化或非栓化细胞构成，皮孔不能自动调节开关，它是内部组织与外界进行气体交换的通道。

5. 比较根的内皮层与茎的淀粉鞘

相同点：都处于皮层的最内一层。

主要区别：根的内皮层有凯氏带加厚或五面加厚方式，与根内水分和溶质的输导有关。茎的淀粉鞘没有任何加厚方式，但细胞中含有丰富的淀粉粒，淀粉鞘的功能目前还不十分明确。

6. 区别外始式与内始式

外始式指的是根的初生木质部以及根和茎的初生韧皮部细胞分化成熟的顺序是从外部开始，逐渐向内，原生木质部和原生韧皮部在外，后生木质部和后生韧皮部在内。

内始式指的是茎的初生木质部细胞分化成熟的顺序是从内部开始，逐渐向外，原生木质部在内，后生木质部在外。

7. 比较早材与晚材

相同点：都是生长轮（或年轮）的组成部分，均属于次生木质部的结构。

主要区别：早材是指春季所产生的木材，细胞较大，壁较薄，材质较疏松，颜色较浅。晚材是指夏末秋初所形成的木材，细胞较小，壁较厚，材质较坚实，颜色较深。

（三）实验法

本章内容主要涉及茎的形态、结构和功能。通过实验观察，不仅可以加深对茎的形态、结构与功能的相关性的理解和掌握，而且可以明确植物在营养生长过程中，茎的形态、结构和功能如何日趋成熟和完善。

在实验观察过程中，应注意如下结构的形态特征，并与学习方法中的比较法、图解法等穿插起来，同时也与它们所执行的生理功能联系起来：

（1）茎尖纵切面的形态特征。

（2）双子叶植物木本茎与草本茎横切面初生结构的形态特征，并加以比较。同时也与双子叶植物根的初生结构作比较。

（3）双子叶植物木本茎与草本茎横切面次生结构的形态特征，并加以比较。同时也与双子叶植物根的次生结构作比较。

（4）多年生木本植物茎横切面的年轮、早材、晚材、心材、边材、树皮、周皮的形态特征。

（5）禾本科植物空心茎与实心茎节间横切面初生结构各部分的形态特征，并与双子叶植物茎的初生结构作比较。同时也与禾本科植物根的初生结构作比较。

（四）图解法

在本章的学习过程中，需要看懂书中有关茎的形态和结构图例，这是深刻理解茎的形态、结构与功能的关系，牢固掌握知识必不可少的。本章的图例可归纳为以下三种类型：

1. 与茎的初生生长和次生生长相关的图例

这些图例对理解和掌握茎的初生结构和次生结构的形成过程是至关重要的。

2. 与生理功能相关的形态图例

茎部体现出来的一些形态特征与其所执行的功能是密切相关的，举例如下：

（1）从枝条的形态特征图可以看出它所执行的一些功能，如枝上有节和节间，节上长有叶、花或花序，这些器官分别从枝上的叶芽和花芽发育而来。

（2）从分枝方式的形态图可以看出它们将来不同的发展趋向，如单轴分枝方式可使一部分木本植物如松树、椴树、杨树和桉树等形成主干高大、挺直，有经济价值的木材。合轴分枝方式则可使花卉多开花，使果树多结果。

3. 与生理功能相关的结构图例

茎体现出来的一些结构特征也与其所执行的功能相关联。举例如下：

（1）茎的表皮细胞外切向壁较厚，并角化形成角质膜，有的还有蜡质，而且还具有气孔和表皮毛，这种结构特点有利于防止水分的过度散失和病虫入侵，又不影响透光和通气。

（2）幼茎的外皮层常为厚角组织，增强了茎的支撑力量；细胞中常含有叶绿体，可以行使光合作用。

（3）在茎的初生木质部中，原生木质部在内，导管直径小，而后生木质部在外，导管直径大，这种内始式的发育方式是与茎的生长特性相适应的，有利于水分从内往外的横向运输。

三、练　习　题

(一) 填空题

1. 高等植物地上茎的分枝方式有＿＿＿＿，＿＿＿＿，＿＿＿＿和＿＿＿＿四种。
2. 根的表皮与茎叶的表皮有不同之处，根部表皮形成＿＿＿＿，属于＿＿＿＿组织，而茎叶的表皮属于＿＿＿＿组织，它们的外面常有＿＿＿＿等。
3. 在多年生植物茎木质部的横切面，射线呈＿＿＿＿状，是射线的＿＿＿＿切面，显示射线的＿＿＿＿和＿＿＿＿。径向切面，射线呈＿＿＿＿状，是射线的＿＿＿＿切面，显示射线的＿＿＿＿和＿＿＿＿。
4. 芽的类型依性质不同分为＿＿＿＿、＿＿＿＿和＿＿＿＿。
5. 落叶后在茎上留下的痕迹称为＿＿＿＿，茎维管束从弯曲之点开始到叶柄基部的一段称为＿＿＿＿。
6. 木本植物茎能不断长高是由于＿＿＿＿细胞分裂的结果，同时又能不断长粗则是＿＿＿＿和＿＿＿＿活动的结果。
7. 双子叶植物茎的初生结构包括＿＿＿＿，＿＿＿＿，＿＿＿＿三大部分，花生等双子叶植物茎的初生维管束由＿＿＿＿，＿＿＿＿和＿＿＿＿组成。
8. 维管束是指由＿＿＿＿与＿＿＿＿共同组成的束状结构。在被子植物的茎中，因组成部分排列的不同，维管束可分为＿＿＿＿，＿＿＿＿，与＿＿＿＿等类型。
9. 具有年轮的树木通常生长于＿＿＿＿地区。每一年轮包括＿＿＿＿和＿＿＿＿，年轮线是指＿＿＿＿。
10. 茎的次生保护结构是＿＿＿＿。形成层以外的所有部分称＿＿＿＿。
11. 根、茎内部形成层的细胞主要是行＿＿＿＿向分裂，使根茎增粗，通过这种分裂，新生的细胞壁基本上是和根或茎的表面相＿＿＿＿。
12. 多数形成层细胞在切向面上为＿＿＿＿形，少数为＿＿＿＿形。前者称＿＿＿＿；后者称＿＿＿＿。在横切面上二者都为＿＿＿＿形。
13. 芽是枝条、花及花序处于幼态，尚未伸展发育的雏体，将来发育成枝的芽称＿＿＿＿，它在结构上是由＿＿＿＿、＿＿＿＿、＿＿＿＿和＿＿＿＿等部分组成。
14. 花生等双子叶植物幼茎中维管束呈＿＿＿＿排列，维管束由＿＿＿＿，＿＿＿＿和＿＿＿＿组成，称为＿＿＿＿维管束。玉米等禾谷类植物茎中维管束呈＿＿＿＿排列，维管束和花生茎的不同之处在于＿＿＿＿，称为＿＿＿＿维管束。

15. 组成形成层的细胞有_____和_____二类，它们都主要进行_____分裂，前者衍生的细胞分化为_____和_____，后者衍生的细胞分化为_____。

16. 次生生长时，维管形成层主要进行_____分裂，向内产生_____，添加在初生木质部的_____方，向外产生_____，添加在初生韧皮部的_____方。

17. 划分树皮（广义）和木材以_____为界线，木材的主要组成分子是_____、_____、_____和_____。

18. 定芽包括_____和_____，这两种芽存在着一定的生长相关性，当主干生长活跃时，侧枝受抑制。去掉主干顶端，侧枝就能迅速生长，这种主干与侧枝的生长相关性通常称_____。

19. 髓射线是_____之间的薄壁组织，来源于_____，具_____和_____作用，后来邻接束中形成层的部分细胞可脱分化转变为_____。

20. 禾本科植物茎的横切面上，是由_____、_____和_____三部分组成。维管束是散生在_____之中的（如玉米），或是成_____排列的（如小麦、水稻）。在维管束的外围都有由_____构成的维管束鞘。

21. 在茎的初生结构中，初生韧皮部的分化方式为_____。先分化出来的是_____韧皮部，后分化出来的是_____韧皮部。初生木质部的分化方式为_____。

22. 甘蔗的糖分主要贮藏在茎的_____中。甘蔗和玉米等植物茎的加粗主要是由于_____位置上的_____组织活动的缘故。

23. 软木塞是由_____组织构成，具有_____的特点，它是由_____细胞向外大量分裂产生的。

24. 当茎进行次生生长时，邻接束中形成层部位的一些_____细胞也恢复分生能力，转变为_____。

25. 双子叶植物茎的木栓形成层可以由_____、_____、_____等处发生。

26. 根据纤维在植物体内分布的位置，可将纤维分为_____和_____二大类，它们分别存在于_____和_____中。

27. 双子叶植物茎的木栓形成层最初多发生在_____或_____；根的木栓形成层最初发生在_____。它们的木栓形成层最后都发生在_____。

28. 根茎的过渡区一般发生于_____。

29. 在生长季节里，茎尖顶端分生组织不断进行_____，然后细胞经过_____和_____，产生了茎顶端的_____结构，结果使_____增加，_____伸长，同时产生新的_____和_____。

30. 维管形成层周径扩大的原因，主要是由于_____在进行_____分裂的同时，还可以进行_____分裂。
31. 维管形成层的活动受_____的影响而常有周期性的变化。在一个生长期中所产生的_____构成一个生长轮。如果_____，就称为年轮。如果_____，即称为假年轮。
32. 苎麻的纤维主要是_____纤维，它们发生在麻茎伸长之_____，除了通过_____生长，随周围细胞的分裂，可相应地引申之外，还可能伴随有纤维细胞顶端的_____生长，故纤维细长而柔软、坚韧，是优良的纺织原料。棉籽的纤维是由_____发育来的，发育过程不同于上述情形。
33. 茎尖顶端原分生组织分为_____和_____；由它们衍生的三种初生分生组织是_____、_____和_____。
34. 木栓形成层在双子叶植物根中，最初起源于_____；在双子叶植物茎中，最初起源于_____。根和茎的木栓形成层以后重新发生的位置逐年内移，最深处可达_____。
35. 当木本双子叶植物次生韧皮部的薄壁细胞转变为木栓形成层时，该茎的结构由外向内分别是_____、_____、_____、_____和_____。
36. 在多年生木本植物茎的横切面上，年轮呈_____，射线呈_____状；径切面上，年轮呈_____，射线呈_____状；切向面上，年轮呈_____，射线呈_____状。（此题可结合实验法、图解法和实物进行理解和解答）
37. 在生产实践中，经常采用的人工营养繁殖措施有_____、_____、_____和_____等几种。
38. 在进行嫁接时，保留根系、被接的植物称为_____，接上去的枝条或芽体称为_____。

（二）选择题
1. 缠绕茎靠_____向上生长，如牵牛。
   A. 卷须　　　　B. 气生根　　　C. 茎本身　　　D. 吸盘
2. 葡萄和南瓜靠_____向上攀。
   A. 气生根　　　B. 茎卷须　　　C. 叶柄　　　　D. 叶卷须
3. 松的分枝方式属于_____。
   A. 单轴分枝　　B. 合轴分枝　　C. 假二叉分枝　D. 二叉分枝
4. 叶柄下芽属_____。
   A. 鳞芽　　　　B. 腋芽　　　　C. 不定芽　　　D. 顶芽
5. 茎上的叶和芽的发生属于_____。
   A. 内起源　　　B. 外起源　　　C. 内始式　　　D. 外始式
6. 根据原套—原体学说，组成原套的细胞通常_____。
   A. 只进行垂周分裂　　　　　B. 只进行切向分裂
   C. 只进行横向分裂　　　　　D. 既进行垂周分裂又进行切向分裂

三、练 习 题

7. 茎的某些细胞中也有叶绿体，能进行光合作用，该细胞是_____。
   A. 木栓层细胞　　B. 表皮细胞　　C. 外皮层细胞　　D. 韧皮薄壁细胞
8. 边材不同于心材之处为边材_____。
   A. 坚硬　　　　　B. 色泽深　　　　C. 比重大　　　　D. 具输导能力
9. 双子叶植物茎内的次生木质部由_____分裂、生长和分化而成。
   A. 束中形成层细胞　　　　　　　　B. 束间形成层细胞
   C. 纺锤状原始细胞　　　　　　　　D. 射线原始细胞
10. 禾本科植物茎维管束中的气隙（气腔）是遭破坏了的_____。
    A. 原生韧皮部　　　　　　　　　　B. 后生韧皮部
    C. 原生木质部　　　　　　　　　　D. 后生木质部
11. 水稻茎的维管束属于_____。
    A. 外韧有限维管束　　　　　　　　B. 周木维管束
    C. 外韧无限维管束　　　　　　　　D. 双韧无限维管束
12. 被子植物的芽有多种类型，按它们在枝上的位置分成_____。
    A. 枝芽、花芽和混合芽　　　　　　B. 活动芽与休眠芽
    C. 顶芽和腋芽　　　　　　　　　　D. 鳞芽和裸芽
13. 在木材的切向面上可以看到_____。
    A. 射线的宽和高　　　　　　　　　B. 射线的长、宽、高
    C. 射线的长和宽　　　　　　　　　D. 射线的长和高
14. 在木材的径向切面上年轮呈现_____。
    A. 同心圆　　　B. 平行的条带　　C. 波浪状　　　D. V 字形
15. 芽依其形成器官的性质可分为_____。
    A. 休眠芽、活动芽　　　　　　　　B. 叶芽、花芽、混合芽
    C. 顶芽、叶柄下芽、腋芽　　　　　D. 定芽、不定芽
16. 树皮剥去后，树就会死亡，是因为树皮不仅包括周皮，还包括_____。
    A. 栓内层　　　B. 木栓形成层　　C. 木质部　　　D. 韧皮部
17. 植物的一个年轮包括_____。
    A. 心材和边材　　B. 早材和晚材　　C. 硬材和软材　　D. 环孔材和散孔材
18. 木本植物茎增粗时，细胞数目最明显增加的部分是_____。
    A. 韧皮部　　　B. 维管形成层　　C. 木质部　　　D. 周皮
19. 双子叶植物茎的初生结构主要特点是_____。
    A. 具周皮　　　　B. 具内皮层　　　C. 具髓部
    D. 具维管射线　　　　　　　　　　E. 维管束排列成一轮
    F. 维管束分散排列　　　　　　　　G. 木质部发育为外始式
20. 指出单子叶植物茎特有的特征_____。
    A. 表皮下具厚角组织　　　　　　　B. 维管束散生
    C. 老茎表面有周皮　　　　　　　　D. 有髓射线
    E. 具外韧维管束　　　　　　　　　F. 无形成层

21. 下列特征哪些是茎所特有的？_____。
    A. 有定芽   B. 皮层具细胞间隙
    C. 具厚角组织   D. 分枝内起源
    E. 韧皮部外始式分化   F. 具节和节间
    G. 具有内皮层   H. 具有髓
22. 高产优质的麻类纤维，应当具有_____（A. 合轴分枝　B. 单轴分枝
    C. 二叉分枝）和韧皮部内的_____韧皮纤维（A. 初生　B. 次生
    C. 三生）
23. 双子叶植物老茎横切面维管束之间的薄壁细胞_____。
    A. 为髓射线   B. 为维管射线
    C. 包含有髓射线和维管射线   D. 不是射线
24. _____使器官加厚。
    A. 横向分裂   B. 平周分裂   C. 径向分裂   D. 垂周分裂
25. _____植物的嫁接最容易成活。
    A. 木质藤本   B. 草质藤本   C. 草本   D. 木本
26. 进行压条时，必须先把枝条埋在土中的部分剥去半圈树皮，目的是促使
    在被伤害的树皮处_____。
    A. 积蓄养料，促进其长不定芽   B. 积蓄养料，促进其长不定根
    C. 形成层接触土壤，有利于吸收养分 D. 减少枝条对养分的消耗
27. 在下列双子叶植物茎的初生结构中，占比例最大的部分通常是
    _____。
    A. 表皮   B. 皮层   C. 髓射线   D. 髓
28. 在下列双子叶植物茎的次生结构中，占比例最大的部分通常是_____。
    A. 周皮   B. 次生木质部 C. 次生韧皮部   D. 维管射线
29. 双子叶植物幼茎的维管柱是由维管束、髓和髓射线三个部分组成，与根
    相比其不同点是_____。
    A. 有明显的中柱鞘   B. 中柱鞘不明显或无
    C. 外韧维管束   D. 初生韧皮部外始式发育
    E. 髓较发达   F. 初生木质部内始式发育
30. 禾本科植物茎每一维管束的外周为_____所包围，形成鞘状的结构，
    称为维管束鞘。
    A. 营养组织   B. 厚壁组织   C. 厚角组织   D. 基本组织
31. 水稻等禾谷类植物茎的维管束属于_____。
    A. 周韧维管束 B. 周木维管束 C. 有限外韧维管束
    D. 无限外韧维管束   E. 无限双韧维管束
32. 维管形成层的原始细胞有两种，其中一种是_____的两端尖斜的长梭
    形细胞，称为纺锤状原始细胞。
    A. 切向面宽、横向面窄   B. 切向面窄、横向面宽
    C. 切向面窄、径向面宽   D. 切向面宽、径向面窄

33. 维管形成层开始活动时, 主要是纺锤状原始细胞进行切向分裂, 所产生的细胞不断分化为_____。
    A. 木射线　　　B. 韧皮射线　　　C. 次生木质部
    D. 维管射线　　E. 次生韧皮部　　F. 髓射线
34. 在水稻、小麦、甘蔗和玉米等禾谷类植物茎的横切面结构上, 大体可区分为_____; 其中的水稻和小麦还具有_____。
    A. 表皮　　　B. 皮层　　　C. 基本组织
    D. 维管柱　　E. 维管束　　F. 髓腔　　　G. 髓

(三) 改错题 (指出下列各题的错误之处, 并予以改正)

1. 茎中的维管形成层是由原形成层发展成维管束时保留下来的一层细胞。
   错误之处: _____　改为: _____
2. 茎的初生木质部和初生韧皮部是由初生分生组织中的基本分生组织经过初生生长后形成的。
   错误之处: _____　改为: _____
3. 在多年生木本双子叶植物中, 心材具有输导水分和贮藏食物的作用。
   错误之处: _____　改为: _____
4. 被子植物一般都有维管形成层及次生生长。
   错误之处: _____　改为: _____
5. 周皮的木栓层就是狭义的树皮。
   错误之处: _____　改为: _____
6. 维管形成层进行平周分裂的结果可使本身的环径扩大, 进行垂周分裂的结果可使次生结构的层数增加。
   错误之处: _____　改为: _____
7. 侧枝是由中柱鞘产生的。
   错误之处: _____　改为: _____
8. 茎的周皮形成后, 其次生构造中通常没有皮层存在。
   错误之处: _____　改为: _____
9. 茎的形成层环包括束中形成层和束间形成层, 它们都是初生分生组织中的原形成层保留下来的, 因而不是典型的次生分生组织。
   错误之处: _____　改为: _____
10. 广义的树皮是指植物体历年来所形成的周皮及其外方一些已死亡的组织的总称。
    错误之处: _____　改为: _____
11. 茎的横切面是与茎的纵轴垂直所作的切面, 在横切面上所见的导管、管胞、木薄壁组织和木纤维, 都是横切, 所见的射线是作辐射状线条形, 显示了它们的高度和宽度。
    错误之处: _____　改为: _____
12. 我们观察茎的初生构造和次生构造, 一般都是从成熟区节的位置所做的横切面。

　　　　错误之处：_____ 改为：_____
13. 不定芽是发生部位比较广泛的芽，这种芽既可以从茎上产生，也可以从根和叶上，尤其是从创伤部位上产生。
　　　　错误之处：_____ 改为：_____
14. 维管射线包括韧皮射线和木射线，也包括髓射线。
　　　　错误之处：_____ 改为：_____
15. 侧枝的发生与茎的顶端分生组织无关。
　　　　错误之处：_____ 改为：_____
16. 在根的次生生长过程中，第一次木栓形成层是由中柱鞘细胞恢复分裂能力而形成的，茎也不例外。
　　　　错误之处：_____ 改为：_____
17. 对于同一种植物来说，茎内初生维管束的数目一定与根内初生木质部的束数相同。
　　　　错误之处：_____ 改为：_____
18. 在生长期，茎尖伸长区的长度一般比根的伸长区短。
　　　　错误之处：_____ 改为：_____
19. 种子植物的分枝方式，通常有单轴分枝、合轴分枝和二叉分枝三种类型。
　　　　错误之处：_____ 改为：_____
20. 侧枝是由侧生分生组织发生。
　　　　错误之处：_____ 改为：_____
21. 当维管组织结合在一起成束状排列时，就称为维管柱。
　　　　错误之处：_____ 改为：_____
22. 叶芽将来发展为叶、花芽发展为花或花序。
　　　　错误之处：_____ 改为：_____
23. 一株植物可以有多个腋芽，但只有一个顶芽。
　　　　错误之处：_____ 改为：_____
24. 典型的具有凯氏带的内皮层主要存在于茎部。
　　　　错误之处：_____ 改为：_____
25. 茎的原形成层分化成维管柱。
　　　　错误之处：_____ 改为：_____
26. 幼茎表皮细胞中含有叶绿体，所以呈绿色，这在幼根中是不存在的。
　　　　错误之处：_____ 改为：_____
27. 维管射线属次生结构，它只存在于次生木质部和次生韧皮部中。
　　　　错误之处：_____ 改为：_____
28. 单轴分枝的节间较长，较多的花芽得以发育，能多结果，故为丰产的分枝方式。
　　　　错误之处：_____ 改为：_____
29. 根、茎和叶的表皮上都有气孔分布。

错误之处：_____ 改为：_____

（四）名词解释

1. 内始式 2. 髓射线 3. 叶痕 4. 叶芽
5. 花芽 6. 定芽 7. 不定芽 8. 混合芽
9. 叶原基 10. 腋芽原基 11. 单轴分枝 12. 合轴分枝
13. 分蘖 14. 原套 15. 原体 16. 淀粉鞘
17. 纺锤状原始细胞 18. 射线原始细胞 19. 年轮 20. 早材
21. 晚材 22. 假年轮 23. 边材 24. 心材
25. 树皮 26. 皮孔 27. 补充组织
28. 初生增厚分生组织

（五）填图和绘图题

1. 按照标线上的序号填写图 4-1 各部分的名称。

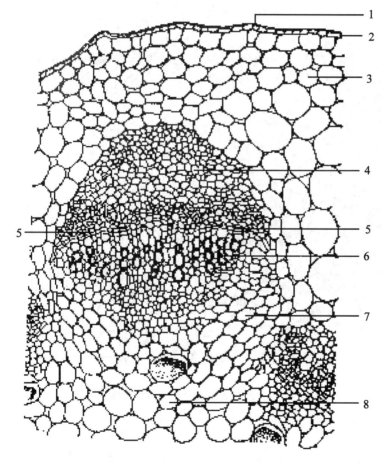

图 4-1 花生幼茎横切面初生结构的部分详图

1. _____ 2. _____ 3. _____ 4. _____
5. _____ 6. _____ 7. _____ 8. _____

2. 按照标线上的序号填写图 4-2 各部分的名称。

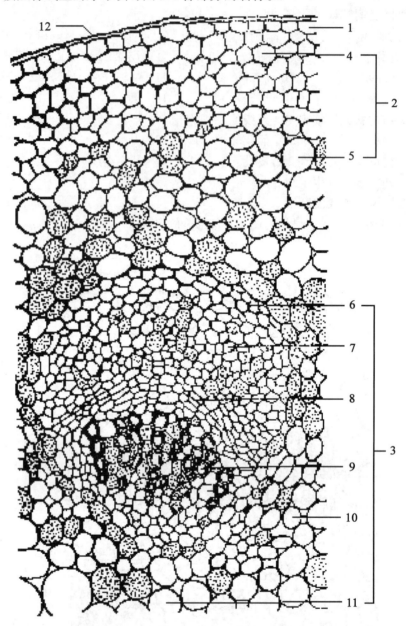

图 4-2　梨幼茎横切面初生结构部分详图

1. _____ 2. _____ 3. _____ 4. _____
5. _____ 6. _____ 7. _____ 8. _____
9. _____ 10. _____ 11. _____ 12. _____

3. 按照标线上的序号填写图 4-3 各部分的名称。

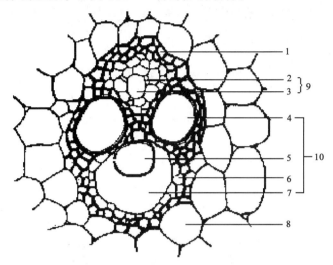

图 4-3　水稻茎横切面一个维管束放大图

1.＿＿＿＿　2.＿＿＿＿　3.＿＿＿＿　4.＿＿＿＿　5.＿＿＿＿
6.＿＿＿＿　7.＿＿＿＿　8.＿＿＿＿　9.＿＿＿＿　10.＿＿＿＿

4. 绘简图表示叶芽纵切面结构，并注明各主要部分的名称。
5. 绘简图表示三年生双子叶木本植物茎横切面结构简图，并注明各主要部分的名称。
6. 绘简图表示小麦茎秆横切面的结构，并注明各主要部分的名称。
7. 绘简图表示玉米茎节间的结构，并注明各主要部分的名称。

（六）分析和问答题

1. 区别定芽和不定芽。
2. 区别侧根和腋芽的起源。
3. 比较根尖和茎尖纵剖面分生区结构上的异同点。
4. 比较草本和木本双子叶植物茎成熟区横切面初生结构的异同点。
5. 比较双子叶植物气孔器与禾谷类植物气孔器的异同点。
6. 比较角化层与角质层的异同点。
7. 比较心材与边材的异同点。
8. 比较禾谷类植物根与茎成熟区横切面结构上的异同点。
9. 区别小麦茎和玉米茎成熟区横切面的构造。
10. 比较年轮、假年轮和生长轮的异同点。
11. 被子植物茎的主要生理功能有哪些？
12. 茎有哪些可供识别的基本形态？
13. 从双子叶植物根尖表皮和幼茎表皮的不同特点说明与各自执行的功能的相关性？
14. 茎的次生结构形成后，初生结构发生哪些变化？
15. 年轮是如何形成的？
16. 在横切面上，如何辨别双子叶植物老根与老茎成熟区的构造？

17. 相对来说"树怕剥皮（广义树皮），而较不怕空心"是什么道理？
18. 禾谷类植物茎的构造有哪些特点？
19. 简述裸子植物茎的结构特点。

四、参考答案

（一）填空题

1. 单轴分枝、合轴分枝、二叉分枝、假二叉分枝
2. 根毛、吸收、保护、表皮毛
3. 长方形、纵、长、宽、近于等径、横、宽、高
4. 叶芽、花芽、混合芽
5. 叶痕、叶迹
6. 顶端分生组织、维管形成层、木栓形成层
7. 表皮、皮层、维管柱、初生木质部、初生韧皮部、束中形成层
8. 木质部、韧皮部、外韧维管束、周韧维管束、周木维管束、双韧维管束
9. 温带（或温带和亚热带，或四季分明的）、早材、晚材、上一年晚材和下一年早材的分界线
10. 周皮、树皮（或广义树皮）
11. 切、平行
12. 长梭、近于等径、纺锤状原始细胞、射线原始细胞、平周的长方
13. 叶芽、生长锥、叶原基、腋芽原基、幼叶
14. 环形、初生木质部、初生韧皮部、束中形成层、无限外韧、分散（或散生）、无束中形成层、有限外韧
15. 纺锤状原始细胞、射线原始细胞、切向、次生木质部、次生韧皮部、维管射线（或次生射线，或木射线和韧皮射线，或射线）
16. 切向分裂、次生木质部、外、次生韧皮部、内
17. 维管形成层、导管、管胞、木纤维、木薄壁组织
18. 顶芽、侧芽、顶端优势
19. 维管束、基本分生组织、横向运输、贮藏、束间形成层
20. 表皮、基本组织、维管束、基本组织、两轮、机械组织
21. 外始式、原生、后生、内始式
22. 薄壁组织、叶原基和幼叶的内方、初生加厚分生
23. 木栓、不透水和不透气、木栓形成层
24. 髓射线、束间形成层
25. 表皮、皮层、韧皮部
26. 木纤维、韧皮纤维、木质部、韧皮部
27. 表皮、皮层、中柱鞘、次生韧皮部
28. 下胚轴一定的部位
29. 分裂、生长、分化、初生、节数、节间、叶原基、腋芽原基
30. 纺锤状原始细胞、切向、径向
31. 气候、次生木质部、一年只产生一个生长轮、一年产生两个或两个以上生长轮
32. 韧皮、前、协同、侵入、外珠被的表皮细胞

四、参考答案

33. 原套、原体、原表皮、原形成层、基本分生组织
34. 中柱鞘、表皮、皮层或韧皮部、次生韧皮部
35. 周皮及其外方的死亡组织（只答周皮也可以）、次生韧皮部、形成层、次生木质部、初生木质部、髓
36. 同心圆环、辐射、平行的条带、砖墙、V字形、纺锤
37. 分离繁殖 扦插 压条 嫁接
38. 砧木、接穗

（二）选择题

1. C	2. B	3. A	4. B	5. B	6. A
7. C	8. D	9. C	10. C	11. A	12. C
13. A	14. B	15. B	16. D	17. B	18. C
19. C、E	20. B、F	21. A、D、F	22. B；A	23. C	24. B
25. D	26. B	27. D	28. B	29. B、C、E、F	
30. B	31. C	32. D	33. C、E	34. A、C、E；F	

（三）改错题（指出下列各题的错误之处，并予以改正）

1. 错误之处： 维管形成层 改为： 束中形成层
（分析：维管形成层包括束中形成层和束间形成层，其中的束中形成层是由原形成层保留下来的，不是典型的次生分生组织。）

2. 错误之处： 基本分生组织 改为： 原形成层
（分析：茎的初生木质部和初生韧皮部是维管束的组成部分，是由初生分生组织中的原形成层经过初生生长后形成的。基本分生组织经过初生生长后，形成皮层、髓和髓射线三部分。）

3. 错误之处： 心材 改为： 边材
（分析：心材是指木本植物内部的木材，是较老的次生木质部，这部分木材没有畅通的导管和活的木薄壁组织，已失去了输导和贮藏的功能。边材是指木本植物外部的木材，是近年形成的次生木质部，这部分木材具有畅通的导管和活的木薄壁组织，具有输导和贮藏功能。因此，本题应把"心材"改为"边材"。）

4. 错误之处： 被子植物 改为： 裸子植物（或双子叶植物）
（分析：裸子植物以及被子植物中的双子叶植物一般都有维管形成层及次生生长，而被子植物中的单子叶植物一般没有维管形成层及次生生长。）

5. 错误之处： 周皮的木栓层 改为： 历年的周皮及其外方的死亡组织
（分析：树皮有广义的和狭义的两种概念。狭义的树皮是指历年的周皮及其外方的死亡组织；广义的树皮则指维管形成层以外的所有部分，主要包括周皮和韧皮部，茎中可能还有部分皮层存在。）

6. 错误之处： "可使本身的环径扩大"和"可使次生结构的层数增加" 改为：（把上述错误的两处内容对调一下位置即可）
（分析：平周分裂是指分裂面与圆周表面平行的分裂，相当于切向分裂；维管形成层进行平周分裂的结果可使次生结构的层数增加。垂周分裂是指分裂面与圆周表面垂直的分裂，相当于径向分裂；维管形成层进行垂周分裂的结果可使本身的环径扩大。）

7. （答案一）错误之处： 侧枝 改为： 侧根
（答案二）错误之处： 中柱鞘 改为： 腋芽原基（或叶芽，也可以改为侧芽或腋芽）
（分析：本题又是前后无法对应的例子，因而又有了两种不同的答案。现就答案二分析如

下：侧枝发生的具体位置是叶芽中的腋芽原基。叶芽的结构包括生长锥、叶原基、腋芽原基和幼叶等部分，其中的叶原基发育为幼叶，腋芽原基发育为营养枝。侧芽是生长在叶腋的芽，也称为腋芽，通常在营养生长期的侧芽是发育为营养枝的叶芽。因此，本题可把中柱鞘改为腋芽原基或叶芽，也可以改为侧芽或腋芽。）

  8. 错误之处：<u>　没有皮层　</u>　改为：<u>　还有皮层　</u>

  （分析：由于茎的木栓形成层通常起源于表皮或皮层，所以茎的周皮形成后，其次生构造中通常还有皮层存在。但也有少数植物，如茶属，木栓形成层最初可在初生韧皮部发生，当茎的周皮形成后，其次生构造中就没有皮层存在。）

  9. 错误之处：<u>　它们都是　</u>　改为：<u>　其中的束中形成层是　</u>

  10.（答案一）错误之处：<u>　广义的　</u>　改为：<u>　狭义的　</u>

  （答案二）错误之处：<u>　历年来所形成的周皮及其外方一些已死亡的组织　</u>　改为：<u>　维管形成层以外的所有组织　</u>

  （分析：本题的错误主要在于前后内容无法对应，这种情况可有两种改错方法，一种是保留后面的，改正前面的，如答案一；另一种是保留前面的，改正后面的，如答案二。改正时，一般是取较简单易行的方案，故答案一常被首选。）

  11. 错误之处：<u>　高度　</u>　改为：<u>　长度　</u>

  （分析：在茎的横切面上，只能看到射线的长度和宽度。在茎的纵切面上，才能看到射线的高度。）

  12. 错误之处：<u>　节　</u>　改为：<u>　节间　</u>

  （分析：在茎的节部，因为有叶迹和叶隙的存在，使维管组织的结构比节间部分复杂得多。因此，观察茎的初生构造和次生构造，一般都是从成熟区节间的位置所取的横切面。）

  13. 错误之处：<u>　茎上　</u>　改为：<u>　老茎或茎的节间　</u>

  （分析：茎上产生的芽有定芽，也有不定芽。其中产生于枝顶或叶腋内的芽，称为定芽；产生于老茎或节间的芽，称为不定芽。）

  14. 错误之处：<u>　也包括髓射线　</u>　改为：<u>　把"也包括髓射线"删除即可　</u>

  （分析：髓射线通常是指茎的初生结构中，维管束之间的薄壁组织区域，也称为初生射线。维管射线一般是指由维管形成层所产生的、呈径向排列的次生组织系统，也称为次生射线。维管射线包括韧皮射线、木射线和维管束之间的次生射线，但通常不包括属于初生射线的髓射线。）

  15. 错误之处：<u>　无关　</u>　改为：<u>　有关　</u>

  （分析：叶芽中的生长锥、叶原基和腋芽原基等部分均处于顶端分生组织的区域。侧枝发生于叶芽中的腋芽原基，因此，可以说侧枝的发生与茎的顶端分生组织密切相关。）

  16. 错误之处：<u>　茎也不例外　</u>　改为：<u>　茎中第一次木栓形成层可由表皮、皮层或初生韧皮部的部位发生　</u>

  （分析：大多数植物幼茎内没有中柱鞘，或不明显。因此，茎中第一次木栓形成层的来源，可因不同植物而不同。有的起源于表皮，如梨和苹果等；也有的起源于近表皮的厚角组织，如花生和大豆等；有的发生于离表皮较近的皮层薄壁组织，如马铃薯和桃等；也有的发生在皮层较深处的薄壁组织中，如棉花等；甚至在初生韧皮部发生，如茶属等。）

  17. 错误之处：<u>　一定　</u>　改为：<u>　不一定　</u>

  （分析：对于同一种植物来说，茎内初生维管束的数目通常比根内初生木质部的束数多，这可能是由于维管组织在根-茎过渡区发生分叉、转位及汇合的过程中形成的，其原因有待进一步研究。）

  18. 错误之处：<u>　短　</u>　改为：<u>　长　</u>

（分析：在生长期，茎的伸长区常包含几个节和节间，长度远较根长。当二年生和多年生植物进入休眠期时，伸长区可变得很短，甚至难以辨认。）

19. 错误之处：__二叉分枝__ 改为：__假二叉分枝__

（分析：真正的二叉分枝是由顶端分生组织一分为二所致，多见于低等植物，高等植物中苔类和卷柏也是二叉分枝方式。假二叉分枝是种子植物常见的分枝方式之一，它是具对生叶的植物在顶芽停止生长后，或顶芽变成花芽后，由顶芽下的两侧腋芽同时发育而成的二叉状分枝。假二叉分枝实际上是合轴分枝的一种特殊形式，它与顶端分生组织本身分为两个，形成真正的二叉分枝不同。）

20. （答案一）错误之处：__侧枝__ 改为：__次生结构__

（答案二）错误之处：__侧生分生组织__ 改为：__腋芽原基（或叶芽，也可以改为侧芽或腋芽）__

（分析：本题又是前后无法对应的例子，因而又有了两种不同的答案。答案一较为简单易行；答案二则较为复杂。具体分析见第 7 题。）

21. 错误之处：__维管柱__ 改为：__维管束__

（分析：维管束和维管柱是两个不同的概念。维管束是指由维管组织所构成的束状结构，在维管植物的营养器官和生殖器官中都有分布。维管柱是指根和茎皮层以内的中央柱状部分。根和茎维管柱的组成有所不同，在双子叶植物的根中，维管柱包括中柱鞘、初生木质部、初生韧皮部和薄壁组织几部分，少数植物还有髓；在双子叶植物的茎中，维管柱包含了维管束、髓和髓射线三个部分。）

22. 错误之处：__叶__ 改为：__枝和叶__

（分析：叶芽中有叶原基和腋芽原基，其中的叶原基发育为幼叶，腋芽原基发育为营养枝，因此可以说，叶芽是产生枝和叶的芽。）

23. 错误之处：__但只有一个顶芽__ 改为：__也可以有多个顶芽__

（分析：顶芽是生长在主干或侧枝顶端的芽，一株植物通常有多个侧枝，每个侧枝一般都有 1 个顶芽，因此，一株植物就有多个顶芽。）

24. 错误之处：__茎部__ 改为：__根部__

（分析：通常茎的皮层中不含内皮层，只有一些植物的地下茎或水生植物的茎中才有；一些草本植物如菊科某些种在开花时皮层最内层才出现凯氏带。根普遍都有内皮层的存在，而且常见有凯氏带加厚；有些植物根的内皮层虽然具有五面壁加厚，但这种加厚也是在原有的凯氏带基础上再行增厚的。因此可以说，典型的具有凯氏带的内皮层主要存在于根部。）

25. （答案一）错误之处：__茎__ 改为：__根__

（答案二）错误之处：__维管柱__ 改为：__维管束__

（分析：本题的错误主要在于前后内容无法对应，这种情况可有两种改错方法，一种是保留后面的，改正前面的，如答案一；另一种是保留前面的，改正后面的，如答案二。根的维管柱是由原形成层分化来的，茎则不同。茎的维管柱包括维管束、髓和髓射线三个部分，其中的维管束由原形成层分化而成，髓和髓射线则由基本分生组织分化而来。）

26. 错误之处：__表皮__ 改为：__外皮层__

（分析：表皮细胞中通常不含叶绿体。幼茎外表所呈现出来的绿色，是外皮层细胞中含有叶绿体的缘故。）

27. 错误之处：__只存在于__ 改为：__主要存在于__

（分析：维管射线主要存在于次生木质部和次生韧皮部中，此外，还存在于老根和老茎的次生维管束之间。）

28. 错误之处：__单轴分枝的节间较长__ 改为：__合轴分枝的节间较短__

（分析：节是花芽着生的位置，通常节的数量与产生花芽的数量成正比。单轴分枝的节间较长，节数较少，产生的花芽也就较少。合轴分枝的节间较短，节数较多，产生的花芽也就较多，能多结果，故为丰产的分枝方式。）

29. 错误之处：___根___ 改为：___把"根"删除即可___

（分析：气孔是植物体地上部分，尤其是叶片和幼茎与外界之间进行气体交换的通道，与光合作用、蒸腾作用均有关系。根因处于地下，无法直接与外界进行气体交换，其表皮上也就没有气孔的分化。）

（四）名词解释

1. 内始式：一般指的是茎的初生木质部细胞分化成熟的顺序是从内部开始，逐渐向外，即成熟的顺序是离心进行的，原生木质部在内，后生木质部在外，这种分化成熟的顺序由内及外的方式就称为内始式。茎初生木质部的内始式发育方式，是与茎所执行的功能相适应的。

2. 髓射线：在茎的初生构造中，维管束之间的薄壁组织区域称为髓射线，也称为初生射线。髓射线外连皮层，内接髓部，是茎内横向运输的途径，髓射线细胞具有贮藏作用，其中一部分细胞可转变为束间形成层。

3. 叶痕：指木本植物枝条上的叶片脱落后留下的痕迹。

4. 叶芽：发育为营养枝的芽。叶芽中央是幼嫩的茎尖，在茎尖上部，有距离很近的节和节间，周围有叶原基和腋芽原基突起。在茎尖下部，节与节间开始分化，叶原基发育为幼叶，把茎尖包围着。

5. 花芽：发育为花或花序的芽。花芽顶端周围产生花各组成部分的原始体或花序的原始体。

6. 定芽：生长在枝上有一定位置的芽称为定芽。其中，生长在茎或枝顶端的，称为顶芽；生长在叶腋的，称为侧芽或腋芽。

7. 不定芽：不是生长在通常的地方（叶腋或茎端），而是生长在老茎、根、叶上或伤处的芽。

8. 混合芽：同时发育为枝、叶和花（或花序）的芽称为混合芽。

9. 叶原基：茎尖的小突起，是产生叶的分生组织。

10. 腋芽原基：茎尖的小突起，位于叶原基的内侧或幼叶的叶腋中，是产生腋芽的分生组织，以后发育为营养枝或花。

11. 单轴分枝：指主轴始终保持生长优势的分枝方式。如红麻、黄麻以及松柏类植物的分枝方式都是单轴分枝。

12. 合轴分枝：主枝和各级侧枝都不保持生长优势的分枝方式。节间很短，而花芽往往较多，能多结果，为丰产的分枝方式。

13. 分蘖：通常指禾本科植物茎干基部在地面下或近地面处的密集分枝方式，产生分枝的节称为分蘖节，节上产生不定根。

14. 原套：指被子植物茎尖顶端分生组织中最外一层或数层细胞，这些细胞几乎都进行垂周分裂，因此在原体外面形成一个套状。

15. 原体：指被子植物茎尖顶端分生组织中位于原套之下的细胞群，其中细胞分裂按各种方向进行，从而使茎尖的体积增加。

16. 淀粉鞘：指幼嫩的双子叶植物茎中，皮层最里面的一层细胞，当这些细胞具有大量而恒定的淀粉粒时，称为淀粉鞘。

17. 纺锤状原始细胞：维管形成层的原始细胞之一，是一种切向面宽、径向面窄，沿长轴两端尖斜的长梭形细胞。由它们产生次生木质部和次生韧皮部轴向系统的各种细胞。

18. 射线原始细胞：维管形成层的原始细胞之一，是一种较小的、近于等径的、形成射线的原始细胞,即由这些原始细胞产生次生木质部和次生韧皮部的射线细胞,构成径向的次生组织系统。

19. 年轮:在温带地区,由于维管形成层周期性活动的结果,在一个生长周期中产生的次生木质部,形成一个生长轮,由于上一个的晚材和下一个的早材在结构上有明显的差异,使生长轮界限清楚,如果有明显的季节性,一年只有一个生长轮,就称为年轮。

20. 早材:也称春材,指在木材的一个生长轮(或年轮)内,细胞较大,壁较薄,排列较疏松的部分,这部分木材在生长季的早期(即春季)形成。

21. 晚材:在一个生长轮(或年轮)中,较晚形成(夏末秋初)的木材;其细胞比早材中的较小,壁较厚、质地较致密,晚材也称为秋材或夏材。

22. 假年轮:由于外界气候反常或严重的病虫害等因素的影响,暂时阻止了形成层的活动,后来又恢复活动,因此在同一个生长季节中,可产生两个或两个以上的生长轮,这就叫假年轮。

23. 边材:在生活的乔木或灌木中,具有活的木薄壁组织,有效地担负着输导和贮藏功能的那部分木材。这是近年形成的次生木质部,颜色较浅。

24. 心材:指生长的乔木或灌木的内部木材,是较老的次生木质部,不包含活的细胞,并已失去了输导和贮藏功能。

25. 树皮:树皮有狭义和广义两种概念,狭义概念指的是历年形成的周皮以及周皮以外的死亡组织,也称落皮层或外树皮。广义的概念是指维管形成层以外所有组织的总称,树皮外层由周皮和一些已死的皮层、韧皮部所组成,为老茎的保护组织;树皮内层由活着的次生韧皮部所组成,是茎内同化产物的输导途径。

26. 皮孔:周皮上的一个分离区域,常呈透镜形,由排列疏松的栓化或非栓化的细胞组成。在皮孔的部位,木栓形成层向内形成栓内层,向外产生松散的薄壁细胞(补充组织)。皮孔常见于老茎的周皮上,是植物体内部组织与外界进行气体交换的通道。

27. 补充组织:在双子叶植物和裸子植物茎的周皮的形成过程中,在原来气孔内方的木栓形成层不形成木栓细胞,而形成许多具有发达胞间隙、近似球形的、排列疏松的薄壁细胞,它们以后栓化或非栓化,这部分细胞称为补充细胞,由它们组成了补充组织。随着补充组织的细胞逐步增多,最后撑破表皮和木栓层,形成圆形、椭圆形或长菱形的裂口,即皮孔。它是植物老茎内部组织与外界进行气体交换的通道。

28. 初生增厚分生组织:由顶端分生组织所衍生的一种初生分生组织,担负着茎轴的初生增厚生长。常见于茎秆较粗的单子叶植物(如玉米、甘蔗、高粱)茎尖叶原基的下面,靠近茎轴外围的部位。主要进行平周分裂,使茎尖的直径进行有限的增大。

(五) 填图和绘图题

1. 按照标线上的序号填写图 4-1 各部分的名称。
    1. 角质膜　　　　2. 表皮　　　　　3. 皮层薄壁组织　　4. 初生韧皮部
    5. 束中形成层　　6. 初生木质部　　7. 髓射线　　　　　8. 髓

2. 按照标线上的序号填写图 4-2 各部分的名称。
    1. 表皮　　　　　2. 皮层　　　　　3. 维管柱　　　　　4. 厚角组织
    5. 薄壁组织　　　6. 韧皮纤维　　　7. 初生韧皮部　　　8. 束中形成层
    9. 初生木质部　　10. 髓射线　　　 11. 髓　　　　　　　12. 角质膜

3. 按照标线上的序号填写图 4-3 各部分的名称。
    1. 维管束鞘　　　2. 伴胞　　　　　3. 筛管　　　　　　4. 孔纹导管
    5. 环纹导管　　　6. 薄壁细胞　　　7. 气隙　　　　　　8. 薄壁组织
    9. 韧皮部　　　　10. 木质部

4. 下图是叶芽纵切面结构简图，供参考。叶芽的形态可因不同植物而异，但基本结构都是一样的，都有生长锥、叶原基、腋芽原基和幼叶 4 个部分。因此，这四个部分的位置必须标明。其他比较明显的部分，如芽轴和原形成层也可在图中标明。

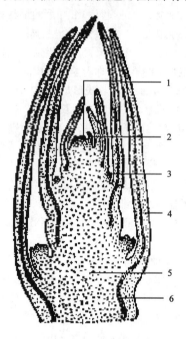

叶芽纵切面结构简图

1. 生长锥　2. 叶原基　3. 腋芽原基　4. 幼叶　5. 芽轴　6. 原形成层

5. 下图是 3 年生双子叶木本植物茎横切面结构简图，供参考。其中维管束的束数、每一

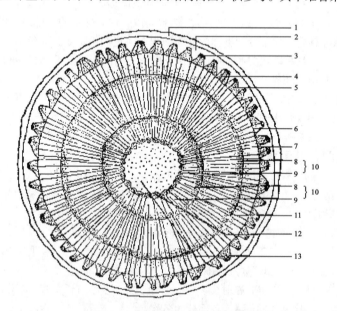

3 年生木本植物茎横切面结构简图

1. 周皮　2. 皮层　3. 初生韧皮部　4. 韧皮射线　5. 次生韧皮部　6. 形成层　7. 第三年木材
8. 晚材　9. 早材　10. 年轮　11. 木射线　12. 初生木质部　13. 髓

年轮的宽度以及其他部分的比例和表示方式可因不同植物而异，因此都可作相应的改动。此图可结合实验所观察到的具体材料来绘，特别要注意图中各个部分的比例。

说明：此图的维管束很多，排列很密，束间以射线为界，束内也有射线存在，位于次生韧皮部的为韧皮射线，位于次生木质部的为木射线。维管形成层的位置比较靠外，是次生韧皮部与次生木质部之间的分界线，也是广义树皮与木材之间的分界线。次生木质部（年轮部分）占很大比例，以年轮线为界，可明显地区分出三个年轮。每一年轮都有早材与晚材之分。中央部分为髓。外围是周皮，包含木栓层、木栓形成层和栓内层。周皮的内侧尚有皮层存在，这是根的次生结构中所没有的。

6. 下图是小麦茎秆横切面结构简图，供参考。小麦茎秆横切面上都可细分为表皮、绿色组织、机械组织、薄壁组织、髓腔和维管束 6 个部分。此图可结合实验所观察到的具体材料来绘，特别要注意图中各个部分的比例。

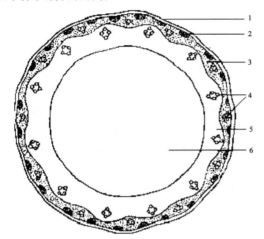

小麦茎秆横切面简图
1. 表皮　2. 绿色组织　3. 机械组织　4. 维管束　5. 薄壁组织　6. 髓腔

7. 下图是玉米茎节间的结构简图，供参考。玉米为实心茎，横切面上可区分为表皮、基本组织和维管束三个部分。维管束散生在基本组织之中，靠外的维管束较小，排列较密；愈往茎内，维管束愈大，排列愈疏。此图可结合实验所观察到的具体材料来绘，特别要注意图中各个部分的比例。

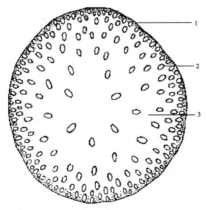

玉米茎节间的结构简图
1. 表皮　2. 维管束　3. 基本组织

（六）分析和问答题

1. 区别定芽和不定芽。

定芽是生长在茎或枝条上有固定位置的芽，其中，生长在茎或枝顶端的称顶芽，生长在叶腋的称腋芽或侧芽。不定芽不是生长在通常的地方，而是生长在老茎、根、叶或创伤部位的芽。

2. 区别侧根和腋芽的起源。

侧根起源于根的中柱鞘，是由中柱鞘细胞恢复分生能力产生的，因为侧根起源于植物体的内部，所以也称为内起源。腋芽起源于茎尖生长锥，是由生长锥的细胞形成的，因为腋芽起源于植物体的外方，所以也称为外起源。

3. 比较根尖和茎尖纵剖面分生区结构上的异同点。

相同点：都是顶端分生组织所在的区域，都包含原分生组织和初生分生组织两种类型。

主要区别如下：

根的分生区构造较茎简单，没有类似于茎的原套和原体构造，分生区外侧也没有类似于茎的叶原基和腋芽原基产生。

茎的分生区构造较根复杂，原分生组织分为原套和原体两个部分，分生区的外侧有叶原基和腋芽原基的分化。

4. 比较草本和木本双子叶植物茎成熟区横切面初生结构的异同点。

相同点：基本结构一样，都有表皮、皮层和维管柱三大部分。

不同点：草本植物茎的维管束排列较稀，髓射线较宽。木本植物茎的维管束排列较密，髓射线较窄。

5. 比较双子叶植物气孔器与禾谷类植物气孔器的异同点。

相同点：都存在于茎和叶等表皮上，都由保卫细胞围成，保卫细胞中都含有叶绿体，都有自动调节开闭的机理。

主要区别如下：

双子叶植物气孔器的保卫细胞肾脏形，气孔开口处的壁较厚，相对一侧的壁较薄，副卫细胞有或无。

禾谷类植物气孔器的保卫细胞哑铃形，处于柄部的壁较厚，处于球部的壁较薄，在保卫细胞外侧基本上都有一对近似菱形的副卫细胞。

6. 比较角化层与角质层的异同点。

相同点：都是角质膜的组成部分。

不同点：角化层位于内方，由角质、纤维素和果胶质构成。角质层位于外方，由角质和腊质混合组成。

7. 比较心材与边材的异同点。

相同点：均属次生木质部的构造。

主要区别如下：

边材是近年来所形成的次生木质部，颜色较浅，有活的木薄壁细胞，导管有输导功能。

心材是较老的次生木质部，颜色较深，无活的木薄壁细胞，导管由于侵填体的堵塞，已失去了输导功能。

8. 比较禾谷类植物根与茎成熟区横切面结构上的异同点。

相同点：都没有次生分生组织，不能进行次生生长（或不能产生次生构造）。

主要区别如下：

禾谷类植物根的构造可分为表皮、皮层和维管柱三大部分，根的表皮无气孔，外皮层无同化组织，初生木质部和初生韧皮部相间排列。

禾谷类植物茎的构造分为表皮、基本组织和维管束三大部分，表皮有气孔，近表皮处的基本组织中分布有同化组织，初生木质部和初生韧皮部内外排列。

9. 区别小麦茎和玉米茎成熟区横切面的构造。

小麦茎内的中央薄壁细胞解体，形成中空的髓腔，维管束大体上排列为内外两环。玉米茎内为基本组织所充满，没有形成中空的髓腔，维管束分散排列于基本组织中。

10. 比较年轮、假年轮和生长轮的异同点。

相同点：同属于次生木质部的结构。

主要区别如下：

生长轮是指一个生长周期中产生的次生木质部。

年轮形成于有明显季节性的地区，一年只有一个生长轮。

假年轮形成于没有明显季节性的地区，或由于外界气候异常或严重的病虫害等因素的影响，暂时阻止了形成层的活动，后来又恢复活动，因此在同一个生长季节中，可产生两个或两个以上的生长轮。

在上述的三个概念中，生长轮实际反映的是生长环境的变迁或植物本身的生长状况，因此有些科学家提议用"生长轮"代替"年轮"和"假年轮"。

11. 被子植物茎的主要生理功能有哪些？

大多数被子植物的主茎直立于地上，其分支系统支持叶片，以利于它们进行光合作用。茎也支持着花和果实，以利于传粉和传播种子，繁衍后代。茎也是植物体内物质运输的主要通道，将根吸收的水、无机盐和根合成的有机物输送到地上各部分，同时也将叶制造的同化产物运至体内其他部分，供利用或贮藏。此外，茎还具有繁殖和贮藏作用。

12. 茎有哪些可供识别的基本形态？

茎具有节和节间，节上长叶，茎顶端及叶腋着生芽。落叶植物和木本茎上可见有叶痕、叶迹、皮孔，有的有芽鳞痕。

13. 从双子叶植物根尖表皮和幼茎表皮的不同特点说明与各自执行的功能的相关性？

根表皮的许多表皮细胞向外凸出形成根毛，扩大了根的吸收面积。根的角质膜薄或不明显，这有利于水分和溶质渗透通过。根生活在土壤中，呼吸所需的氧气来自地上部分输送，因而根部无气孔的分化。茎的表皮常有表皮毛的分化，也有气孔的分化，具明显的角质膜，这些结构特点既能防止茎内水分的过度散失和病虫的侵入，又不影响透光和通气，仍能使幼茎的绿色组织正常进行光合作用。

14. 茎的次生结构形成后，初生结构发生哪些变化？

由于次生木质部和次生韧皮部以及维管射线插入初生木质部和初生韧皮部之间，使维管束的体积增大。初生韧皮部被推向外方，其中的薄壁细胞常被挤毁而仅留痕迹，厚壁的韧皮纤维常被保留下来。在次生结构不断向外扩展的过程中，有些皮层细胞也被挤毁，皮层的体积逐渐减小。同时，表皮也逐渐瓦解脱落，茎的外方由周皮取代表皮起保护作用。当茎的次生结构形成后，最终能保留下来的初生结构是处于内部的髓、初生木质部和部分髓射线。

15. 年轮是如何形成的？

年轮主要产生于一年四季分明的地区的木本植物中，是由于维管形成层的活动受气候因素的影响，表现出周期性变化而引起的。在每年生长季的初期，气候温和，雨水充沛，形成层的活动旺盛，所产生的次生木质部较多，材质较疏松，颜色较浅，导管直径大而壁较薄，称之为早材或春材。在生长季的晚期，气候干冷，形成层活动减弱，所产生的次生木质部较少，材质较紧密，颜色较深，导管直径小而壁较厚，称之为晚材或秋材。同一年的早材和晚材就构成一个年轮。在同一年中，由于气候的变化影响形成层的活动是逐渐的，所以，每一年的早材和晚材没有明显界限，但前一年的晚材和后一年的早材，因形成层在冬季停止活动而有明显的界线。

16. 在横切面上，如何辨别双子叶植物老根与老茎成熟区的构造

可通过以下三个方面进行辨别：

（1）通过观察初生木质部的发育方式进行辨别。根为外始式，茎为内始式。

（2）通过观察周皮内方有无皮层进行辨别。茎的周皮内方可能还有皮层存在，而根由于木栓形成层起源于中柱鞘，故周皮内方没有皮层存在。

（3）通过观察中央有否髓部存在进行辨别。在根中，由于初生木质部的发育方式为外始式，因此在其发育后期，原先的髓部已被初生木质部所取代而无髓部存在。在茎中，由于初生木质部的发育方式为内始式，故中央的髓部终生存在。

17. 相对来说"树怕剥皮（广义树皮），而较不怕空心"是什么道理？

从树皮来看：广义树皮是指维管形成层以外的所有部分，主要包括韧皮部和周皮等部分，其中韧皮部的筛管是有机物质运输的通道，剥去树皮就意味着切断了有机物质运输的通道，根得不到营养物质的供应而饥死。根死后，就无法吸收水分和矿物质，地上茎叶部分得不到水分的供应而干死。

从树的中心来看：树的中心部分主要是髓和心材，其中的心材主要起支持和加固作用，髓主要起贮藏营养物质的作用。空心的树通常失去髓和部分心材，虽然减弱了机械支持力量，但对植物体的生长发育影响不大，因为植物体所需的水分可由边材的导管和管胞负责供应，而植物体所需的有机物质可由韧皮部的筛管负责供应，植物的生长发育照常进行。所以，树怕剥皮，而较不怕空心。

18. 禾谷类植物茎的结构有哪些特点？

（1）维管束为有限维管束，无束中形成层，因而无次生结构。

（2）节和节间很明显，多数种类的节间其中央部分解体，形成中空的秆。

（3）茎的表皮终生存在，无周皮的形成。

（4）维管束散生在薄壁组织和机械组织之中，有的植物其维管束虽然近似分为两轮，但内外排列上仍有参差。

（5）没有皮层和维管柱的界限，只能划分为表皮、基本组织和维管束三个部分（或划分为表皮、机械组织、薄壁组织和维管束四个部分）。

19. 简述裸子植物茎的结构特点。

裸子植物都是木本植物，其茎的初生生长和初生结构以及次生生长和次生结构与双子叶植物基本相似，但木质部和韧皮部的组成成分略有不同，其结构特点可简单概括为以下几方面：

（1）韧皮部没有筛管和伴胞，而以筛胞行使输导功能。韧皮薄壁组织少，韧皮纤维有或无，但具韧皮射线。筛胞相互贴合，靠筛域上的小孔彼此相通，输导有机物质的能力不及筛管。

（2）木质部一般没有导管（一些麻黄属和买麻藤属植物具有导管），只有管胞和木射线，无典型的木纤维。管胞兼导和支持双重作用，但由于其端壁无穿孔，仅以具缘纹孔相互沟通，其输导水分的能力不及导管。

（3）有些种类（如松属植物）还分布有树脂道，能分泌树脂。

（4）由于次生生长所形成的木材主要由管胞组成，因而木材结构均匀细致，易与双子叶植物的木材相区别。

第五章
叶

一、学习要点和目的要求

1. 叶的生理功能
（1）理解叶的普通功能：光合作用、蒸腾作用、吸收作用等。
（2）理解叶的特殊功能：食用、药用、繁殖、攀缘、贮藏、保护等。

2. 叶的形态
（1）掌握叶的组成。一般叶由叶片、叶柄和托叶三部分组成；禾本科植物叶由叶片、叶鞘、叶耳、叶舌和叶颈组成。
（2）掌握单叶和复叶的概念并学会鉴别方法。
（3）理解互生、对生、轮生和簇生等几种叶序类型。
（4）理解叶缘、叶裂、叶尖、叶基的形态类型。掌握叶脉的分布形式。

3. 叶的发生和生长
（1）掌握叶的发生位置：茎尖生长锥侧面的叶原基。
（2）掌握叶的生长过程：顶端生长、边缘生长和居间生长。

4. 叶的结构
（1）双子叶植物叶的结构：掌握双子叶植物叶片表皮的结构特点。掌握栅栏组织和海绵组织的结构特点。掌握叶脉的结构特点。理解气孔的开关原理。了解托叶和叶柄的结构。
（2）禾本科植物叶的结构：掌握禾本科植物叶片表皮的结构特点。掌握叶肉细胞的结构特点及意义。掌握三碳和四碳植物（即 C_3 和 C_4 植物）的束鞘细胞结构特点。了解叶鞘、叶耳和叶舌的结构。

5. 叶片结构与生态环境的关系
（1）掌握旱生和水生植物叶的结构特点。
（2）掌握阳地和阴地植物叶的结构特点。

6. 叶的衰老与脱落
（1）掌握常绿树和落叶树的概念。理解叶衰老的原因。理解叶衰老时的形态、结构和生理功能的变化特征。
（2）掌握离区、离层和保护层的概念。掌握落叶的原因。

7. 叶的生长特性与农业实践
（1）了解叶的生长特性与种植方式。
（2）了解不同叶位的叶与生物产量。

（3）了解叶的再生长与草皮、牧草和饲用植物生产。

二、学习方法

本章主要涉及叶的形态、结构和功能。要学好本章内容，必须先巩固前面已学过的有关植物组织、根和茎的理论知识和实验知识。尤其要明确各种组织在叶中的分布位置，更要明确叶的形态、结构和功能如何通过各种组织的分工协作而体现出来。为达到上述目的，依然可采取下列几种方法，并互相联系、穿插运用。

（一）表解法

1. 列表归纳双子叶植物叶片的结构

双子叶植物的叶片虽然形状多样，大小不一，但其内部结构基本相似。在叶片的横切面上，可分为表皮、叶肉和叶脉三部分。在功能上，表皮主要起保护作用，也具通气作用和蒸腾作用；叶肉是植物体光合作用的主要场所；叶脉主要行使输导和支持作用。在外部形态上，双子叶植物多有腹面（上面）和背面（下面）之分，两面的色泽具明显差异。在内部结构上，背腹两面也体现出一些不同的特征。现把与功能相统一的结构特征归纳见表5-1。

表5-1 双子叶植物叶片的结构特征

双子叶植物叶片的结构特征	表皮	① 表皮细胞常为不规则形，外壁上具角质膜 ② 气孔器的保卫细胞为肾形，有的植物还具副卫细胞 ③ 表皮毛单细胞或多细胞构成 ④ 叶尖和叶缘常有排水器 ⑤ 上、下表皮在形态上有些差别，可通过颜色、气孔器的多少以及角质膜的厚薄等加以区分
	叶肉	① 由同化组织组成，多数植物可分为栅栏组织和海绵组织两部分 ② 栅栏组织靠近上表皮，细胞呈圆柱形，排列较密，含叶绿体较海绵组织多，光合能力较海绵组织强 ③ 海绵组织靠近下表皮，细胞不规则，排列较疏松，具发达胞间隙，含叶绿体较少，光合能力较栅栏组织弱
	叶脉	① 通常叶脉纵横交错成网状（也称为网状脉） ② 主脉及较大侧脉的维管束由初生木质部、束中形成层、初生韧皮部组成，在靠近上下表皮处常有机械组织，靠近维管束处常有薄壁组织 ③ 叶脉越分越细，结构也越来越简单

2. 列表归纳禾本科植物叶片的结构

与双子叶植物的叶片比较，禾本科植物叶片在横切面上，也可分为表皮、叶肉和叶脉三部分，但由于其外形与双子叶植物明显不同，如外表粗糙而坚硬，上、下表皮的颜色差别不大，叶脉为平行脉等，因此在结构上必然存在着一些与双子叶植物不一样的特征。现把与功能相统一的结构特征归纳见表5-2。

表 5-2 禾本科植物叶片的结构特征

禾本科植物叶片的结构特征	表皮	① 表皮细胞包括一种长细胞和两种短细胞（栓细胞和硅细胞），细胞壁不仅角化，而且矿化 ② 气孔器的保卫细胞为哑铃形，副卫细胞近似菱形 ③ 表皮毛有各种形状。许多植物表皮中的硅细胞向外突出成为刚毛。使表皮坚硬，增强抗倒伏能力和抗病虫害的能力 ④ 上表皮和下表皮从外表颜色上很难区分，但从结构上看，上表皮常有大型的泡状细胞，它与叶片的卷曲和开张有关
	叶肉	① 无栅栏组织与海绵组织分化 ② 小麦和水稻等植物的叶肉细胞的壁常向内皱褶形成"峰、谷、腰、环"的结构，有利于光合作用和气体交换
	叶脉	① 平行脉。维管束由木质部和韧皮部以及外面包围的维管束鞘组成 ② 维管束鞘的层数和解剖结构因不同植物（C_3 或 C_4 植物）而异。维管束鞘的超微结构以及维管束鞘和周围叶肉细胞的排列状态与光合作用有关

（二）比较法

本章同样存在着一些既有联系、又有区别的概念和结构，为了加深理解，快速掌握知识，运用比较法依然是行之有效的途径。举例如下：

1. 区别单叶与复叶

单叶由一个叶柄和一枚叶片组成；叶柄基部叶腋内有腋芽；各叶自成一平面；落叶时，叶柄、叶片同落。

复叶的总叶柄上着生许多小叶，小叶常有柄；总叶柄基部有腋芽，各小叶基部无腋芽；各小叶在总叶轴上排成一个平面；小叶先落，总叶柄最后脱落。

2. 区别禾谷类植物中的四碳与三碳植物（C_4 与 C_3 植物）的束鞘细胞

禾谷类植物中的四碳植物（C_4 植物）如玉米、高粱和甘蔗等，其叶片的维管束鞘细胞只有一层，体积较大，内含丰富的细胞器和较大的叶绿体，虽然其基粒片层不发达，但积累淀粉的能力超过一般叶肉细胞的叶绿体。而且在维管束鞘周围还毗连着一层排列成环状或近于环状的叶肉细胞，构成"花环型"的结构，这种结构有利于将叶肉细胞中由四碳化合物所释放出来的 CO_2 再行固定还原，提高了光合效能。因此，四碳植物也称为高光效植物。

禾谷类植物中的三碳植物（C_3 植物）如小麦、大麦和水稻等，其叶片的维管束鞘通常有二层细胞。外层为薄壁细胞，体积较大，叶绿体较叶肉细胞中小而少，其他细胞器也很少；内层为厚壁细胞，体积较小，不含细胞器和叶绿体，同时也没有"花环"结构出现。此类植物的光合作用主要在叶肉细胞中进行，因而光合能力较低，也称为低光效植物。

（三）实验法

本章的实验内容主要涉及叶的形态、结构和功能。通过对叶的实验观察，不仅可以加深对叶的形态、结构与功能的相关性的理解和掌握，而且可以明确植物在营养生长过程中，叶的形态、结构和功能如何日趋成熟和完善。

在实验过程中，应注意如下一些观察内容，并与学习方法中的比较法、图解法等穿插起来，同时也与它们所执行的生理功能联系起来：

（1）双子叶植物与禾本科植物叶的形态特征，并作比较。

（2）双子叶植物叶（两面叶）的结构特征。

（3）禾本科植物叶（等面叶）的结构特征并与双子叶植物叶的结构作比较。

（4）禾谷类植物中的四碳与三碳植物（C_4与C_3植物）叶片束鞘细胞的结构特征，并作比较。

（5）叶的离层和保护层的细胞特点。

（四）图解法

在本章的学习过程中，需要看懂书中有关叶的形态结构图例，这是深刻理解叶的形态、结构与功能的关系，牢固掌握知识必不可少的。本章的图例可归纳为以下两种类型：

1. 与生理功能相关的形态图例

叶体现出来的一些形态特征与其所执行的功能是密切相关的，举例如下：

（1）禾本科植物的叶鞘狭长而抱茎，具有保护茎的居间分生组织和加强茎的机械支持力量的功能。

（2）禾本科植物叶片与叶鞘相接处的内侧，有膜状的突起物，称为叶舌，它可以防止水分、昆虫和病菌孢子进入叶鞘内，起着保护的作用。

（3）叶表皮较茎表皮上气孔器的分布密度要大得多，这是与叶光合作用时气体交换及进行蒸腾作用相适应的。

2. 与生理功能相关的结构图例

叶体现出来的一些结构特征也与其所执行的功能相关联。举例如下：

（1）在禾本科作物叶横切面的部分结构图中，可以看到：四碳植物（玉米等）叶片的束鞘细胞只有一层，体积较大，内含丰富的细胞器和较大的叶绿体，而且在维管束鞘周围还毗连着一层排列成环状或近于环状的叶肉细胞，构成"花环型"的结构，这种结构有利于将叶肉细胞中由四碳化合物所释放出来的CO_2再行固定还原，提高了光合效能。而三碳植物（小麦等）叶片的维管束鞘通常有二层细胞。外层为薄壁细胞，体积较大，叶绿体较叶肉细胞中小而少；内层为厚壁细胞，体积较小，不含细胞器和叶绿体，同时也没有"花环"结构出现。此类植物的光合作用主要在叶肉细胞中进行，因而光合能力较低。

（2）从小麦和水稻等具有"峰、谷、腰、环"结构的叶肉细胞图可以看出，由于壁的向内皱褶，增加了质膜的表面积，有利于更多的叶绿体排列在细胞的边缘，易于接受CO_2和光照进行光合作用。当相邻叶肉细胞的"峰、谷"相对时，可使细胞间隙加大，便于气体交换。

三、练 习 题

（一）填空题

1. 叶起源于茎尖周围的_____。发育成熟的叶分为_____、_____和_____三部分。三部分都具有的称为_____。缺少任何一部分或

三、练 习 题

两部分的叶,称为_____。

2. 禾本科作物叶片与叶鞘连接处的外侧称为_____,在水稻中称为_____(栽培学上称为_____)。生产实践中,常将旗叶的_____与下一叶_____之间的距离称为_____。

3. 叶的生长包括_____、_____与_____三种方式。韭葱等植物的叶被切断后,很快就能生长起来,这是因为叶基部进行_____生长的缘故。

4. 在背腹型叶(即两面叶)的叶片中,叶绿体主要分布在_____组织,其次是在_____组织。

5. 在叶片中,除了叶肉细胞含有叶绿体外,表皮中的_____细胞也含有叶绿体,玉米和甘蔗的_____细胞中也有叶绿体存在。

6. 叶片角质膜的功能在于_____;_____;_____。

7. 细脉广泛延伸,贯穿于叶肉之中,它们一方面_____,另一方面_____。因此,细脉对于_____有重要作用。

8. 禾本科植物叶的表皮细胞包括一种_____细胞和二种_____细胞,其结构与排列与_____的表皮细胞相似。_____细胞的外侧壁不仅角化,而且高度_____,形成一些_____的乳突。_____细胞类型中的_____细胞和_____细胞,有规则地纵向相隔排列。

9. 背腹型叶的角质膜厚度和气孔数量背腹两面都有不同,一般_____面的角质膜较_____,而气孔数目较少。病菌经常从_____面侵入危害。

10. 水稻、小麦的叶肉细胞壁常_____形成具有_____的结构,这有利于叶绿体_____,易于接受_____。

11. 玉米、甘蔗叶片的维管束鞘细胞有丰富的_____等细胞器,叶绿体大而仅有少量_____,但其_____的能力超过一般叶肉细胞。

12. 四碳植物叶片中的_____结构,以及_____的解剖特点,在光合作用时,更有利于将叶肉细胞中由四碳化合物所释放出的 CO_2 再行固定还原,提高了_____。所以,四碳植物可称为_____植物,禾谷类中的_____、_____和_____等属于三碳植物,_____、_____和_____等属于四碳植物。

13. 在叶原基形成幼叶的生长过程中,首先进行_____生长使叶原基迅速伸长成锥形,接着是_____生长,形成幼叶的雏形,以后叶片的进一步长大,则主要是_____生长的结果。

14. 植物的叶子会自然脱落是由于叶柄基部形成_____所致。

15. 在双子叶植物叶片的横切面制片中,可根据_____或_____等判断叶的背腹面。

16. 水稻或小麦叶的外形可分为_____、_____、_____、_____等部分。

17. 棉花或油菜叶片和稻、麦叶片的结构,都是由_____、_____和_____三部分组成,但棉花或油菜叶肉有_____和_____分化,区别于稻、麦叶片。

18. 被子植物的叶片在形态上具有极大的多样性，植物学上一般从叶片的_____、_____、_____和_____等几个方面对叶片加以描述，以此作为植物分类鉴定的依据之一。

19. 旱生植物叶片的结构特点是朝着_____和_____两个方面发展，因此叶通常有_____，_____，_____，_____等一些特点。水生植物叶片的结构特点是_____，_____，_____，_____。

（二）选择题

1. 棉叶表皮中含有叶绿体的细胞是_____。
   A. 上表皮细胞　　B. 泡状细胞　　C. 保卫细胞　　D. 下表皮细胞

2. 下列哪一种情况，叶的气孔关闭？_____。
   A. 保卫细胞内糖分增加，膨压上升时
   B. 保卫细胞内糖分减少；膨压降低时
   C. 保卫细胞内糖分不变时
   D. 保卫细胞内糖分增加，膨压降低时

3. 光合作用过程中有氧放出的时间是_____。
   A. 有光反应时　　B. 无光反应时　　C. 吸收 CO_2 时　　D. 吸收水分时

4. 韭葱等叶被割断后，很快就生长起来，这是因叶基部进行_____的缘故。
   A. 边缘生长　　B. 居间生长　　C. 顶端生长

5. 水稻叶硬而粗糙跟_____细胞有关；稻叶内卷跟_____细胞有关。
   A. 保卫细胞　　B. 硅细胞　　C. 泡状细胞　　D. 次生生长
   E. 厚角细胞
   D. 石细胞

6. 优质麻鉴定的标准是_____。
   A. 纤维细胞的长度和厚度
   B. 纤维细胞的长度和硬度
   C. 纤维细胞的长度和细胞壁含纤维素的纯度
   D. 纤维细胞的厚度和硬度

7. 禾本科植物叶片于旱时常会蜷缩成筒，因为其上表皮分布有_____。
   A. 硅细胞　　B. 保卫细胞　　C. 长细胞、短细胞　　D. 泡状细胞

8. 水稻与稗草的区别主要在于水稻叶有_____。
   A. 叶枕　　B. 叶耳　　C. 叶舌　　D. 叶鞘

9. 水稻叶上表皮与下表皮的主要区别在于：_____。
   A. 气孔数目的多少　　　　B. 表皮细胞的形状
   C. 有无泡状细胞　　　　　D. 角质膜的厚薄

10. 叶脱落后在枝上留下的痕迹称为_____。
    A. 叶痕　　B. 叶迹　　C. 束痕　　D. 叶隙

11. 叶是由茎尖生长锥周围的_____结构发育而成的。
    A. 腋芽原基　　B. 叶原基　　C. 心皮原基　　D. 萼片原基

12. 叶片较线形为宽，由下部至先端渐次狭尖，称为_____。

A. 针形　　　　B. 披针形　　　　C. 卵形　　　　D. 心形
13. 凡叶柄着生在叶片背面的中央或边缘内，称_____叶。
　　A. 肾形　　　　B. 菱形　　　　　C. 盾形　　　　D. 扇形
14. 叶尖较短而尖锐，称_____。
　　A. 渐尖　　　　B. 锐尖　　　　　C. 钝尖　　　　D. 尾尖
15. 叶基二裂片向两侧外指，称_____。
　　A. 耳形　　　　B. 箭形　　　　　C. 匙形　　　　D. 戟形
16. 在禾本科植物叶片和叶鞘相接处的腹面有一膜质的结构，称为_____。
　　A. 叶舌　　　　B. 叶耳　　　　　C. 叶枕　　　　D. 叶环
17. 每一节上着生一片叶，各叶开度为180°，称此叶序为_____。
　　A. 互生　　　　B. 对生　　　　　C. 轮生　　　　D. 交互对生
18. 在正常气候条件下，植物气孔一般_____。
　　A. 保持开张状态　B. 保持关闭状态　C. 随时开闭　　D. 周期性开闭
19. 松树等裸子植物叶肉细胞的特点是_____。
　　A. 有栅栏组织与海绵组织之分　　　B. 细胞壁内突成皱褶
　　C. 无光合作用能力　　　　　　　　D. 位于下皮层之上
20. 植物叶子的某个生活时期会产生叫做"离层"的结构，这个结构是_____。
　　A. 落叶中变黄枯萎的组织
　　B. 叶柄基部形成的几层小型薄壁细胞
　　C. 构成叶脉的维管束中产生的薄壁细胞
　　D. 叶肉细胞中结构疏松的组织
21. 气孔窝是_____的结构特征之一。
　　A. 松针叶　　　B. 水稻叶　　　　C. 夹竹桃叶　　D. 仙人掌叶
22. 根据水稻、小麦、玉米、甘蔗等禾谷类植物叶片维管束鞘的结构特点，可把它们区分为_____。
　　A. C_2 植物　　B. C_3 植物　　C. C_4 植物　　D. C_5 植物

（三）**改错题**（指出下列各题的错误之处，并予以改正）
1. 叶表皮的保卫细胞和副卫细胞中含有叶绿体。
　　错误之处：_____改为：_____
2. 叶片的角质膜在电镜下可分为两个层次，即位于外面的角质层和位于里面的角化层，它是完全不通透的，植物体的水分无法通过叶片表皮角质膜蒸腾散失。
　　错误之处：_____改为：_____
3. 双子叶植物叶脉维管束没有束中形成层，因而叶片中没有次生构造。
　　错误之处：_____改为：_____
4. 常绿树的叶片永不脱落，常年保持绿色。
　　错误之处：_____改为：_____

5. 异面叶的气孔主要分布在上表皮，等面叶则上、下表皮气孔分布差不多。
   错误之处：＿＿＿＿＿＿＿＿＿＿＿＿＿＿改为：＿＿＿＿＿＿＿＿＿＿＿＿＿＿
6. 观察气孔的表面观，可用叶片作横切面。
   错误之处：＿＿＿＿＿＿＿＿＿＿＿＿＿＿改为：＿＿＿＿＿＿＿＿＿＿＿＿＿＿
7. 叶子脱落后留在茎上的痕迹称叶迹。
   错误之处：＿＿＿＿＿＿＿＿＿＿＿＿＿＿改为：＿＿＿＿＿＿＿＿＿＿＿＿＿＿
8. 异面叶的上表皮细胞含叶绿体较多，所以叶子腹面（即上面）的颜色较深。
   错误之处：＿＿＿＿＿＿＿＿＿＿＿＿＿＿改为：＿＿＿＿＿＿＿＿＿＿＿＿＿＿
9. 旱生植物的叶都具有复表皮和贮水组织。
   错误之处：＿＿＿＿＿＿＿＿＿＿＿＿＿＿改为：＿＿＿＿＿＿＿＿＿＿＿＿＿＿
10. 植物叶的表皮细胞中绝不含叶绿体。
    错误之处：＿＿＿＿＿＿＿＿＿＿＿＿＿＿改为：＿＿＿＿＿＿＿＿＿＿＿＿＿＿
11. 气孔器保卫细胞两侧的细胞壁厚薄不均匀，靠近孔口处的壁较薄而相对一侧的壁较厚，这种结构特点是与气孔的开放和关闭相适应的。
    错误之处：＿＿＿＿＿＿＿＿＿＿＿＿＿＿改为：＿＿＿＿＿＿＿＿＿＿＿＿＿＿
12. 禾本科植物的叶片缺水时会往上卷曲，主要是由于其叶的上表皮含有长细胞和短细胞的缘故。
    错误之处：＿＿＿＿＿＿＿＿＿＿＿＿＿＿改为：＿＿＿＿＿＿＿＿＿＿＿＿＿＿

（四）填图和绘图题

1. 绘玉米叶（过侧脉）横切面部分结构详图，并注明各主要部分的名称（必须注明：角质膜、表皮、叶肉细胞、叶绿体、维管束鞘、木质部和韧皮部等部分）。
2. 按照标线上的序号填写图 5-1 各种复叶的名称。

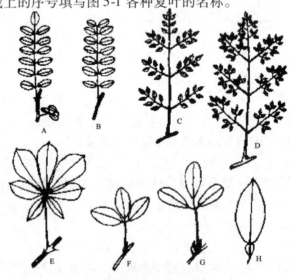

图 5-1　复叶的类型

A. ＿＿＿＿＿　B. ＿＿＿＿＿　C. ＿＿＿＿＿　D. ＿＿＿＿＿
E. ＿＿＿＿＿　F. ＿＿＿＿＿　G. ＿＿＿＿＿　H. ＿＿＿＿＿

3. 图 5-2 是棉叶片经主脉的横切面部分详图，根据图中的结构回答问题：

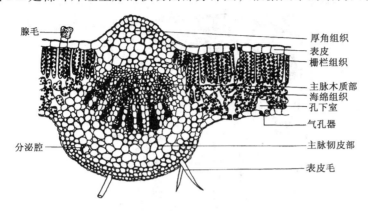

图 5-2　棉叶片经主脉的部分横切面详图

（1）这个结构的外表面还有一层_____，使水分不能透出。水分蒸发、气体交换的通道是_____。

（2）从横切面结构可判断：向阳的一面是图的_____部，向阳面与背阳面绿色深浅程度不同是因为_____；向阳面的表皮区别于背阳面的是_____。

（3）根据植物组织的分类，栅栏组织和海绵组织同属于_____组织，表皮细胞和表皮毛同属于_____组织，厚角组织属于_____组织，木质部和韧皮部同属于_____组织，分泌腔属于_____分泌结构，腺毛属于_____分泌结构。

4. 按照标线上的序号填写图 5-3 各部分的名称。

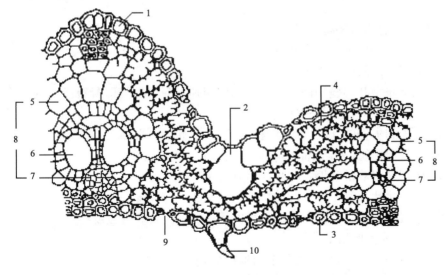

图 5-3　水稻叶片横切面的部分结构图

1. _____　2. _____　3. _____　4. _____　5. _____
6. _____　7. _____　8. _____　9. _____　10. _____

5. 按照标线上的序号填写图 5-4 各部分的名称。

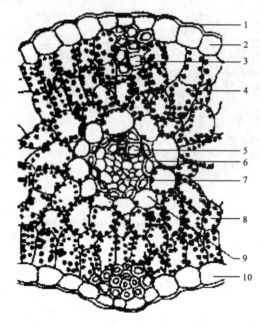

图 5-4　小麦叶横切面部分结构

1. _____ 2. _____ 3. _____ 4. _____ 5. _____
6. _____ 7. _____ 8. _____ 9. _____ 10. _____

（五）名词解释

1. 复叶　　2. 羽状复叶　3. 掌状复叶　4. 三出叶　　5. 单身复叶
6. 叶颈　　7. 栅栏组织　8. 海绵组织　9. 叶脉
10. 泡状细胞　11. 离区　　12. 离层　　13. 保护层

（六）分析和问答题

1. 叶的主要生理功能有哪些？
2. 简述叶的发生和生长过程。
3. 在背腹型叶的横切面上，你有哪些识别上下表皮（即背腹面）的方法？
4. 气孔是如何调节开关的？
5. 小麦和水稻的叶肉细胞具有"峰、谷、腰、环"的结构，有何优越性？
6. 比较栅栏组织与海绵组织。
7. 区别一般双子叶植物叶片与禾谷类植物叶片的结构。
8. 以两面叶为例，分析叶的结构与其生活环境的统一性。
9. 只就根、茎、叶说，水稻品种的优良性状主要表现在哪些方面？
10. 叶是如何脱落的？
11. 分析旱生植物叶片的形态结构特征。
12. 分析水生植物叶片的形态结构特征。
13. 在显微镜下观察双子叶植物叶的横切面时，为什么通常能同时看到维管组织的横切面观和纵切面观？

四、参考答案

（一）填空题

1. 叶原基、叶片、叶柄、托叶、完全叶、不完全叶
2. 叶颈、叶环、叶枕、叶环、叶环距
3. 顶端生长、边缘生长、居间生长、居间
4. 栅栏、海绵
5. 保卫、维管束鞘
6. 减低水分的蒸腾散失、防止菌害、防止过度日照的损害
7. 通过叶肉细胞分发蒸腾流、是输送叶肉光合作用产物的起点、运输水分和有机物质
8. 长、短、茎、长、硅化、硅质（和栓质）、短、栓、硅
9. 腹、厚、背
10. 内褶、"峰、谷、腰、环"、排列在细胞的边缘、CO_2 和光照
11. 线粒体等、基粒、积累淀粉
12. 花环、维管束鞘、光合效率、高光效、水稻、大麦、小麦、玉米、甘蔗、高粱
13. 顶端、边缘、居间
14. 离层（或离区）
15. 气孔的多少、栅栏组织（或海绵组织）的分布
16. 叶片、叶鞘、叶耳、叶舌
17. 表皮、叶肉、叶脉、栅栏组织、海绵组织
18. 形状、叶尖、叶基、叶缘
19. 降低蒸腾、贮藏水分、厚的角质膜、叶较小、表皮毛发达、气孔下陷、叶片较薄、通气组织发达、无角质膜或很薄、输导组织（或机械组织）退化

（二）选择题

1. C	2. B	3. A	4. B	5. B、C	6. C	7. D
8. B 和 C	9. C	10. A	11. B	12. B	13. C	14. B
15. D	16. A	17. A	18. D	19. B	20. B	21. C
22. B、C						

（三）改错题（指出下列各题的错误之处，并予以改正）

1. 错误之处：<u>和副卫细胞</u>　改为：<u>把"和副卫细胞"删除即可</u>

（分析：保卫细胞和副卫细胞都是气孔器的组成部分，保卫细胞中含有较多的叶绿体，而副卫细胞中则不含叶绿体。副卫细胞位于保卫细胞之外侧或周围，在发育上和机能上与保卫细胞有密切关系，它们的数目、分布位置与气孔器的类型有关。）

2. 错误之处：<u>是完全不通透的，植物体的水分无法通过</u>　改为：<u>并不是完全不通透的，植物体的一部分水分可以通过</u>

（分析：叶片角质膜包括角质层和角化层两个层次，其中角质层的主要成分是角质和腊质，角化层的主要成分是角质、纤维素和果胶质。角质是一种脂类化合物，角质化的细胞壁不易透水，但并不是完全不通透的，植物体的水分可以通过叶片表皮角质膜蒸腾散失一部分。）

3. 错误之处：<u>没有束中形成层，因而叶片中没有次生构造</u>　改为：<u>有束中形成层，但分裂活动微弱，很快就停止，所以没有明显的次生构造</u>

（分析：叶脉维管束中的形成层，初期也有微弱的分裂活动，但很快就停止，所以叶片中没有明显的次生构造。）

4. 错误之处： 永不脱落，常年保持绿色 　改为： 也会脱落，但树冠可常年保持绿色

（分析：各种植物的叶子都有一定的寿命，当生活期结束时，叶便枯死脱落。落叶是植物对不良环境如低温、干旱等的一种适应性。常绿树的叶子的生活期一般较长，有的可生活几个月，甚至生活一至多年，在新叶发生后，老叶才次第脱落，全树终年有绿叶。）

5. 错误之处： 上表皮 　改为： 下表皮

〔分析：等面叶是指没有明显背面和腹面之分的叶，由于上、下两面接受的光差不多，因而两面的色泽和内部结构没有明显的差异。异面叶是指有明显背面（下面）和腹面（上面）之分的叶，也称为背腹型叶或两面叶，腹面直接受光，背腹两面的色泽和内部结构也相应出现差异。异面叶下表皮的气孔比上表皮多，角质膜则比上表皮薄。〕

6. 错误之处： 可用叶片作横切面 　改为： 可撕下叶片的表皮进行观察

（分析：用叶片作横切面，只能观察到气孔横切面的部分。观察气孔的表面观，通常用撕片法，即撕下叶片的表皮放在显微镜下观察。）

7. 错误之处： 叶迹 　改为： 叶痕

（分析：叶迹是指从茎的维管柱斜出穿过皮层到叶柄基部为止的这段维管束。叶迹的数目随植物的种类不同而异，有一至多个。叶柄脱落后，在叶痕内看到的小突起就是叶迹断离后的痕迹。）

8. 错误之处： 上表皮 　改为： 栅栏组织

〔分析：表皮细胞一般不含叶绿体，叶子的绿色是由叶肉细胞呈现出来的。异面叶的叶肉细胞分为栅栏组织和海绵组织，栅栏组织靠近上表皮，海绵组织靠近下表皮。由于栅栏组织所含的叶绿体较多，所以叶子腹面（即上面）呈现出来的颜色较深。〕

9. 错误之处： 都具有 　改为： 并非都具有

（分析：旱生植物的叶有的具有复表皮，但没有贮水组织，如夹竹桃；有的具有贮水组织，但没有复表皮，如花生。）

10. 错误之处： 绝不含叶绿体 　改为： 一般不含叶绿体，但一些水生植物和阴生植物具有

（分析：一般来说，植物叶的表皮细胞是不含叶绿体的，但水生植物和阴生植物例外。在水生植物和阴生植物的叶中，由于叶肉组织发育不良，通常无栅栏组织和海绵组织的分化，但表皮细胞中常含有叶绿体，这些特点可适应于水生环境或荫蔽条件下能更好地吸收和利用散射光来进行光合作用。）

11. 错误之处： 靠近孔口处的壁较薄而相对一侧的壁较厚 　改为： 靠近孔口处的壁较厚而相对一侧的壁较薄

（分析：气孔器之所以能自动调节开闭，原因之一就与保卫细胞的细胞壁结构有关。保卫细胞靠近孔口处的壁较厚而相对一侧的壁较薄，当保卫细胞吸水膨胀时，由于近孔口处的壁较厚，扩张较少，而相对一侧的壁较薄，扩张较多，致使两个保卫细胞相对地弯曲，其间的气孔裂缝得以张开。因此，保卫细胞的这种结构特点是与气孔器能自动调节开闭相适应的。）

12. 错误之处： 长细胞和短细胞 　改为： 泡状细胞（或运动细胞）

（分析：泡状细胞是分布于禾本科植物叶片上表皮的一种特殊的大型的薄壁细胞，其细胞中有大液泡。当气候干燥时，泡状细胞失水而收缩，叶片向上卷曲，以减少蒸腾。）

（四）绘图和填图题

1. 下图是玉米叶（经过侧脉）横切面部分结构详图，供参考。表皮可分为上表皮和下表

皮，表皮外方有角质膜。叶肉细胞只有一种类型，排列紧密。叶脉处有1个维管束，维管束鞘细胞较大，排列成梅花状，细胞中的叶绿体比叶肉细胞中的大；木质部位于上方，韧皮部位于下方；维管束的上下方也有叶肉细胞分布；近表皮处有1～2个厚壁细胞。

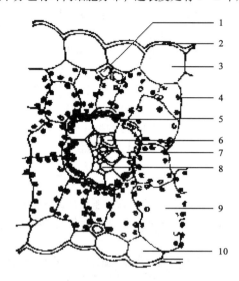

玉米叶横切面部分结构详图

  1. 机械组织 2. 角质膜 3. 上表皮 4. 叶绿体 5. 叶绿体
  6. 木质部 7. 维管束鞘 8. 韧皮部 9. 叶肉 10. 下表皮

2. 按照标线上的序号填写图 5-1 各种复叶的名称。

 A. 一回奇数羽状复叶 B. 一回偶数羽状复叶 C. 二回羽状复叶

 D. 三回羽状复叶 E. 掌状复叶 F. 三出掌状复叶

 G. 三出羽状复叶 H. 单身复叶

3. 图 5-2 是棉叶片经主脉的横切面部分详图，根据图中的结构回答问题：

 （1）角质膜（或角质层）；气孔

 （2）上；栅栏组织细胞排列紧密，含叶绿体多，海绵组织细胞排列疏松，含叶绿体少；气孔比背阳面少，角质膜比背阳面厚

 （3）同化；保护；机械；维管（或输导）；内；外

4. 按照标线上的序号填写图 5-3 各部分的名称。

 1. 上表皮 2. 泡状细胞 3. 下表皮 4. 叶肉

 5. 维管束鞘 6. 木质部 7. 韧皮部 8. 维管束

 9. 气孔 10. 表皮毛

5. 按照标线上的序号填写图 5-4 各部分的名称。

 1. 角质膜 2. 上表皮 3. 机械组织 4. 叶绿体

 5. 木质部 6. 内轮维管束鞘 7. 韧皮部 8. 叶肉

 9. 外轮维管束鞘 10. 下表皮

（五）名词解释

1. 复叶：有2至多个叶片生在一总叶柄或总叶轴上的叫复叶。根据总叶柄的分枝、小叶数目和着生的位置，复叶可分为羽状复叶、掌状复叶、三出叶和单身复叶等类型。

2. 羽状复叶：小叶排列在总叶柄的两侧呈羽毛状，这种复叶称羽状复叶。根据复叶中的小叶数可分为奇数羽状复叶和偶数羽状复叶。又可根据总叶轴两侧的分枝（羽片）情况分为

一回羽状复叶、二回羽状复叶、三回羽状或多回羽状复叶。

3. 掌状复叶：小叶都生于总叶柄的顶端，如木通、七叶树等。

4. 三出叶：仅有三个小叶生于总叶柄上。有掌状三出复叶和羽状三出复叶之分，前者的三片小叶均长在总叶柄顶端，如酢浆草、红花酢浆草等；后者的顶生小叶生于总叶柄顶端，两片侧生小叶生于顶端以下，如大豆、葛藤等。

5. 单身复叶：两个侧生小叶退化，而其总叶柄与顶生小叶连接处有关节，如柑、橘、酸橙、甜橙、柚、柠檬等柑橘属植物。

6. 叶颈：禾本科植物叶片与叶鞘连接处的外侧通常称为叶颈。

7. 栅栏组织：两面叶的叶肉组织的一种类型，是一列或几列长柱形的薄壁细胞。其长轴与上表皮垂直相交，作栅栏状排列。栅栏组织细胞的叶绿体含量较多。

8. 海绵组织：两面叶的叶肉组织的一种类型，是位于栅栏组织与下表皮之间的薄壁组织，其细胞形状、大小常不规则，胞间隙很大，在气孔内方形成较大的孔下室，海绵组织细胞内含叶绿体较少，光合作用能力不如栅栏组织，但更能适应气体交换。

9. 叶脉：叶片上可见的脉纹，即贯穿在叶肉细胞里的维管束及其外围组织，它同茎的维管束相连，通过它向叶内输送水分和无机盐，并把叶片制造的有机养料送到植物体的各个部分，同时有支持叶片的功能。

10. 泡状细胞：一种明显增大的薄壁的表皮细胞，在禾本科植物和其他许多单子叶植物叶片表皮中常排列成纵行；细胞中具一个大液泡，不具叶绿体；泡状细胞与叶片卷曲和伸展有关，所以又称为运动细胞。

11. 离区：使植物器官（如叶、花和果等）脱离母株的组织称为离区；在这个区域中一般具离层和保护层。

12. 离层：由于离区中细胞解体或分离，从而使有关器官（例如叶、枝、花和果等）脱离的那一层组织。

13. 保护层：植物器官如叶、枝和果等脱落后，在离区中有几层起保护作用的细胞，称为保护层；这些细胞往往栓质化，以防止病菌的侵入和水分的丧失。

（六）分析和问答题

1. 叶的主要生理功能有哪些？

叶的主要功能是光合作用和蒸腾作用。光合作用所产生的葡萄糖是植物生长、发育所必需的营养物质，也是合成淀粉、脂肪、蛋白质等有机物质的重要原料，所释放的氧气是生物生存的必要条件。蒸腾作用是根系的吸水动力之一，而且有利于矿质元素在植物体内的运输，还可以降低叶片表面的温度，使叶片不致因高温而受伤害。有的植物叶还可用来繁殖，在叶片边缘的叶脉处可以形成不定根和不定芽。当它们自母体叶片上脱离后，即可独立形成新的植株。叶表还具有一定的吸收和分泌能力。

2. 简述叶的发生和生长过程。

由茎尖周缘分生组织区的外层细胞重复分裂向外凸出形成叶原基。叶原基在形成幼叶的过程中，首先进行顶端生长，使叶原基迅速伸长成锥形；然后是边缘生长，形成叶片、叶柄和托叶几部分；当叶片各部分形成之后，细胞仍继续分裂和长大（居间生长），使叶逐渐发育成熟。

3. 在背腹型叶的横切面上，你有哪些识别上下表皮（即背腹面）的方法？

可用以下四种方法来识别：

方法一：根据气孔分布的多少来判别，下表皮的气孔数目比上表皮多。

方法二：根据栅栏组织和海绵组织的分布位置来判别，栅栏组织靠近上表皮，海绵组织靠近下表皮。

方法三：根据角质膜的厚薄来判别，上表皮的角质膜比下表皮厚。

方法四：根据维管束中木质部和韧皮部的分布位置来判别，木质部的位置接近上表皮，韧皮部的位置接近下表皮。

4. 气孔是如何调节开关的？

气孔的保卫细胞含有较多的叶绿体，当光合作用所积累的淀粉转变为糖分时，保卫细胞中细胞液的浓度增加，保卫细胞向周围的表皮细胞吸水而膨胀。由于它们细胞壁厚薄不均匀，致使两个保卫细胞相对地弯曲而使气孔裂缝张开。当保卫细胞失水萎缩时，其间的气孔裂缝就关闭起来。

5. 小麦和水稻等植物的叶肉细胞具有"峰、谷、腰、环"的多环结构，有何优越性？

小麦和水稻等植物的叶肉细胞具有"峰、谷、腰、环"的多环结构，由于壁的向内皱褶，增加了质膜的表面积，这有利于叶绿体沿皱褶的边缘排列，易于接受更多的光照和 CO_2，充分进行光合作用。当相邻叶肉细胞的"峰、谷"相对时，可使细胞间隙加大，便于气体交换。同时，多环细胞与相同体积的圆柱形细胞比较，相对减少了细胞的个数，细胞壁减少了，对于物质的运输更为有利。

6. 比较栅栏组织与海绵组织的异同点。

相同点：都是两面叶（或异面叶）的叶肉组织（或同化组织）。

不同点区别如下：

栅栏组织的分布靠近上表皮，作栅栏状，排列紧密，细胞中的叶绿体含量较多，光合作用能力较强。

海绵组织的分布位于栅栏组织与下表皮之间，大小不规则，排列疏松，细胞中的叶绿体含量较少，光合作用能力不如栅栏组织，但更能适应气体交换。

7. 区别一般双子叶植物叶片与禾谷类植物叶片的结构。

一般双子叶植物叶片属于两面叶（或异面叶）的类型，具背腹面之分，气孔器的保卫细胞肾脏形，表皮细胞形态不规则，无泡状细胞，叶肉分化为栅栏组织和海绵组织两种类型，叶脉常为网状脉。

禾谷类植物叶片属于等面叶的类型，无背腹面之分，气孔器的保卫细胞哑铃形，表皮细胞由一种长细胞和两种短细胞（栓细胞和硅细胞）组成，上表皮分布有泡状细胞，叶肉细胞常向内皱褶形成"峰、谷、腰、环"的结构，无栅栏组织和海绵组织之分，叶脉为平行脉。

8. 以两面叶为例，分析叶的结构与其生活环境的统一性。

叶的结构都包含有表皮、叶肉细胞和叶脉三个部分。

表皮有角质层，不透水，不透气，起保护作用，但允许光线透入。表皮有气孔器，其保卫细胞的壁加厚不均匀，这种结构能调节气孔开闭，气孔主要起通气作用和蒸腾作用。表皮上有水孔，也由两个保卫细胞组成，不能调节开闭，植物体内多余的水分即从水孔排出。表皮上也分布有表皮毛，主要起保护作用。

叶肉细胞分为栅栏组织和海绵组织两个部分，栅栏组织靠近上表皮，细胞中含叶绿体较多，光合能力较强，这与上表面接受的阳光多是相统一的。海绵组织靠近下表皮，细胞中含叶绿体较少，光合能力较低，因为叶下表面接受的阳光较少；但海绵组织的细胞排列疏松，更能适应气体交换。

叶脉的主要部分是维管束，包含有韧皮部和木质部，韧皮部的筛管负责把叶制造的有机物质运往植物体的各个部分，木质部的导管则负责输送水分供叶肉细胞光合作用之需。主脉和较大的叶脉通常有机械组织（厚壁组织或厚角组织）分布，主要起支持和加固作用。

9. 只就根、茎、叶说，水稻品种的优良性状主要表现在哪些方面？

只就根、茎、叶说，水稻品种的优良性状主要表现在以下几方面：根系发达，吸收和固着能力强。茎叶矿质化程度高，抗病虫害能力强。茎秆粗壮，节间较短，机械组织发达，髓腔较小，维管束数目较多，抗倒伏能力强。叶肉细胞中叶绿体含量多，叶色浓绿，光合作用能力强。

10. 叶是如何脱落的？

叶子具有一定寿命，一般只有几个月就枯死脱落，落叶与叶柄基部的结构变化有关。落叶之前，靠近叶柄基部分裂出数层较为扁小的薄壁细胞，横隔于叶柄基部，成为离区。以后，当叶将落时，离区中的部分薄壁细胞的胞间层黏液化而分解或细胞壁解体，形成离层。当受到叶片的重力影响和风雨等外力作用时，叶便从离层处脱落。脱落处细胞栓化形成保护层，它能保护叶痕，免遭昆虫、真菌和细菌所侵害。

落叶是植物对不良环境的适应、通常发生于秋冬季节，此时气候干旱，根吸水力差，落叶可减少蒸腾失水。

11. 分析旱生植物叶片的形态结构特征。

长期生活在干燥的气候和土壤条件下并能正常生活的旱生植物，其叶片的形态结构特征主要是朝着有利于降低蒸腾和贮藏水分两个方面发展。

旱生植物的叶通常较小而厚。在结构上，叶的表皮细胞壁厚，角质膜发达，或有蜡被，或密被表皮毛。有些旱生植物的表皮为多层细胞组成的复表皮，气孔下陷或位于特殊的气孔窝内，在气孔窝内还生有表皮毛，如夹竹桃。上述这些特征都可以减少蒸腾，减少水分散失，以适应干旱环境。

旱生植物的栅栏组织发达，层次多，甚至上下两面均有分布，海绵组织和胞间隙不发达，从而增加了光合组织的比例，有利于在叶面积缩小的情况下来提高光合效能。此外，旱生植物的叶脉较密集，输导组织发达，以适应在干旱的大气中得到较充足的水分，维持光合作用的进行。

贮藏水分是叶片旱生结构的另一特征。有些旱生植物的叶肥厚多汁，叶中有贮藏水分和黏液的组织，如剑麻、龙舌兰和芦荟。有的旱生植物的叶，为了更好地贮藏水分，叶片中有大型的贮水细胞，如花生。

12. 分析水生植物叶片的形态结构特征。

水生植物可以直接从周围获得水分和溶解于水中的物质，但却不易得到充足的光照和良好的通气。因此，在长期适应水生环境的过程中，水生植物的体内形成了特殊的结构，其叶片形态结构的变化最为明显。

从形态上看，水生植物的叶片通常较薄，有的沉水叶呈丝状细裂。在结构上，表皮细胞壁薄，内含叶绿体，无角质膜或很薄，无表皮毛，沉水叶无气孔，浮水叶只有上表皮具有少量气孔；叶肉不发达，无栅栏组织和海绵组织的分化；机械组织、输导组织和保护组织都退化，叶脉很少；通气组织很发达。上述这些特征既有利于吸收、通气和光合作用的进行，又增加了叶片的浮力，使水生植物完全能适应水中生活。

13. 在显微镜下观察双子叶植物叶的横切面时，为什么通常能同时看到维管组织的横切面观、纵切面观和其他切面观？

因为双子叶植物的叶脉大多为网状脉，当作叶的横切时，就主脉而言是横切，因此在显微镜下所呈现的主脉维管组织就是横切面观，而侧脉和细脉由于分枝的角度不同而呈现出维管组织的多种切面观，其中有纵切面观，有横切面观，也有倾斜的横切面观或倾斜的纵切面观。

第六章
营养器官之间的联系及其变态

一、学习要点和目的要求

1. 营养器官之间的联系

（1）营养器官功能的协同性：理解在植物体内水分的吸收、输导和蒸腾过程中，营养器官之间功能的协同性。理解在植物体内有机物质的制造、运输、利用和贮藏过程中，营养器官之间功能的协同性。

（2）营养器官间结构的联系：掌握根和茎过渡区的部位。理解根和茎过渡区维管束的转位过程。掌握叶痕、叶迹概念。理解茎和叶维管组织排列位置的变化。

（3）营养器官生长的相关性：理解"根深叶茂"、"本固枝荣"的科学道理。掌握顶端优势的概念。了解营养器官之间相关生长的调节。

2. 营养器官的变态及其调控

（1）掌握变态的概念。

（2）掌握萝卜、胡萝卜和甜菜肉质直根的来源。掌握副形成层和三生构造的概念。掌握甘薯块根的来源及其增粗过程。掌握一些常见的变态根。理解萝卜、胡萝卜和甜菜肉质直根的增粗过程。理解支持根、攀缘根和寄生根的形态和功能。

（3）掌握马铃薯块茎的来源。掌握一些常见的变态茎。理解马铃薯块茎的结构特点。理解各类变态茎的形态特点。

（4）掌握一些常见的变态叶。理解各类变态叶的形态特点。

（5）掌握同功器官和同源器官的概念和实例。

（6）了解变态的调控。

二、学 习 方 法

本章涉及营养器官之间的联系及其变态。要学好本章内容，必须先巩固前面已学过的有关根、茎、叶的理论知识和实验知识。尤其要明确根、茎、叶三大营养器官如何通过结构和功能上的相互联系而协同生长的。还要知道根、茎、叶三大营养器官如何发生变态以及变态器官的形态结构特征和功能。为了达到上述目的，可采取下面的几种方法，并互相联系、穿插运用。

（一）表解法

1. 列表归纳变态根的类型

主根、侧根和不定根都有变态发生。变态根是根适应特定环境行使特殊功能逐渐变态而成的。变态根在外形上往往不易识别，常要从形态发生上来加以判断。常见的变态根类型可归纳见表6-1。

表6-1 变态根的类型

变态类型		来源和形态结构特点	功　能
贮藏根	肉质直根	① 其下部由主根变态而来，具有纵列的侧根 ② 其上部生叶处是下胚轴和节间缩短的茎 ③ 萝卜的贮藏组织主要为次生木质部的木薄壁细胞。有些部位的木薄壁细胞可恢复分裂能力转化成副形成层，并进一步产生三生结构 ④ 胡萝卜的贮藏组织主要为次生韧皮部 ⑤ 甜菜的贮藏组织主要为三生结构。三生结构最初由中柱鞘发生的副形成层所产生，以后在三生韧皮部外侧的薄壁细胞中又产生新的副形成层，如此反复进行，不断由新的副形成层产生新的三生结构，在横切面上副形成层通常可达8~12圈	贮藏营养
	块根	① 由不定根或侧根经过增粗生长膨大而成 ② 木薯块根中的贮藏组织主要是次生木质部中的木薄壁组织 ③ 甘薯块根中的贮藏组织主要为次生木质部的木薄壁组织以及由副形成层（来自次生木质部中的木薄壁细胞）所产生的三生结构	贮藏营养和繁殖
气生根	支持根	① 接近地面茎节上生出的不定根，根内厚壁组织发达，如玉米、甘蔗等 ② 从枝条下垂入土的木质气生根，如榕	支持和吸收
	攀缘根	茎上着生的不定根，如常春藤、凌霄花	攀缘（攀附他物生长）
	呼吸根	红树等植物一部分根垂直向上，暴露于空气中，根内有发达的通气组织和呼吸孔	通气，适应淤泥缺氧环境
寄生根		菟丝子等寄生植物以寄生根（吸器）伸入寄主内部组织	吸取寄主的水分和养料

2. 列表归纳变态茎的类型

变态茎是茎适应特定环境行使特殊功能逐渐变态而成的，虽然它的变异程度很大，但依然保持茎的固有特征，即有节和节间之分。在节上有退化呈鳞片状的叶子，或是叶子脱落后留有叶痕，在叶腋还有叶芽，以这些特征可与根相区别。变态茎包括地下茎和地上茎两种变态类型，其形态多种多样，有的与营养物质的贮藏相适应，有的与植物繁殖相适应，有的起保护作用，有的与固着攀缘有关。现把变态茎的类型归纳见表6-2。

表6-2 变态茎的类型

变态类型		来源和形态结构特点	功　能
变态的地上茎	茎卷须	由茎演化成卷须，见于南瓜、黄瓜、葡萄等	攀缘
	茎刺	由茎演化成刺，见于柑橘、山楂、石榴、皂荚等	保护
	叶状茎	茎扁化成叶状，适应于光合作用。如天门冬、文竹、竹节蓼、昙花、假叶树等	光合作用
	肉质茎	茎肥大多汁，常绿色。如莴苣、榨菜及多数仙人掌科植物的茎	贮藏水分、养料和进行光合作用
变态的地下茎	根状茎	横卧地下，形似根的变态茎，其节上有退化的鳞叶；见于姜、竹鞭、莲藕、白茅、菊芋等	营养繁殖、越冬
	块茎	马铃薯块茎有顶芽和许多"芽眼"，鳞叶早落，内部构造包括周皮、皮层、外韧皮部、形成层、木质部，内韧皮部和髓。各部分大量薄壁细胞含有淀粉粒	营养繁殖
	球茎	荸荠、慈姑、芋等球状的地下茎。球茎上有节、节间、鳞叶、顶芽、腋芽	营养繁殖
	鳞茎	洋葱、大蒜和百合等的扁平或圆盘状地下茎。其上生有许多肥厚的肉质鳞叶，如洋葱；或生有膜状鳞叶及肥大腋芽，如大蒜和百合	贮藏营养以越冬或营养繁殖

3. 列表归纳变态叶的类型

植物的叶也会发生变态，叶的变态主要有苞片和总苞、鳞叶、叶卷须、捕虫叶、叶状柄以及叶刺等几种类型，现归纳见表6-3。

表6-3 变态叶的类型

变态类型		来源和形态结构特点	功　能
变态叶	苞片和总苞	一朵花下的变态叶称苞片。有时把苞片称为副萼，如棉花、蛇莓、草莓等；一个花序下的变态叶，称总苞。苞片、总苞常为绿色或彩色	保护，或吸引昆虫传粉，或利于果实传播
	鳞叶	包括芽鳞、变态茎上的肉质鳞片、膜质鳞叶	保护、贮藏营养
	叶卷须	叶的一部分（如豌豆羽状复叶的小叶、菝葜的托叶）变成卷须	攀附他物生长
	捕虫叶	叶变成囊状（如狸藻）、盘状（如茅膏菜）、瓶状（如猪笼草）的捕虫叶	捕虫并分泌消化液消化之
	叶状柄	叶片退化，叶柄扁化，如相思树、金合欢属等	光合作用
	叶刺	叶或叶的一部分变成刺状，如刺槐、马甲子的托叶刺和小檗、仙人掌的叶刺	保护

（二）比较法

本章同样存在着一些既有联系、又有区别的概念和结构，为了加深理解，快速掌握知识，运用比较法依然是行之有效的途径。举例如下：

1. 区别叶痕、叶迹和叶隙

叶痕是多年生植物的叶柄脱落后在茎上留下的痕迹。

叶迹是指从茎的维管柱斜出穿过皮层到叶柄基部为止的这段维管束，叶柄脱落后，在叶痕内看到的小突起就是叶迹断离后的痕迹。

叶隙是位于叶迹上方的薄壁组织，位于茎维管系统中，此处因叶迹的分出而缺少维管组织的其他部分。

2. 比较萝卜与胡萝卜的肉质直根

相同点：都是变态的肉质贮藏根，均由主根和下胚轴发育而来。

主要区别如下：

胡萝卜肉质直根的贮藏组织主要为次生韧皮部。在次生韧皮部中，薄壁组织很发达，占主要部分，贮藏大量的营养物质，是食用的主要部分；而次生木质部形成较少，且以木薄壁组织为主，分化的导管较少。

萝卜肉质直根的结构与胡萝卜相反，其次生韧皮部所占的比例很小，贮藏组织主要为次生木质部。次生木质部很发达，其中导管很少，无纤维，薄壁组织占了主要部分，贮藏大量的营养物质，是食用的主要部分。此外，其木薄壁组织中的某些细胞可转变为副形成层（额外形成层），并产生三生木质部和三生韧皮部，形成三生结构。

3. 比较甘薯与马铃薯的变态器官

相同点：同为变态的贮藏器官，贮藏的物质均以淀粉为主。

主要区别如下：

甘薯为块根，通常由营养繁殖的蔓茎上发出的不定根经过增粗生长变态而成的肉质贮藏根。成熟块根的结构，从外至内包含周皮、初生韧皮部、次生韧皮部、韧皮射线、维管形成层、次生木质部、三生结构（三生韧皮部和三生木质部）、木射线、初生木质部。其中，占比例最大的是次生木质部，也是贮藏淀粉最多的部位。此外，三生结构也占有一定比例。

马铃薯为块茎，是由植株基部叶腋长出来的匍匐枝顶端经过增粗生长变态而成的。成熟块茎的结构，从外至内为周皮、皮层、维管束环、髓环区及髓等部分。其中的维管束环由外韧皮部和木质部组成，形成层不甚明显；髓环区由内韧皮部和髓的外层细胞共同组成。从结构上看，占比例最大的是髓环区，也是贮藏淀粉最多的部位。块茎中没有三生结构；次生结构也不明显。

（三）实验法

本章的实验内容主要涉及营养器官的变态。通过对一些常见的变态器官的实验观察，可以清楚地认识变态器官在形态、结构与功能上的相关性。

在实验过程中，应注意萝卜和胡萝卜的肉质直根、甘薯块根和马铃薯块茎的形态结构特征以及其他变态器官的形态特征，并与学习方法中的比较法、图解法等穿插起来，同时也与它们所执行的生理功能联系起来。

（四）图解法

在本章的学习过程中，不仅要看懂书中有关营养器官之间结构上进行联系的形态结构图例，也要看懂书中有关变态器官的形态结构图例，这是深刻理解营养器官之间以及变态器官的形态、结构与功能的关系，牢固掌握知识必不可少的。本章的图例可归纳为以下三种类型：

（1）与营养器官之间结构的联系有关的图例。这些图例所涉及的知识也是本章的难点。如根与茎之间结构的联系；根与茎过渡区维管组织的转位过程；茎与分枝以及茎与叶之间结构的联系；叶迹、叶隙、枝迹、枝隙的位置及其形态结构特征等。这部分知识内容如果没有借助图例的说明是很难理解的。

（2）与生理功能相关的形态图例。变态器官体现出来的一些形态特征与其所执行的功能是密切相关的。例如：变态器官的形态多种多样，有的与营养物质的贮藏相适应，如肉质直根、块根、块茎和球茎等；有的与植物繁殖相适应，如块茎、球茎、根状茎和匍匐茎等；有的起保护作用，如茎刺、叶刺等；有的与固着攀缘有关，如葡萄、黄瓜和南瓜等植物的卷须。

（3）与生理功能相关的结构图例。变态器官体现出来的一些结构特征也与其所执行的功能相关联。例如：从萝卜、胡萝卜、甘薯、马铃薯等变态器官的结构图例可以看出，它们最主要的结构特点是薄壁组织占了很大比例，这是与贮藏营养物质的功能相适应的。

三、练　习　题

（一）填空题

1. 根茎过渡区维管束的转变是通过根的初生木质部的分叉、_____和_____几个步骤完成的。

2. 水分进入根毛后，一方面以_____的方式依次通过幼根的_____、_____、_____而进入_____中；另一方面由于植物地上部分，特别是_____作用，提高了细胞的吸水力。

3. 顶芽生长对腋芽生长的抑制作用，叫做_____。一般认为是受到植物体内_____的调节，其浓度高对顶芽的生长起_____作用，对侧芽的生长起_____作用。

4. 甘薯块根的膨大过程可分为两个阶段，第一阶段是_____生长，第二阶段是甘薯特有的_____生长，出现_____的活动，所以甘薯块根增大，是_____和_____互相配合活动的结果。

5. 植物在营养生长过程中，营养器官生长的相关性主要表现在两个方面，即：_____与_____生长的相关性以及_____与_____生长的相关性。

6. 变态的贮藏根可分为_____和_____两类；变态的气生根可分为_____、_____和_____三种。

7. 常见的地下变态茎的类型有_____、_____、_____和_____等；常见的地上变态茎的类型有_____、_____、_____和_____等。

8. 常见的变态叶的类型有_____、_____、_____、

_____和_____等。

9. 马铃薯块茎是由植株基部_____长出来的_____，经过_____生长而成。

10. 写出下列具有经济价值的植物变态器官的名称：
    萝卜_____、姜_____、洋葱_____、菊芋_____、胡萝卜_____、甘薯_____、莲_____、马铃薯_____、荸荠_____、芋_____。

11. 甘薯的块根和马铃薯的块茎因其_____相同，而_____不同，故称_____器官；莲藕和皂荚的刺因其_____相同，而_____不同，故称_____器官。

12. 为什么说马铃薯、莲藕、姜、芋、荸荠是地下茎而不是地下根，是因为它们具有_____，_____，_____和_____等特征。

13. 肉质直根上部由_____发育而来，下部由_____发育而来。块根由_____发育而来。

14. 甘薯的块根是由_____或_____发育而成，其次生木质部中的副形成层主要由_____周围的薄壁细胞产生。

15. 在下列变态器官中各举一例：
    块根如_____、鳞茎如_____、根状茎如_____、枝刺如_____、叶卷须如_____、茎卷须如_____、球茎如_____、叶刺如_____、气生根如_____、块茎如_____、叶状茎如_____、肉质直根如_____。

16. 地下茎有繁殖作用：人们常用莲的_____，马铃薯的_____，荸荠的_____，大蒜的_____，姜的_____，菊芋的_____来繁殖新植株。

（二）选择题

1. 马铃薯块茎中的维管束属于_____。
   A. 外韧维管束　　B. 周韧维管束　　C. 双韧维管束　　D. 周木维管束

2. 豌豆卷须是_____。
   A. 茎卷须　　B. 叶卷须　　C. 托叶卷须　　D. 枝卷须

3. 葡萄的卷须是_____；南瓜的卷须是_____。
   A. 根的变态　　B. 茎的变态　　C. 叶的变态　　D. 托叶的变态

4. 甘薯的薯块是_____。
   A. 块根　　B. 块茎　　C. 肉质根　　D. 根状茎

5. 选出下列具有变态根的植物：_____。
   A. 木薯　　B. 胡萝卜　　C. 马铃薯　　D. 慈姑
   E. 芋　　F. 姜　　G. 萝卜　　H. 蒜

6. 甘薯块根的增粗主要是由于_____细胞活动所引起的。
   A. 原形成层　　B. 木栓形成层　　C. 维管形成层　　D. 副形成层

7. 在下列变态根中，贮藏组织主要为次生韧皮部的是_____；贮藏组织主要为次生木质部并兼有部分三生构造的是_____；贮藏组织主要为三生构造的是_____。

　　A. 萝卜　　　　B. 胡萝卜　　　　C. 甘薯　　　　D. 甜菜

8. 榕树的枝条上有一些下垂的根，称为_____。

　　A. 定根　　　　B. 不定根　　　　C. 气生根　　　　D. 不定根、气生根

9. 下列哪一组是同源器官_____。

　　A. 马铃薯和甘薯的薯块　　　　B. 葡萄和南瓜的卷须

　　C. 仙人掌和山楂的刺　　　　　D. 莲和荸荠的地下变态部分

10. 下列哪一组属于同功器官？_____。

　　A. 竹鞭和姜　　　　　　　　　B. 南瓜和豌豆的卷须

　　C. 柑橘刺和仙人掌的刺　　　　D. 马铃薯和甘薯的薯块

11. 马铃薯是变态的_____。

　　A. 侧根　　　　B. 主根　　　　C. 地下茎　　　　D. 不定根

12. 生姜是属于变态的_____。

　　A. 根　　　　　B. 茎　　　　　C. 叶　　　　　D. 果

13. 常见的地下茎有4类：①根状茎 ②块茎 ③球茎 ④鳞茎。以下判断正确的是_____。

	马铃薯	洋葱	莲藕	荸荠	竹鞭	芋头
A.	①	②	②	③	④	④
B.	②	③	①	③	①	②
C.	②	④	①	③	①	③
D.	③	③	①	②	④	②

14. 下列哪一组都是茎的变态？_____。

　　A. 南瓜、葡萄和豌豆的卷须　　　B. 月季刺、柑橘刺和仙人掌的刺

　　C. 菊芋、木薯和马铃薯　　　　　D. 莲藕、姜、荸荠和芋头

15. 马铃薯块茎上有许多凹陷，该位置会产生_____。

　　A. 定根　　　　B. 定芽　　　　C. 不定根　　　　D. 不定芽

16. 洋葱的变态器官是_____。

　　A. 鳞茎盘　　　B. 鳞片叶　　　C. 球茎　　　　D. 叶状茎

17. 月季、玫瑰的刺是_____。

　　A. 叶刺　　　　B. 托叶刺　　　C. 茎刺　　　　D. 皮刺

18. 大蒜的蒜瓣是_____。

　　A. 鳞片叶　　　B. 鳞茎盘　　　C. 腋芽　　　　D. 顶芽

19. 下列哪一组全是叶的变态？_____。

　　A. 萼片、花瓣、花梗、花托　　　B. 雄蕊、雌蕊、总苞

　　C. 南瓜、葡萄和豌豆的卷须　　　D. 洋葱鳞片叶、大蒜瓣、柑橘的刺

20. 在萝卜、甜菜和甘薯等植物的变态根中，都有三生结构的存在，这种结构是通过_____的活动而形成的。

　　A. 原分生组织　　　　　　　　　B. 初生分生组织

C. 次生分生组织　　　　　　　　D. 副形成层（额外形成层）
21. 在根和茎的交界处，维管组织的排列必须从一种形式逐步转变为另一种形式，发生转变的部位一般是在_____的一定部位。
    A. 上胚轴　　B. 下胚轴　　C. 胚根　　D. 胚芽
22. 在根茎的过渡区，当维管组织由根通入茎时，后生木质部的位置（相对于原生木质部）_____。
    A. 由内方移向外方　　　　　　B. 由外方移向内方
    C. 不变　　　　　　　　　　　D. 由侧面移向中央
23. 植物茎内的维管束通过_____与叶和枝中的维管束相连。
    A. 叶痕和枝痕　　　　　　　　B. 叶隙和枝隙
    C. 叶迹和枝迹　　　　　　　　D. 叶痕和枝迹
24. 被子植物营养器官之间维管组织发生转位的过渡区存在于_____。
    A. 茎、叶之间　　　　　　　　B. 茎、枝之间
    C. 根、茎之间　　　　　　　　D. 枝、叶之间

（三）改错题（指出下列各题的错误之处，并予以改正）
1. 萝卜和甘薯的副形成层是由皮层薄壁细胞恢复分生能力产生的。
   错误之处：_____　改为：_____
2. 胡萝卜和萝卜都是肉质直根，两者不同的是胡萝卜的次生木质部发达，萝卜的次生韧皮部发达。
   错误之处：_____　改为：_____
3. 土豆是马铃薯所形成的地下果实。
   错误之处：_____　改为：_____
4. 甘薯块根的增粗是由于维管形成层和木栓形成层共同活动的结果。
   错误之处：_____　改为：_____
5. 豌豆的卷须是侧枝的变态，属于茎卷须。
   错误之处：_____　改为：_____
6. 荸荠、马铃薯、甘薯和芋的食用部分都是地下茎的变态。
   错误之处：_____　改为：_____
7. 柑橘、皂荚、山楂、月季和玫瑰的刺均为茎刺。
   错误之处：_____　改为：_____
8. 甘薯、胡萝卜和萝卜的肉质根均由主根和下胚轴发育而来。
   错误之处：_____　改为：_____
9. 在植物体中，根与茎的维管组织在次生结构中是连续的，在初生结构中却是不连续的。
   错误之处：_____　改为：_____

（四）名词解释
1. 根条比率　　2. 顶端优势　　3. 叶迹　　4. 叶隙　　5. 副形成层
6. 同功器官　　7. 同源器官　　8. 器官的变态　　9. 三生生长

(六) 填图和绘图题

1. 绘轮廓图表示成熟的萝卜肉质直根横切面的结构，注明各部分名称。

（本题必须注明：周皮、皮层、次生韧皮部、次生木质部、形成层、初生木质部和初生韧皮部 7 个方面。）

2. 绘轮廓图表示成熟的胡萝卜肉质直根横切面的结构，注明各部分名称。

（本题必须注明：周皮、皮层、次生韧皮部、次生木质部、形成层、初生木质部和初生韧皮部 7 个方面。）

(七) 分析和问答题

1. 何谓植物体的维管系统？被子植物根、茎、叶之间的维管组织如何联系？
2. 试述陆生植物根的吸水原理。
3. 简述"根深叶茂，本固枝荣"的科学道理？
4. 什么叫顶端优势？产生顶端优势的原因是什么？举两个例子说明顶端优势在农业生产上的意义。
5. 简述植物体内有机营养物质的制造、运输、利用和贮藏。
6. 比较维管形成层和副形成层。
7. 甘薯块根是如何增粗的？
8. 如何从形态特征上判定根状茎是茎而不是根？
9. 从形态学上分析肉质直根与块根的不同来源。
10. 举例说明植物同功器官和同源器官的含义。

四、参 考 答 案

(一) 填空题

1. 旋转（或转位）、汇合
2. 渗透、表皮、皮层、中柱鞘、导管、蒸腾
3. 顶端优势、激素、促进、抑制
4. 次生、异常（三生）、副形成层、维管形成层、副形成层
5. 地下部分、地上部分、主干（或顶芽）、分枝（或侧芽）
6. 肉质直根、块根；支持根、攀缘根、呼吸根
7. 块茎、根状茎、鳞茎、球茎；肉质茎、茎卷须、茎刺、叶状茎或匍匐茎等
8. 苞片和总苞、鳞叶、叶卷须、叶刺、捕虫叶、叶状柄等
9. 叶腋、匍匐枝顶端、增粗
10. 肉质直根、根状茎、鳞茎、根状茎、肉质直根、块根、根状茎、块茎、球茎、球茎
11. 功能、来源、同功、来源、功能、同源
12. 顶芽、节、节间、鳞叶
13. 下胚轴、主根、不定根（或侧根）
14. 不定根、侧根、导管
15. 甘薯、洋葱、莲藕、柑橘、豌豆、葡萄、芋、仙人掌、榕、马铃薯、竹节蓼、萝卜（本题各种类型的变态器官也可以举其他的例子）
16. 根状茎、块茎、球茎、子鳞茎、根状茎、根状茎

（二）选择题

1. C	2. B	3. B；B	4. A	5. A、B、G
6. C、D	7. B；A、C；D	8. D	9. B、D	10. B、C、D
11. C	12. B	13. C	14. D	15. B、C
16. A、B	17. D	18. C	19. B	20. D
21. B	22. A	23. C	24. C	

（三）改错题（指出下列各题的错误之处，并予以改正）

1. 错误之处：__皮层__　改为：__次生木质部的__

（分析：副形成层也称为三生分生组织，通过分裂活动产生三生木质部和三生韧皮部，形成三生构造。萝卜和甘薯的副形成层通常是由次生木质部的薄壁组织中的若干部位的细胞恢复分裂能力转变来的。）

2. 错误之处：__胡萝卜的次生木质部发达，萝卜的次生韧皮部发达__　改为：__胡萝卜的次生韧皮部发达，萝卜的次生木质部发达__

（分析：胡萝卜和萝卜的肉质直根均由主根和下胚轴变态而来，但两者的内部构造差异很大，最主要的区别在于次生木质部和次生韧皮部的比例上。胡萝卜的次生韧皮部发达，而次生木质部不发达；萝卜则相反，其次生木质部发达，而次生韧皮部不发达。）

3. 错误之处：__果实__　改为：__茎的变态__

（分析：马铃薯的食用部分也可以称为土豆，它是地下茎的变态，因形状不规则，故称为块茎。）

4. 错误之处：__木栓形成层__　改为：__副形成层__

（分析：甘薯块根的增粗过程是维管形成层和许多副形成层互相配合活动的结果。副形成层也称为三生分生组织，由次生木质部的木薄壁细胞产生，其活动的结果分别产生三生木质部和三生韧皮部。在甘薯块根的增粗过程中，由维管形成层不断产生次生木质部，为副形成层的发生创造条件，而许多副形成层的同时发生和活动，就能产生更为大量的贮藏薄壁组织，从而导致块根迅速增粗膨大。）

5. （答案一）错误之处：__豌豆__　改为：__南瓜（或葡萄）__

（答案二）错误之处：__是侧枝的变态，属于茎卷须__　改为：__是小叶的变态，属于叶卷须__

（分析：豌豆的叶为羽状复叶，其卷须是由羽状复叶先端的几个小叶变态而成的，属于叶卷须。南瓜和葡萄的卷须是侧枝的变态，属于茎卷须。本题的错误主要在于前后内容无法对应，这种情况可有两种改错方法，一种是保留后面的，改正前面的，如答案一；另一种是保留前面的，改正后面的，如答案二。从两种不同的答案比较来看，答案一简单易行，故常被优先选用。）

6. 错误之处：__甘薯__　改为：__把"甘薯"删除即可__

（分析：荸荠、马铃薯和芋的食用部分都是地下茎的变态。其中荸荠和芋称为球茎，马铃薯称为块茎。甘薯的食用部分是根的变态，称为块根。）

7. 错误之处：__月季和玫瑰__　改为：__把"月季和玫瑰"删除即可__

（分析：柑橘、皂荚、山楂的刺位于叶腋，由腋芽发育而来，是枝的变态，称为枝刺或茎刺。月季和玫瑰茎上的刺数目较多，分布无规则，这是茎表皮的突出物，称为皮刺。）

8. 错误之处：__甘薯__　改为：__把"甘薯"删除即可__

（分析：甘薯的肉质根通常是在营养繁殖时，由蔓茎上发出的不定根所发育形成的，其来源与胡萝卜和萝卜不同。）

9. 错误之处：__却是不连续的__　改为：__也是连续的__

〔分析：在植物体中，根与茎初生结构的维管组织在过渡区（即下胚轴的一定部位）通过分叉、倒转和汇合实现了连接。因此可以说，根与茎的维管组织在初生结构中也是连续的。〕

（五）名词解释

1. 根条比率：指植物根系与枝叶之间在生长上出现的比例关系。

2. 顶端优势：植物的顶芽在吸收营养等方面能力强于侧芽，因而抑制了侧芽生长，这种现象通常称为顶端优势。

3. 叶迹：是指从茎的维管柱斜出穿过皮层到叶柄基部为止的这段维管束，叶柄脱落后，在叶痕内看到的小突起就是叶迹断离后的痕迹。

4. 叶隙：是位于叶迹上方的薄壁组织，位于茎维管系统中，此处因叶迹的分出而缺少维管组织的其他部分。

5. 副形成层：也称为额外形成层或三生分生组织，通常是由次生木质部的薄壁组织中的若干部位的细胞恢复分裂能力转变来的。由副形成层产生三生木质部和三生韧皮部，形成三生构造，常见于某些植物，如萝卜、甘薯等的变态器官中。

6. 同功器官：凡外形相似、功能相同，但形态学上来源不同的变态器官，称为同功器官。如茎刺和叶刺，茎卷须和叶卷须等都属于同功器官。

7. 同源器官：外形与功能都有差别，而形态学上来源却相同的变态器官，称为同源器官。如茎刺、茎卷须、根状茎、鳞茎、球茎等，都是茎枝的变态，属于同源器官。

8. 器官的变态：有些植物的营养器官，适应不同的环境行使特殊的生理功能，其形态、结构发生相应的变异，经历若干世代以后，该变异成为可以稳定遗传的特性，这种现象称为器官的变态。

9. 三生生长：在次生生长的基础上，通过副形成层（即额外形成层或三生分生组织）的活动产生三生木质部和三生韧皮部，形成三生构造，此过程即称为三生生长。三生生长是变态器官异常的生长方式，常见于某些植物，如萝卜、甜菜、甘薯等的变态器官中。

（六）绘图和填图题

1. 下图是成熟的萝卜肉质直根横切面的轮廓图，供参考。从外至内的结构分别是周皮、皮层、次生韧皮部、维管形成层、次生木质部、初生木质部。注意其中占比例最大的是次生木质部，周皮内侧还有皮层存在。

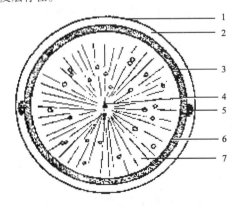

萝卜肉质根横切面轮廓图

1. 周皮　2. 皮层　3. 次生韧皮部　4. 初生木质部
5. 初生韧皮部　6. 形成层　7. 次生木质部

2. 下图是成熟的胡萝卜肉质直根横切面的轮廓图，供参考。从外至内的结构分别是周皮、皮层、次生韧皮部、维管形成层、次生木质部、初生木质部。注意其中占比例最大的是次生韧皮部，这是与萝卜肉质直根所不同之处。还值得注意的是，胡萝卜和萝卜的周皮内侧都有皮层存在。当周皮形成后，皮层依然存在，这是一种异常的现象，因为在正常根的次生结构中，皮层通常由于内部次生结构的形成而被挤毁，不久后就消失了。

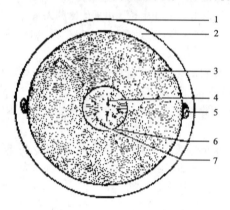

胡萝卜肉质根横切面轮廓图

1. 周皮　2. 皮层　3. 次生韧皮部　4. 初生木质部
5. 初生韧皮部　6. 形成层　7. 次生木质部

（七）分析和问答题

1. 何谓植物体的维管系统？被子植物根、茎、叶之间的维管组织如何联系？

维管系统是一株植物整体上或一个器官全部维管组织的总称。

根与茎之间维管组织的联系主要发生在过渡区（下胚轴的一定部位）。在过渡区，根的初生木质部经分叉、旋转（或转位）及汇合，由根的外始式转变为茎的内始式；初生木质部与初生韧皮部由根的相间排列转变为茎的内外排列。

茎与叶维管组织的联系主要在节的部位。在叶着生的部位，茎内的维管束由维管柱斜出到茎的边缘，然后伸入叶柄到叶片。茎内的维管束通常为外韧维管束，其中韧皮部位于离心部分，木质部位于向心部分，当通入叶内后，在叶脉维管束中则表现为木质部位于腹面，韧皮部位于背面。

总之，根、茎、叶的维管组织是相互贯通的，从而保证了植物体生活中所需的水分、矿物质和有机物质的输导和转移。

2. 试述陆生植物根的吸水原理。

陆生植物生活所需的水分，主要是由根尖根毛区的根毛负责吸收。当根毛生长在土壤中时，根毛的细胞液和土壤溶液之间被根毛细胞的选择透性质膜和液泡膜所分隔，形成了一个渗透系统。由于细胞液浓度比土壤溶液浓度高很多，水分子便按渗透作用原理扩散进入根毛。水分子进入根毛后，一方面以细胞间渗透的方式依次通过表皮、皮层、中柱鞘而进入导管中。另一方面由于导管的毛细管作用以及绿叶蒸腾拉力的作用使水分上升，尤其是蒸腾作用所产生的强大吸水力由叶、茎、根的导管一直传到根毛区的细胞，使根毛区细胞的吸水力增加，从而不断地向土壤中吸收水分。

3. 简述"根深叶茂，本固枝荣"的科学道理？

"根深叶茂，本固枝荣"，这句话反映了植物地下部分和地上部分存在着生长的相关性。根的主要功能是吸收水分和溶解于水中的矿物质供地上枝叶生长所需，而叶的主要功能是进行光合作用，合成有机营养物质，供给植物体各部分（包括根）的生长所需。因此，根系发达，吸收作用就强，对地上部分的供应就充足，枝叶就能生长旺盛。同时，枝叶的茂盛，合成的有机营养物质就多,又促进了根系的发展。

4. 什么叫顶端优势?产生顶端优势的原因是什么?举两个例子说明顶端优势在农业生产上的意义。

顶芽生长对腋芽生长的抑制作用,称为顶端优势。产生顶端优势的原因,通常认为与生长素浓度有关。顶芽生长所需的生长素浓度较高,侧芽生长所需的浓度较低,当顶芽活动产生大量生长素供本身生长所需,有大量的生长素向下传导时,对腋芽的生长活动就起了抑制作用。在农业生产上利用顶端优势的原理,根据各种作物的生长特性,分别控制或促进其主轴和侧枝的生长,以达到高产的目的。例如:棉花的整枝摘心,抑制顶芽的生长,可以促进果枝的发育。果树的适当修剪,同样也是抑制顶芽的生长,促进果枝的发育,可以增加结果量。麻类植物则要保护主干的顶芽,抑制分枝的生长,可以提高产量和品质。

5. 简述植物体内有机营养物质的制造、运输、利用和贮藏。

叶是绿色植物进行光合作用的主要场所,它们所制造有机营养物质除少数供本身利用外,大量运输到根、茎、花、果、种子等器官中去。叶片光合作用制造的己糖通常要转化为蔗糖才能运送到其他器官。一般地说,由于筛管两端的渗透压不同,上端筛管细胞的渗透压较高,从周围吸入大量水分,提高了本身的膨压。在膨压较大的情况下,上端筛管细胞就把所含蔗糖液通过筛板压送到下端筛管细胞中。这样,茎、根等细胞就获得了糖分。同时,根系合成的氨基酸、酰胺等含氮有机物也经筛管运输到地上部分。

有机物质的运输与呼吸作用有关,也与植物的生长发育有关。幼嫩的、生长旺盛的、新陈代谢较强的器官和组织,往往是有机物运输的主要方向。

有些植物具有贮藏大量有机物的能力,将叶片制造、运输来的有机物积蓄于块茎、块根等贮藏器官以及果实和种子中。

6. 比较维管形成层和副形成层。

相同点:同属于分生组织。

不同点:维管形成层除茎的束中形成层是在初生构造形成时保留下来的外,其他的均由初生构造中的薄壁细胞恢复分裂能力形成的,由维管形成层产生次生木质部、次生韧皮部和维管射线,构成次生构造。副形成层通常由次生木质部等部位的薄壁细胞恢复分裂能力转变而来,由副形成层产生三生木质部和三生韧皮部,构成三生构造。

7. 甘薯块根是如何增粗的?

甘薯块根的增粗过程是维管形成层和许多副形成层互相配合活动的结果。其过程可分为两个阶段:第一阶段是正常的次生生长,产生次生构造,其中所产生的次生木质部是由木薄壁组织和分散排列的导管组成的。第二阶段是甘薯特有的异常生长,出现副形成层的活动。副形成层由次生木质部的木薄壁细胞产生,其活动的结果分别产生三生木质部和三生韧皮部。这样,由维管形成层不断产生次生木质部,为副形成层的发生创造条件,而许多副形成层的同时发生和活动,就能产生更为大量的贮藏薄壁组织,从而导致块根迅速增粗膨大。

8. 如何从形态特征上判定根状茎是茎而不是根?

根状茎与根一样都是生长在地下,且外形也很相似。但根状茎具有一些根所没有的形态特征:具有节和节间,节上有退化的膜质或鳞片状的叶,叶腋内有腋芽,由腋芽产生分枝。根据这些特征,就可以与根相区别。

9. 从形态学上分析肉质直根与块根的不同来源。

从形态学来说,肉质直根是由主根和下胚轴共同发育来的,下部有侧根产生的部分是由主根发育来的,上部没有侧根产生的部分是由下胚轴发育来的。块根通常是由营养繁殖的蔓茎上发生的不定根发育而来;如果是实生苗,则由侧根发育而来。因为一株植物只有一条主根,所以通常只能形成一个肉质直根;而一株植物可以有多条不定根或侧根,所以能够形成多个块根。

10. 举例说明植物同功器官和同源器官的含义。

凡外形相似、功能相同、但形态学上的来源不同的变态器官，称为同功器官。例如：叶卷须，茎卷须功能都是用作攀缘生长，但前者是叶的变态，后者是茎的变态，其来源不同，属同功器官。凡来源相同而功能不同的器官称为同源器官。例如：茎卷须、块茎和茎刺都是茎的变态，但其功能不同，它们依次分别作为攀缘生长，贮藏营养物质及保护作用。

第七章
花

一、学习要点和目的要求

1. 花在植物个体发育和系统发育中的意义

理解花在植物生活周期中的重要作用。掌握营养繁殖、无性繁殖和有性繁殖的概念。理解花在植物系统发育中的重要意义。

2. 花的组成及形态

（1）花的概念与组成：掌握花的概念。掌握典型花的组成部分。

（2）花的形态类型：理解花托的位置和形状。理解花被、双被花、单被花和无被花的概念。理解花萼、萼片、副萼、离萼和合萼的概念。理解花冠、花瓣、离瓣花和合瓣花概念。掌握花瓣鲜艳色彩的成因。掌握花冠的形状。掌握雄蕊群和雄蕊的概念。掌握雄蕊类型。理解花药的着生方式和开裂方式。掌握雌蕊群和雌蕊的概念。掌握心皮、背缝线和腹缝线的概念。掌握单雌蕊、离生单雌蕊和复雌蕊的概念。掌握子房的位置。掌握胎座的概念和类型。

（3）禾本科植物小穗和小花的构造：掌握禾本科植物小穗和小花的构造。

（4）花程式与花图式：掌握花程式。理解花图式。

（5）花序：掌握花序的概念。理解花序的各种类型。

2. 花芽分化

（1）花芽分化时顶端分生组织的变化：掌握花芽分化的概念。理解花芽分化时顶端分生组织的变化。

（2）花芽分化的过程：理解花芽分化的过程。

3. 雄蕊的发育与结构

（1）花丝和花药的发育：掌握雄蕊的组成部分。掌握花药的发育过程。掌握花粉囊壁的构造和各部分的功能。掌握成熟花药的构造。

（2）花粉粒的发育过程：掌握花粉母细胞减数分裂的过程、特点及其意义。掌握花粉粒的发育过程。掌握小孢子和雄配子体的概念。掌握 2 细胞花粉粒和 3 细胞花粉粒的概念。

（3）花粉粒的形态与结构：掌握成熟花粉粒的基本构造。掌握内外壁的来源、主要成分和构造特点。

（4）花粉粒的生活力：了解花粉粒的生活力。

（5）花粉败育和雄性不育现象：掌握花粉败育的概念及其原因。掌握雄性不育的概念及其现象。

（6）花粉植物：掌握花粉植物的概念。了解花粉的培养条件。

4. 雌蕊的发育与结构

（1）雌蕊的组成：掌握雌蕊的组成部分。理解柱头的形状和作用。理解花柱的两种类型。掌握子房的组成。

（2）胚珠的发育过程及结构：掌握胚珠的发育过程。掌握胚珠的结构和类型。

（3）胚囊的发育过程及结构：掌握胚囊的发育过程。掌握成熟胚囊的结构。理解卵细胞、助细胞、反足细胞和中央细胞的结构特点和功能。

5. 开花与传粉

（1）开花：掌握开花的概念。理解花季、花期、花时的概念。

（2）传粉：掌握传粉、自花传粉和异花传粉概念。掌握异花传粉比自花传粉的优越之处和实际意义。理解植物对异花传粉的适应。了解农业生产上对传粉的利用。

6. 受　精

（1）花粉的萌发：掌握花粉萌发的条件与过程。

（2）花粉管的生长：掌握花粉管进入胚珠的三条途径。

（3）双受精过程：掌握双受精的概念和过程。

（4）受精与双受精作用的生物学意义：理解受精的选择性。掌握双受精作用的生物学意义。

（5）受精作用与现代生物技术：掌握多倍体的概念。掌握同源多倍体和异源多倍体的概念和实例。理解外界条件对传粉、受精的影响。了解试管受精、子房培养、远缘杂交和植物生殖工程。

二、学　习　方　法

花是被子植物的三大繁殖器官之一。本章主要涉及与花有关的生殖过程，通过学习，要明确被子植物在生殖生长阶段，花如何发育成熟以及花的形态、结构与生理功能有何相关性。学习中依然可采取下面的方法，并相互联系、穿插运用。

（一）表解法

1. 列表归纳花序的类型

花序可分为无限花序和有限花序两大类。无限花序也称为向心花序或总状类花序，其开花的顺序是花轴下部的花先开，渐及上部，或由边缘开向中心。其中根据花轴分枝与否又分为简单花序（花轴不分枝，花轴上直接生花）和复合花序（花轴具分枝，分枝上生长各种简单花序）。有限花序也称为离心花序或聚伞类花序，其开花的顺序是最顶点或最中心的花先开，渐及下边或周围。现把它们各自所包含的类型归纳见表7-1。

表 7-1 花序类型

花序类型	无限花序	简单花序	总状花序	花有梗，排列在一不分枝且较长的花轴上，花轴能继续生长，如白菜、油菜等
		穗状花序	和总状花序相似，只是花无梗，如车前、大麦等
		肉穗花序	穗状花序轴膨大，基部常为若干苞片组成的总苞所包围，如玉米的雌花序
		柔荑花序	花排列方式类似穗状花序，但花序轴柔软，花序下垂；花单性；成熟后整个花序（或连果）一齐脱落，如杨、柳等
		伞形花序	花梗近等长或不等长，均生于花轴的顶端，状如张开的伞，如五加、刺五加等。
		伞房花序	花有梗，排列在花轴的近顶部，下边的花梗较长，向上渐短，花位于一近似平面上，如梨、麻叶绣球等
		头状花序	花无梗，集生于一平坦或隆起的总花托（花序托）上，而成一头状体，如向日葵等菊科植物
		隐头花序	花集生于肉质中空的总花托（花序托）的内壁上，并被总花托所包围，如无花果、榕树等
	复合花序	圆锥花序	花序轴上生有多个总状花序，形似圆锥，也称为复总状花序，如水稻的花序以及玉米的雄花序
		复穗状花序	花序轴上生有多个穗状花序，如小麦
		复伞形花序	伞形花序的每一分枝又形成一伞形花序，如胡萝卜
		复伞房花序	伞房花序的每一分枝再形成一伞房花序，如花楸属植物
	有限花序	聚伞类花序	单歧聚伞花序	主轴开花后，侧枝发育超过主枝后，在顶端开花，依此类推，如果花朵左右交互出现状如蝎尾，叫蝎尾状聚伞花序，如唐菖蒲；如果花朵出现在同侧，形成卷曲状，叫螺状聚伞花序，如紫草科植物的花序
		二歧聚伞花序	花轴顶端生花之后，在其下伸出两个对生的侧枝，侧枝顶端又开花，依次类推，如石竹科植物的花序
		多歧聚伞花序	花序轴顶端开一花后，其下的数个侧枝发育，顶端各生一花，如大戟、猫眼草的花序
		轮伞花序	聚伞花序着生在对生叶的叶腋，花序轴及花梗极短，呈轮状排列，如一些唇形科植物的花序

2. 利用表解法描述花药的发育过程

花药的发育始于孢原细胞，孢原细胞产生于幼小花药的四角表皮下，随后，孢原细胞进行平周分裂，形成周缘细胞（外层）和造孢细胞（内层）。周缘细胞继续进行分裂，自外至内逐渐形成药室内壁（即纤维层）、中层和绒毡层。这几层细胞和表皮一起构成花粉囊的壁。造孢细胞经过几次分裂形成花粉母细胞。花粉母细胞经过减数分裂后，形成四个子细胞，每个子细胞发育成为一个单核花粉粒。单核花粉粒再进行一次或两次有丝分裂，形成具有二个或三个细胞的成熟花粉粒。当花粉粒发育成熟后，花药也发育成熟。此时，花粉囊的壁由于中层和绒毡层的解体消失，通常只剩下表皮和药室内壁（或纤维层）了。整个过程如图 7-1 所示。

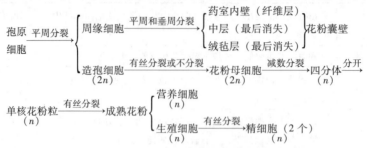

图 7-1　花粉囊壁和花粉粒的发育形成过程

3. 利用表解法叙述被子植物胚囊的发育过程

被子植物胚囊的发育始于孢原细胞。孢原细胞进一步发育为胚囊母细胞，但发育方式随植物种类而异。在棉花等作物中，孢原细胞先进行一次平周分裂，形成周缘细胞和造孢细胞，其中的造孢细胞长大形成胚囊母细胞。而在向日葵等合瓣花植物及百合、水稻、小麦等植物中，孢原细胞不再分裂，直接长大形成胚囊母细胞。胚囊母细胞接着进行减数分裂，形成呈线状排列的四分体。四分体中近珠孔端的三个细胞退化消失，近合点端的那个细胞发育成单核胚囊。单核胚囊长到一定的程度，即连续进行三次有丝分裂。这三次有丝分裂仅是核分裂，没有伴随着胞质分裂和新壁的形成，结果形成八个核。其中四个移向珠孔端，另四个移向合点端。以后每一端各有一核移向胚囊中央，这两个核称为极核，它们与周围细胞质组成中央细胞。在一些植物中，极核常融合成二倍体的次生核。近珠孔端的 3 个核，1 个分化为卵细胞，2 个分化为助细胞。近合点端的三个核则分化为反足细胞。至此，单核胚囊已发育成 8 个核或 7 个细胞的成熟胚囊（即雌配子体）。整个过程如图 7-2 所示。

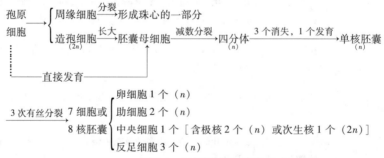

图 7-2　被子植物胚囊的发育过程

（二）比较法

本章依然有一些概念和结构既有联系，又有区别，因此可运用比较法分清其内涵，找出它们的相同点和不同点。举例如下：

1. 区别花粉粒的内壁与外壁

花粉粒的外壁较厚，硬而缺乏弹性，有雕纹，主要成分为孢粉素，外壁的蛋白质来源于绒毡层，起识别作用。

花粉粒的内壁较薄，软而有弹性，无雕纹，主要成分为纤维素、果胶质半纤维素及蛋白质，内壁蛋白质是花粉本身制造的，不起识别作用。内壁还含有与花粉管萌发及穿入柱头有关的酶类。

2. 比较卵细胞与助细胞

相同点：都是具有高度极性的细胞，细胞通常近珠孔端的壁最厚，接近合点端的壁逐渐变薄。

不同点：卵细胞是雌性生殖细胞，细胞质常集中在合点端，无类似于助细胞的丝状器构造，代谢活动弱，主要功能是与精子结合形成合子。助细胞不是有性生殖细胞，具丝状器构造，细胞质多集中在珠孔端或丝状器附近，代谢活动强，助细胞最主要的功能与花粉管的定向生长和进入胚囊有关。

3. 区别被子植物的雄配子体与雌配子体

被子植物的雄配子体指的是成熟的花粉粒（2~3个细胞）以及由花粉粒萌发所长出来的花粉管，其中含有雄性生殖细胞。

被子植物的雌配子体指的是成熟的胚囊（一般具有7个细胞或8个核），其中含有雌性生殖细胞。

（三）实验法

本章的实验内容主要涉及被子植物花的形态和结构，通过实验观察，不仅可以加深对花的形态、结构与功能的相关性的理解和掌握，而且可以明确被子植物在生殖生长阶段，花器官的形态、结构和功能如何日趋成熟和完善。

在实验观察过程中，应注意以下所列的几个方面，并与学习方法中的比较法、图解法等穿插起来，同时也与它们所执行的生理功能联系起来：

（1）百合幼嫩花药的形态和结构特征（包括表皮、纤维层、中层、绒毡层和花粉母细胞的形态和结构特征等）。

（2）百合花粉母细胞减数分裂各个时期的特点，并同有丝分裂作比较。

（3）百合成熟花药的形态和结构特征，并与幼嫩花药作比较。

（4）百合子房的结构（包括心皮数、子房室数、腹缝线的位置、胚珠的形态、胎座的类型、胚珠中胚囊的发育程度、子房壁的结构等）。

（四）图解法

在本章的学习过程中，需要看懂书中有关花的形态和结构图例，这是深刻理解花的形态、结构与功能的关系，牢固掌握知识必不可少的。本章的图例可归纳为以下三种类型：

1. 与雄蕊和雌蕊发育相关的图例

如花药的发育过程，花粉粒的发育过程，胚珠的发育过程，胚囊的发育过程等。这些图例对理解和掌握花药、花粉粒、胚珠、胚囊的结构及其形成过程是至关重要的。在看这些图例的时候，最好与前面所介绍的表解法结合起来，以加深印象。

2. 与生理功能相关的形态图例

花器官体现出来的一些形态特征与其所执行的功能是密切相关的，举例如下：

（1）花的形态体现了其适应于生殖的许多特征：花冠常具鲜艳色彩，可招引昆虫进行传粉。雄蕊具花丝和花药两部分，花药膨大成囊状，其内形成花粉粒；花丝细长，支持花药，使之伸展于一定的空间，以利散发花粉。雌蕊一般可分柱头、花柱和子房3部分。柱头位于雌蕊的顶端，为承受花粉的地方；子房比较膨大，内生胚珠，不仅是雌配子产生之处，也是双受精作用的场所。

（2）花粉粒的形态多种多样，其中小、干而轻的花粉粒，适于乘风传播；大、有黏性、富含营养物质的花粉粒，则适于昆虫传播。

（3）花可以单生或多数花依一定的方式和顺序排列于花序轴上形成花序。通常认为，单生花的体积小，不利于传粉。花序则因体积大，更有利于传粉，产生更多的后代，是进化的性状

3. 与生理功能相关的结构图例

花器官中体现出来的一些结构特征也与其所执行的功能相关联。举例如下：

（1）在成熟花药的结构图中，可以看到：纤维层细胞在垂周壁及内切向壁上出现不均匀的条纹状次生加厚，由于纤维层细胞失水收缩（收缩方向与细胞壁上次生加厚的条纹相垂直），所产生的机械力使花药在裂口处（即相邻花粉囊的交接处）断开，两个相邻的花粉囊相通，裂口处所形成的裂缝为花粉粒的散出提供了通道。由此可看出，纤维层细胞的结构特点有助于成熟花粉囊的开裂。

（2）在成熟胚囊的结构图中，可看到：助细胞的结构较复杂，近珠孔端的壁较厚，并向内延伸形成不规则的片状或指状突起，这种突起称为丝状器，类似传递细胞的内褶突起，大大地增加了质膜的表面积，利于营养物质的吸收与转运。

三、练 习 题

（一）填空题

1. 一朵完整的花是由_____、_____、_____、_____、_____和_____等部分组成。花被是_____和_____的总称。
2. 子房是雌蕊基部膨大的部分，由_____、_____、_____和_____组成。在心皮中间相当于叶片中脉的部分称为_____，子房中胚珠着生的部位称为_____。
3. 小麦花由_____、_____、_____、_____和_____五部分组成。
4. 在被子植物中，严格避免自花传粉的适应方式主要有_____、_____、_____和_____等。
5. 在桃花芽分化中，茎生长锥发生形态变化，自外向内首先出现_____，然后相继出现_____、_____和_____。
6. 填写下列各部位细胞核所含染色体的倍数是多少：
   珠心组织_____，卵细胞_____，单核花粉粒_____，胚乳_____，茎尖生长点_____，花粉母细胞_____，花粉囊壁_____，单核胚囊_____，三核花粉粒_____，八核胚囊_____，幼叶_____，胚囊母细胞_____。
7. 水稻的小穗是由_____朵小花组成，只有小穗上部_____朵小花能结实，下部的小花退化，只剩下_____。
8. 被子植物的减数分裂发生在_____细胞和_____细胞中。

9. 雄蕊分为上下两部分，上部是一对囊状体叫做_____，下部是一根丝状体，叫做_____。囊状体间的组织叫_____，囊状体内的腔室叫_____。

10. 由_____发育来的花粉囊壁共分三层，最外层称为_____，中间层称为_____，最内层称为_____。

11. 从被子植物的生活史看单核花粉粒又叫_____，成熟花粉粒又叫_____，精子又叫_____。

12. 花药壁的各层中，_____与花药开裂有关，_____与花粉发育有关。

13. 小孢子形成后不久，进行一次不均等分裂，产生一个大细胞和一个小细胞，大细胞叫做_____，小细胞叫做_____。

14. 一个成熟的三细胞花粉含_____个_____细胞和_____个_____细胞。

15. 花是适应于_____的_____，其中的_____、_____、_____、_____是变态的叶，而_____和_____等是能育的叶；心皮是组成_____的基本单位。

16. 花药发育时，_____细胞进行_____分裂为内外两层，外层为_____，内层为_____，并经_____分裂形成花粉母细胞再经_____分裂形成单核花粉粒。

17. 花粉母细胞减数分裂时，除了核的_____发生_____变化外，同时壁也发生_____变化。

18. 减数分裂前期Ⅰ很长，可进一步分为_____、_____、_____、_____和_____ 5个时期。在_____期同源染色体联会，在_____期同源染色体交换。

19. 花粉粒外壁蛋白质是由_____制造转移来的，属于_____起源，具有_____特异性，传粉后具_____作用，而内壁蛋白质由_____制造，属于_____起源。

20. 花粉粒外壁的主要成分是_____，而内壁的主要成分是_____。

21. 单核花粉粒细胞分裂后形成营养细胞和生殖细胞，两个子细胞之间的壁不含_____，主要由_____组成。

22. 被子植物雄配子体的形成和发育包括两个阶段，第一个阶段从_____开始到_____结束；第二个阶段从_____开始到_____止。

23. 水稻花粉粒的寿命较短主要原因是_____；水稻的传粉方式是属于_____。

24. 被子植物胚囊助细胞中的丝状器是_____的延伸物，它增加了_____的表面面积，有利于_____。

25. 发育成熟的胚囊一般由_____个细胞组成，近珠孔的是_____细胞和_____细胞，远珠孔的一端为_____细胞，位于中央的是_____细胞。

26. 子房内有胚珠，胚珠是_____的前身。胚珠的主要部分为_____，它的中央部分为_____，它的外围包有_____。
27. 双受精是_____与_____融合和_____与_____融合，它是_____植物所特有的有性生殖过程。
28. 被子植物精子与卵融合成为合子，便是_____世代的开始。
29. 花粉粒外壁的活性蛋白质来自_____；内壁的活性蛋白质来自_____。
30. 异花传粉有两种方式：一种叫做_____，一种叫做_____。
31. 胚珠原基是_____处发生的，原基前端发育的_____是胚囊的来源；胚囊母细胞经_____分裂形成单核胚囊，即_____，单核胚囊经_____次_____分裂分化为_____胚囊，即称_____。
32. 卵器里的助细胞可能有如下功能：①_____，②_____，③_____。
33. 花粉囊中的花粉母细胞减数分裂能同步化，原因之一是在相邻的花粉母细胞间常形成_____，将同一花粉囊的花粉母细胞连成_____。
34. 一朵花中有许多彼此分离的单雌蕊，称_____，系统进化上比较_____的被子植物常具此性状。
35. 花粉生活力的长短既决定于植物的_____又受到_____、_____、_____等环境因素的影响。
36. 卵细胞是一个有高度_____性的细胞。它有壁，通常_____端的壁较厚。_____端的壁逐渐变薄。助细胞与卵细胞在珠孔端排成_____形，助细胞最突出的特点是在_____端的细胞壁上有_____结构，这种结构大大增加了质膜的_____，这可能与助细胞的功能有关。
37. 反足细胞是代谢活动非常活跃的细胞，对胚囊的发育具有_____、_____、_____等多种功能。
38. 雄性不育植物的雄蕊在形态结构上一般可分为_____型，_____型和_____型。
39. 根据花粉管进入胚珠的途径不同，可把受精方式分为_____、_____和_____三种类型。
40. 已知玉米根尖细胞染色体为20条，请说明玉米下列细胞染色体数目是多少？茎尖原套细胞_____条，造孢细胞_____条，花粉母细胞_____条，单核花粉粒_____条，胚_____条，胚乳细胞_____条，反足细胞_____条，珠心细胞_____条。
41. 被子植物的花粉母细胞和胚囊母细胞发生减数分裂的场所是在_____和_____里面。

（二）选择题

1. 一个花粉母细胞经过减数分裂最后发育成_____。
    A. 一个花粉粒   B. 二个花粉粒   C. 三个花粉粒   D. 四个花粉粒

2. 孢子母细胞进行减数分裂的结果是_____。
   A. 细胞核数目减半　　　　　　B. 细胞数减半
   C. 子细胞染色体数目减半　　　D. 细胞器数目减半
3. 二细胞（二核）时期的花粉粒中含有_____。
   A. 一个营养细胞和一个精子　　B. 两个精子
   C. 一个营养细胞和一个生殖细胞　D. 两个生殖细胞
4. 花药完整的壁包括下列哪几个部分？_____。
   A. 周皮　　　B. 表皮　　　C. 中层　　　D. 内皮层
   E. 纤维层　　F. 绒毡层　　G. 形成层　　H. 糊粉层
5. 胚囊里最大的细胞是_____。
   A. 卵细胞　　B. 助细胞　　C. 中央细胞　　D. 反足细胞
6. 花粉管经珠孔穿过珠心进入胚珠的受精是_____。
   A. 中部受精　B. 珠孔受精　C. 合点受精　D. 珠心受精
7. 花药中绒毡层的细胞来自_____。
   A. 造孢细胞　B. 花粉母细胞　C. 周缘细胞　D. 四分体
8. 花粉囊壁分四层，有一层细胞壁不均匀加厚有助于花粉囊开裂的是_____。
   A. 绒毡层　　B. 中层　　　C. 纤维层　　D. 表皮层
9. 复雌蕊是指_____。
   A. 一朵花中有二个以上雌蕊
   B. 雌蕊由二个或二个以上心皮合生而成
   C. 一心皮构成一雌蕊，但子室较复杂
   D. 多心皮构成多个雌蕊
10. 单核花粉粒细胞分裂后形成营养细胞和生殖细胞，两个子细胞之间的壁主要由_____组成。
    A. 纤维素　　B. 果胶质　　C. 胼胝质　　D. 半纤维素
11. 雌配子体是指_____。
    A. 单核胚囊　　　　　　　B. 七细胞或八核胚囊
    C. 二核胚囊　　　　　　　D. 四核胚囊
12. 在减数分裂中，染色单体开始发生基因互换的现象是在_____。
    A. 偶线期　　B. 粗线期　　C. 双线期　　D. 细线期
13. 在减数分裂中，染色单体的着丝点排列在赤道板上是在_____。
    A. 中期Ⅰ　　　　　　　　B. 中期Ⅱ
    C. 中期Ⅰ和中期Ⅱ　　　　D. 终变期
14. 下列各种结构中染色体属于单倍体的有_____；属于二倍体的有_____；属于三倍体或多倍体的有_____。
    A. 药隔基本组织　B. 花粉母细胞　C. 单核花粉粒靠边期
    D. 花粉植物　　　E. 极核　　　　F. 初生胚乳核　　G. 次生核
    H. 珠心组织　　　I. 子房壁　　　J. 珠柄　　　　　K. 珠被

L. 陆地棉孢子体　　　M. 单核胚囊　　O. 海岛棉孢子体
N. 小黑麦孢子体　　　P. 胎座

15. 下列各种胚的后代可育的有_____；后代不育的有_____。
    A. 花粉胚　　　B. 珠心胚　　　C. 未经减数分裂的孢原细胞发育的胚
    D. 裂生多胚　　E. 药隔胚　　　F. 合子胚

16. 高等植物有性生殖的全过程都在花器中进行。它包括减数分裂后所形成的_____和_____。也包括受精后的_____。还包括受精胚珠经过一系列的有丝分裂所产生的_____。
    A. 精子　　　B. 种子　　　C. 卵子　　　D. 合子

17. 染色体倍数的减半应在大小孢子发育过程中的_____期。
    A. 二分体　　B. 四分体　　C. 八分体　　D. 二分体之前

18. 番茄果实的可食性部位主要的是_____。
    A. 外果皮　　B. 中果皮与内果皮　　C. 花托　　D. 胎座

19. 下列植物中胚乳发育属于核型的有_____；属于细胞型的有_____。
    A. 玉米　　　B. 水稻　　　C. 番茄　　　D. 烟草

20. 下列果实属于假果的有_____。
    A. 颖果　　　B. 龙眼　　　C. 西瓜　　　D. 草莓
    E. 柑橘　　　F. 苹果　　　G. 桃　　　　H. 桑葚

21. 花粉培养长出愈伤组织主要取决于细胞的_____；而愈伤组织长出胚状体主要取决于细胞的_____。
    A. 分化作用　B. 脱分化作用　C. 减数分裂　D. 无丝分裂

22. 水稻、小麦花粉粒即将成熟时，形成精细胞的一次细胞分裂是_____。
    A. 减数分裂　B. 有丝分裂　C. 无丝分裂　D. 细胞的自由形成

23. 在花芽分化过程中，除花托外，花芽各部分的分化顺序通常是_____。
    A. 由内向外　B. 由外向内　C. 由中间向内外　D. 无一定顺序

24. 两轮花被没有分化，称为_____，如百合的花。
    A. 两被花　　B. 单被花　　C. 重瓣花　　D. 无被花

25. 具_____的花为整齐花。
    A. 舌状花冠　B. 唇形花冠　C. 蝶形花冠　D. 十字花冠

26. 决定受精亲和或不亲和的物质是花粉壁和柱头表面的_____。
    A. 蛋白质　　B. 硼　　　　C. 钙　　　　D. 硼和钙

27. 向日葵的雄蕊是_____。
    A. 单体雄蕊　B. 二体雄蕊　C. 聚药雄蕊　D. 多体雄蕊

28. 穗状花序的组成单位是_____。
    A. 有梗花　　B. 无梗花　　C. 雄蕊　　　D. 雌雄蕊

29. 豆科植物的胎座是_____。

A. 边缘胎座　　B. 侧膜胎座　　C. 中轴胎座　　D. 特立中央胎座
30. 具_____的子房为多室子房。
　　A. 边缘胎座　　B. 侧膜胎座　　C. 中轴胎座　　D. 特立中央胎座
31. 单雌蕊的子房可具有_____。
　　A. 侧膜胎座　　B. 边缘胎座　　C. 中轴胎座　　D. 特立中央胎座
32. 中轴胎座类型的子房是_____。
　　A. 单心皮　　B. 离生心皮　　C. 多心皮多室　　D. 多心皮一室
33. 子房基部着生在花托上，花的其他部分都低于子房着生，这种花叫做_____。
　　A. 上位子房下位花
　　B. 上位子房周位花
　　C. 特立中央胎座下位花
　　D. 基底胎座周位花
34. 禾本科植物小花中的浆片相当于_____。
　　A. 花被　　B. 小苞片　　C. 苞片　　D. 总苞
35. _____属无限花序中的复合花序。
　　A. 穗状花序　　B. 多歧聚伞花序　　C. 头状花序　　D. 圆锥花序
36. 花柄长短不等，下部分花柄较长，越向上部，花柄越短，各花排在同一平面上称_____。
　　A. 伞房花序　　B. 头状花序　　C. 伞形花序　　D. 圆锥花序
37. 下列花序中，花的开放次序由上向下的是_____。
　　A. 伞形花序　　B. 聚伞花序　　C. 穗状花序　　D. 伞房花序
38. 柔荑花序一般为_____。
　　A. 花序直立　　B. 花无花被　　C. 花单性　　D. A 和 B
39. 一朵花中有多个雌蕊，每个雌蕊由一个心皮组成，称为_____。
　　A. 单雌蕊　　B. 离生心皮雌蕊　　C. 复雌蕊　　D. 合生心皮雌蕊
40. 花药发育过程中，单核花粉（即小孢子）形成的过程是_____。
　　A. 造孢细胞→孢原细胞→花粉母细胞→小孢子
　　B. 花粉母细胞→孢原细胞→造孢细胞→小孢子
　　C. 孢原细胞→花粉母细胞→造孢细胞→小孢子
　　D. 孢原细胞→造孢细胞→花粉母细胞→小孢子
41. 花粉发育过程中所需的营养物质主要来自于_____。
　　A. 中层　　B. 绒毡层　　C. 纤维层　　D. 造孢细胞
42. 与花药开裂有关的结构是_____。
　　A. 纤维层　　B. 中层　　C. 表皮　　D. 绒毡层
43. 下列何种结构与花粉管由子房进入胚囊有关？_____。
　　A. 珠孔　　B. 珠被　　C. 反足细胞　　D. 助细胞
44. 胚珠在胎座上的各种着生方式中以_____最为常见。
　　A. 直生胚珠　　B. 倒生胚珠　　C. 横生胚珠　　D. 弯生胚珠
45. 胚囊中的卵器指_____。
　　A. 卵细胞
　　B. 1 个卵细胞和 2 个助细胞

C. 1 个卵细胞和 2 个极核　　　　D. 卵细胞和 3 个反足细胞
46. 成熟胚囊里个数最多的细胞是_____。
    A. 卵细胞　　　B. 助细胞　　　C. 中央细胞　　　D. 反足细胞
47. 胚囊内的次生核是指融合的_____。
    A. 助细胞　　　B. 极核　　　C. 反足细胞　　　D. 精子和卵细胞
48. 研究表明，_____能产生分泌物，诱导花粉管进入胚囊。
    A. 助细胞　　　B. 反足细胞　　　C. 极核　　　D. 次生核
49. 开花期是指_____。
    A. 一朵花开放的时间
    B. 一个花序开放的时间
    C. 一株植物在一个生长季节内，从第一朵花开放到最后一朵花开毕所经历的时间
    D. 一株植物在一生中，从第一次开花开始到最后一次开花结束所经历的时间
50. 自花传粉现象在自然界得以保存，是因为它_____。
    A. 比异花传粉进化　　　　B. 能增强后代生活力
    C. 能保持种系特征的稳定　　D. 是对环境条件的适应
51. 一粒稻谷由_____发育而来。
    A. 一朵小花　　B. 一个雌蕊　　C. 一个小穗　　D. 一个总状花序
52. 具有单室子房的胎座是_____。
    A. 边缘胎座　　B. 顶生胎座　　C. 中轴胎座　　D. 基生胎座
53. 以花药进行离体培养诱导的植株是_____。
    A. 单倍体　　　B. 二倍体　　　C. 二者皆有可能（单倍体和二倍体）

（三）**改错题**（指出下列各题的错误之处，并予以改正）
1. 利用花药和花粉粒培养的植株，只有单倍体。
   错误之处：_____　改为：_____
2. 雄配子体不包含后期所产生的花粉管。
   错误之处：_____　改为：_____
3. 如果花药的中层发生功能失常，常被认为是雄性不育的主要原因之一。
   错误之处：_____　改为：_____
4. 减数分裂时，染色体数目的减半发生在第二次分裂。
   错误之处：_____　改为：_____
5. 减数分裂中，适宜观察和计算染色体数目的时期是中期Ⅱ，因为此期的特点与有丝分裂中期的特点相似。
   错误之处：_____　改为：_____
6. 胚珠在子房室内着生的位置叫胎座，一般发生在心皮的背缝线处，但在心皮的基部或端部也是时常发生胎座的地方。
   错误之处：_____　改为：_____
7. 裸子植物的特征之一是具有双受精作用。

错误之处：＿＿＿＿＿＿＿＿＿＿＿改为：＿＿＿＿＿＿＿＿＿＿＿
8. 双受精是植物有性生殖的普遍现象。
   错误之处：＿＿＿＿＿＿＿＿＿＿＿改为：＿＿＿＿＿＿＿＿＿＿＿
9. 花粉粒萌发时，花粉管是花粉粒外壁突出逐渐形成的。
   错误之处：＿＿＿＿＿＿＿＿＿＿＿改为：＿＿＿＿＿＿＿＿＿＿＿
10. 凡是细胞中具有 3 组以上染色体组的生物体，称为多倍体。
    错误之处：＿＿＿＿＿＿＿＿＿＿＿改为：＿＿＿＿＿＿＿＿＿＿＿
11. 单核花粉粒是直接由花粉母细胞减数分裂而来的，卵细胞是直接由胚囊母细胞减数分裂产生的，所以染色体数目都只有母细胞的一半。
    错误之处：＿＿＿＿＿＿＿＿＿＿＿改为：＿＿＿＿＿＿＿＿＿＿＿
12. 一个花粉管内 2 个精子同时进入胚囊称为多精子现象。
    错误之处：＿＿＿＿＿＿＿＿＿＿＿改为：＿＿＿＿＿＿＿＿＿＿＿
13. 复雌蕊是由分离的单心皮雌蕊群所组成的雌蕊。
    错误之处：＿＿＿＿＿＿＿＿＿＿＿改为：＿＿＿＿＿＿＿＿＿＿＿
14. 一般来说，风媒花大而美丽，虫媒花小而不显著。
    错误之处：＿＿＿＿＿＿＿＿＿＿＿改为：＿＿＿＿＿＿＿＿＿＿＿
15. 种子植物都产生种子，而且外面都有心皮包被。
    错误之处：＿＿＿＿＿＿＿＿＿＿＿改为：＿＿＿＿＿＿＿＿＿＿＿
16. 被子植物的花实际上是一种适应于生殖的变态短枝，其中的萼片、花瓣、雄蕊和心皮都是枝的变态。
    错误之处：＿＿＿＿＿＿＿＿＿＿＿改为：＿＿＿＿＿＿＿＿＿＿＿
17. 成熟花粉粒都具有一个营养细胞和两个精细胞。
    错误之处：＿＿＿＿＿＿＿＿＿＿＿改为：＿＿＿＿＿＿＿＿＿＿＿
18. 花粉母细胞经过减数分裂后产生四个大孢子。
    错误之处：＿＿＿＿＿＿＿＿＿＿＿改为：＿＿＿＿＿＿＿＿＿＿＿
19. 花粉从雄蕊传送至雌蕊柱头上的过程叫做受精作用。
    错误之处：＿＿＿＿＿＿＿＿＿＿＿改为：＿＿＿＿＿＿＿＿＿＿＿
20. 在蓼形胚囊的发育过程中，胚囊母细胞经过减数分裂后形成四个单核胚囊。
    错误之处：＿＿＿＿＿＿＿＿＿＿＿改为：＿＿＿＿＿＿＿＿＿＿＿
21. 百合成熟花药的花粉囊壁包括表皮、纤维层和完整的绒毡层。
    错误之处：＿＿＿＿＿＿＿＿＿＿＿改为：＿＿＿＿＿＿＿＿＿＿＿
22. 被子植物的胚囊都是由 7 个细胞 8 个核组成的。
    错误之处：＿＿＿＿＿＿＿＿＿＿＿改为：＿＿＿＿＿＿＿＿＿＿＿
23. 水稻的花粉母细胞中有 12 对染色体，经过减数分裂后，单核花粉粒中只有 6 对染色体。
    错误之处：＿＿＿＿＿＿＿＿＿＿＿改为：＿＿＿＿＿＿＿＿＿＿＿

（四）名词解释
1. 无限花序　　　　2. 总状花序　　　　3. 穗状花序

4. 肉穗花序　　　5. 柔荑花序　　　6. 圆锥花序
7. 伞房花序　　　8. 伞形花序　　　9. 头状花序
10. 隐头花序　　 11. 有限花序　　 12. 单体雄蕊
13. 二体雄蕊　　 14. 多体雄蕊　　 15. 聚药雄蕊
16. 二强雄蕊　　 17. 四强雄蕊　　 18. 单雌蕊
19. 离生单雌蕊　 20. 复雌蕊　　　 21. 胎座
22. 边缘胎座　　 23. 侧膜胎座　　 24. 中轴胎座
25. 特立中央胎座　26. 基生胎座　　 27. 顶生胎座
28. 上位子房　　 29. 上位子房下位花 30. 上位子房周位花
31. 半下位子房　 32. 下位子房　　 33. 花程式和花图式
34. 禾本科植物的小花 35. 禾本科植物的小穗 36. 花芽分化
37. 花药　　　　 38. 花粉囊　　　 39. 花粉母细胞
40. 绒毡层　　　 41. 减数分裂　　 42. 雄性不育
43. 被子植物的小孢子 44. 被子植物的大孢子
45. 被子植物的雄配子体 46. 被子植物的雌配子体 47. 胚珠
48. 合点　　　　 49. 心皮　　　　 50. 子房
51. 卵器　　　　 52. 丝状器　　　 53. 自花传粉
54. 异花传粉　　 55. 双受精作用　 56. 多精入卵现象
57. 多倍体　　　 58. 同源多倍体　 59. 异源多倍体
60. 同源染色体

（五）填图题

1. 按照标线上的序号填写图 7-3 各部分的名称。

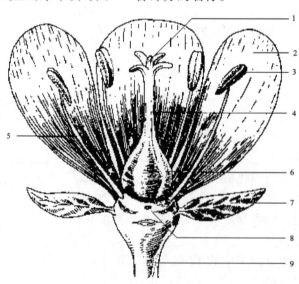

图 7-3　花的基本组成部分

1. _____ 2. _____ 3. _____ 4. _____ 5. _____
6. _____ 7. _____ 8. _____ 9. _____

三、练 习 题

2. 按照图上的序号填写图7-4各种花冠的名称。

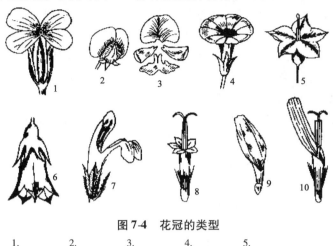

图 7-4 花冠的类型

1. _____ 2. _____ 3. _____ 4. _____ 5. _____
6. _____ 7. _____ 8. _____ 9. _____ 10. _____

3. 图7-5是百合花药自花粉母细胞至成熟花粉粒的发育过程，按照标线上的序号填写各部分的名称。

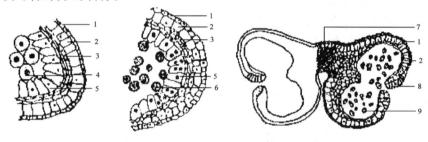

图 7-5 百合花药自花粉母细胞至成熟花粉粒的发育过程

1. _____ 2. _____ 3. _____ 4. _____ 5. _____
6. _____ 7. _____ 8. _____ 9. _____

4. 图7-6是百合属胚珠两个不同发育时期的结构图，按英文字母的顺序填写两个图所代表的发育时期的名称，并按标线上的数字序号填写图中各部分的名称。

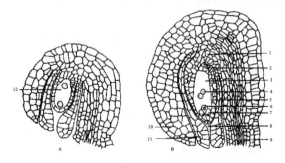

图 7-6 百合属胚珠两个不同发育时期的结构详图

A. _____ B. _____

1. _____ 2. _____ 3. _____ 4. _____ 5. _____ 6. _____
7. _____ 8. _____ 9. _____ 10. _____ 11. _____ 12. _____

5. 绘一个成熟的倒生胚珠结构模式图，并在图中标明下列各部分的名称：

 1. 合点　　　　2. 珠心　　　　3. 反足细胞　　　4. 极核
 5. 卵细胞　　　6. 助细胞　　　7. 维管束　　　　8. 珠柄
 9. 胎座　　　　10. 外珠被　　 11. 内珠被　　　 12. 珠孔

（六）分析和问答题

1. 为什么说花是适应于生殖的变态短枝？
2. 掌握花芽分化的规律对农业生产有何意义？举例加以说明。
3. 表解被子植物雄配子体的发育过程（从造孢细胞开始）。
4. 减数分裂有何特点和意义？
5. 比较纤维层与绒毡层。
6. 区别花粉粒中的生殖细胞与营养细胞。
7. 区别风媒花与虫媒花。
8. 比较同源多倍体与异源多倍体。
9. 以被子植物为例，比较有丝分裂与减数分裂。
10. 比较减数分裂过程中的粗线期与合线期。
11. 简述花药绒毡层的作用。
12. 何谓花粉败育？花粉败育对农业生产影响如何？
13. 表解被子植物雌配子体的发育过程（从造孢细胞开始）。
14. 为何异花传粉比自花传粉优越？
15. 试分析农业生产上利用人工辅助授粉增加产量的原理。
16. 叙述被子植物双受精的过程和意义。

四、参 考 答 案

（一）填空题

1. 花梗、花托、花萼、花冠、雄蕊群、雌蕊群、花萼、花冠
2. 子房壁、子房室、胚珠、胎座、背缝线、胎座
3. 外稃、内稃、雄蕊、雌蕊、浆片
4. 单性花、雌雄蕊异熟、雌雄蕊异长、雌雄蕊异位（或自花不孕）
5. 花萼原基、花瓣原基、雄蕊原基、雌蕊原基
6. 2N、N、N、3N、2N、2N、2N、N、N、N、2N、2N
7. 3、1、退化的外稃
8. 花粉母细胞（或小孢子母细胞）、胚囊母细胞（或大孢子母细胞）
9. 花药、花丝、药隔、药室（或花粉囊）
10. 周缘细胞、纤维层、中层、绒毡层
11. 小孢子、小配子体（或雄配子体）、小配子（或雄配子）
12. 纤维层、绒毡层
13. 营养细胞、生殖细胞
14. 一、营养细胞、两、精细胞
15. 生殖、变态短枝、花萼、花冠、雄蕊、雌蕊、雄蕊、雌蕊

四、参考答案

16. 孢原、平周、初生周缘层、初生造孢细胞、有丝、减数
17. 染色体、减数、脱分化和再分化
18. 细线期、偶线期、粗线期、双线期、终变期、偶线、粗线
19. 绒毡层、孢子体（或二倍体）、基因型、识别、花粉粒、配子体（或单倍体）
20. 孢粉素、纤维素
21. 纤维素、胼胝质
22. 花粉母减数分裂、形成四分体、单核花粉粒从四分体中游离出来、形成成熟花粉粒
23. 相对湿度高、风媒传粉
24. 细胞壁、质膜、营养物质的吸收与转运
25. 七、卵、助、反足、中央
26. 种子、珠心、胚囊、珠被
27. 卵、精子、极核、精子、被子
28. 孢子体（或二倍体或无性）
29. 绒毡层、花粉粒本身
30. 虫媒传粉、风媒传粉
31. 胎座、珠心、减数分裂、大孢子、3、有丝、8核（或7细胞）、大配子体（或雌配子体）
32. 吸收和转运营养物质进入胚囊、合成和分泌趋化物质和酶类，引导花粉管进入胚囊、作为花粉管进入和释放内容物的场所
33. 胞质管、合胞体
34. 离生单雌蕊、原始
35. 遗传性、温度、相对湿度、气体
36. 极、珠孔、合点、三角、珠孔、丝状器、表面积
37. 吸收营养物质、转输营养物质、分泌营养物质
38. 花药退化、花粉败育、无花粉
39. 珠孔受精、合点受精 中部受精
40. 20、20、20、10、20、30、10、20
41. 花粉囊、珠心

（二）选择题

1. D	2. C	3. C	4. B、C、E 和 F	5. C	6. B
7. C	8. C	9. B	10. C	11. B	12. B
13. B	14. C、D、E、M；A、B、G、H、I、J、K、P；F、L、O、N				
15. B、C、D、E、F；A		16. A、C、D、B	17. B	18. B、D	
19. A、B；C、D	20. C、F、H	21. D、A	22. B	23. B	24. B
25. D	26. A	27. C	28. B	29. A	30. C
31. B	32. C	33. A	34. A	35. D	36. A
37. B	38. C	39. B	40. D	41. B	42. A
43. D	44. B	45. B	46. D	47. B	48. A
49. C	50. D	51. C	52. A、B、D	53. C	

（三）改错题（指出下列各题的错误之处，并予以改正）

1. 错误之处：__只有单倍体__ 改为：有单倍体，也有二倍体

（分析：利用花药和花粉粒进行培养，可产生二倍体的花药胚和单倍体的花粉胚，并分别发育为二倍体和单倍体的植物。）

2. 错误之处： 不包含　　改为： 包含
（分析：在种子植物中，2~3个细胞时期的成熟花粉粒以及由花粉粒长出的花粉管，统称为雄配子体。）

3. 错误之处： 中层　　改为： 绒毡层
（分析：由于外界条件和内在因素的影响，花中的雄蕊发育不正常，不能形成正常的花粉粒或正常的精细胞，但雌蕊却发育正常，这种植物称为雄性不育植物。大量的研究发现，雄性不育材料中，常可发现花药绒毡层细胞过度生长，延迟退化或提早解体等。因此，可以认为绒毡层发生功能失常，是雄性不育的主要原因之一。）

4. （答案一）错误之处： 数目　　改为： 倍数
　　（答案二）错误之处： 第二次　　改为： 第一次
〔分析：减数分裂包括两次连续的分裂，但DNA只复制一次，染色体也仅分裂一次。因此，一个母细胞经过减数分裂后，形成4个子细胞，每个子细胞的染色体数比母细胞减少一半。减数分裂所指的减数，通常有两层含义，一是数目的减半，二是倍数的减半。在减数分裂的第一次分裂结束时，所形成的两个子细胞的染色体数目各只有母细胞的一半，因此，染色体数目的减半发生在第一次分裂。在减数分裂的第二次分裂结束时，所形成的四个子细胞的染色体倍数（以n表示）各只有母细胞（以2n表示）的一半，因此，染色体倍数的减半发生在第二次分裂。本题的错误主要在于前后内容无法对应，这种情况可有两种改错方法，一种是保留后面的，改正前面的，如答案一；另一种是保留前面的，改正后面的，如答案二。〕

5. 错误之处： 中期Ⅱ　　改为： 终变期和中期Ⅰ
（分析：在减数分裂前期Ⅰ的终变期，染色体更为缩短变粗，表面变得光滑，并分散排列在核膜内侧，此期是观察、计算染色体数目的适宜时期。在中期Ⅰ，成对的染色体排列在细胞中部的赤道面上，两条染色体的着丝点分别排列在赤道面的两侧，此期也适宜观察和计算染色体的数目。中期Ⅱ的特点与有丝分裂中期相似，也是染色体以着丝点排列在赤道面上，也适宜观察和计算染色体的数目，但此期染色体的数目只有母细胞的一半。）

6. 错误之处： 背缝线　　改为： 腹缝线
7. 错误之处： 裸子　　改为： 被子
8. 错误之处： 植物有性生殖的普遍现象　　改为： 被子植物有性生殖的特有现象
（分析：在植物界，只有被子植物的有性生殖过程具有双受精现象。双受精是被子植物所特有的，也是植物界有性生殖最进化的形式。）

9. 错误之处： 外壁　　改为： 内壁
（分析：传粉后，花粉粒和柱头之间经过识别作用，若"亲和"的话，花粉开始从周围吸水，代谢活动加强，体积增大，内壁从萌发孔伸出，形成花粉管，这个过程称为花粉粒的萌发。由此可见，花粉粒萌发时，花粉管是花粉粒内壁突出逐渐形成的。）

10. 错误之处： 3组以上　　改为： 3组或3组以上
（分析：通常"3组以上"的意思并不包含3组，因此，本题的"3组以上"应改为"3组或3组以上"。）

11. 错误之处： 卵细胞　　改为： 单核胚囊
（分析：胚囊母细胞减数分裂产生四分体后，其中近珠孔端的3个退化、消失，近合点端的那个发育成单核胚囊。接着，单核胚囊细胞连续进行三次有丝分裂，形成8个核或7个细胞的成熟胚囊。成熟胚囊中含有1个卵细胞。由此可见，直接由胚囊母细胞减数分裂产生的是单核胚囊，而不是卵细胞。）

12. 错误之处： 一个花粉管内2个精子同时进入胚囊　　改为： 几条花粉管进入1个

胚囊，胚囊里有2对以上的精子

（分析：传粉时，落在柱头上的花粉粒常很多，萌发后长出花粉管进入花柱的也很多。在一般情况下，只有1条花粉管进入1个胚珠的胚囊，进行受精。但是，有时可发现几条花粉管进入1个胚囊，这样胚囊里就有2对以上的精子，这称为多精子现象。）

13. （答案一）错误之处：__复雌蕊__　改为：__离生单雌蕊__

（答案二）错误之处：__分离的单心皮雌蕊群__　改为：__2个或2个以上心皮__

（分析：本题的错误主要在于前后内容无法对应，这种情况可有两种改错方法，一种是保留后面的，改正前面的，如答案一；另一种是保留前面的，改正后面的，如答案二。第一种答案更简单易行，因而常被优先选用。）

14. 错误之处：__风媒花大而美丽，虫媒花小而不显著__　改为：__虫媒花大而美丽，风媒花小而不显著__

（分析：风媒花因花小不显著，不利于招引昆虫传粉；此外，风媒花还具有一些适应风为传粉媒介的特征，如：无香味，不具蜜腺，花粉量大，细小质轻，外壁光滑干燥。虫媒花常具大而鲜艳的花被，有利于招引昆虫传粉；此外，虫媒花还具有一些适应昆虫为传粉媒介的特征，如：常具香味或其他气味，有花蜜腺，花粉粒较大，数量较少，表面粗糙，有黏性，易黏附于昆虫体上而被传播。）

15. 错误之处：__而且外面都有心皮__　改为：__其中的被子植物外面有心皮__

16. 错误之处：__枝的变态__　改为：__叶的变态__

〔分析：花是适应于生殖的变态短枝，其中的花梗（花柄）是花连接枝条的部分；花托通常是花梗顶端略为膨大的部分，它的节间极短，很多节密集在一起，花萼、花冠、雄蕊群和雌蕊群由外至内依次着生在花托之上。萼片、花瓣、雄蕊和心皮是分别组成花萼、花冠、雄蕊群和雌蕊群的单位，它们都是变态叶。虽然它们在形态和功能上与寻常的叶差别很大，但它们的发生、生长方式和维管系统则与叶相似。〕

17. 错误之处：__都具有__　改为：__并非都具有__

（分析：许多植物的花粉粒在花粉囊中最后成熟时，仅由营养细胞和生殖细胞构成，称2-细胞型花粉。这类花粉萌发后，由生殖细胞在花粉管中进行分裂形成精子，如棉、桃、杨、橘等。另一些植物，其花粉粒成熟时已具有1个营养细胞和2个精子，这类花粉称为3-细胞型花粉，如水稻、小麦、油菜等。因此，成熟花粉粒并非都具有一个营养细胞和两个精细胞。）

18. 错误之处：__大孢子__　改为：__小孢子__

（分析：花粉母细胞减数分裂产生四分体后，在绒毡层分泌的胼胝质酶作用下，四分体的胼胝质壁被溶解，幼期的单核花粉粒从四分体中游离出来，释放到花粉囊中。此时的单核花粉粒也称为小孢子。由此可见，花粉母细胞经过减数分裂后形成了4个小孢子。）

19. 错误之处：__受精作用__　改为：__传粉__

20. 错误之处：__四个__　改为：__一个__

（分析：胚囊母细胞减数分裂产生四分体后，其中近珠孔端的3个退化、消失，只有近合点端的那个发育为单核胚囊。因此，胚囊母细胞经过减数分裂后只形成一个单核胚囊。）

21. 错误之处：__完整的绒毡层__　改为：__部分中层__

（分析：当百合花药成熟时，绒毡层通常已解体、消失，或仅存痕迹；中层可保留一部分，并发生纤维层那样的加厚。因此，百合成熟花药的花粉囊壁只包括表皮、纤维层和部分中层，已经没有完整的绒毡层了。）

22. 错误之处：__被子植物的胚囊都是__　改为：__大多数被子植物的胚囊是__

（分析：在被子植物中，由7个细胞8个核组成的成熟胚囊的发育形式，最初见于蓼科植物中,所以称为蓼型胚囊,约有81%的被子植物的胚囊属于此类型。因此,本题可改为:大多数被子植物的胚囊是由7个细胞8个核组成的。)

23. 错误之处: __6对__ 改为: __12条不成对的__

〔分析:在水稻花粉母细胞中,成对的染色体都是同源染色体。在减数分裂后期Ⅰ,每1对同源染色体的两条染色体分开,分别移向两极。故每一极的染色体数目只有原来母细胞的一半。此时,染色体已不成对,但每条染色体仍然含有2条染色单体,其中1条是在间期的时候复制的。在减数分裂后期Ⅱ,染色单体从着丝点分开,并分别移向两极。此时,每一极的染色体倍数(以n表示)只有原来母细胞(以2n表示)的一半,但染色体数目依然是原来母细胞的一半。由此可见,水稻花粉母细胞中的12对染色体,经过减数分裂后,单核花粉粒中只有12条不成对的染色体。〕

(四) 名词解释

1. 无限花序:也称为向心花序或总状类花序,其开花的顺序是花轴下部的花先开,渐及上部,或由边缘开向中心。此类花序又可分为总状花序、穗状花序、肉穗花序、柔荑花序、圆锥花序、伞房花序、伞形花序、头状花序和隐头花序等类型。

2. 总状花序:花有梗,排列在一不分枝且较长的花轴上,花轴能继续增长,如白菜、油菜等。

3. 穗状花序:花无梗,直接生长在花梗上呈穗状,如车前、大麦等。

4. 肉穗花序:穗状花序轴如肥厚肉质,即称肉穗花序,基部常为若干苞片组成的总苞所包围,如玉米的雌花序。

5. 柔荑花序:单性花排列在一细长而柔软的花序轴上,通常下垂,花后整个花序或连果一齐脱落,如桑、杨、柳等。

6. 圆锥花序:花序轴上生有多个总状或穗状花序,形似圆锥,也称为复总状或复穗状花序,如水稻的花序以及玉米的雄花序。

7. 伞房花序:花有梗,排列在花轴的近顶部,下边的花梗较长,向上渐短,花位于一近似平面上,如麻叶绣球。如果几个伞房花序排列在花序总轴的近顶部者称复伞房花序,如石楠等。

8. 伞形花序:花梗近等长或不等长,均生于花轴的顶端,状如张开的伞,如五加、刺五加等。如果几个伞形花序生于花序轴的顶端者叫复伞形花序,如胡萝卜、旱芹等。

9. 头状花序:花无梗,集生于一平坦或隆起的总花托(花序托)上,而成一头状体,如菊科植物。

10. 隐头花序:花集生于肉质中空的总花托(花序托)的内壁上,并被总花托所包围,如无花果、榕树、薜荔等。

11. 有限花序:也称为离心花序或聚伞类花序,有两方面特点,其一是开花的顺序由上到下,或由最中心渐及周围;其二是不保持顶端生长点,顶端花芽分化后就停止生长,后由下产生花芽,到一定时间又停止生长,又由下产生花芽。此类花序又可分为单歧聚伞花序、二歧聚伞花序和多歧聚伞花序等类型。

12. 单体雄蕊:一朵花中花丝连合成一体,如棉、吊灯花、木芙蓉等锦葵科植物。

13. 二体雄蕊:一朵花中有10个雄蕊,其中9个花丝连合,一个单生,成二束,如紫云英、大豆等蝶形花亚科植物。

14. 多体雄蕊:一朵花中的雄蕊的花丝连合成多束,如蓖麻等。

15. 聚药雄蕊:花药合生,花丝分离,如茼蒿、野菊花等菊科植物。

16. 二强雄蕊:雄蕊4个,2个长,2个短,如紫苏、益母草等唇形科植物。

17. 四强雄蕊:雄蕊6个,4个长,2个短,如油菜、萝卜等十字花科植物。

18. 单雌蕊：一朵花中只有一个心皮构成的雌蕊叫单雌蕊，如花生等豆类植物。

19. 离生单雌蕊：一朵花中有若干彼此分离的单雌蕊，如八角、白玉兰、金樱子等。

20. 复雌蕊：一朵花中只有一个由二个或二个以上心皮合生构成的雌蕊，如油菜、番茄、柑橘、蓖麻等。

21. 胎座：子房中胚珠着生的位置称为胎座。也可以说，果实中种子着生的位置称为胎座。胎座可分为边缘胎座、侧膜胎座、中轴胎座、特立中央胎座、基生胎座和顶生胎座等类型。

22. 边缘胎座：单心皮，子房1室，胚珠生于腹缝线上，如豆科植物。

23. 侧膜胎座：两个或两个以上的心皮所构成的1室子房或假数室子房，胚珠生于心皮的边缘，如十字花科和葫芦科的植物。

24. 中轴胎座：多心皮构成的多室子房，心皮边缘于中央形成中轴，胚珠生于中轴上，如棉、柑橘等。

25. 特立中央胎座：多心皮构成的1室子房，或不完全数室子房，子房室的基部向上有1个中轴，但不过房顶，胚珠生于此轴上，如石竹科和报春花科植物。

26. 基生胎座：子房1室，胚珠生于子房室的基部，如菊科植物。

27. 顶生胎座：子房1室，胚珠生于子房室的顶部，如榆属、桑属的胎座。

28. 上位子房：又叫子房上位，子房仅以底部与花托相连，花的其余部分均不与子房相连。

29. 上位子房下位花：子房仅以底部与花托相连，萼片、花瓣、雄蕊着生的位置低于子房，如油菜、玉兰等。

30. 上位子房周位花：子房仅以底部与杯状花托的中央部分相连，花被与雄蕊着生于杯状花托的边缘，如桃、李、梅等。

31. 半下位子房：又叫子房中位，子房的下半部陷生于花托中，并与花托愈合，花的其余部分着生于子房周围的花托边缘上，从花被的位置来看，可称为周位花，如甜菜、石楠、马齿苋等。

32. 下位子房：又叫子房下位，整个子房埋于花托中，并与花托愈合，花的其余部分着生于子房以上花托的边缘上，故也叫上位花，如梨、苹果、南瓜等。

33. 花程式和花图式：把花的形态结构用一些符号和数字列成公式来表示，这种公式就称为花程式。把花的各部分用其横切面的简图来表示其数目、离合和排列等特征，这种简图就称为花图式。

34. 禾本科植物的小花：禾本科植物小穗的组成单位。花无柄，通常由1枚外稃，1枚内稃、2枚浆片，3或6枚雄蕊和1枚雌蕊组成。

35. 禾本科植物的小穗：一种小型的穗状花序，是组成禾本科植物花序的单位，通常由1对颖片及1朵至多朵小花组成。

36. 花芽分化：在适宜的环境条件下，茎尖发生了一系列细胞学和形态学上的变化，不再形成叶原基和腋芽原基，而发生花原基和花序原基，逐渐依次形成花或花序的各组成部分，分化成花或花序，这个过程称为花芽分化。

37. 花药：雄蕊中包含花粉囊的部分，称为花药。典型的花药通常包含四个花粉囊（即小孢子囊）。

38. 花粉囊：指含有花粉粒的小孢子囊。

39. 花粉母细胞：又称为小孢子母细胞。是指小孢子囊中的二倍体细胞，经减数分裂产生单倍体小孢子（单核花粉粒）。

40. 绒毡层：是花粉囊壁的最里面的一层细胞，其细胞较大、初期为单核的。在花粉母细胞进行减数分裂时，绒毡层细胞也进行核分裂，但不伴随细胞壁的形成，所以每个细胞具有双核或多核。绒毡层细胞含有丰富的营养物质，对花粉粒的发育或形成起着重要的营养和调节作用；绒毡层能合成和分泌胼胝质酶，分解花粉母细胞和四分体的胼胝质壁，使单核花粉粒分离；绒毡层又能合成一种识别蛋白，通过转运至花粉粒的外壁上，在花粉粒与雌蕊的相互识别中，对决定亲和与否，起着重要的作用；绒毡层还能分泌孢粉素，作为花粉外壁的主要成分。

41. 减数分裂：染色体数目减半的核分裂，包括两个连续的分裂过程。第一次分裂时，来自亲代的同源染色体成双配对，并进行遗传物质的交换，在新分裂的两个子细胞核内，染色体数比母细胞减少一半；第二次分裂为正常的有丝分裂，最后形成四个单倍体的子细胞。这种分裂仅见于雌雄生殖细胞形成之前的分裂。

42. 雄性不育：有些植物，由于遗传和生理原因或外界条件的影响，花中的雄蕊发育不正常，不能形成正常的花粉粒或正常的精细胞，但雌蕊却发育正常，这种现象称为雄性不育。

43. 被子植物的小孢子：在被子植物中，单核时期的花粉粒称为小孢子。小孢子发育后形成雄配子体。

44. 被子植物的大孢子：在被子植物中，单核时期的胚囊称为大孢子，大孢子发育后形成雌配子体。

45. 被子植物的雄配子体：在被子植物中，由小孢子发育来的成熟花粉粒（2~3个细胞）以及由花粉粒长出的花粉管，统称为雄配子体。

46. 被子植物的雌配子体：在被子植物中，由大孢子发育来的成熟胚囊（大多数为7个细胞8个核）称为雌配子体。

47. 胚珠：种子植物特化的大孢子囊及其外面的包被（珠被）。受精前胚珠中部包藏着具卵细胞的雌配子体（成熟胚囊），外部被薄壁组织构成的珠心和一至二层珠被所包围。珠被常在胚珠先端留下小孔，即珠孔；胚珠的基部有小柄，即珠柄。受精后，胚珠发育成种子。

48. 合点：指胚珠中，珠心与珠被合并的区域，或珠心基部各部分长在一起的地方，称为合点。

49. 心皮：一种变态叶，是构成被子植物雌蕊的基本单位。心皮边缘褶合，胚珠包被其内。

50. 子房：雌蕊基部的膨大部分。外为子房壁，内有一至若干子房室，每室有一至多个胚珠。传粉受精后，子房发育为果实，胚珠发育为种子。

51. 卵器：指胚囊中一个卵细胞和两个助细胞的合称。

52. 丝状器：助细胞在珠孔端的壁向内延伸的部分称为丝状器，类似传递细胞的内褶突起，丝状器的结构，大大地增加了质膜的表面积，这可能与助细胞的功能有关。

53. 自花传粉：植物学上是指：同一朵花的花粉粒落到自己雌蕊柱头上的现象。但实际上（即栽培学上的定义）包括了同株异花的传粉，甚至同一品种各植株之间的传粉也称为自花传粉。一般来说自花传粉所产生的后代生活力较弱，但遗传性稳定。

54. 异花传粉：植物学上的定义指的是一朵花的花粉传到另一朵花的柱头上的现象。它可以发生在同一株植物的各花之间，也可以发生在同一品种或同种内的不同品种植株之间。

55. 双受精作用：是被子植物特有的一种受精作用，即由一个精子与卵子融合，产生胚，另一个精子与极核融合形成胚乳。双受精作用是植物界最进化的繁殖方式。使植物后代保持了遗传的稳定性，同时又增加了变异性，因此生活力更强，适应性更广。

56. 多精入卵现象：指两个或两个以上的精细胞同时进入一个卵细胞的现象。但一般来说，多精入卵时，最后卵细胞也只选一个结合。少数情况会发生两个以上精子同时和卵结合，因而产生了多倍体。

57. 多倍体：细胞中具有三组或三组以上染色体组的生物体，称为多倍体。

58. 同源多倍体：是由一个二倍体植物的染色体数目倍增而形成的，植物体细胞中具有两组以上的染色体组。染色体数目倍增的原因，可以由于在有丝分裂中，只进行核分裂而细胞质分裂受到抑制，因而细胞内的染色体数目加倍；也可以由于减数分裂不正常，产生二倍体的卵和精子，它们受精后就形成多倍体。

59. 异源多倍体：是由两个具不同染色体组的种间或属间植物杂交产生，植物体细胞中具有两组以上的染色体组。如用西瓜的四倍体和二倍体种间杂交，获得三倍体的无籽西瓜。

60. 同源染色体：减数分裂中相互配对，一个来自父本，一个来自母本的一对染色体，互为同源染色体。同一物种的一对同源染色体形态、大小相同，包含有相同的基因序列，因而使二倍体细胞中每一基因各具二份。

（五）填图题

1. 按照标线上的序号填写图7-3各部分的名称。
   1. 柱头　　2. 花瓣　　3. 花药　　4. 花柱
   5. 花丝　　6. 子房　　7. 花萼　　8. 花托
   9. 花梗

2. 按照图上的序号填写图7-4各种花冠的名称。
   1. 十字形花冠　　2和3. 蝶形花冠　　4. 漏斗状花冠　　5. 轮状花冠
   6. 钟状花冠　　7. 唇形花冠　　8. 筒状花冠　　9和10. 舌状花冠

3. 图7-5是百合花药自花粉母细胞至成熟花粉粒的发育过程，按照标线上的序号填写各部分的名称。
   1. 表皮　　2. 药室内壁（纤维层）　　3. 中层
   4. 花粉母细胞　　5. 绒毡层　　6. 四分体　　7. 药隔
   8. 唇细胞　　9. 成熟花粉粒

4. 图7-6是百合属胚珠两个不同发育时期的结构详图，请按英文字母的顺序填写两个图所代表的发育时期的名称，并按照标线上的数字序号填写图中各部分的名称。
   A. 2核胚囊时期的胚珠　　B. 成熟胚囊时期的胚珠（成熟胚珠）
   1. 合点区　　2. 反足细胞　　3. 胚囊　　4. 极核
   5. 珠心　　6. 卵细胞　　7. 助细胞　　8. 珠孔
   9. 珠柄　　10. 外珠被　　11. 内珠被　　12. 二核胚囊

5. 下图是一个成熟的倒生胚珠结构模式图，供参考。倒生胚珠的珠柄较长，珠孔处于珠柄基部的一侧，朝向胎座，靠近珠柄的外珠被常与珠柄贴合，合点位于整个胚珠的最高位置，如水稻、小麦、百合、瓜类等多数植物具此类型。此图可结合实验所观察到的具体材料来绘，必须注意的是：实验所观察的材料常因切片问题而无法看清胚珠的完整结构，而且胚珠的形状以及各个部分的比例也常因不同植物而有所差别，但基本组成是一样的。

（六）分析和问答题

1. 为什么说花是适应于生殖的变态短枝？

   从花的组成来看，花柄（花梗）是枝条的一部分，花托是花柄顶端略为膨大的部分，其上有很密集的节和极短的节间，花的各个部分都着生于花托之上，其中，萼片和花瓣是不育的变态叶，雄蕊和雌蕊是可育的变态叶。虽然它们在形态和功能上与正常的叶有很大的差别，但在形态发生、生长方式以及维管系统等方面与叶相似。在雌蕊和雄蕊中，将形成有性生殖过程中的大、小孢子和雌、雄配子，受精后并将进一步发育为种子和果实。因此，花是适应于生殖的变态短枝。

2. 掌握花芽分化的规律对农业生产有何意义？举例加以说明。

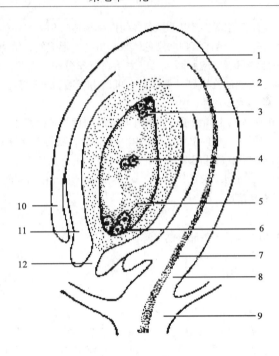

倒生胚珠结构模式图

1. 合点　2. 珠心　3. 反足细胞　4. 极核　5. 卵细胞　6. 助细胞
7. 维管束　8. 珠柄　9. 胎座　10. 外珠被　11. 内珠被　12. 珠孔

本题是联系生产实践的题目，可以有各种答法，一般可围绕以下三个方面：

（1）（主要论述掌握花芽分化的规律对农业生产的重要意义。）在农业生产上，栽培各种作物都有一定的目的。有些作物是在于收获果实或种子（如豆类、谷类和瓜果类蔬菜），花或花序分化的好坏关系重大。还有些作物是在于收获营养器官部分（如甘蔗、麻类和根茎类蔬菜等），过早开花，也会影响其收成。因此，为了使所栽培的作物达到预期的目的，就必须掌握花芽分化的规律。

（2）（主要阐述掌握花芽分化的规律后，对花芽分化加以控制的可能性。）各种被子植物在花芽分化之前，都需要一定的光条件（光周期、光质和光强）、温度、水分和肥料等好的营养条件。掌握了花芽分化的规律后，我们就可以按各种作物对上述条件要求的不同，对花芽分化加以控制。在花芽分化之前或花芽分化的某一阶段，采取相应的措施，创造适宜的条件，促进、延迟或抑制花芽的分化，使生产获得丰收。

（3）（主要举控制花芽分化方面的实例。）例如：对温室栽培的瓜果类蔬菜和多种花卉，人们可以人为地给予一定的温度和光照处理，或喷洒某种与植物激素有关的物质，以促进或延迟花芽分化，调节开花结果时间，使蔬菜和花卉能周年供应。

3. 表解被子植物雄配子体的发育过程（从造孢细胞开始）。

$$\text{造孢细胞}(2n) \xrightarrow{\text{有丝分裂或不分裂}} \text{花粉母细胞}(2n) \xrightarrow{\text{减数分裂}} \text{四分体}(n) \xrightarrow{\text{分开}} \text{单核花粉粒}(n)$$

$$\xrightarrow{\text{有丝分裂}} \text{成熟花粉（雄配子体）} \begin{cases} \text{营养细胞}(n) \\ \text{生殖细胞}(n) \xrightarrow{\text{有丝分裂}} \text{精细胞}(n)\text{（2个）} \end{cases}$$

4. 减数分裂有何特点和意义？

减数分裂的特点之一是在连续进行两次核分裂中，染色体只复制一次，这样，由一个母细胞形成了四个子细胞，每个子细胞的染色体数比母细胞的减少了一半，所以称为"减数分裂"。减数分裂的另一个特点是前期Ⅰ特别长,在这一时期,同源染色体要进行配对(联会),配对完成后,同源染色体之间要进行遗传物质交换。

减数分裂在遗传上具有重要的意义,首先,减数分裂保证了进行有性生殖的高等生物遗传物质的相对稳定性。卵细胞和精细胞是上下两代相连续的桥梁,如果在受精之前卵细胞和精子的染色体不减半,那么合子(受精卵)的遗传物质将比亲代多一倍。随着有性生殖的进行,遗传物质将无止境地增加。减数分裂和受精作用反复循环,就使有性生殖的生物的染色体数始终保持相对的稳定,从而保持了物种的特性。其次,在减数分裂的过程中,出现了同源染色体间的交叉(遗传物质交换),可以产生遗传物质重新组合,出现新性状,发生遗传变异。由此可见,减数分裂过程既保证物种遗传性稳定,又可导致物种发生遗传性变异,这对物种进化有着极其重要的意义。

5. 比较纤维层与绒毡层。

相同点:都是花粉囊壁的构造部分,都由初生周缘层的细胞分裂而来。

不同点:纤维层处于外方,邻接表皮,细胞一般无多核现象,细胞内壁有条纹状的次生加厚,纤维层与成熟花药的开裂有关。绒毡层是花粉囊壁的最内一层细胞,细胞壁不加厚,细胞中通常有多核现象,绒毡层与花粉粒的发育密切相关。

6. 区别花粉粒中的生殖细胞与营养细胞。

生殖细胞较小,无细胞壁,核结构紧密,含组蛋白丰富,染色较深,细胞质较少,细胞器较少,RNA 的含量较低,代谢活动较低。

营养细胞较大,有细胞壁,核结构疏松,含酸性蛋白质较多,染色较浅,细胞质多,细胞器丰富,RNA 含量较高,代谢活动较旺盛。

7. 区别风媒花与虫媒花。

风媒花有许多适应于风媒而不适应于虫媒的特征:花小不显著,花被不具鲜艳的色彩,花无蜜腺和香气,对昆虫无吸引力。花粉粒小、干而轻,适于乘风传播。雌蕊的柱头常呈羽毛状,利于承受花粉粒。

虫媒花也有许多适应于虫媒而不适应于风媒的特征:花大而显著,花被色释鲜艳,花具蜜腺和芳香(或特殊气味),能吸引昆虫采蜜。花粉粒大,有黏性,易黏附在虫体上,富含营养物质,可作为昆虫的食物。

8. 比较同源多倍体与异源多倍体。

相同点:细胞中都具有三组或更多染色体组(或细胞中都具有两组以上的染色体组)。

不同点:同源多倍体所增加的染色体组来自同一物种,通常由一个二倍体植物的染色体直接加倍而成。异源多倍体所增加的染色体组来自不同种或不同属的植物间的杂交。

9. 以被子植物为例,比较有丝分裂与减数分裂。

相同点:分裂过程都有出现纺锤丝和纺锤体的变化。

主要区别如下:

有丝分裂发生于植物的生长部位,一个细胞经过一次有丝分裂,产生染色体数与母细胞染色体数相同的两个子细胞,分裂过程较减数分裂简单,不出现遗传物质的交换,子细胞的遗传性较为稳定。

减数分裂发生在花粉母细胞开始形成花粉粒和胚囊母细胞开始形成胚囊的时候,一个花粉母细胞或胚囊母细胞经过减数分裂后,形成染色体数比母细胞染色体数减少一半的 4 个子细胞,分裂过程比有丝分裂复杂,出现遗传物质的交换,子细胞产生变异性。

10. 比较减数分裂过程中的粗线期与偶线期。

相同点:都是减数分裂前期Ⅰ的一个阶段。

不同点:偶线期在粗线期之前,主要发生同源染色体的配对现象(或联会)。粗线期在合线期之后，主要发生同源染色体片段的互换和再结合现象（或交换）。

11. 简述花药绒毡层的作用。

花药绒毡层的作用主要有如下几方面：

（1）绒毡层含有丰富的油脂和类胡萝卜素等营养物质，对花粉粒的发育起着重要的营养和调节作用。

（2）绒毡层能分泌一种胼胝质酶，能分解花粉母细胞和四分体胼胝质壁，使单核花粉粒分离。

（3）绒毡层能合成一种识别蛋白，并转移到花粉粒的外壁上，这种蛋白质具有基因型特异性，在花粉粒与柱头的相互识别中起着重要的作用。

（4）花粉粒外壁的主要成分孢粉素也是由绒毡层分泌并转移来的，孢粉素的化学稳定性高，抗酸及抗酶解的能力很强，能使花粉粒外壁的雕纹长期保存。

（5）虫媒花成熟花粉粒的外表常有一种黏性的色素和脂类物质，它们来自解体的绒毡层，有保护和利于传粉的作用。

12. 何谓花粉败育？花粉败育对农业生产影响如何？

花粉败育指的是花粉粒的发育不正常。花粉败育有各种方式，如花粉母细胞减数分裂不正常，产生不正常的四分体，或花粉停留在单核或双核阶段，不能产生精细胞，绒毡层细胞延迟退化或提前解体等。

花粉败育对农业生产既有不利之处，也有有利之处。不利之处在于直接影响受精和结实，引起作物减产。有利之处在于花粉败育是雄性不育的一种类型，可作为不育系进行杂种优势的育种工作。

13. 表解被子植物雌配子体的发育过程（从造孢细胞开始）。

$$\underset{(2n)}{造孢细胞} \xrightarrow{长大} \underset{(2n)}{胚囊母细胞} \xrightarrow{减数分裂} \underset{(n)}{四分体} \xrightarrow{3个消失，1个发育} \underset{(n)}{单核胚囊}$$

$$\xrightarrow{3次有丝分裂} \begin{matrix}7细胞或\\8核胚囊\\（雌配子体）\end{matrix} \begin{cases}卵细胞1个（n）\\助细胞2个（n）\\中央细胞1个［含极核2个（n）或次生核1个（2n）］\\反足细胞3个（n）\end{cases}$$

14. 为何异花传粉比自花传粉优越？

异花传粉植物的优越性主要表现在生活力强、适应性广、植株强壮、开花多、结实率高、抗逆性也较强。因为异花传粉的卵细胞和精细胞各产生于不同的环境条件下，遗传性差异较大，经结合后所产生的后代，就有较高的生活力和较强的适应性。而自花传粉的卵细胞和精细胞产生于相同的环境条件下，遗传性差异较小，经结合后所产生的后代，其生活力较弱，适应性较差。如果长期地连续自花传粉，其后代将会逐渐衰退，植株变矮小，结实率降低，抗逆性变弱，易感受病虫害，甚至失去栽培价值。

15. 试分析农业生产上利用人工辅助授粉增加产量的原理。

人工辅助授粉，可使落在柱头上的花粉粒增多，花粉粒所含的激素相对总量增加，酶的反应增强，甚至产生群体效应，从而促进花粉粒的萌发和花粉管的生长，以提高受精率，增加产量。

16. 叙述被子植物双受精的过程和意义。

双受精过程：花粉管从珠孔经珠心进入胚囊后，恒定地从一个退化的助细胞的丝状器进入助细胞，然后，其顶端形成一个小孔，将其内容物包括2个精细胞和1个营养核等，由小孔喷泻而出。在2个精细胞位于卵细胞和中央细胞的极核附近后，2个精细胞中的一个与卵细胞互相融合成为合子（受精卵），另一个和中央细胞的极核互相融合成初生胚乳核。这一过程就称为双受精。

四、参考答案

双受精的意义：双受精是被子植物所特有的现象，也是植物界最进化的繁殖方式。一方面，精卵的结合，使植物体恢复了原来的染色体数目，保持了遗传的稳定性，同时又增加了变异性，一些新产生的优良的变异性状，经选育后可培育出优良品种。另一方面，精子和中央细胞的极核融合，形成了三倍体的胚乳，这种胚乳综合了父母本的遗传性状，而且作为营养物质，供胚的发育之需，使后代的变异性更大、生活力更强、适应性更广。所以，双受精使被子植物成为当今世界上种类最多、分布最广、适应性最强的一类群植物。

第八章
种子与果实

一、学习要点和目的要求

1. 种　子

（1）种子的发育：掌握双子叶植物和禾本科植物胚的发育过程。掌握不同类型胚乳的发育过程；核型胚乳、细胞型胚乳和外胚乳的概念。了解种皮的发育过程和结构。掌握无融合生殖的概念及其常见的类型。掌握不定胚的概念。掌握多胚现象的概念和原因。理解胚状体和人工种子的概念及其应用价值。

（2）种子的结构和类型：掌握种子的基本结构。掌握种子的基本类型及实例。

（3）种子的寿命和种子的休眠：了解影响种子寿命的因素。理解种子休眠的概念和休眠的原因。

（4）种子的萌发与幼苗的类型：掌握种子萌发的概念。理解种子萌发的条件及过程。掌握幼苗类型及各类型的成因。了解幼苗形态学特征在生产上的应用。

2. 果　实

（1）果实的形成和发育：掌握果实的形成和发育过程。掌握真果和假果的概念和实例。

（2）果实的类型：掌握单果、聚合果和复果的概念及其常见的类型。

（3）单性结实和无籽果实：掌握单性结实和无籽果实的概念。掌握天然单性结实和刺激单性结实的概念和实例。

3. 果实和种子的传播

了解果实和种子传播的一些方式。

二、学习方法

种子和果实都是被子植物的繁殖器官，本章主要涉及种子和果实的发育、结构及其类型以及幼苗的类型和萌发特点等方面的知识。通过学习，要明确被子植物在生殖生长阶段，种子和果实如何发育成熟以及它们的形态、结构与生理功能有何相关性。同时也要懂得种子是如何发育为一株幼苗，并产生各种器官的。学习中，依然可采取下面的方法，并相互联系、穿插运用。

二、学 习 方 法

（一）表解法

1. 列表归纳单果的主要类型

单果是由一朵花中的一个单雌蕊或复雌蕊参与形成的果实。大部分植物的果实属于单果。单果又分为肉质果和干果两大类，每大类又可分为许多小类。现从果皮、主要食用部分、代表植物、子房位置、雌蕊类型或心皮数等方面比较见表8-1。

表8-1 单果的主要类型

单果类型		果皮	主要食用部分（代表植物）	子房位置；雌蕊类型或心皮数
肉质果	浆果	肉质多汁	果皮和胎座（茄、番茄、葡萄等）	上位；复雌蕊
	柑果（橙果）	外果皮革质；中果皮疏松，具维管束；内果皮膜质	子房内壁表皮毛发育成的汁囊（柑橘、橙、柚等）	上位；复雌蕊
	瓠果	由子房壁与花托共同发育而来	果皮（南瓜等）或胎座（西瓜等）	下位；复雌蕊
	梨果	由萼筒（花筒或花托筒）与子房壁发育而来	萼筒发育来的部分（梨、苹果等）	下位；复雌蕊
	核果	中果皮肉质或纤维状；内果皮由石细胞组成，为坚硬的核	中果皮（桃等）或胚乳、乳状汁液（椰子）	上位；1至多心皮，合生或心皮离生
干果	裂果	蓇葖果	沿腹缝线或背缝线开裂		上位；1心皮或离生心皮
		荚果	沿背缝线和腹缝线两面开裂，或不裂或分节断裂	种子或幼嫩果皮（豆类植物）	上位；1心皮
		蒴果	纵裂、孔裂或周裂	（棉、百合等）	上位；复雌蕊
		角果	沿腹缝线开裂	（十字花科植物）	上位；2心皮
	闭果	瘦果	果小，果皮坚硬，易与种皮分离	种子（向日葵）	上位或下位，复雌蕊，1至3心皮组成
		坚果	果较大，外果皮坚硬木质	种子（板栗等）	下位；2至多心皮
		翅果	果皮延伸成翅	（榆树和槭树等）	上位；2心皮
		分果	成熟后各心皮分离	（伞形花科植物；锦葵属植物等）	上位或下位，复雌蕊，2至多心皮组成
		颖果	薄，与种皮愈合	胚乳（禾谷类植物）	上位；2至3心皮

2. 列表归纳被子植物种子的基本结构

种子是种子植物特有的生殖器官。种子的基本构造包括胚、胚乳（成熟时可缺少）和种皮三部分。种皮包在外面，起保护作用。胚乳是种子中的营养组织。种子中最重要的部分是胚，它是新一代植物的雏形，成熟的胚已具有胚芽，胚根、子叶和胚轴四个部分。现把被子植物种子的基本结构归纳见表 8-2。

表 8-2 被子植物种子的基本结构

种子的基本结构		
	种皮	是种子外面的保护层。禾本科植物籽粒的果皮和种皮愈合不能分开
	胚	胚芽	由生长点和幼叶（有些植物缺少幼叶）组成。禾本科植物的胚芽外面有胚芽鞘包围
		胚轴	是连接胚芽、胚根和子叶的轴（包括上胚轴和下胚轴）
		胚根	由生长点和根冠组成。禾本科植物胚根外面包有胚根鞘
		子叶	双子叶植物的胚有两片子叶，禾本科等单子叶植物只有一片子叶
	胚乳	贮藏营养物质的组织。禾本科植物的胚乳分为糊粉层和淀粉贮藏组织。有些植物的胚乳在种子发育过程中为胚所吸收，形成无胚乳种子

（二）比较法

本章也存在一些既有联系、又有区别概念和结构，依然可运用比较法分清其内涵，找出它们的相同点和不同点。举例如下：

1. 比较合子胚与不定胚

相同点：都是二倍体的胚，都能发育成正常的二倍体植物。

不同点：合子胚由受精卵发育而来，是有性生殖过程产生的胚，变异性较大。不定胚是由珠心细胞或珠被细胞直接发育来的，不是有性生殖过程产生的胚，能保持母体的特征。

2. 区别核型胚乳与细胞型胚乳

核型胚乳的主要特征是在胚乳的发育早期，核分裂不伴随着胞壁的形成，故在胚乳发育过程中有一个游离核时期，常见于单子叶植物和双子叶离瓣花植物中。细胞型胚乳的主要特征是初生胚乳核的分裂伴随着细胞壁的形成，无游离核时期，主要见于双子叶合瓣花植物中。

3. 区别真果与假果

真果是由子房发育而成的果实。如水稻、小麦、玉米、棉花、花生、柑橘、桃、茶、油菜、番茄等的果实。

假果是除子房以外，还有花托、花萼、花冠，甚至是整个花序参与发育而成的果实。如梨、苹果、枇杷、瓜类、菠萝、桑葚、无花果等的果实。

（三）实验法

本章主要涉及被子植物种子和果实的形态和结构，通过实验观察，不仅可以加深对种子和果实的形态、结构与功能的相关性的理解和掌握，而且可以明确被子植物在生殖生长阶段，种子和果实的形态、结构和功能如何日趋成熟和完善。同时通过对幼苗形态的观察，进一步了解种子是如何发育为一株幼苗，并产生各种器官的。

在实验观察过程中，应注意如下几个方面，并与学习方法中的比较法、图解法等穿插起来，同时也与它们所执行的生理功能联系起来：

（1）胚和胚乳的发育（双子叶植物以荠菜为例，单子叶植物以小麦或水稻为例，观察胚发育过程中形状和结构的变化以及胚乳的类型）。

(2) 果实的类型和结构（观察各种真果和假果的形态结构特征）。

(3) 种子的形态结构（包括双子叶有胚乳种子、双子叶无胚乳种子和单子叶有胚乳种子三种主要类型的实例和形态结构）。

(4) 子叶出土幼苗和子叶留土幼苗的实例观察（注意两种类型的成因）。

（四）图解法

在本章的学习过程中，需要看懂书中有关被子植物种子和果实的形态和结构图例，这是深刻理解种子和果实的形态、结构与功能的关系，牢固掌握知识必不可少的。本章的图例可归纳为以下两种类型：

1. 与生理功能相关的形态图例

种子和果实体现出来的一些形态特征与其功能是密切相关的，举例如下：

(1) 成熟的果实和种子往往具有适应各种传播方式的形态特征。适应风力传播的果实和种子通常小而轻，并有翅或毛等附属物；水生植物或沼泽植物通常能形成适应水力传播的结构；还有些植物的果实有刺、钩或腺毛，可黏附于人的衣服或动物的皮毛上，被携带至远处。

(2) 从被子植物幼苗的形成过程图中，不仅可以看出不同类型的幼苗的萌发特点，而且还可以看到幼苗各部分的形态建成过程，这有助于深入理解被子植物营养器官的建成过程。

2. 与来源、类型、生理功能相关的结构图例

果实和种子体现出来的一些结构特征也与其所执行的功能相关联。举例如下：

(1) 果实有真果和假果之分，又有单果、聚合果和聚花果之别，对它们的识别可借助于课文中的一些结构图例，通过结构图可看出该果实所属的类型及各个部分的来源，一些有食用价值的果实还可以从中看出可供食用的具体部位。

(2) 从种子的结构图例中可以辨识种子的具体结构，不仅可以看出种子中各个部分的来源，也可以明确种子是如何萌发产生幼苗的。

三、练 习 题

（一）填空题

1. 水稻的初生胚乳核具有_____条染色体，它的胚乳发育是属于_____型。其胚乳主要贮藏物质是_____。

2. 水稻的胚乳可以分为两个部分，蓄积_____的称为_____，含有_____的称为_____。

3. 胚胎的发生从_____开始，其第一次分裂多为不均等_____为二细胞，靠合点端一个较_____，称为_____，靠珠孔端的一个较_____，称为_____，此时称为二细胞的_____，以后_____多次分裂形成胚体。

4. 有些植物不经受精作用也能结实，这种现象叫_____，这有两种情况，一是不经传粉或其他刺激而能形成无籽果实，叫_____，另一类是子房必须经过一定刺激或诱导才能形成无籽果实的，称_____。

5. 棉花纤维是由_____向外凸出，经过_____和_____而形成的。
6. 被子植物的种子是由_____作用的_____发育来的，其中_____发育为胚，_____发育为胚乳，_____发育成种皮。
7. 有关油菜有性生殖的特点：油菜花是_____性花，其花是_____传粉方式，成熟花粉粒属于_____型；其胚乳发育从_____开始，属于_____型胚乳。
8. 合子（受精卵）第一次分裂成两个细胞，在近珠孔一端的细胞经过分裂形成_____，另一个细胞经过多次分裂形成_____。由它再进一步分裂，分化出_____，_____，_____和_____四部分。
9. 被子植物的不定胚通常是由_____或_____产生的。
10. 外胚乳是来源于_____，其染色体倍数为_____；而胚乳通常来源于_____，其染色体倍数为_____。
11. 胚乳的发育类型有_____、_____和_____三种，其功能是_____。
12. 受精后的胚珠其中受精卵发育成_____，受精极核发育成_____，珠被发育成_____，珠孔发育成_____，珠柄发育成_____。
13. 典型种子的基本结构包括_____、_____和胚，胚包括_____、_____、_____和_____四个部分。种子萌发需要足够的水分，但是水分太多时，引起缺氧，种子进行_____，产生二氧化碳和_____会使种子中毒，出现烂种、_____和_____的现象。
14. 蚕豆和花生是属于_____种子，蓖麻是属于_____种子，水稻的米粒和小麦的籽粒不能称为种子，因为_____，所以称为_____。
15. 水稻种子胚的内子叶根据形状也称为_____。水稻种子萌发的过程是属于子叶_____土，其原因是_____。
16. 油菜、萝卜、菜豆和洋葱等植物的种子萌发过程是属于子叶_____土，其原因是_____。
17. 当种子获得了适当的_____、_____和_____时，种子的胚便由_____态转变为_____态，开始生长，形成幼苗，这个过程称为_____。
18. 棉絮("纤维")就是棉花_____上的_____。
19. 有些种子成熟后没有胚乳，其原因是_____。
20. 水稻籽实萌发时，在主根伸长后不久，其胚轴上又生出数条与主根同样粗细的_____根，在栽培学上把它们称为_____根。
21. 蓖麻种子的结构包括_____、_____和_____等三部分。
22. 我们吃的面粉主要是从小麦种子的_____部分加工而成。花生、大豆、蚕豆等豆类作物种子的食用部分主要是种子的_____。
23. 植物的种子是由_____、_____和_____三部分构成的，但也有很多植物的种子是由_____和_____两部分所构成，前者称

三、练习题

_____种子,后者称_____种子。

24. 禾谷类植物果实中的糊粉粒多聚集在种子胚乳的外层细胞中,这层细胞叫做_____。糊粉粒中所含的主要成分是_____。

25. 稻、麦等禾谷类作物"种子"中的胚是由_____、_____、_____、_____、_____和_____等组成的。

26. 种子萌发时,通常是_____先突破种皮,向下生长形成_____,接着_____伸长,将胚芽或胚芽连同_____一起撑出土面,不久,胚芽生长形成_____和_____。

27. 被子植物果实、种子、胚及胚乳分别由_____,_____,_____和_____发育而成的。

28. 一颗谷粒的两片谷壳由_____和_____发育而成,去掉谷壳的糙米外皮是由_____与_____愈合而成的。

29. 苹果的果实是由_____与_____等参加形成的,因而称为_____果。

30. 龙眼种子的可食部分是种子结构中的_____,它是由胚珠的_____部分发育而来的。

31. 以吲哚乙酸等生长素的水溶液喷洒西瓜、番茄或葡萄等临近开花的花蕾,得到无籽果实,这一现象称_____单性结实。

32. 根据果实的形态结构可分为_____果_____果和_____果三大类。

33. 根据果皮是否肉质化,将果实分为肉质果和_____两大类型。后者根据成熟后果皮是否开裂,被分为_____和_____两类。

34. 聚花果是由_____发育而成,聚合果是由_____发育而成。

35. 下列植物果实或种子的主要食用部分各是什么?
草莓:_____;无花果:_____;梨:_____;西瓜:_____;柑橘:_____;桃_____;花生:_____;玉米:_____;凤梨:_____;荔枝:_____;番茄(西红柿)_____;桑葚_____。

(二) 选择题

1. 荠菜胚乳的发育方式是_____。
   A. 核型　　　B. 细胞型　　　C. 沼生目型　　　D. 细胞质型

2. 在荠菜胚的发育过程中,胚的分化开始于_____。
   A. 四分体时期　B. 八分体时期　C. 心形胚时期　D. 成熟胚时期

3. 外胚乳来源于_____。
   A. 受精极核　　B. 珠被　　　C. 珠心　　　D. 珠柄

4. 被子植物无配子生殖的胚来自_____。
   A. 未受精的卵细胞　　　　B. 助细胞或反足细胞
   C. 珠被或珠心细胞　　　　D. 大孢子母细胞

5. 大多数被子植物胚乳的细胞是_____。

A. 单倍体　　　　B. 二倍体　　　　C. 三倍体　　　　D. 四倍体
6. 核型胚乳中胚乳细胞形成的特点是_____。
   A. 先产生核后产生壁　　　　B. 先产生壁后产生核
   C. 核和壁同时产生　　　　　D. 胚乳一直保持游离核状态
7. 我们吃的绿豆芽，主要吃其_____。
   A. 根　　　　　　B. 芽　　　　　C. 下胚轴　　　　D. 上胚轴
8. 我们吃苹果，实际上食用的主要部分是原来花的_____。
   A. 花冠　　　　　B. 花筒（托杯）　C. 子房壁　　　　D. 胚珠
9. 荔枝、龙眼食用部分是假种皮部分，它是由_____发育而来。
   A. 珠心　　　　　B. 珠被　　　　　C. 珠柄　　　　　D. 子房内壁
10. 水稻胚乳发育方式为_____。
    A. 核型　　　　　B. 细胞型　　　　C. 沼生目型　　　D. 细胞质型
11. 不经过受精作用就能产生新个体来延续后代的方式包括_____。
    A. 单性结实　　　B. 无融合生殖　　C. 营养繁殖　　　D. A、B 和 C
12. 果实的果皮一般是由_____发育而来，种皮是由_____发育而来。
    A. 胚珠　　　　　B. 珠心　　　　　C. 珠被　　　　　D. 子房壁
13. 胚柄的作用不包括_____。
    A. 固着和支持胚体　　　　　B. 吸收营养转运至胚
    C. 调节胚早期发育　　　　　D. 分化成胚轴、胚芽和子叶
14. 在下列种子中，双子叶有胚乳的有_____；双子叶无胚乳的有_____；单子叶有胚乳的有_____。
    A. 蓖麻　　　　B. 洋葱　　　　C. 豆类　　　　D. 番茄　　　E. 瓜类
    F. 禾谷类　　　G. 茶　　　　　H. 烟草　　　　I. 柑橘类
15. 油菜种子萌发子叶出土是由于_____。
    A. 胚芽的伸长　　　　　　　B. 上胚轴的伸长
    C. 下胚轴的伸长　　　　　　D. 胚根的伸长
16. 水稻籽实萌发时，最先突破谷壳的是_____。
    A. 胚芽　　　　　B. 胚根　　　　　C. 胚芽鞘　　　　D. 胚根鞘
17. 适当的温度是种子萌发的外界条件之一，多数植物种子萌发所需要的最适温度是_____。
    A. 15～20℃　　　B. 20～25℃　　　C. 25～30℃　　　D. 30～35℃
18. 下列幼苗中，子叶留土的有_____，子叶出土的有_____。
    A. 大豆　　　　　B. 蚕豆　　　　　C. 豌豆　　　　　D. 禾谷类植物
    E. 萝卜　　　　　F. 瓜类　　　　　G. 棉花　　　　　H. 柑橘
19. 真果是_____。
    A. 单纯由子房发育而成的果实　　B. 由子房和花托共同形成的果实
    C. 由整朵花形成的果实　　　　　D. 由整个花序形成的果实
20. 荚果与角果的根本区别在于_____。
    A. 荚果果皮肉质可食，为肉果，角果的果皮干燥，属干果

B. 荚果比角果粗壮或长

C. 荚果由具边缘胎座的一室子房发育而来，而角果由具中轴胎座的二室子房发育而来

D. 荚果由单心皮雌蕊发育而来，而角果由二心皮组成的雌蕊发育而成

21. 柑橘类果实的食用部分是_____。
    A. 内果皮   B. 内果皮上的肉质汁囊
    C. 种皮上的肉质汁囊   D. 发达的胎座

22. _____只能由单心皮子房发育而来。
    A. 核果和荚果   B. 荚果   C. 蒴果   D. 颖果

23. 沿腹缝线与背缝线裂开的单心皮干果称_____。
    A. 荚果   B. 蓇葖果   C. 蒴果   D. 角果

24. 葡萄和番茄的果实属_____。
    A. 瓠果   B. 柑果   C. 蒴果   D. 浆果

25. 果皮薄且与种皮紧密愈合不易分离，此果为_____。
    A. 浆果   B. 蒴果   C. 颖果   D. 核果

26. 草莓是_____。
    A. 聚合果   B. 聚花果   C. 单果   D. 浆果

27. 假果是_____。
    A. 单独由子房发育而来   B. 由子房和其他部分共同发育而来
    C. 单独由花托发育而来   D. 由花托和花被共同发育而来

（三）改错题（指出下列各题的错误之处，并予以改正）

1. 无融合生殖必然产生无籽果实。
   错误之处：_____改为：_____

2. 不定胚通常是由胚囊中卵以外的细胞发育而来的。
   错误之处：_____改为：_____

3. 形成花粉胚可以产生多胚现象。
   错误之处：_____改为：_____

4. 种子植物必须经过受精作用才能产生种子。
   错误之处：_____改为：_____

5. 单性结实即不通过受精而形成种子的现象。
   错误之处：_____改为：_____

6. 胚囊以外的胚珠成分发育成胚属无配子生殖。
   错误之处：_____改为：_____

7. 子房不经过受精发育成果实的现象称孤雌生殖。
   错误之处：_____改为：_____

8. 珠心胚、珠被胚、反足细胞胚、助细胞胚、裂生多胚现象和多胚珠都能形成多胚现象。
   错误之处：_____改为：_____

9. 孤雌生殖，肯定产生无籽果实。

错误之处：＿＿＿＿＿＿＿＿＿＿＿＿＿＿改为：＿＿＿＿＿＿＿＿＿＿
10. 种子内通常只含有 1 个胚，但也有含多胚的种子，种子内有 2 个以上的胚的现象叫做多胚现象。
　　　错误之处：＿＿＿＿＿＿＿＿＿＿＿＿＿＿改为：＿＿＿＿＿＿＿＿＿＿
11. 多胚现象所形成的胚，都是相同倍性染色体的胚。
　　　错误之处：＿＿＿＿＿＿＿＿＿＿＿＿＿＿改为：＿＿＿＿＿＿＿＿＿＿
12. 种子植物的胚乳是双受精作用的产物，是种子萌发时养料的供给者。
　　　错误之处：＿＿＿＿＿＿＿＿＿＿＿＿＿＿改为：＿＿＿＿＿＿＿＿＿＿
13. 内胚乳和外胚乳都是初生胚乳核发育而来。
　　　错误之处：＿＿＿＿＿＿＿＿＿＿＿＿＿＿改为：＿＿＿＿＿＿＿＿＿＿
14. 假种皮是珠心发育来的。
　　　错误之处：＿＿＿＿＿＿＿＿＿＿＿＿＿＿改为：＿＿＿＿＿＿＿＿＿＿
15. 所有的种子都包含种皮、胚和胚乳三个部分。
　　　错误之处：＿＿＿＿＿＿＿＿＿＿＿＿＿＿改为：＿＿＿＿＿＿＿＿＿＿
16. 糙米或麦粒在植物学上称为种子，因为含有胚和胚乳。
　　　错误之处：＿＿＿＿＿＿＿＿＿＿＿＿＿＿改为：＿＿＿＿＿＿＿＿＿＿
17. 麦粒中的上皮细胞处于胚与种皮之间。
　　　错误之处：＿＿＿＿＿＿＿＿＿＿＿＿＿＿改为：＿＿＿＿＿＿＿＿＿＿
18. 禾谷类植物的水稻、小麦、玉米等的幼苗都是子叶出土的。
　　　错误之处：＿＿＿＿＿＿＿＿＿＿＿＿＿＿改为：＿＿＿＿＿＿＿＿＿＿
19. 豆类植物的幼苗都是子叶留土的。
　　　错误之处：＿＿＿＿＿＿＿＿＿＿＿＿＿＿改为：＿＿＿＿＿＿＿＿＿＿
20. 植物地上的茎主要是由胚轴发育而成的。
　　　错误之处：＿＿＿＿＿＿＿＿＿＿＿＿＿＿改为：＿＿＿＿＿＿＿＿＿＿
21. 小麦、水稻等禾谷类植物的胚乳就是淀粉贮藏组织。
　　　错误之处：＿＿＿＿＿＿＿＿＿＿＿＿＿＿改为：＿＿＿＿＿＿＿＿＿＿
22. 水稻籽实萌发时，胚芽最先突破谷壳而伸出。
　　　错误之处：＿＿＿＿＿＿＿＿＿＿＿＿＿＿改为：＿＿＿＿＿＿＿＿＿＿
23. 纺织用的棉花纤维细长而柔软，它属于韧皮纤维。
　　　错误之处：＿＿＿＿＿＿＿＿＿＿＿＿＿＿改为：＿＿＿＿＿＿＿＿＿＿
24. 水稻、小麦"种子"萌发时，下胚轴不伸长，上胚轴和胚芽伸出土面，形成子叶出土的幼苗类型。
　　　错误之处：＿＿＿＿＿＿＿＿＿＿＿＿＿＿改为：＿＿＿＿＿＿＿＿＿＿
25. 在农业生产上应注意掌握两种类型幼苗的种子播种深度。一般来说，子叶出土幼苗的种子播种可以稍深；而子叶留土幼苗的种子播种可以稍浅。
　　　错误之处：＿＿＿＿＿＿＿＿＿＿＿＿＿＿改为：＿＿＿＿＿＿＿＿＿＿
26. 种子是绿色植物的共有器官。
　　　错误之处：＿＿＿＿＿＿＿＿＿＿＿＿＿＿改为：＿＿＿＿＿＿＿＿＿＿

27. 稻谷粒、麦粒和玉米粒都是单纯由子房发育而成的果实，称为真果。
    错误之处：＿＿＿＿＿＿＿＿＿＿＿＿＿改为：＿＿＿＿＿＿＿＿＿＿＿＿＿

28. 面粉主要是由小麦胚中的子叶加工而成的。
    错误之处：＿＿＿＿＿＿＿＿＿＿＿＿＿改为：＿＿＿＿＿＿＿＿＿＿＿＿＿

29. 水稻和小麦胚乳的糊粉层，是富含淀粉的贮藏组织。
    错误之处：＿＿＿＿＿＿＿＿＿＿＿＿＿改为：＿＿＿＿＿＿＿＿＿＿＿＿＿

30. 大豆是双子叶有胚乳的种子，种子肾形。
    错误之处：＿＿＿＿＿＿＿＿＿＿＿＿＿改为：＿＿＿＿＿＿＿＿＿＿＿＿＿

31. 种子都必须经过一段休眠期才能萌发。
    错误之处：＿＿＿＿＿＿＿＿＿＿＿＿＿改为：＿＿＿＿＿＿＿＿＿＿＿＿＿

32. 从形态学角度来看，可将"胚芽突破种皮"，农业生产中称为"露白"，叫做萌发。
    错误之处：＿＿＿＿＿＿＿＿＿＿＿＿＿改为：＿＿＿＿＿＿＿＿＿＿＿＿＿

33. 种柄是由胚柄发育而成；种孔是由纹孔发育而成。
    错误之处：＿＿＿＿＿＿＿＿＿＿＿＿＿改为：＿＿＿＿＿＿＿＿＿＿＿＿＿

34. 一般来讲，种子就是发育成熟的胚珠。
    错误之处：＿＿＿＿＿＿＿＿＿＿＿＿＿改为：＿＿＿＿＿＿＿＿＿＿＿＿＿

35. 桃的坚硬果皮是中果皮。
    错误之处：＿＿＿＿＿＿＿＿＿＿＿＿＿改为：＿＿＿＿＿＿＿＿＿＿＿＿＿

36. 坚果的果皮与种皮合生。
    错误之处：＿＿＿＿＿＿＿＿＿＿＿＿＿改为：＿＿＿＿＿＿＿＿＿＿＿＿＿

37. 假果不是由子房发育成熟的果实。
    错误之处：＿＿＿＿＿＿＿＿＿＿＿＿＿改为：＿＿＿＿＿＿＿＿＿＿＿＿＿

（四）名词解释

1. 花粉植物
2. 胚乳
3. 核型胚乳
4. 细胞型胚乳
5. 沼生目型胚乳
6. 外胚乳
7. 假种皮
8. 无融合生殖
9. 单倍体孤雌生殖
10. 单倍体无配子生殖
11. 二倍体孤雌生殖
12. 二倍体无配子生殖
13. 不定胚
14. 多胚现象
15. 盾片
16. 上皮细胞
17. 浆果
18. 柑果
19. 瓠果
20. 梨果
21. 核果
22. 荚果
23. 菁葖果
24. 角果
25. 蒴果
26. 瘦果
27. 坚果
28. 颖果
29. 翅果
30. 分果
31. 聚合果
32. 复果
33. 假果
34. 真果
35. 单性结实
36. 营养性单性结实
37. 刺激性单性结实

（五）填图题

1. 按照标线上的序号填写图 8-1 各部分的名称。

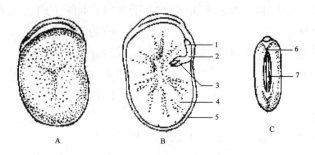

图 8-1 蚕豆种子的结构

A. 种子外形的侧面观　B. 切去一半子叶显示内部的构造　C. 种子外形的顶面观

1. _____ 2. _____ 3. _____ 4. _____ 5. _____ 6. _____ 7. _____

2. 按照标线上的序号填写图 8-2 各部分的名称。

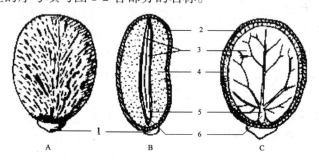

图 8-2 蓖麻种子的结构

A. 表面观　B. 与宽面垂直的纵切面　C. 与宽面平行的纵切面

1. _____ 2. _____ 3. _____ 4. _____ 5. _____ 6. _____

3. 按照标线上的序号填写图 8-3 各部分的名称。

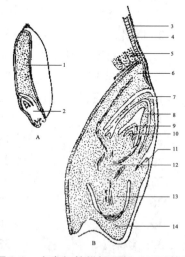

图 8-3 小麦籽粒纵切面图，示胚的结构

A. 籽粒纵切面　B. 胚的纵切面

1. _____ 2. _____ 3. _____ 4. _____ 5. _____ 6. _____
7. _____ 8. _____ 9. _____ 10. _____ 11. _____ 12. _____
13. _____ 14. _____

（六）分析和问答题

1. 双受精后的一朵花有哪些变化？
2. 以荠菜为例，叙述双子叶植物胚的发育过程。
3. 以小麦为例叙述禾谷类植物胚的发育过程？
4. 何谓无融合生殖？无融合生殖有哪些情况？
5. 何谓多胚现象？多胚现象可由哪些原因引起？
6. 比较禾谷类植物胚与双子叶植物胚的发育。
7. 比较胚乳与外胚乳。
8. 区别花粉胚与合子胚。
9. 比较蓖麻种子与蚕豆种子。
10. 区别谷粒与麦粒。
11. 区别单性结实与无融合生殖。
12. 区别单果、聚合果和聚花果。
13. 被子植物的种子有哪些类型？分别举一些例子。
14. 举例说明在被子植物种子发育过程中有哪些同功不同源的表现？
15. 幼苗可分为哪两种类型？各是如何形成的？分别举一些例子。

四、参 考 答 案

（一）填空题

1. 36、核型、淀粉
2. 蛋白质、糊粉细胞（或糊粉层）、淀粉、淀粉细胞
3. 合子（或受精卵）、横裂、小、顶细胞、大、基细胞、原胚、顶细胞
4. 单性结实、营养单性结实（或天然单性结实）、刺激单性结实（或诱导单性结实）
5. 外珠被的表皮细胞、伸长、增厚
6. 双受精、胚珠、受精卵（或合子）、受精极核、珠被
7. 两、虫媒、3-细胞、受精极核、核
8. 胚柄、胚体、胚根、胚芽、子叶、胚轴
9. 珠心、珠被
10. 珠心组织、二倍、受精极核、三倍
11. 核型、细胞型、沼生目型、贮藏营养
12. 胚、胚乳、种皮、种孔、种柄
13. 种皮、胚乳、胚芽、胚根、子叶、胚轴、无氧呼吸、酒精、烂根、烂芽
14. 无胚乳、有胚乳、种皮和果皮不易分离、颖果
15. 盾片、留土、下胚轴不伸长
16. 出土、下胚轴伸长
17. 温度、水分、氧气、休眠、活动、种子的萌发
18. 种皮（或珠被）、表皮毛
19. 在胚的发育过程中被胚吸收和利用掉
20. 不定根、种子根

21. 种皮、胚乳、胚
22. 胚乳、子叶
23. 种皮、胚乳、胚、种皮、胚、有胚乳、无胚乳
24. 糊粉层、蛋白质
25. 盾片、外子叶、胚芽、胚芽鞘、胚根、胚根鞘、胚轴
26. 胚根、主根、胚轴、子叶、茎、叶
27. 子房、胚珠、受精卵（或合子）、受精极核
28. 外稃、内稃、果皮、种皮
29. 子房、花托（或花筒，或萼筒，或托杯）、假果
30. 假种皮、珠柄
31. 诱导（或刺激）
32. 单、聚合、聚花
33. 干果、裂果、闭果
34. 花序、一朵花中数个离生雌蕊
35. 花托；花序轴；花筒（或萼筒，或托杯，或花托）；胎座；内果皮上的毛囊（汁囊）；中果皮；子叶；胚乳；花序轴；假种皮；中果皮和内果皮以及胎座、雌花序上的花被

（二）选择题

1. A   2. C   3. C   4. B   5. C   6. A   7. C
8. B   9. C   10. A   11. B、C   12. D、C   13. D
14. A、D、H；C、E、G、I；B、F   15. C   16. C   17. C
18. B、C、D、H；A、E、F、G   19. A   20. D   21. B   22. B
23. A   24. D   25. C   26. A   27. B

（三）改错题（指出下列各题的错误之处，并予以改正）

1. 错误之处：__无融合生殖__   改为：__单性结实__
（分析：无融合生殖是指植物不经过受精作用而产生有胚种子的现象。单性结实是指植物不经过受精作用，子房直接发育成果实的现象。由此可见，无融合生殖必然产生有籽果实，而单性结实必然产生无籽果实。）

2. 错误之处：__胚囊中卵以外__   改为：__珠心或珠被__
（分析：不定胚是指由胚囊外面的珠心或珠被细胞直接发育来的胚。胚囊中卵以外的助细胞或反足细胞直接发育所形成的胚，则属于无配子生殖的类型，分别称为助细胞胚或反足细胞胚。）

3. 错误之处：__花粉胚__   改为：__不定胚（或以下各种情况中的任何1种或1种以上：珠心胚、珠被胚、助细胞胚、反足细胞胚、一个受精卵分裂成2个或多个独立的胚、胚珠中有2个或2个以上胚囊）__
（分析：1粒种子中有1个以上的胚，就称为多胚现象。花粉胚是花粉经过培养后所产生的胚，不包含在种子中，因而不是产生多胚现象的原因之一。上述答案中改正部分里所列出的各种情况，都是产生多胚现象的原因。）

4. 错误之处：__必须__   改为：__并非必须__
（分析：种子植物并非必须经过受精作用才能产生种子。种子植物产生种子通常有两条途径，一是通过受精作用产生种子，二是通过无融合生殖产生种子。前一条途径是普遍的现象；后一条途径只存在于一些植物中，并不是普遍的现象。）

5. （答案一）错误之处：__种子__   改为：__果实__
（答案二）错误之处：__单性结实__   改为：__无融合生殖__

四、参考答案

（分析：本题是概念叙述错误的例子，改错时，可对概念部分或叙述部分进行改正，因此就有上述两种不同的答案。这里要强调的是，单性结实和无融合生殖这两个概念很容易混淆，要注意分清其内涵，避免张冠李戴的现象。）

6. （答案一）错误之处： 无配子生殖   改为： 不定胚
   （答案二）错误之处： 胚囊以外的胚珠成分   改为： 胚囊中的助细胞或反足细胞
   （分析：本题是概念叙述错误的例子，改错时，可对概念部分或叙述部分进行改正，因此就有上述两种不同的答案。胚囊以外的胚珠成分主要是指珠心和珠被部分，这些部分的细胞侵入胚囊发育成的胚称为不定胚。无配子生殖是指胚囊中的助细胞或反足细胞不经过受精而发育成胚的现象。）

7. （答案一）错误之处： 孤雌生殖   改为： 单性结实
   （答案二）错误之处： 子房不经过受精发育成果实   改为： 胚囊中的卵不经过受精而发育成胚
   （分析：本题是概念叙述错误的例子，改错时，可对概念部分或叙述部分进行改正，因此就有上述两种不同的答案。孤雌生殖是指胚囊中的卵不经过受精而发育成胚的现象。孤雌生殖与单性结实的概念也容易混淆，要注意分清其内涵，避免张冠李戴的现象。）

8. 错误之处： 多胚珠   改为： 胚珠中有2个或2个以上胚囊
   （分析：多胚珠通常是指子房室中有多个胚珠，与多胚现象无关。因此，应改为"胚珠中有2个或2个以上胚囊"。）

9. 错误之处： 孤雌生殖   改为： 单性结实
   （分析：这是概念混淆的例子。可以说：肯定产生无籽果实的应该是单性结实，并非孤雌生殖。反之，肯定产生有籽果实的应该是孤雌生殖，并非单性结实。）

10. 错误之处： 2个以上   改为： 2个或2个以上（或1个以上）
    （分析：通常2个以上并不包含2个，因此，应改为"2个或2个以上"，也可改为"1个以上"。）

11. 错误之处： 都是   改为： 并非都是
    （分析：多胚现象所形成的胚，有单倍染色体的胚，如单倍体无配子生殖所形成的胚；也有二倍染色体的胚，如二倍体无配子生殖所形成的胚、裂生多胚以及珠心和珠被所形成的不定胚。因此可以说：多胚现象所形成的胚，并非都是相同倍性染色体的胚。）

12. 错误之处： 种子   改为： 被子
    （分析：种子植物中只有被子植物有双受精现象。双受精是被子植物所特有的，也是植物界有性生殖最进化、最高级的形式。）

13. 错误之处： 和外胚乳都是   改为： 把"和外胚乳都"删除即可
    （分析：内胚乳一般是指由初生胚乳核发育而来的胚乳。外胚乳则指由珠心组织发育而来的一种类似胚乳的组织。它们两者同功而不同源。）

14. （答案一）错误之处： 珠心   改为： 珠柄或胎座
    （答案二）错误之处： 假种皮   改为： 外胚乳
    （分析：本题是对结构的发育来源叙述错误的例子，改错时，可对结构部分或发育来源进行改正，因此就有上述两种不同的答案。假种皮是由珠柄或胎座等部分发育来的，包被在种皮外面的部分。外胚乳是由珠心发育来的一种类似胚乳的贮藏组织。两者都是种子发育过程中所形成的特殊结构，而且各有其特殊的来源，并各自产生于少数特殊的植物中。）

15. 错误之处： 和胚乳三个部分   改正： 把"和胚乳"删除，把"三"改为"二"即可
    （分析：种子可分为有胚乳种子和无胚乳种子两类。其中有胚乳种子包含种皮、胚和胚乳

三个部分；无胚乳种子则只包含种皮和胚两个部分。不论是有胚乳还是无胚乳的种子，都有种皮和胚两个部分。因此可以说，所有的种子都包含种皮和胚两个部分。）

16. 错误之处：__称为种子，因为含有胚和胚乳__ 改为：__称为颖果，因为种皮和果皮愈合不易分开__

17. 错误之处：__种皮__ 改为：__胚乳__

（分析：禾谷类植物的颖果，如麦粒、玉米粒以及糙米中，上皮细胞是处于盾片与胚乳交界处的一层排列整齐的细胞。盾片是胚中发育完整的子叶，也称内子叶，因形如盾状，故称之为盾片。当种子萌发时，上皮细胞分泌酶类到胚乳中，把胚乳中贮藏的营养物质消化、吸收，并转移到胚的生长部位供利用。因此可以说，上皮细胞处于胚与胚乳之间是有特殊意义的。）

18. 错误之处：__子叶出土__ 改为：__子叶留土__

19. （答案一）错误之处：__豆类植物__ 改为：__禾谷类植物__

（答案二）错误之处：__都是子叶留土的__ 改为：__有子叶留土的，也有子叶出土的，甚至还有兼子叶出土和子叶留土特点的__

（分析：本题是前后内容不对应的例子，可对前后的内容作相应的改正，因此，就有上述两种不同的答案。豆类植物的幼苗有子叶留土的，如蚕豆和豌豆等；也有子叶出土的，如大豆和菜豆等；甚至还有兼子叶出土和子叶留土特点的，如花生。禾谷类植物通常是指禾本科中的水稻、小麦、大麦、高粱、玉米等粮食作物，它们的幼苗都是子叶留土。在上述两种答案中，第一种较为简单易行，通常会被优先选用。）

20. 错误之处：__胚轴__ 改为：__胚芽__

（分析：植物地上的茎、叶部分主要是由胚芽发育而成的。胚轴可以形成地上的茎，也可以产生不定根，构成须根系。）

21. 错误之处：__就是淀粉贮藏组织__ 改为：__可分为糊粉层和淀粉贮藏组织两个部分__

（分析：小麦、水稻等禾谷类植物的胚乳可分为两部分，紧贴种皮的是糊粉层，细胞中富含贮藏蛋白质的糊粉粒；其余大部分是含淀粉的胚乳细胞。糊粉层细胞的层数，因部位而不同。）

22. 错误之处：__胚芽__ 改为：__胚芽鞘__

（分析：水稻胚芽的外方还有胚芽鞘包着，籽实萌发时，胚芽首先膨大伸展，然后胚芽鞘突破谷壳而伸出。由此可见，最先突破谷壳伸出来的不是胚芽，而是胚芽鞘。）

23. 错误之处：__韧皮纤维__ 改为：__（外）种皮上单细胞的表皮毛__

（分析：韧皮纤维通常是指产生于韧皮部的纤维。棉花纤维是外种皮上单细胞的表皮毛，它由外珠被的表皮细胞向外凸出，经过伸长和增厚而形成的，因而不能称为韧皮纤维。）

24. 错误之处：__子叶出土__ 改为：__子叶留土__

（分析：胚轴是连接胚芽、胚根和子叶的轴，种子萌发后，胚轴可分为上胚轴和下胚轴。上胚轴是指子叶着生处到第一片真叶之间的距离；子叶出土的幼苗，其上胚轴不明显。下胚轴是指子叶着生处到第一侧根之间的距离；子叶留土的幼苗，其下胚轴不明显。水稻、小麦"种子"萌发时，下胚轴不伸长，只能形成子叶留土的幼苗类型。）

25. 错误之处：__子叶出土幼苗的种子播种可以稍深；而子叶留土幼苗的种子播种可以稍浅__ 改为：__子叶出土幼苗的种子播种可以稍浅；而子叶留土幼苗的种子播种可以稍深__

26. 错误之处：__绿色植物__ 改为：__种子植物__

（分析：裸子植物和被子植物都有种子，并以种子繁殖后代，它们合称为种子植物。种子是种子植物共有的器官，并非绿色植物的共有器官。）

27. 错误之处：__稻谷粒__ 改为：__把"稻谷粒"删除即可__

（分析：稻谷粒是由 1 个小穗上的 3 朵小花形成的，其中只有 1 朵正常发育，另外 2 朵退化仅剩下外稃。稻谷上的两枚谷壳分别为正常花的外稃和内稃，谷壳内的糙米就是由正常花的子房发育而成的颖果。稻谷的基部两侧各有一枚退化花的外稃。）

28. 错误之处：__胚中的子叶__　改为：__胚乳__

（分析：在小麦颖果中，胚所占的比例很小，胚乳则占很大的比例。因此，面粉主要是由小麦的胚乳加工而成的。）

29. 错误之处：__淀粉__　改为：__蛋白质__

（分析：水稻和小麦的糊粉层，是紧贴种皮的胚乳部分，细胞内富含蛋白质组成的糊粉粒。因此可以说，糊粉层是富含蛋白质的贮藏组织。）

30. 错误之处：__有胚乳__　改为：__无胚乳__

（分析：豆类植物的种子，都是双子叶无胚乳的种子，其胚乳已在种子的发育过程中被胚所吸收。种子成熟后，只有胚和种皮两部分，其中胚的子叶很肥厚，是食用的主要部分。）

31. 错误之处：__都必须__　改为：__并非都必须__

（分析：有些植物的种子成熟后，在适宜的环境条件下，能立即萌发；但也有些植物的种子，即使环境适宜，仍不能进入萌发阶段，而必须经过一定时间的休眠才能萌发。可见，不同种类植物的种子，休眠期的有无和休眠期的长短是不一样的。）

32. 错误之处：__胚芽__　改为：__胚根__

（分析：发育正常的种子，在适宜的条件下开始萌发。通常是胚根先突破种皮向下生长，形成主根，然后，胚芽突出种皮向上生长，伸出土面而形成茎和叶，逐渐形成幼苗。由于在种子萌发时，胚根一般比胚芽早发育，因此，从形态学角度来看，可将"胚根突破种皮"，农业生产中称为"露白"，叫作萌发。）

33. 错误之处：__胚柄；纹孔__　改为：__胚柄改为珠柄；纹孔改为珠孔__

（分析：胚珠发育为种子后，胚珠的珠柄发育为种柄，胚珠的珠孔发育为种孔。珠孔很小，不易看到。种子萌发时，通过珠孔吸收水分。）

34. 错误之处：__胚珠__　改为：__受精胚珠__

（分析：虽然通过无融合生殖，没有受精的胚珠也可以发育为种子，但这毕竟是少数的情况。在大多数情况下，胚珠必须经过受精作用，才能发育为种子，其中的受精卵发育为胚，受精极核发育为胚乳，珠被发育为种皮。因此，一般来讲，种子就是发育成熟的受精胚珠。）

35. 错误之处：__中果皮__　改为：__内果皮__

（分析：桃的内果皮主要由石细胞构成，很坚硬；中果皮则肉质化，为食用的主要部分。与桃相同类型的还有李、杏和梅等。）

36. 错误之处：__坚果__　改为：__颖果__

（分析：颖果的果皮与种皮合生不易分开，而坚果的果皮与种皮则为离生。）

37. 错误之处：__不是由子房__　改为：__不是单纯由子房__

（分析：假果的果实，除子房以外，大部分是花托、花萼或花冠，甚至是整个花序参与发育而成的。因此可以说：假果不是单纯由子房发育成熟的果实。）

（四）名词解释

1. 花粉植物：利用花药或花粉进行离体培养，使花粉粒进行多次分裂，产生出愈伤组织，并分化形成花粉胚，然后进一步发育成植株。这种植株因来自花粉粒，故称为花粉植物。花粉植物的染色体是单倍体的，经过人工或自然加倍后，就能产生正常开花结实的纯合二倍体植物。

2. 胚乳：在被子植物的种子中，通过精子与极核融合发育而来的营养组织；在裸子植物的种子中，直接由雌配子体发育而来的营养组织，统称为胚乳。胚乳为胚和幼苗在发育过程中提供营养。

3. 核型胚乳：主要特征是在胚乳发育的早期，核分裂时不伴随着细胞壁的形成，因此在胚乳发育过程中有一个游离核时期。核型胚乳形成的方式在单子叶植物和双子叶离瓣花植物中普遍存在，是被子植物中最普遍的胚乳形成方式。

4. 细胞型胚乳：主要特征是初生胚乳核的分裂伴随着细胞壁的形成，因此在胚乳发育早期没有游离核时期。这种方式主要见于双子叶合瓣花植物，如番茄、烟草和芝麻等中。

5. 沼生目型胚乳：主要特征是初生胚乳核在第一次分裂后，就将胚囊分割成不等的两部分。靠珠孔端部分，初生胚乳核进行若干次游离核分裂；合点端部分的核则保持不分裂或只产生少数游离核。这种方式主要见于沼生目植物中。

6. 外胚乳：在种子中由珠心发育来的营养组织，称为外胚乳。

7. 假种皮：包被在种皮之外，是由珠柄、胎座等部分发育来的。如荔枝、龙眼的肉质可食部分，是珠柄发育而来的假种皮。

8. 无融合生殖：有些植物不经过雌雄性细胞的融合（受精）而产生有胚的种子，这种现象称为无融合生殖。

9. 单倍体孤雌生殖：单倍体胚囊中的卵细胞不经过受精，直接发育为一个单倍体的胚，这种现象称为单倍体孤雌生殖。

10. 单倍体无配子生殖：单倍体胚囊中的助细胞或反足细胞不经过受精而发育成单倍体的胚，这种现象称为单倍体无配子生殖。

11. 二倍体孤雌生殖：在二倍体胚囊中，胚可以从未受精的卵直接形成，这种现象称为二倍体孤雌生殖。

12. 二倍体无配子生殖：在二倍体胚囊中，由助细胞或反足细胞不经过受精而发育为二倍体的胚。这种现象称为二倍体无配子生殖。

13. 不定胚：由珠心或珠被的细胞直接发育来的胚称为不定胚。

14. 多胚现象：一粒种子中具有两个或两个以上（或一个以上）的胚，就称为多胚现象。这种现象在柑橘类中普遍存在。

15. 盾片：禾谷类植物的外子叶发育不全，只有内子叶发育，着生于胚轴的一侧，形如盾状，称为盾片。

16. 上皮细胞：禾谷类植物的盾片与胚乳交界处有一层排列整齐的细胞，称为上皮细胞。种子萌发时，上皮细胞分泌酶类到胚乳中，把胚乳中贮藏的营养物质消化，然后吸收并转移到胚的生长部位供利用。

17. 浆果：一至数心皮构成，外果皮膜质，中果皮和内果皮及胎座均肉质化，如茄、番茄、葡萄等植物的果实。

18. 柑果：由复雌蕊形成，外果皮革质，有油囊；中果皮疏松，有维管束分布；中间隔成瓣的是内果皮，向内产生许多肉质多浆汁囊，是食用的主要部分，如柑、柚等芸香科植物的果实。

19. 瓠果：葫芦科植物特有，假果。花托与外果皮结合为坚硬的果壁，中果皮和内果皮肉质，胎座常很发达。

20. 梨果：由杯状花托和子房愈合一起发育而成的假果。花托形成的果壁与外果皮及中果皮均肉质化，内果皮纸质或革质化，如梨、苹果、枇杷等。

21. 核果：由1至多心皮构成，种子常1粒，内果皮坚硬，包于种子之外，构成果核，有的中果皮肉质，为主要食用部分，如桃、李、杏等。

22. 荚果：由单雌蕊发育而成。成熟后，沿腹缝线和背缝线裂开，如大豆、豌豆等。但花生的荚果并不裂开。

23. 蓇葖果：是由单雌蕊发育而成的果实，成熟时，沿腹缝线开裂（如毛茛科的牡丹和飞燕草等）或背缝线开裂（如木兰科的木兰和辛夷等）。

24. 角果：由两心皮组成，具假隔膜。成熟后，果皮从两个腹缝线裂成两片而脱落，只留住中间的假隔膜，十字花科植物的果实属此类型。其中油菜、萝卜为长角果，荠菜为短角果。

25. 蒴果：由复雌蕊构成的果实，成熟时有各种裂开的方式，如棉、百合、烟草、牵牛等植物的果实。

26. 瘦果：常由1至3心皮构成，种子1粒，如向日葵由2心皮组成；荞麦由3心皮组成。

27. 坚果：由2至多个心皮构成，果皮坚硬，1室，内含1粒种子，如板栗和栓皮栎等壳斗科植物的果实。

28. 颖果：特指禾谷类植物的果实，由2至3心皮构成，1粒种子，其果皮与种皮愈合不易分开。谷粒去壳后的糙米和麦粒与玉米粒均是颖果。

29. 翅果：果皮伸长成翅，如三角枫、山黄麻、榆树和槭树等植物的果实。

30. 分果：2个或2个以上的心皮组成，每室含1粒种子，成熟时，各心皮沿中轴分开，如胡萝卜、芹菜等伞形花科植物的果实。

31. 聚合果：是由一朵花中多数离生雌蕊发育而成的果实，许多小果聚生在花托上。分多种类型如草莓为聚合瘦果，悬钩子是聚合核果；八角、白玉兰为聚合蓇葖果；莲为聚合坚果。

32. 复果：是由整个花序形成的果实。如凤梨、桑葚和无花果等。

33. 假果：有些植物的果实，除子房以外，大部分是花托、花萼、花冠，甚至是整个花序参与发育而成的，如梨、苹果、瓜类、菠萝等的果实，这类果实称为假果。

34. 真果：由子房发育而成的果实称为真果。如水稻、小麦、玉米、棉花、花生、柑橘、桃、茶的果实。

35. 单性结实：有一些植物，子房可以不经过受精作用直接发育为果实，这种现象叫单性结实。单性结实的果实里不含种子，也称为无籽果实。

36. 营养性单性结实：子房不经过传粉或任何其他刺激，便可形成无籽果实，称营养性单性结实，如香蕉、葡萄和柑橘等某些品种的单性结实。营养性单性结实也称为天然单性结实。

37. 刺激性单性结实：子房必须经过一定刺激才能形成无籽果实，称为刺激性单性结实，如低温和高光强度可以诱导番茄产生无籽果实；用GA（赤霉素）浸葡萄花序也可以诱导单性结实。刺激性单性结实也称诱导单性结实。

（五）填图题

1. 图8-1各部分的名称如下：
   1. 胚根   2. 胚轴   3. 胚芽   4. 子叶
   5. 种皮   6. 种孔   7. 种脐

2. 图8-2各部分的名称如下：
   1. 种阜   2. 种皮   3. 子叶   4. 胚乳
   5. 胚轴   6. 胚根

3. 图8-3各部分的名称如下：
   1. 胚乳   2. 胚   3. 果皮和种皮的愈合层   4. 糊粉层
   5. 淀粉贮藏细胞   6. 盾片   7. 胚芽鞘   8. 幼叶
   9. 幼叶   10. 胚芽生长点   11. 外胚叶   12. 胚轴   13. 胚根
   14. 胚根鞘

（六）分析和问答题

1. 双受精后的一朵花有哪些变化？

双受精后，花的各部分发生了很大变化。花冠、花萼（或宿存）、雄蕊和雌蕊的柱头和花柱等各部分逐渐枯萎脱落，而雌蕊的子房则迅速生长，逐渐发育成果实，而子房内的胚珠发育成种子。胚囊内受精卵发育成胚，受精极核（初生胚乳核）发育成胚乳，而珠被发育成种皮，珠心组织或被胚和胚乳所吸收而消失，或发育为外胚乳。

2. 以荠菜为例，叙述双子叶植物胚的发育过程。

荠菜合子第一次分裂为不均等横裂，形成两个大小极不相等的细胞，近胚囊中央的一个较小，称顶细胞，近珠孔端的一个较大，叫基细胞。基细胞经过多次横分裂，形成单列多细胞的胚柄，近胚体的一个胚柄细胞，称胚根原细胞，以后，由它产生根皮层、根表皮和根冠。顶细胞经三次分裂后，形成八分体，八分体的八个细胞再进行平周分裂，形成内外两层，外层细胞衍生为原表皮，内层细胞产生原形成层和基本分生组织，使胚体呈球形。球形胚进一步发育，在顶端两侧分化出子叶原基，胚变成心脏形。随着胚轴和子叶的延伸，在子叶之间分化出茎的生长锥，在胚轴下端分化出根的生长点，此时，胚呈鱼雷形。由于子叶继续伸长并顺着胚囊弯曲，形成马蹄形的胚。最后，各部分继续发育至成熟，成熟胚具备了胚芽、胚根、胚轴和两片子叶。

3. 以小麦为例叙述禾谷类植物胚的发育过程。

小麦合子第一次分裂为倾斜的不均等分裂，形成大小不等的两个细胞，近胚囊中央的一个较小，称顶细胞，近珠孔端的一个较大，叫基细胞。接着，基细胞和顶细胞各再分裂一次，形成4个细胞的原胚。原胚细胞经分裂，胚扩大成倒梨形。接着，在胚的中上部一侧出现了一个凹沟，使胚的两侧出现不对称状态。凹沟上面部分及凹沟相对一侧的部分细胞（顶端区），将来分化形成盾片的主要部分和胚芽鞘的大部分。凹沟的下面，即胚的中间部分（器官形成区），将来形成胚芽鞘的其余部分以及胚芽、胚轴、胚根、胚根鞘和外子叶等。而凹沟的基部（胚柄细胞区），则主要形成盾片的下部和胚柄。最后胚的各部分分化完成，成熟胚具备了盾片、胚芽鞘、胚芽、胚轴、胚根、胚根鞘、外子叶和胚柄等部分。

4. 何谓无融合生殖？无融合生殖有哪些情况？

有些植物可以不经过雌雄性细胞的融合（受精）而产生有胚的种子，这种现象称为无融合生殖。有如下几种情况：

（1）孤雌生殖：由单倍体胚囊中的卵细胞不经过受精直接发育为一个单倍体的胚。

（2）单倍体无配子生殖：由单倍体胚囊中的助细胞或反足细胞不经过受精，直接发育为单倍体的胚。

（3）二倍体孤雌生殖：由二倍体胚囊中的卵细胞不经过受精而发育为二倍体的胚。

（4）二倍体无配子生殖：由二倍体胚囊中的助细胞或反足细胞不经过受精作用而发育为二倍体的胚。

（5）不定胚：通常由珠心或珠被的细胞直接发育而来。这些细胞最后侵入胚囊，与合子胚同时发育，形成一个或数个胚，这种胚称为不定胚。

5. 何谓多胚现象？多胚现象可由哪些原因引起？

一粒种子中具有两个或两个以上（或一个以上）的胚，就称为多胚现象。多胚现象的原因可以综合为以下几方面：

（1）由珠心或珠被细胞分裂并伸入胚囊形成不定胚。

（2）胚囊中卵以外的其他细胞（常为助细胞）发育为胚。

（3）产生裂生多胚现象，即一个受精卵分裂成2个或多个独立的胚。

（4）胚珠中具有两个或两个以上胚囊形成多个胚。

6. 比较禾谷类植物胚与双子叶植物胚的发育。

相同点：都经历了原胚和胚的分化两个发育阶段，原胚之前的细胞分裂基本上一样。

主要区别如下：

双子叶植物胚的发育，从形态上的变化来看，大体上可分为球形胚期、心形胚期、鱼雷胚期和成熟胚期，从心形胚期起，开始出现器官的分化，到胚成熟时，具有两片发育完全的子叶。

禾谷类植物胚的发育从形态上的变化来看，大体上可分为梨形胚期、不对称胚期和成熟胚期，从不对称胚期起，开始出现器官的分化，到胚成熟时，只有一片发育完全的子叶。

7. 比较胚乳与外胚乳。

相同点：都是营养组织，都可以为胚的发育提供营养物质。

不同点：胚乳是由受精极核发育来的，细胞的染色体通常是三倍体的。外胚乳是由珠心组织发育来的，细胞的染色体通常是二倍体的。

8. 区别花粉胚与合子胚。

花粉胚通常是由花粉粒经过组织培养发育而来的，其染色体是单倍的，变异性小，由它发育所形成的植物体不能正常开花结实。

合子胚是由受精卵发育来的，其染色体是二倍的，变异性大，由它发育所形成的植物体能正常开花结实。

9. 比较蓖麻种子与蚕豆种子。

相同点：都有两片子叶。

不同点：蓖麻种子有两层种皮，有胚乳，子叶薄片状。蚕豆种子只有一层种皮，无胚乳，子叶肥厚。

10. 区别谷粒与麦粒。

谷粒是由水稻的一个小穗发育而成的，主要部分除颖果（糙米）外，还有谷壳（内稃和外稃）以及两枚退化花的外稃等部分。麦粒是由子房发育而成的颖果，不含其他结构。

11. 区别单性结实与无融合生殖。

单性结实是指某些植物的子房不经过受精直接发育成果实的现象，单性结实所产生的果实必然是无籽果实。

无融合生殖是指某些植物不经过受精也能产生有胚的种子的现象，发生过无融合生殖的果实，一般都是有籽果实。

12. 区别单果、聚合果和聚花果。

单果是一朵花中只有一个雌蕊形成一个果实，依据果实成熟时果皮的性质，可分为肉质果和干果两类。

聚合果是由一花内若干离生心皮雌蕊聚生在花托上发育而成的果实，每一离生雌蕊形成一单果（小果），根据聚合果中的小果种类，又可分为聚合瘦果（草莓）、聚合核果（悬钩子）、聚合蓇葖果（八角）和聚合坚果（莲）等。

聚花果也称为复果，是由整个花序形成的果实，如凤梨、桑葚和无花果等。

13. 被子植物的种子有哪些类型？分别举一些例子。

被子植物的种子根据胚中子叶数和种子内胚乳的有无，可分为以下四种类型：

（1）双子叶植物有胚乳种子，如蓖麻、番茄、烟草、辣椒、茄等植物的种子。

（2）双子叶植物无胚乳种子，如棉、茶、瓜类、柑橘类、豆类等植物的种子。

（3）单子叶植物有胚乳种子，如洋葱种子，水稻、小麦、大麦、高粱、玉米等禾谷类植物的"种子"。

（4）单子叶植物无胚乳种子，如眼子菜、慈姑、泽泻等植物的种子。

14. 举例说明在被子植物种子发育过程中有哪些同功不同源的表现？

（1）胚乳和外胚乳同为胚发育所需的营养物质，其中胚乳由受精极核发育而来，外胚乳由珠心发育而来，二者同功不同源。

（2）合子胚、珠心珠和珠被胚都可以发育为二倍体植物，它们分别由受精卵、珠心组织和珠被组织发育而来，也属同功不同源。

（3）在单倍体胚囊中，不经受精作用直接发育而成的助细胞胚、卵细胞胚和反足细胞胚等都可以发育为单倍体植物。它们分别由助细胞、卵细胞和反足细胞不经受精作用直接发育而来，也属于同功不同源。

15. 幼苗可分为哪两种类型？各是如何形成的？分别举一些例子。

根据种子萌发时子叶所处的位置，可将幼苗分为子叶出土幼苗和子叶留土幼苗两大类。

子叶出土幼苗是由于种子在萌发形成幼苗的过程中，上胚轴暂不伸长或伸长较慢，而下胚轴生长较快，将子叶和胚芽推出土面而形成的。双子叶植物如大豆、菜豆、油菜、萝卜、向日葵、蓖麻、棉花和瓜类的种子，它们萌发时均形成子叶出土幼苗。单子叶植物中，也有子叶出土的，如洋葱等植物。

子叶留土幼苗是由于种子在萌发形成幼苗的过程中，仅子叶以上的上胚轴伸长生长，连同胚芽向上伸出土面，形成植物的茎叶系统。下胚轴不伸长或伸长极其有限，而使子叶留在土中而形成的。双子叶植物如蚕豆、豌豆、柑橘、荔枝、核桃、三叶橡胶的种子，以及单子叶植物的水稻、小麦、玉米等禾谷类的"种子"，它们萌发时均形成子叶留土幼苗。

第九章
植物界的基本类群与演化

一、学习要点和目的要求

1. 植物分类的基础知识

（1）植物分类的方法：掌握人为分类法和自然分类法的概念及所形成的分类系统的依据。

（2）植物分类的各级单位：掌握植物分类常用的各级单位。掌握种和品种的含义。理解亚种、变种和变型的含义。

（3）植物的命名法则：掌握植物的命名法则。掌握学名概念及双名法和三名法的构成。

（4）植物检索表的编制与应用：掌握植物检索表的编排方式及其应用。

2. 植物界的基本类群

掌握低等植物和高等植物的特征。

（1）藻类植物：掌握藻类植物的基本特征。掌握藻类分门的依据。掌握蓝藻门、绿藻门、红藻门和褐藻门重要代表植物的形态特征。理解上述四个门重要代表植物的繁殖方式及应用价值。理解裸藻门和金藻门代表植物的形态特征。

（2）菌类植物：掌握菌类植物的基本特征。掌握真菌门代表植物的形态特征。理解真菌门各纲代表植物的繁殖方式及应用价值。理解细菌和黏菌的形态特征。

（3）地衣植物：掌握地衣的概念和构造特点。理解地衣的基本形态类型、繁殖方式、代表植物及应用价值。

（4）苔藓植物：掌握苔藓植物的一般特征。掌握地钱和葫芦藓的繁殖方式、生活史以及孢子体和配子体的形态构造。掌握苔纲和藓纲的区别。了解苔藓植物在自然界中的分布和作用。

（5）蕨类植物：掌握蕨类植物的一般特征。掌握真蕨纲代表植物的生活史和世代交替。掌握蕨类植物孢子体和配子体的形态构造。掌握各纲一些常见的蕨类植物及其经济价值。了解蕨类植物在自然界中的分布和作用。

（6）裸子植物：掌握种子植物的特征。掌握种子形成的意义。掌握花粉管形成的意义。掌握裸子植物的一般特征。掌握松属等代表植物的生活史。掌握各纲一些常见的植物及其经济价值。

（7）被子植物：掌握被子植物的一般特征。掌握生活史和世代交替。理解小麦、油菜等代表植物的生活史。理解被子植物分类的一般原则。理解被子植物的经济利用。

3. 植物界的发生和演化

（1）细菌和蓝藻的发生和演化：理解细菌和蓝藻的发生年代及演化过程。

（2）真核藻类的发生和演化：理解真核藻类的发生年代及演化过程。

（3）黏菌和真菌的发生和演化：理解黏菌和真菌的发生年代及演化过程。

（4）苔藓和蕨类植物的发生和演化：理解裸蕨和苔藓植物的发生年代及适应陆地生活的特征。理解蕨类植物大发展的年代及发展的三个方向。理解石松类、木贼类和真蕨类植物的演化历史及适应陆地生活的特征。

（5）裸子植物的发生和演化：理解裸子植物发生的年代。掌握裸子植物适应陆地生活的特征。

（6）被子植物的发生和演化：理解被子植物起源的时间和发源地。理解有关被子植物祖先问题的多元论、二元论和单元论学说。理解单子叶植物的起源问题。掌握植物界的演化规律和演化路线。

二、学 习 方 法

本章主要介绍植物界的基本类群与演化，通过学习，要能够从形态上区分植物界的各大类群，要能够认识各大类群中的一些重要的代表植物，要懂得植物界的一般演化规律，从而在今后的学习和工作中，能够根据植物的演化发展规律去科学地认识植物，利用植物和改造植物。学习中，依然可采取下面的方法，并互相联系、穿插运用。

（一）表解法

利用表解法既能对重要的知识内容进行归纳总结，又能对植物体主要的形态结构特征进行分析比较。通过列表归纳总结和分析比较，不仅能使所学的知识内容清晰明了，而且更易于理解和掌握。举例如下：

1. 表解植物界的基本类群及其分类

植物界可分为七个基本类群，包括藻类、菌类、地衣、苔藓、蕨类、裸子植物和被子植物。其中，前5类用孢子进行繁殖，也称为孢子植物，由于不开花，不结果，也称为隐花植物；而后2类用种子繁殖，能开花结果，所以称为种子植物或显花植物。苔藓、蕨类和裸子植物具有颈卵器，也称为颈卵器植物。也有把具有维管系统的蕨类、裸子植物和被子植物称为维管植物；把藻类植物、菌类植物、地衣植物和苔藓植物称为非维管植物。藻类、菌类和地衣合称为低等植物；苔藓、蕨类、裸子植物和被子植物合称为高等植物。低等植物不形成胚，故又称为无胚植物。高等植物的合子在母体内发育成胚，故又称为有胚植物。现把植物界的基本类群及其分类表解见表9-1。

表 9-1　植物界的类群及其分类

植物界						植物界
植物界	孢子植物（隐花植物）	蓝藻门	藻类植物	非维管植物	低等植物（无胚植物）	植物界
		裸藻门				
		绿藻门				
		金藻门				
		甲藻门				
		红藻门				
		褐藻门				
		细菌门	菌类植物			
		黏菌门				
		真菌门				
		地衣植物门				
		苔藓植物门	颈卵器植物	维管植物	高等植物（有胚植物）	
		蕨类植物门				
	种子植物（显花植物）	裸子植物门				
		被子植物门				

2. 利用植物分类检索表，检索藻类植物各门之间的区别特征

藻类各门之间有许多可供区别的特征，这些特征可利用植物分类检索表的方式，采用对比的方法，逐步排列，进行分类，制成一个藻类植物的分门检索表。通过检索表的应用，不仅可以检索到具体某一门所在的位置，而且在检索过程中，该门所具有的一些可供区别的特征一览无遗（表9-2）。

表 9-2　藻类植物分门检索表

1. 原核生物 ··· 蓝藻门
1. 真核生物
2. 植物体为单细胞，无细胞壁，具鞭毛、能游动 ······································ 裸藻门
2. 植物体为单细胞、群体或多细胞个体，绝大多数有细胞壁
3. 细胞内含有与高等植物相同的色素，贮藏物质为淀粉 ························· 绿藻门
3. 细胞内含有与高等植物不同的色素，贮藏物质不是真正的淀粉
4. 细胞内含有叶绿素 a、d、藻红素等，贮藏物质为红藻淀粉 ················· 红藻门
4. 细胞内含有叶绿素 a、c
5. 植物体无单细胞和群体类型，通常为大型海藻，细胞内除含有叶绿素 a、c 外还有岩藻黄素，呈褐色，贮藏物质为海带多糖和甘露醇 ·· 褐藻门
5. 多为单细胞个体，细胞内含有较多的叶黄素
6. 细胞壁常呈套合的两半，有些种类为无隔多核的分枝丝状体或球状体，贮藏物质为金藻淀粉和油 ·· 金藻门
6. 植物体常为具花纹的甲片相连而成，贮藏物质为淀粉和脂肪 ······································ 甲藻门

3. 表解藻类各门的主要特征和代表植物

藻类根据它们含有的色素、植物体细胞结构、贮藏的养料、繁殖方式等不同，可分为蓝藻门、绿藻门、裸藻门、金藻门、甲藻门、褐藻门和红藻门等七门，现把各门的主要特征和代表植物表解见表9-3。

表 9-3 藻类植物各门的主要特征和代表植物

门	形态	主要色素	贮藏物质	繁殖方式	代表植物
蓝藻门	单细胞、群体、丝状体	叶绿素 a、藻蓝素	蓝藻淀粉	营养繁殖，无性生殖	颤藻、念珠藻、鱼腥藻等
绿藻门	单细胞、群体、丝状体	叶绿素 a 和 b、胡萝卜素、叶黄素	淀粉和油	营养繁殖，无性生殖，有性生殖	衣藻、水绵、轮藻、团藻
裸藻门	单细胞	叶绿素 a 和 b、胡萝卜素、叶黄素	裸藻淀粉和脂肪	以细胞纵裂行营养繁殖	裸藻
金藻门	单细胞、群体、丝状体	叶绿素 a 和 c、胡萝卜素、叶黄素	脂肪、油、金藻淀粉	营养繁殖，无性生殖，有性生殖	无隔藻、硅藻
甲藻门	多为单细胞，少为群体和丝状体	叶绿素 a 和 c、胡萝卜素及几种特有色素	淀粉，有时为脂肪	以细胞分裂及产生无性孢子进行	多甲藻、角甲藻
褐藻门	大型带状或分枝的丝状体	叶绿素 a 和 c、胡萝卜素、叶黄素	褐藻淀粉、甘露醇	营养繁殖，无性生殖，有性生殖	海带、海蒿子、马尾藻
红藻门	丝状、片状、树状或其他形状	叶绿素 a 和 d、藻红素、胡萝卜素、叶黄素等	红藻淀粉	无性生殖、有性生殖	紫菜、石花菜、鹧鸪菜

4. 列表比较苔藓、蕨类和种子植物的主要特征

苔藓、蕨类和种子植物都属于高等植物，它们之间有相同点，也有不同点，现从孢子体、主要繁殖方式、配子体、有性生殖结构和受精方式等方面对上述类群进行比较（表 9-4）。

表 9-4 苔藓、蕨类和种子植物主要特征比较表

比较内容	苔藓植物	蕨类植物	种子植物
孢子体	孢子体不能独立生活，只能寄生于配子体上；无维管组织；无形成层	孢子体发达，具根、茎、叶的分化，能独立生活；有维管组织；无形成层	孢子体极其发达，具根、茎、叶的分化；有维管组织；裸子植物和双子叶植物有形成层
孢子叶球	无孢子叶球，仅具孢子囊（孢蒴）	有或无孢子叶球	裸子植物有大、小孢子叶球（或称雌球花或雄球花）。被子植物有真正的花
子房与胚珠	无子房与胚珠	无子房与胚珠	裸子植物胚珠裸露，无子房包被。被子植物胚珠包被在子房内
主要繁殖方式	孢子繁殖	孢子繁殖	种子繁殖

(续)

比较内容	苔藓植物	蕨类植物	种子植物
配子体	配子体发达，为叶状体或具假根和类似茎、叶分化的植物体	配子体又称为原叶体，具假根，能独立生活	配子体极其简化，不能独立生活，只能寄居在孢子体内
有性生殖结构	雌、雄性生殖结构为颈卵器和精子器	雌、雄性生殖结构为颈卵器和精子器	裸子植物雌性生殖结构为颈卵器；被子植物为卵器。两者都不产生精子器
受精方式	精子有鞭毛，能游动，受精时依赖于水，无双受精现象	精子有鞭毛，能游动，受精时依赖于水，无双受精现象	进化上较原始的裸子植物（苏铁纲和银杏纲）的精子具鞭毛，能游动。被子植物的精子无鞭毛，不能游动。两者在受精时都形成花粉管输送精子。仅被子植物为双受精

（三）实验法

在实验过程中，通过对各代表植物的观察，不仅可以明确各类群的特征，而且可以从形态上区分藻类、菌类、地衣、苔藓、蕨类、裸子植物和被子植物。届时，应注意以下要点，并与学习方法中的表解法、图解法等结合起来，以求达到更佳的学习效果：

（1）藻类各门代表植物的主要特征，对照表9-3所列的内容进行观察和比较。

（2）真菌各纲代表植物的形态特征，注意它们的联系和区别。

（3）地衣的形态和结构，注意共生体中真菌和藻类的形态特征。

（4）苔藓植物中苔纲和藓纲代表植物配子体和孢子体的形态结构特征。

（5）蕨类植物中真蕨纲代表植物孢子体和配子体的形态结构特征，并结合教学实践课到野外观察认识一些常见的蕨类植物。

（6）裸子植物中松柏纲代表植物孢子体和配子体的形态结构特征，并结合教学实践课到野外观察认识一些常见的裸子植物。

（7）被子植物的形态结构特征已在植物形态学实验中重点观察，对被子植物各科代表植物的认识主要在分类实践课中进行，届时应倍加关注。

（四）图解法

在本章的学习过程中，需要看懂书中各类群代表植物的形态、结构和生活史图例，并与学习方法中的表解法、实验法等结合起来，这是牢固掌握知识必不可少的。本章的图例主要有以下两种类型：

1. 各类群代表植物的形态结构图例

它们不仅体现出该类群所具备的一些形态结构特征，而且还体现了植物界形态结构特征的演化特点。举例如下：

（1）在藻类中，代表单细胞形态的有蓝藻门的色球藻；裸藻门的裸藻；绿藻门的衣藻、小球藻和绿球藻；金藻门的硅藻等。代表非丝状群体的有绿藻门的实球藻和团藻等。代表丝状体的有蓝藻门的颤藻、念珠藻、鱼腥藻和螺旋藻等；

绿藻门的水绵和双星藻等。代表形态和构造上较为进化的有绿藻门的轮藻、红藻门的紫菜、褐藻门的海带等。

（2）从苔藓植物到被子植物，孢子体的形态结构发生了很大变化。在苔藓植物中，孢子体寄生于配子体上，形态很小，结构很简单；蕨类植物的孢子体有了根、茎、叶的分化，但植株还比较矮小；裸子植物的孢子体则高度发达，大多具有庞大的根、茎、叶系统；到了被子植物，则形态更加多样化，结构更加复杂化。

（3）从苔藓植物到被子植物，配子体的形态结构同样发生了很大的变化。在苔藓植物中，配子体为营养体；蕨类植物的配子体已退化为形态很小的原叶体；裸子植物的配子体则进一步退化，其中的雄配子体退化为不能独立生活的花粉，雌配子体则退化为不能独立生活的颈卵器和胚乳；被子植物的雄配子体也退化为不能独立生活的花粉，雌配子体则退化为不能独立生活的胚囊。

综上所述，植物界的演化趋势正是朝着从单细胞到群体再到多细胞植物体；从简单到复杂；从配子体越来越简化，而孢子体越来越复杂的方向发展的。

2. 各类群代表植物的生活史图例

它们的生活史类型不仅体现出该类群的生活历程，而且还体现了植物界生活史类型的演化特点。生活史图例主要有以下几种类型：

（1）生活史中没有发生有性生殖，因而也就没有减数分裂的发生和核相的变化，如藻类植物中的蓝藻和裸藻。

（2）生活史中具有有性生殖，由于有性生殖的出现，生活史中必然有减数分裂的发生和核相的变化。根据减数分裂发生的时间不同，可分为以下三种类型：①减数分裂在合子萌发时发生。生活史中只有一种单倍体植物，合子是生活史中唯一的二倍体阶段，如藻类植物中的衣藻、水绵和轮藻。②减数分裂在配子囊形成配子时发生。生活史中只有一种二倍体植物，配子是生活史中唯一的单倍体阶段，如藻类植物中的硅藻。③减数分裂在孢子囊形成孢子时进行。生活史中出现了世代交替，即出现了两种或三种植物体，即单倍体植物和二倍体植物进行世代交替的现象。由孢子萌发形成单倍体植物，单倍体植物进行有性生殖产生合子，合子萌发形成一个二倍体植物，二倍体植物进行无性生殖产生孢子。从合子开始到减数分裂发生之前，这段时期为二倍体世代，也称为无性世代；从减数分裂后形成孢子开始一直到配子形成，这一时期为单倍体世代，也称为有性世代。

世代交替可分为同型世代交替和异型世代交替。在生活史中，如果孢子体和配子体植物在形态构造上基本相同，称为同型世代交替，如绿藻门中的石莼属植物；如果孢子体和配子体植物在形态构造上显著不同，称为异型世代交替。在异型世代交替的生活史中，有一类是孢子体占优势，如低等植物中的海带以及高等植物中的蕨类植物、裸子植物和被子植物。另一类是配子体占优势，如低等植物中的甘紫菜以及高等植物中的苔藓植物。

在世代交替的生活史类型中，同型世代交替在进化上较为低级，异型世代交替则较为高级。在异型世代交替的种类中，孢子体占优势的种类比配子体占优势的种类进化。

三、练 习 题

（一）填空题

1. 植物种的学名是用_____法命名的，一个完整的学名由_____、_____和_____构成，用_____文表示。
2. 分类学上常用的各级单位依次是_____。
3. 蓝藻的原生质体不分化为_____和_____，而分化为_____和_____两部分，其中色素含在_____部分。
4. 颤藻属主要以_____进行营养繁殖。
5. 衣藻属植物有两条等长的鞭毛，一枚_____状叶绿体，内有_____个核。色素以_____和_____为最多。贮藏的养料主要有_____和_____。
6. 水绵叶绿体为_____状，水绵有性生殖为_____，此种生殖方式有_____和_____两种。
7. 轮藻的有性生殖方式为_____，其雌雄生殖器官分别称为_____和_____。
8. 硅藻细胞壁由上下两个_____套合组成，壁的主要成分是_____。硅藻的繁殖最主要的是进行_____和形成复大孢子，复大孢子的产生，一般都是和_____生殖相联系，作用在于_____。
9. 硅藻的生活史中有一种植物体出现，为_____倍体，是_____减数分裂，具_____交替。
10. 紫菜的生活史中有_____和_____两种植物体，减数分裂发生在_____。
11. 藻类植物中具有世代交替类型的有_____、_____和_____等。
12. 大多数真核藻类都具有性生殖，有性生殖是沿着由_____生殖、_____生殖到_____生殖的方向演化。
13. 写出以下藻类各门的一些代表植物（属名）：
    蓝藻门_____、_____；绿藻门_____、_____、_____；
    红藻门_____、_____；褐藻门_____、_____。
14. 细菌的形态通常有三种类型，即_____、_____和_____。
15. 黏菌生活史的植物性时期产生具_____细胞壁的孢子，动物性时期为_____体；如_____属，它的营养体是一团_____。
16. 低等植物中具有动植物的特点的有_____门和_____门的植物。
17. 真菌的有性孢子有_____、_____和_____等；无性孢子有_____、_____和_____等。
18. 匍枝根霉菌丝体的形态分为_____，_____和_____三部分。
19. 子囊菌的子实体又称为_____，它可分为_____，_____与_____三种类型。而高等担子菌的子实体又称为_____。

20. 匍枝根霉属于_____纲，青霉菌属于_____纲，银耳属于_____纲。

21. 在有性生殖时子囊菌产生_____孢子，担子菌产生_____孢子。

22. 地衣是_____与_____共生的植物，根据外形分为_____、_____和_____三种类型，根据内部构造分为_____、_____两种类型。

23. 地衣中共生的真菌绝大多数为_____，少数为_____，共生的藻类主要是_____和_____。

24. 叶状地衣的植物体从横切面观察，可分为_____、_____、_____和_____四层，这种结构类型是属于异层地衣；而在同层地衣中，则无_____和_____的区别。

25. 地钱是雌雄_____植物，葫芦藓是雌雄_____植物，它们的孢子体均由_____，_____，_____三部分组成。

26. 苔藓植物的假根由单细胞或单列细胞所组成，其中苔纲植物的假根为_____，藓纲植物的假根为_____。

27. 指出下列植物在生活史中有无世代交替：
    衣藻_____；水绵_____；石莼_____；轮藻_____；地钱_____。

28. 苔藓植物与蕨类植物的雌性生殖器官相似，皆称为_____植物。蕨类植物已有_____，_____，_____器官的分化；组织结构上有_____的分化；生活史中具有两种独立生活的植物体，即_____和_____。

29. 蕨类植物通常分为五纲，即_____纲、_____纲、_____纲、_____纲与_____纲。裸子植物门也通常分为五纲，即_____纲、_____纲、_____纲、_____纲与_____纲。

30. 苔藓植物的生活史以_____发达，_____劣势，_____寄生在_____上为显著特征，另一个特征是孢子萌发先形成_____。苔藓植物体内由于没有真正的_____，同时精子有_____，受精时离不开_____的媒介，所以这一类群植物未能得到发展，在系统演化主干上只能是一个_____。苔藓植物通常分为二纲，即_____与_____。也可分为三纲，即_____、_____与_____。

31. 蕨类植物中种类最多，最繁茂、最进化的纲是_____纲，其代表植物有_____、_____、_____和_____等。

32. 蕨类植物的叶根据形态不同分为_____和_____，根据作用不同又分为_____和_____。

33. 裸子植物的种子是由三个世代的产物组成的。即胚是_____，胚乳是_____，种皮是_____。

34. 裸子植物中，颈卵器消失或退化、精子无鞭毛的植物是_____纲的植物。

三、练 习 题

35. 裸子植物胚乳的染色体数为_____。被子植物胚乳的染色体数为_____。

36. 写出下列植物的系统位置：
    ①银杏：_____科_____纲；②水松：_____科_____纲；
    ③水杉：_____科_____纲；④银杉：_____科_____纲；
    ⑤竹柏：_____科_____纲；⑥麻黄：_____科_____纲。

37. 马尾松成熟的雄配子体有4个细胞，其中有2个是_____细胞，还有1个_____细胞和1个_____细胞。

38. 在高等植物中，_____植物、_____植物和_____植物具有维管组织，_____植物和_____植物具有花粉管，_____植物具有果实。

39. 在高等植物中，孢子体和配子体的生活方式有不同类型：孢子体寄生配子体上是_____植物；配子体寄生在孢子体上的是_____植物，二者都能独立生活的是_____植物。

40. 完成下列植物界分"类群"检索表：
    (1) 植物体无根、茎、叶的分化，无维管束，无胚。…………… (2)
    (1) 植物体绝大多数有根、茎、叶的分化，有维管组织（除苔藓外），有胚。…………… (4)
    (2) 植物体为藻类和真菌所组成的共生体。…………… (　　)
    (2) 植物体不为藻类和真菌所组成的共生体。…………… (3)
    (3) 植物体内有叶绿素或其他色素，生活方式为自养。……… (　　)
    (3) 植物体内无叶绿素或其他色素，生活方式为异养。……… (　　)
    (4) 植物体为叶状体或有类似茎、叶的分化，无真根，无维管束。
        …………… (　　)
    (4) 植物体有真正根、茎、叶的分化，有维管束。…………… (5)
    (5) 植物无种子，以孢子繁殖。…………… (　　)
    (5) 植物有种子，以种子繁殖。…………… (　　)

41. 种子植物中由孢子形成的植物体叫_____，由雌雄配子结合后所形成的植物体叫_____。

42. 写出下列植物常见的植物体（营养体）是孢子体还是配子体：石莼_____；紫菜_____；海带_____；地钱_____；肾蕨_____；银杏_____；花生_____。

43. 因为苔藓、蕨类、裸子植物三者都有_____，所以三者合称_____植物；因为裸子植物和被子植物二者都有_____，所以二者合称_____植物；上述四类植物又可合称_____植物。

44. 我国一级保护的特产珍稀裸子植物是_____和_____等。

45. 裸子植物中只有_____科和_____科的精子具鞭毛，反映出它们对水的依赖性较其他裸子植物强。

46. 裸子植物的_____是裸露的，传粉时花粉直达_____；雌配子体包含_____和_____两部分；多数种类木质部中输导水分的是_____，韧皮部中输导有机物质的是_____。

47. 种子植物的大孢子叶在银杏纲称为_____，在松柏纲称为_____，在被子植物则称为_____。

48. 松属植物的小孢子叶球着生于当年新枝的_____，大孢子叶球着生当年新枝的_____，小孢子叶的背面有一对_____；大孢子叶（珠鳞）的基部近轴面着生2个_____。

49. 在松、杉、柏三个科中，_____科的特征介于_____科和_____科之间，如苞鳞与珠鳞在_____科是完全分离的，在_____科则完全结合，而在_____科则不完全结合。

50. 松柏纲是现代裸子植物中数目最多，分布最广的类群，它分为四个科，即_____、_____、_____和_____。

51. 大多数被子植物的一个小孢子母细胞可以产生_____个小孢子，并进而形成_____个精子。一个大孢子母细胞可以产生_____个大孢子，并进而形成_____个卵。

52. 被子植物生活史中，从_____开始到_____止，是二倍体阶段；从_____到_____止，是单倍体阶段。

53. 被子植物生活史存在二个基本阶段即_____阶段和_____阶段。其中_____阶段占整个生活史的优势，_____只是附属在_____上生存。

54. 被子植物细胞的减数分裂在植物的生活史中发生_____次，发生的场所是在_____和_____里面。

55. 就生活史而言，被子植物的孢子体比裸子植物的更_____，而配子体更_____。

56. 地球上最原始、最古老的植物类群是_____和_____。

57. 植物繁殖方式的演化方向是从_____到_____再到_____。

58. 苔藓植物的起源目前有两种观点，一种观点认为起源于_____，另一种观点认为起源于_____。

59. 一般认为蕨类植物是由_____植物分三条路线发展进化来的，其中一条是_____路线，再一条是_____路线，另一条是_____路线。

60. 不少学者认为，苔藓和蕨类并没有直接的亲缘关系，它们都由_____起源，并沿两条道路发展：苔藓植物沿着_____的方向进化，蕨类植物则沿着_____的方向进化。

61. 根据植物体的特征及孢子叶球的形态和组成等，人们推断，裸子植物中现存的_____纲、_____纲和_____纲的植物是由一类原始裸子植物苛得获演化发展来的，而_____纲和_____纲的植物则分别由另一类原始裸子植物种子蕨中具_____孢子叶球的种类和具_____孢子叶球的种类演化发展来的。

(二) 选择题

1. 蘑菇子实体的菌丝体为双核菌丝体，则双核菌丝体的核相为_____。
   A. 单倍体　　　　B. 二倍体　　　　C. 单倍体和双倍体　　D. 三倍体

2. 下列藻类植物中具原核细胞的植物是_____。
   A. 螺旋藻　　　　B. 发菜　　　　　C. 衣藻　　　　　　D. 裸藻

3. 下列藻类植物中，植物体（营养体）为单倍体的是_____。
   A. 水绵　　　　　B. 硅藻　　　　　C. 衣藻　　　　　　D. 轮藻

4. 下列结构中，属于蕨类配子体世代的是_____。
   A. 囊群盖　　　　B. 孢子囊　　　　C. 环带　　　　　　D. 原叶体

5. 双名法中第一个词是_____，第二个是种加词。
   A. 科名　　　　　B. 属名　　　　　C. 纲名　　　　　　D. 无特定的意义

6. 在藻类植物生活史中，核相交替与世代交替的关系正确的是_____。
   A. 有核相交替就一定有世代交替
   B. 有世代交替就一定有核相交替
   C. 有核相交替不一定有世代交替
   D. 没有核相交替就一定没有世代交替

7. 下列藻类植物细胞中具有载色体的是_____。
   A. 念珠藻　　　　B. 轮藻　　　　　C. 紫菜　　　　　　D. 海带

8. 蓝藻是地球上最原始、最古老的植物，细胞构造的原始性状表现在_____。
   A. 原核　　　　　　　　　　　　　B. 没有载色体及其他细胞器
   C. 细胞分裂为直接分裂　　　　　　D. 无细胞壁

9. _____门的藻类植物所含色素与高等植物最接近。
   A. 褐藻　　　　　B. 绿藻　　　　　C. 红藻　　　　　　D. 蓝藻

10. 下列没有有性生殖的藻类是_____。
    A. 蓝藻　　　B. 绿藻　　　C. 红藻　　　D. 褐藻　　　E. 裸藻

11. 海带的生活史_____。
    A. 无世代交替　　　　　　　　　　B. 为同型世代交替
    C. 为孢子体占优势的异型世代交替
    D. 为配子体占优势的异型世代交替

12. 藻类的特征是_____。
    ①单细胞、群体或多细胞个体；②叶状体；③全部无根、茎、叶分化；④多数无根、茎、叶分化；⑤全部含有叶绿素；⑥多数只含藻黄素或藻红素；⑦全部生活在水中；⑧多数生活在水中
    A. ①③⑤⑧　　　B. ①③⑥⑦　　　C. ②③⑤⑦　　　D. ②④⑤⑧

13. 下列对应关系正确的一项是_____。

	海带	紫菜	念珠藻	衣藻	水绵
A.	绿藻	蓝藻	绿藻	红藻	绿藻
B.	红藻	绿藻	蓝藻	褐藻	绿藻

C. 褐藻　　红藻　　绿藻　　绿藻　　蓝藻

D. 褐藻　　红藻　　蓝藻　　绿藻　　绿藻

14. 全部属于真菌门担子菌纲一组的是_____。

　　A. 木耳、酵母菌、香菇、曲霉、猴头

　　B. 酵母菌、蘑菇、银耳、青霉、木耳

　　C. 香菇、蘑菇、猴头、灵芝、银耳

　　D. 青霉、曲霉、黑根霉、酵母菌、灵芝

15. 裸子植物比蕨类植物更适应于陆地生活的最主要原因是_____。

　　A. 输导组织发达，运输水分的能力强

　　B. 受精作用不需要水，形成种子

　　C. 根系发达，吸收水分能力强

　　D. 形成果实，果皮有利于种子传播

16. 高等植物包括苔藓植物和_____。

　　A. 藻类植物　　B. 维管植物　　C. 地衣植物　　D. 菌类植物

17. 某些细菌生长到某个阶段，细胞形成1个芽孢，芽孢的作用是_____。

　　A. 繁殖　　　B. 吸收　　　C. 贮备营养　　D. 抵抗不良环境

18. 酵母菌产生的有性孢子是_____。

　　A. 芽孢子　　B. 卵孢子　　C. 子囊孢子　　D. 分生孢子

19. 蘑菇的伞状子实体又称_____。

　　A. 子座　　　B. 子实层　　C. 子囊果　　　D. 担子果

20. 地衣的特征：①细菌和藻类共生的植物体；②依据形态分为壳状、叶状、枝状三类；③能产生地衣淀粉；④能产生地衣酸；⑤全部无根、茎、叶分化；⑥绝大多数无根、茎、叶分化；⑦可用作大气污染的监测指示植物；⑧促进土壤形成。其中全部正确的一项是_____。

　　A. ①③⑥⑦⑧　　　　　　B. ①③⑤⑥⑧

　　C. ②③④⑤⑦⑧　　　　　D. ①②③⑥⑧

21. 地衣的形态基本上可分为三种类型，即_____。

　　A. 壳状地衣、叶状地衣和同层地衣

　　B. 壳状地衣、枝状地衣和叶状地衣

　　C. 同层地衣、异层地衣和枝状地衣

　　D. 异层地衣、叶状地衣和枝状地衣

22. 甘紫菜的生活史_____。

　　A. 无世代交替　　B. 为同型世代交替

　　C. 为孢子体占优势的异型世代交替

　　D. 为配子体占优势的异型世代交替

23. 异形世代交替是指在植物的生活史中，_____在形态构造上显著不同。

　　A. 孢子囊和配子囊　　　　B. 孢子体和配子体

　　C. 孢子和配子　　　　　　D. 精子和卵细胞

24. 下列植物属绿藻门的是_____。
    A. 石莼   B. 水绵   C. 螺旋藻   D. 发菜
25. 下列藻类植物的四个属，属于蓝藻门的是_____。
    A. 颤藻属   B. 念珠藻属   C. 海带属   D. 衣藻属
26. 下列具原核细胞的藻类是_____。
    A. 裸藻   B. 绿藻   C. 红藻   D. 褐藻   E. 蓝藻
27. 子囊菌有性生殖产生的性孢子是_____。
    A. 芽孢子   B. 分生孢子   C. 孢囊孢子   D. 子囊孢子
28. 蘑菇有性生殖产生_____。
    A. 孢囊孢子   B. 子囊孢子   C. 芽孢子   D. 担孢子
29. 下列属真菌植物的是_____。
    A. 根瘤菌   B. 放线菌   C. 冬虫夏草   D. 发网菌
30. 地钱是属于_____。
    A. 藻类植物   B. 菌类植物   C. 苔藓植物   D. 蕨类植物
31. 蘑菇的子实体称_____。
    A. 子囊壳   B. 子囊盘   C. 闭囊壳   D. 担子果
32. 青霉属于_____植物。
    A. 子囊菌   B. 细菌   C. 放线菌   D. 担子菌
33. 地衣营养繁殖的主要方式是形成_____。
    A. 粉芽   B. 出芽生殖   C. 藻殖段   D. 异型胞
34. 下列结构中，属于地钱孢子体世代的（染色体$2n$）是_____。
    A. 二叉分枝的叶状体   B. 孢芽   C. 精子器   D. 颈卵器
    E. 假根   F. 合子   G. 孢蒴   H. 孢子
35. 葫芦藓由合子长成一个2倍染色体的孢子体，下列结构中不属于孢子体世代的是_____。
    A. 假根   B. 蒴帽   C. 孢蒴   D. 蒴柄
36. 苔藓植物的孢蒴又称_____。
    A. 配子囊   B. 孢子囊   C. 卵囊   D. 精子囊
37. 苔藓植物的孢子萌发首先形成_____。
    A. 配子体   B. 原丝体   C. 孢子体   D. 芽体
38. 苔藓植物的生活史，减数分裂发生在_____。
    A. 合子分裂产生胚时   B. 产生精、卵时
    C. 产生孢子时   D. 原丝体发育成配子体时
39. 下列各大植物的组合中，苔藓植物属于_____组。
    A. 孢子植物 B. 孢子植物 C. 羊齿植物 D. 孢子植物
       高等植物   高等植物   颈卵器植物   高等植物
       有胚植物   羊齿植物   有胚植物   有胚植物
       隐花植物   颈卵器植物   隐花植物   隐花植物
       维管植物   维管植物   维管植物   颈卵器植物

40. 苔藓植物具_____。
    A. 真根   B. 假根
    C. 既有真根又有假根   D. 无根只有鳞片
41. 苔藓植物所具有的特征包括_____。
    A. 有维管束   B. 颈卵器   C. 有原叶体   D. 有真根
    E. 有明显的世代交替   F. 受精需要水   G. 有胚
    H. 有机械组织   I. 有原丝体   J. 孢子体能独立生活
42. 蕨类植物的配子体又称_____。
    A. 原丝体   B. 原叶体   C. 叶状体   D. 茎叶体
43. 蕨的孢子体世代染色体为2n，下列属于孢子体世代的结构是_____。
    A. 原叶体   B. 不定根   C. 颈卵器   D. 根状茎
44. 蕨的配子体世代染色体为n，下列属于配子体世代的结构是_____。
    A. 假根   B. 孢子囊   C. 精子器   D. 叶
45. 下列各大植物的组合中，蕨类植物属于_____组。
    A. 孢子植物   B. 羊齿植物   C. 种子植物   D. 维管植物
       低等植物   高等植物   高等植物   高等植物
       无胚植物   有胚植物   有胚植物   显花植物
       隐花植物   隐花植物   维管植物   种子植物
       羊齿植物   颈卵器植物   显花植物   颈卵器植物
46. 下列结构中，属于蕨的孢子体世代的有_____。
    A. 大型叶   B. 小型叶   C. 匍匐茎   D. 孢子
    E. 营养叶   F. 孢子叶   G. 环带   H. 精子   I. 卵
47. 裸子植物中无颈卵器和精子无鞭毛的植物是_____。
    A. 马尾松   B. 杉   C. 买麻藤   D. 罗汉松
48. 松属（马尾松）的种鳞是由_____发育长成的。
    A. 珠鳞   D. 苞鳞   C. 珠被   D. 珠心
49. 裸子植物比被子植物原始主要表现在_____。
    A. 多数种类维管束内无导管和伴胞   B. 具颈卵器
    C. 具有花粉管   D. 配子体不能独立生活
    E. 胚乳是雌配子体的一部分   F. 不形成果实   G. 不具胚珠
50. 被子植物的雌配子体极其简化，雌配子体又称_____。
    A. 成熟胚囊   B. 单核胚囊   C. 二核胚囊   D. 胚囊母细胞
51. 苔藓植物的有性生殖为_____。
    A. 同配生殖   B. 异配生殖   C. 卵式生殖   D. 接合生殖
52. 苔藓植物的孢子体的营养方式为_____。
    A. 自养   B. 腐生   C. 寄生   D. 腐生和寄生
53. 苔藓植物的孢蒴又称_____。
    A. 配子囊   B. 孢子囊   C. 卵囊   D. 精子囊
54. 苔藓植物的生活史中，减数分裂发生在_____。

A. 合子分裂产生胚时　　　　　B. 产生精、卵时
C. 原丝体发育成配子体时　　　D. 产生孢子时

55. 生殖器官具有颈卵器的植物是_____。
    A. 藻类植物　　B. 地衣植物　　C. 真菌　　D. 苔藓植物

56. 苔藓植物与藻类植物在下列哪项特征上是相同的？_____。
    A. 合子离开母体发育　　　　B. 有胚
    C. 受精作用在水中进行　　　D. 孢子体离不开配子体

57. 满江红叶内生长着一种与固氮作用有关的生物是_____。
    A. 颤藻　　B. 鱼腥藻　　C. 固氮菌　　D. 根瘤菌

58. 不属于古代蕨类植物的是_____。
    A. 莱尼蕨　　B. 芒萁　　C. 裸蕨　　D. 小原始蕨

59. 在植物分类中既属于高等植物，又属于孢子植物的是_____。
    A. 蕨类和裸子植物　　　B. 蕨类和地衣
    C. 苔藓和被子植物　　　D. 苔藓和蕨类

60. 藻类、菌类、地衣、苔藓、蕨类植物的共同特征是_____。
    A. 具维管组织　　　　　　B. 生殖器官为多细胞结构
    C. 具胚　　　　　　　　　D. 以孢子进行繁殖
    E. 孢子体和配子体均能独立生活　　F. 营自养生活

61. 裸子植物没有_____。
    A. 胚珠　　B. 颈卵器　　C. 孢子叶　　D. 子房

62. 裸子植物的小孢子叶又可称为_____。
    A. 心皮　　B. 花粉囊　　C. 花药　　D. 雄蕊

63. 裸子植物的大孢子叶又可称为_____。
    A. 子房　　B. 胚囊　　C. 胎座　　D. 心皮

64. 裸子植物的雌配子体是_____。
    A. 成熟胚囊　　B. 珠心　　C. 珠心和胚乳　　D. 胚乳和颈卵器

65. 裸子植物中具能游动的精子的纲有_____。
    A. 苏铁纲和银杏纲　　　B. 苏铁纲和松柏纲
    C. 银杏纲和红豆杉纲　　D. 苏铁纲和买麻藤纲

66. 蕨类植物的小孢子囊相当于种子植物的_____。
    A. 心皮　　B. 花粉囊　　C. 雄蕊　　D. 胚囊

67. 蕨类植物的大孢子囊相当于种子植物的_____。
    A. 子房　　B. 珠心　　C. 胎座　　D. 胚囊

68. 银杏（白果）的食用部分是_____。
    A. 种子　　B. 胚乳　　C. 子叶　　D. 胚根

69. 松属植物的雌配子体包括胚乳和颈卵器两部分，它由_____发育而来。
    A. 雌配子　　B. 大孢子母细胞　　C. 大孢子　　D. 合子

70. 松属植物的雄配子体包括2个退化的原叶细胞、一个管细胞和一个生殖

细胞，它是由_____发育而来的。
A. 小孢子母细胞 B. 小孢子 C. 雄配子 D. 合子

71. 裸子植物的胚乳是_____。
A. 配子体世代，核相为 n B. 配子体世代，核相为 3n
C. 孢子体世代，核相为 2n D. 孢子体世代，核相为 3n

72. 下列植物属于松科的是_____。
A. 银杉 B. 红豆杉 C. 水杉 D. 三尖杉

73. 下列植物中属于松科的是_____。
A. 罗汉松 B. 金钱松 C. 水松 D. 鸡毛松

74. 下列植物属于杉科的是_____。
A. 银杉 B. 红豆杉 C. 水杉 D. 三尖杉

75. 下列植物中属于柏科的是_____。
A. 竹柏 B. 圆柏 C. 石刁柏 D. 卷柏

76. 水松和水杉都是属于_____。
A. 松科 B. 杉科 C. 南洋杉科 D. 红豆杉科

77. 松、柏二科的区别之一是_____。
A. 有无短枝 B. 精子有无鞭毛
C. 种鳞和苞鳞是否合生 D. 有无球果

78. 我国有许多特有的裸子植物，如_____。
A. 金钱松 B. 雪松 C. 银杉 D. 杉木
E. 银杏 F. 黑松 G. 水杉 H. 苏铁

79. 裸子植物中无颈卵器的植物是_____。
A. 马尾松 B. 杉 C. 买麻藤 D. 罗汉松

80. 裸子植物和被子植物均属于_____。
A. 种子植物 B. 高等植物
C. 显花植物 D. 颈卵器植物
E. A、B 和 C F. A、B、C 和 D G. A 和 B

81. 种子植物的生活史是指_____的历程。
A. 从种子到个体死亡的一生
B. 从种子到新的种子形成
C. 从孢子母细胞减数分裂到受精作用完成
D. 从合子萌发到长成植株

82. 裸子植物传粉受精的过程，依数字次序是_____。
A. 颈卵器室 B. 传粉滴 C. 颈卵器 D. 珠孔
E. 卵 F. 花粉囊 G. 花粉 H. 风

83. 种子植物不同于蕨类植物，在于种子植物的_____。
A. 孢子体寄生在配子体上 B. 配子体寄生在孢子体上
C. 配子体与孢子体各能独立生活
D. 配子体有根、茎、叶的分化，而蕨类植物则否

84. 现代裸子植物中最原始的类群是_____和_____；最进化的类群是_____。
    A. 银杏纲　　　B. 苏铁纲　　　C. 红豆杉纲　　　D. 松柏纲
    E. 买麻藤纲

85. 种子蕨是_____。
    A. 原始蕨类　　B. 真蕨类　　　C. 原始的裸子植物
    D. 许多现代裸子植物的祖先　　E. C 和 D

86. 被称为原裸子植物的，也可能是裸子植物最早祖先的是_____。
    A. 古蕨　　　　D. 种子蕨　　　C. 苛得荻　　　D. 拟苏铁

87. 裸子植物因具有下列的_____特点，因而比苔藓，蕨类更进化。
    A. 具有种子　　B. 精子具鞭毛　　C. 有胚乳
    D. 具颈卵器　　E. 有花粉管　　　F. 配子体不能独立生活

88. 在下列植物中，哪些是我国特有的单种属？_____。
    A. 柳杉　　　　B. 金钱松　　　C. 油松　　　　D. 罗汉松
    E. 水松　　　　F. 水杉　　　　C. 圆柏　　　　H. 银杉
    I. 马尾松　　　J. 银杏　　　　K. 白豆杉

89. 同裸子植物比，被子植物的_____更为简化。
    A. 孢子体　　　B. 花粉管　　　C. 配子体　　　D. 大孢子叶

90. 在下列特征中，被子植物比裸子植物进化的特征有_____。
    A. 有种子　　　B. 有内胚乳（$3n$）　C. 有胚乳（n）　D. 有筛管和导管
    E. 有颈卵器　　　　　　　　　　F. 雌配子体不能独立生活
    G. 种子包被在果实内　　　　　　H. 有双受精现象
    I. 有花粉管　　J. 有真正的花　　K. 精子具鞭毛

（三）**改错题**（指出下列各题的错误之处，并予以改正）

1. 植物的学名是国际上统一的、通用的名称。合法的学名，必须附有用英文正式发表的描写。
    错误之处：_____ 改为：_____

2. 每种植物的学名必须由两个拉丁词或拉丁化形式的词构成，第一个词为科名，第二个词为属名。
    错误之处：_____ 改为：_____

3. 蓝藻的光合色素分布于载色体上。
    错误之处：_____ 改为：_____

4. 蓝藻的主要繁殖方式是有性生殖。
    错误之处：_____ 改为：_____

5. 蓝藻都具有固氮作用。
    错误之处：_____ 改为：_____

6. 蓝藻和黏菌没有细胞核，都属于原核生物。
    错误之处：_____ 改为：_____

7. 所有的原核细胞没有细胞核，也没有各种膜结构。

错误之处：＿＿＿＿＿＿＿＿＿改为：＿＿＿＿＿＿＿＿＿
8. 蓝藻门中，有些种类具有异形胞，它的功能主要是进行光合作用。
　　　错误之处：＿＿＿＿＿＿＿＿＿改为：＿＿＿＿＿＿＿＿＿
9. 裸藻的生活方式都是自养。
　　　错误之处：＿＿＿＿＿＿＿＿＿改为：＿＿＿＿＿＿＿＿＿
10. 在衣藻的生活史中，减数分裂在配子产生之前发生。
　　　错误之处：＿＿＿＿＿＿＿＿＿改为：＿＿＿＿＿＿＿＿＿
11. 衣藻的生活史中仅产生一种二倍体的植物体。
　　　错误之处：＿＿＿＿＿＿＿＿＿改为：＿＿＿＿＿＿＿＿＿
12. 衣藻常以细胞分裂方式进行营养繁殖。
　　　错误之处：＿＿＿＿＿＿＿＿＿改为：＿＿＿＿＿＿＿＿＿
13. 水绵的有性生殖为接合生殖，没有配子的融合过程。
　　　错误之处：＿＿＿＿＿＿＿＿＿改为：＿＿＿＿＿＿＿＿＿
14. 轮藻和苔藓植物的生活史中都出现原丝体，都是单倍体在生活史中占优势，都具有世代交替。
　　　错误之处：＿＿＿＿＿＿＿＿＿改为：＿＿＿＿＿＿＿＿＿
15. 硅藻细胞壁的主要成分是纤维素和硅质。
　　　错误之处：＿＿＿＿＿＿＿＿＿改为：＿＿＿＿＿＿＿＿＿
16. 硅藻的细胞壁是由上壳与下壳愈合而成。
　　　错误之处：＿＿＿＿＿＿＿＿＿改为：＿＿＿＿＿＿＿＿＿
17. 紫菜属的配子体为雌雄异株。
　　　错误之处：＿＿＿＿＿＿＿＿＿改为：＿＿＿＿＿＿＿＿＿
18. 海带属的配子体为雌雄同株。
　　　错误之处：＿＿＿＿＿＿＿＿＿改为：＿＿＿＿＿＿＿＿＿
19. 紫菜叶状体是孢子体，而丝状体是配子体。
　　　错误之处：＿＿＿＿＿＿＿＿＿改为：＿＿＿＿＿＿＿＿＿
20. 海带属的植物体为配子体。
　　　错误之处：＿＿＿＿＿＿＿＿＿改为：＿＿＿＿＿＿＿＿＿
21. 紫菜属和海带属的生活史都属于同型世代交替。
　　　错误之处：＿＿＿＿＿＿＿＿＿改为：＿＿＿＿＿＿＿＿＿
22. 藻类植物体只有单细胞和群体类型。
　　　错误之处：＿＿＿＿＿＿＿＿＿改为：＿＿＿＿＿＿＿＿＿
23. 所有藻类植物都含光合作用色素，能进行光合作用而自养。
　　　错误之处：＿＿＿＿＿＿＿＿＿改为：＿＿＿＿＿＿＿＿＿
24. 藻类植物体内部都含有叶绿素，因而它们的藻体都是绿色的。
　　　错误之处：＿＿＿＿＿＿＿＿＿改为：＿＿＿＿＿＿＿＿＿
25. 藻类植物分门的主要依据是植物体的形态特征。
　　　错误之处：＿＿＿＿＿＿＿＿＿改为：＿＿＿＿＿＿＿＿＿
26. 细菌都是异养植物。

三、练 习 题

　　　错误之处：_____改为：_____
27. 放线菌类可形成分枝丝状体，它属于真菌。
　　　错误之处：_____改为：_____
28. 真菌都是腐生的。
　　　错误之处：_____改为：_____
29. 大多数真菌的细胞壁是由纤维素组成。
　　　错误之处：_____改为：_____
30. 藻菌纲植物的菌丝具横隔，含多核。
　　　错误之处：_____改为：_____
31. 匍枝根霉常腐生在水果或蔬菜上，呈青绿色。
　　　错误之处：_____改为：_____
32. 酿酒酵母是属于藻状菌纲的单细胞类型。
　　　错误之处：_____改为：_____
33. 青霉产生孢囊孢子进行无性繁殖。
　　　错误之处：_____改为：_____
34. 食用的香菇和蘑菇是它们的子实体，也称为担子体。
　　　错误之处：_____改为：_____
35. 木耳和银耳都可称为子囊菌。
　　　错误之处：_____改为：_____
36. 担子果是子实体，子囊果不是子实体。
　　　错误之处：_____改为：_____
37. 真菌的营养体都是分枝的多细胞的菌丝体。
　　　错误之处：_____改为：_____
38. 根瘤和菌根是植物界菌类植物寄生在种子植物上的典型例子。
　　　错误之处：_____改为：_____
39. 地衣中的藻细胞分布于上皮层之下，成层排列，称为同层地衣。
　　　错误之处：_____改为：_____
40. 藻细胞散乱分布的地衣称为异层地衣。
　　　错误之处：_____改为：_____
41. 地衣是细菌和藻类共生的植物。
　　　错误之处：_____改为：_____
42. 苔纲植物的假根一般为单列细胞。
　　　错误之处：_____改为：_____
43. 葫芦藓是雌雄异株植物。
　　　错误之处：_____改为：_____
44. 地钱是雌雄同株植物。
　　　错误之处：_____改为：_____
45. 在正常情况下，地钱每个孢子可发育成1个孢子体。
　　　错误之处：_____改为：_____

46. 藓类（葫芦藓）的孢子体包括蒴帽、孢蒴、蒴柄和基足部分。
    错误之处：_____ 改为：_____
47. 藓类（葫芦藓）的蒴柄属于配子体的部分。
    错误之处：_____ 改为：_____
48. 苔藓植物的孢子萌发先产生原叶体，然后进一步发育形成配子体。
    错误之处：_____ 改为：_____
49. 地钱的生活史为同型世代交替。
    错误之处：_____ 改为：_____
50. 苔藓植物是陆生植物，其受精过程没有水也能进行。
    错误之处：_____ 改为：_____
51. 苔藓植物的原丝体是产生有性生殖器官的植物体。
    错误之处：_____ 改为：_____
52. 苔藓植物是孢子体占优势，配子体寄生在孢子体上。
    错误之处：_____ 改为：_____
53. 在高等植物中，苔藓植物的配子体和孢子体都能独立生活。
    错误之处：_____ 改为：_____
54. 高等植物都有真正的根、茎、叶的分化。
    错误之处：_____ 改为：_____
55. 苔藓植物是孢子植物中最高级的类群。
    错误之处：_____ 改为：_____
56. 苔藓植物、蕨类植物、裸子植物都具有颈卵器和精子器。
    错误之处：_____ 改为：_____
57. 真蕨纲植物的孢子囊群着生于孢子叶的叶缘或叶的腹面。
    错误之处：_____ 改为：_____
58. 蕨类植物的配子体也称为原丝体，是产生有性生殖器官的植物体。
    错误之处：_____ 改为：_____
59. 蕨类植物的茎都为根状茎。
    错误之处：_____ 改为：_____
60. 一般认为蕨类植物起源于苔藓植物。
    错误之处：_____ 改为：_____
61. 裸子植物的胚乳是受精后的产物。
    错误之处：_____ 改为：_____
62. 裸子植物的输导组织一般无导管和管胞。
    错误之处：_____ 改为：_____
63. 裸子植物的孢子体极为退化，完全寄生在配子体上。
    错误之处：_____ 改为：_____
64. 在裸子植物中，苏铁纲和松柏纲两类植物的精子具有鞭毛，这是受精时需水的遗迹，说明它们是裸子植物中较原始的类型。
    错误之处：_____ 改为：_____

三、练 习 题

65. 具有核相交替的植物一定有世代交替。
    错误之处：＿＿＿＿＿＿＿＿＿＿＿＿改为：＿＿＿＿＿＿＿＿＿＿＿＿
66. 裸子植物的雄配子体也产生2个精子，所以也能进行双受精。
    错误之处：＿＿＿＿＿＿＿＿＿＿＿＿改为：＿＿＿＿＿＿＿＿＿＿＿＿
67. 有世代交替的植物不一定有核相交替。
    错误之处：＿＿＿＿＿＿＿＿＿＿＿＿改为：＿＿＿＿＿＿＿＿＿＿＿＿
68. 苔藓植物、蕨类植物都有颈卵器，而种子植物则没有。
    错误之处：＿＿＿＿＿＿＿＿＿＿＿＿改为：＿＿＿＿＿＿＿＿＿＿＿＿
69. 从裸子植物种子的结构来说，种皮、胚乳和胚的染色体倍数依次为2n、3n、2n。
    错误之处：＿＿＿＿＿＿＿＿＿＿＿＿改为：＿＿＿＿＿＿＿＿＿＿＿＿
70. 裸子植物中的胚乳是由大孢子重复进行多次游离核分裂而形成的，所以裸子植物的胚乳属孢子体世代的部分。
    错误之处：＿＿＿＿＿＿＿＿＿＿＿＿改为：＿＿＿＿＿＿＿＿＿＿＿＿
71. 裸子植物是颈卵器植物中的一类，所有裸子植物都具有颈卵器。
    错误之处：＿＿＿＿＿＿＿＿＿＿＿＿改为：＿＿＿＿＿＿＿＿＿＿＿＿
72. 裸子植物茎的木质部全由管胞组成。
    错误之处：＿＿＿＿＿＿＿＿＿＿＿＿改为：＿＿＿＿＿＿＿＿＿＿＿＿
73. 裸子植物常有裂生多胚现象，而且大多能成为种子中的有效胚。
    错误之处：＿＿＿＿＿＿＿＿＿＿＿＿改为：＿＿＿＿＿＿＿＿＿＿＿＿
74. 裸子植物以松属为例，成熟的花粉粒称为雄配子体，一般包含2个退化的原叶细胞、2个生殖细胞和1个管细胞。
    错误之处：＿＿＿＿＿＿＿＿＿＿＿＿改为：＿＿＿＿＿＿＿＿＿＿＿＿
75. 苏铁和银杏具有多数鞭毛的游动精子是受精时需水的遗迹，这是它们的进化特征。
    错误之处：＿＿＿＿＿＿＿＿＿＿＿＿改为：＿＿＿＿＿＿＿＿＿＿＿＿
76. 松属植物从传粉到受精约需2年的时间。
    错误之处：＿＿＿＿＿＿＿＿＿＿＿＿改为：＿＿＿＿＿＿＿＿＿＿＿＿
77. 柏科植物的苞鳞与珠鳞（种鳞）是离生的。
    错误之处：＿＿＿＿＿＿＿＿＿＿＿＿改为：＿＿＿＿＿＿＿＿＿＿＿＿
78. 种子植物具有双受精作用。
    错误之处：＿＿＿＿＿＿＿＿＿＿＿＿改为：＿＿＿＿＿＿＿＿＿＿＿＿
79. 种子植物可分为单子叶植物和双子叶植物两个类群。
    错误之处：＿＿＿＿＿＿＿＿＿＿＿＿改为：＿＿＿＿＿＿＿＿＿＿＿＿
80. 变种是指在不同分布区的同一种植物，由于生境不同导致两地植物在形态结构或生理功能上出现差异的类型。
    错误之处：＿＿＿＿＿＿＿＿＿＿＿＿改为：＿＿＿＿＿＿＿＿＿＿＿＿

（四）名词解释
1. 人为分类法　　　　2. 自然分类法　　　　3. 学名

4. 双名法	5. 种	6. 亚种
7. 变种	8. 品种	9. 品系
10. 高等植物	11. 低等植物	12. 显花植物
13. 隐花植物	14. 孢子植物	15. 种子植物
16. 维管植物	17. 颈卵器植物	18. 孑遗植物和活化石
19. 个体发育	20. 系统发育	21. 生活史
22. 世代交替	23. 同型世代交替	24. 异型世代交替
25. 孢子体世代	26. 配子体世代	27. 孢子体
28. 配子体	29. 雄配子体	30. 雌配子体
31. 颈卵器	32. 精子器	33. 原植体
34. 原丝体	35. 茎叶体	36. 原叶体
37. 孢子叶	38. 雄球花或小孢子叶球	
39. 雌球花或大孢子叶球	40. 球果	41. 珠鳞
42. 苞鳞	43. 种鳞	44. 孢子囊
45. 孢子	46. 孢蒴	47. 小孢子
48. 大孢子	49. 配子囊	50. 配子
51. 同配生殖	52. 异配生殖	53. 卵式生殖
54. 接合生殖	55. 子实体	56. 子囊果
57. 担子果	58. 地衣	59. 同层地衣
60. 异层地衣	61. 裂生多胚现象	62. 简单多胚现象

（五）分析和问答题

1. 简述藻类植物的生活史类型。
2. 列表比较低等植物与高等植物。
3. 利用植物分类检索表，区别真菌植物各纲的特征。
4. 苔藓植物有哪些适应陆地生活的特征？
5. 与苔藓植物比较来看，为什么说蕨类植物更能适应陆地生活？
6. 裸子植物有哪些比蕨类植物更适应陆生生活的特征？
7. 填写裸子植物松科、杉科和柏科的特征比较表：

松科、杉科和柏科的特征比较表

特征类型	松 科	杉 科	柏 科
叶形			
叶着生方式			
小孢子囊数/小孢子叶			
胚珠数/珠鳞			
珠鳞与苞鳞			
大、小孢子叶球			

8. 与裸子植物相比较，被子植物有哪些更能适应陆地生活的特征？
9. 裸子植物与被子植物的多胚现象有何不同？
10. 简述被子植物的生活史。

11. 简述植物界的进化趋势。

四、参考答案

（一）填空题

1. 双名、属名、种加词、命名人的姓氏或姓氏缩写、拉丁
2. 界、门、纲、目、科、属、种
3. 细胞质、细胞核、周质、中央质、周质
4. 藻分离段（或藻殖段，或段殖体）
5. 杯、一、叶绿素 a、叶绿素 b、淀粉、油
6. 螺旋带、接合生殖、梯形结合、侧面结合
7. 卵式生殖、卵囊、精子囊
8. 瓣、果胶质和硅质、细胞的有丝分裂、有性、恢复其大小
9. 二、配子、核相
10. 孢子体（丝状体）、配子体（叶状体）、壳孢子形成之前
11. 石莼属、紫菜属、海带属
12. 同配、异配、卵式
13. 颤藻属、念珠藻属或螺旋藻属等；衣藻属、水绵属、小球藻属或轮藻属、团藻属和石莼属等；紫菜属、石花菜属等；海带属、裙带菜属、巨藻属等
14. 球状、杆状、螺旋状
15. 纤维素、变形、发网菌、裸露的原生质体
16. 黏菌、裸藻
17. 接合孢子、子囊孢子、担孢子；孢囊孢子、分生孢子、芽生孢子
18. 孢子囊梗、匍匐菌丝、假根
19. 子囊果、子囊盘、子囊壳、闭囊壳、担子果
20. 藻状菌、子囊菌、担子菌
21. 子囊、担
22. 藻类、真菌、壳状、叶状、枝状、同层地衣、异层地衣
23. 子囊菌、担子菌、蓝藻、绿藻
24. 上皮层、藻胞层、髓层、下皮层、藻胞层、髓层
25. 异株、同株、孢蒴、蒴柄、基足
26. 单细胞、单列细胞
27. 无、无、有、无、有
28. 颈卵器、根、茎、叶、维管组织、孢子体、配子体
29. 石松、水韭、松叶蕨、木贼、真蕨、苏铁、银杏、松柏、红豆杉、买麻藤
30. 配子体、孢子体、孢子体、配子体、原丝体、根、鞭毛、水、盲枝、苔纲、藓纲、苔纲、藓纲、角苔纲
31. 真蕨、代表植物可任举四种，如：海金沙、桫椤、芒萁、槐叶苹、满江红、肾蕨、水龙骨、铁线蕨等
32. 大型叶、小型叶、营养叶、孢子叶
33. 新一代的孢子体、雌配子体、老一代的孢子体
34. 买麻藤

35. n、3n
36. ①银杏、银杏； ②杉、松柏； ③杉、松柏；
    ④松、松柏； ⑤罗汉松、红豆杉； ⑥麻黄、买麻藤
37. 退化的原叶、生殖、管
38. 蕨类、裸子、被子、裸子、被子、被子
39. 苔藓、种子、蕨类
40. 地衣植物、藻类植物、菌类植物、苔藓植物、蕨类植物、种子植物
41. 配子体、孢子体
42. 孢子体或配子体、配子体、孢子体、配子体、孢子体、孢子体
43. 颈卵器、颈卵器、种子、种子、高等
44. 银杏、水杉、(水松、银杉)
45. 苏铁、银杏
46. 胚珠、胚珠、胚乳、颈卵器、管胞、筛胞
47. 珠领、珠鳞、心皮
48. 基部、顶端、小孢子囊、胚珠（大孢子囊）
49. 杉、松、柏、松、柏、杉。
50. 松科、杉科、柏科、南洋杉科
51. 4、8、1、1
52. 受精卵（或合子）、大孢子（或胚囊）母细胞和小孢子（或花粉）母细胞减数分裂之前、大孢子（或胚囊）母细胞和小孢子（或花粉）母细胞减数分裂开始、受精之前
53. 孢子体（或二倍体）阶段、配子体（或单倍体）阶段、孢子体（或二倍体）阶段、配子体、孢子体
54. 一、花粉囊、珠心
55. 复杂、退化
56. 细菌、蓝藻
57. 营养繁殖、无性生殖、有性生殖
58. 绿藻、裸蕨
59. 裸蕨、石松、木贼、真蕨
60. 绿藻、配子体占优势、孢子体占优势
61. 银杏、松柏、红豆杉、苏铁、买麻藤、单性、两性

（二）选择题

1. A	2. A、B	3. A、C、D	4. D	5. B
6. B、C、D	7. B、C、D	8. A、B、C	9. B	10. A、E
11. C	12. A	13. D	14. C	15. B
16. B	17. D	18. C	19. D	20. C
21. B	22. D	23. B	24. A、B	25. A、B
26. E	27. D	28. D	29. C	30. C
31. D	32. A	33. A	34. F. G	35. A、B
36. B	37. B	38. C	39. D	40. B
41. B、C、E、F、G、I	42. B	43. B、D	44. A、C	
45. B	46. A、B、C、E、F、G	47. C	48. A	
49. A、B、E、F	50. A	51. C	52. C	53. D
54. D	55. D	56. C	57. B	58. B

四、参考答案

59. D	60. D	61. D	62. D	63. D
64. D	65. A	66. B	67. B	68. B
69. C	70. B	71. A	72. A	73. B
74. C	75. B	76. B	77. C	

78. A、C、E、G 79. C 80. E 81. B
82. F、G、H、D、B、C、A、E 83. B 84. A、B；E 85. E
86. A 87. A、C、E、F 88. B、E、F、H、J、K 89. C
90. B、D、G、H、J

（三）改错题（指出下列各题的错误之处，并予以改正）

1. 错误之处：__英文__ 改为：__拉丁文__
2. 错误之处：__第一个词为科名，第二个词为属名__ 改为：__第一个词为属名，第二个词为种加词__
3. 错误之处：__载色体__ 改为：__光合片层__
（分析：蓝藻没有载色体，有光合片层，光合色素分布于光合片层上。）
4. 错误之处：__有性生殖__ 改为：__营养繁殖和无性繁殖__
（分析：蓝藻的繁殖方式只有营养繁殖和无性繁殖，而不具有性生殖。）
5. 错误之处：__都具有__ 改为：__并非都具有__
（分析：某些蓝藻如念珠藻属和鱼腥藻属的一些种等，丝状体上有异形胞，内含有固氮酶，有明显固氮能力。并非所有蓝藻都具有固氮作用。）
6. 错误之处：__黏菌__ 改为：__细菌__
（分析：黏菌也是具有细胞核的真核生物，而细菌则是没有细胞核的原核生物。因此，应把黏菌改为细菌。）
7. 错误之处：__也没有各种膜结构__ 改为：__但有膜结构__
（分析：原核细胞一般都有细胞膜和液泡。蓝藻还具有由膜组成的光合片层，其上附有光合色素。）
8. 错误之处：__光合作用__ 改为：__固氮作用__
9. 错误之处：__都是自养__ 改为：__有自养也有异养__
（分析：裸藻有绿色和无色两大类。绿色种类的细胞内有叶绿体，营自养生活。无色种类则营异养生活，能吞食固体食物，或为腐生。）
10. 错误之处：__配子产生之前__ 改为：__合子萌发时__
（分析：在衣藻的生活史中，减数分裂在合子萌发时发生。生活史中只有一种单倍体植物，合子是生活史中唯一的二倍体阶段。同类型的藻类植物还有水绵和轮藻等）。
11. 错误之处：__二倍体__ 改为：__单倍体__
12. 错误之处：__以细胞分裂方式进行营养繁殖__ 改为：__以形成游动孢子的方式进行无性繁殖__
（分析：衣藻不是以细胞分裂方式进行营养繁殖，而是以形成游动孢子的方式进行无性繁殖，也以配子结合的方式进行有性生殖。其中以无性繁殖为常见，有性生殖是在多代的无性繁殖后进行。当衣藻进行无性繁殖时，营养细胞失去鞭毛变成游动孢子囊，原生质体分为2、4、8或16块，各形成具有两条鞭毛的游动孢子囊。游动孢子囊破裂后，游动孢子各自发育成1个衣藻。）
13. 错误之处：__没有__ 改为：__有__
（分析：水绵的有性生殖为接合生殖，有梯形接合和侧面接合两种方式。梯形接合时两条丝状体并列成对，相对处的细胞壁向外突起伸长并相接触，相接处细胞壁溶解，形成接合管。

此时，细胞原生质体缩成一团，即形成配子，一个配子经接合管渐渐与另一配子融合，成为合子。侧面接合是同一丝状体相邻细胞的侧面形成接合管，其接合过程与梯形接合相似。由此可见，接合生殖的两种方式，都有配子的融合过程。）

14. 错误之处：__都具有世代交替__　改为：__其中的苔藓植物有世代交替，而轮藻则只有核相交替，没有世代交替__

（分析：在轮藻的生活史中，只有一种单倍体的植物体，减数分裂在合子萌发时发生，合子是生活史中唯一的二倍体阶段。由此可见，轮藻的生活史只有单倍体核相和双倍体核相交替的现象，而没有世代交替现象。苔藓植物则具有明显的世代交替。在苔藓植物的生活史中，配子体占优势，孢子体只能寄生于配子体上生活。可见，苔藓植物的世代交替是属于配子体占优势的异形世代交替。）

15. 错误之处：__纤维素__　改为：__果胶质__

（分析：硅藻细胞壁的主要成分是果胶质和硅质，没有纤维素。）

16. 错误之处：__愈合__　改为：__套合__

（分析：硅藻细胞壁是由两个套合的瓣组成，位于外面的称上壳，里面的称下壳。上壳和下壳并没有愈合，在进行有丝分裂时，由于原生质膨胀，会使上下两壳略为分离。）

17. 错误之处：__雌雄异株__　改为：__雌雄同株__

18. 错误之处：__雌雄同株__　改为：__雌雄异株__

19. 错误之处：__叶状体是孢子体，丝状体是配子体__　改为：__叶状体是配子体，丝状体是孢子体__

（分析：在紫菜的生活史中，出现了孢子体和配子体不同型的异型世代交替，其中的丝状体是孢子体，叶状体是配子体，且以叶状体占优势。）

20. 错误之处：__配子体__　改为：__孢子体__

（分析：在海带属植物的生活史中，同样出现了孢子体和配子体不同型的异型世代交替。海带属的植物体是孢子体，且孢子体很发达，在生活史中占绝对优势。配子体则很简化，其中的雄配子体是由几个或几十个细胞组成的分枝丝状体；雌配子体是由少数较大的细胞组成，分枝也很少。）

21. 错误之处：__同型__　改为：__异型__

（分析：紫菜属和海带属的生活史都属于异型世代交替。其中，紫菜属的生活史为配子体占优势的异型世代交替；海带属的生活史为孢子体占优势的异型世代交替。）

22. 错误之处：__只有单细胞和群体类型__　改为：__有单细胞和群体类型，也有多细胞个体类型__

（分析：藻类植物体有单细胞的，如衣藻、硅藻和裸藻等；有群体的，如水绵、团藻等；也有多细胞个体的，如轮藻、海带等。多细胞个体是藻类中最进化的类型，其中的轮藻有类似高等植物"根""茎""叶"的分化，有节与节间之分，"叶"轮生于节上，还具有顶端生长；海带的孢子体分成固着器、柄和带片三部分，其中的柄部和带片的细胞都分化为表皮、皮层和髓三部分。）

23. 错误之处：__所有__　改为：__绝大多数__

（分析：少数藻类，如裸藻门中的无色种类则不含光合色素，营异养生活。）

24. 错误之处：__因而它们的藻体都是绿色的__　改为：__但它们的藻体并非都是绿色的__

（分析：藻类植物体内部含有叶绿素a、叶绿素b、胡萝卜素和叶黄素四种色素。许多藻类植物除以上四种色素外，还含有其他色素，由于叶绿素与其他色素的比例不同，而呈现出不同的颜色。因此，藻类的植物体并非都是绿色的。）

25. 错误之处：__植物体的形态特征__　改为：__色素种类、细胞结构、贮藏养料、生殖__

四、参考答案

方式等__

26. 错误之处：__都是异养植物__ 改为：__有异养植物，也有自养植物__
（分析：绝大多数细菌为异养植物。也有的细菌是自养的，如硫细菌和铁细菌等，能利用 CO_2 及化学能自制养料；又如紫细菌，含有细菌叶绿素，能借光能自制养料。）

27. 错误之处：__真菌__ 改为：__细菌__
（分析：放线菌类也是细菌中的一类。其细胞为杆状，不游动，在某种生活情况下可变为分枝丝状体。从细胞的结构看，它是细菌；从分枝丝状体来看，则像真菌，故有人认为它是细菌和真菌的中间类型。）

28. 错误之处：__都是腐生的__ 改为：__有腐生的，也有寄生的__
（分析：真菌不含色素，不能进行光合作用，生活方式是异养的。一部分是寄生的，一部分是腐生的。有的是腐生为主，兼营寄生生活；有的是寄生为主，兼营腐生生活。有一小部分真菌是绝对寄生的，这部分常常是农作物病害的主要病原菌。如小麦杆锈病菌、稻瘟病菌、玉米黑粉病菌分别寄生于麦类、水稻或玉米上。）

29. 错误之处：__纤维素__ 改为：__几丁质__
（分析：大多数真菌的细胞壁是由几丁质组成，部分低等真菌的细胞壁是由纤维素组成。）

30. 错误之处：__具横隔__ 改为：__不具横隔__

31. 错误之处：__匐枝根霉__ 改为：__青霉属植物__
（分析：匐枝根霉是藻菌纲的常见植物之一，又称黑根霉；多腐生于富含淀粉的面包、馒头等食物上，也称面包霉或馒头霉。我们平常所见到的，产生于水果或蔬菜上的青绿色霉菌，则是子囊菌纲的青霉属植物。）

32. 错误之处：__藻状菌__ 改为：__子囊菌__

33. （答案一）错误之处：__青霉__ 改为：__黑根霉（或匐枝根霉）__
（答案二）错误之处：__孢囊孢子__ 改为：__分生孢子__
〔分析：本题是前后内容不对应的例子，可对前后的内容作相应的改正，因此，就有上述两种不同的答案。黑根霉（或匐枝根霉）的无性繁殖是通过产生孢囊孢子来进行的，孢囊孢子产生于孢子囊中，也称为内生孢子。而青霉的无性繁殖是通过产生分生孢子来进行的，分生孢子产生于小梗的上方，成串排列，也称为外生孢子。〕

34. 错误之处：__担子体__ 改为：__担子果__
（分析：香菇和蘑菇都是担子菌纲的植物，食用的部分就是它们的子实体，也称为担子果。担子果是高等担子菌产生担子和担孢子的一种结构，其大小、形状、质地、色泽差异很大。）

35. 错误之处：__子囊菌__ 改为：__担子菌__
（分析：木耳和银耳都属于担子菌纲的植物，都可称为担子菌。）

36. 错误之处：__不是__ 改为：__也是__
（分析：子囊果就是子囊菌的子实体，是形成子囊和子囊孢子的一种结构，可分为子囊盘、子囊壳和闭囊壳3种类型。）

37. 错误之处：__都是__ 改为：__除少数为单细胞外，一般都是__
（分析：真菌的营养体一般都是分枝的多细胞的菌丝体，但也有少数单细胞类型，如子囊菌纲的酵母菌属植物为单细胞的卵形构造；藻菌纲植物虽然多为分枝的丝状体，但菌丝不具横隔，整株植物体为单细胞构造。）

38. 错误之处：__寄生在种子植物上__ 改为：__与种子植物共生__
（分析：根瘤和菌根都是菌与根的共生体，在共生体中，菌和根相互依存，双方都从共生体中获益。）

39. 错误之处：__同层__　　改为：__异层__
40. 错误之处：__异层__　　改为：__同层__
41. 错误之处：__细菌__　　改为：__真菌__
42. 错误之处：__单列细胞__　　改为：__单细胞__
（分析：苔纲植物的假根一般为单细胞，而藓纲植物的假根则为单列细胞构成，这也是苔纲与藓纲的区别特征之一。）
43. 错误之处：__异株__　　改为：__同株__
44. 错误之处：__同株__　　改为：__异株__
45. （答案一）错误之处：__孢子__　　改为：__受精卵__
（答案二）错误之处：__孢子体__　　改为：__配子体__
（分析：本题是对结构的发育来源叙述错误的例子，改错时，可对结构部分或发育来源进行改正，因此就有上述两种不同的答案。地钱的孢子体是由受精卵经胚的发育阶段形成来的，而配子体则由孢子经原丝体的发育阶段形成来的。在正常情况下，地钱的每个孢子都可发育成1个配子体，而每个受精卵都可发育成1个孢子体。）
46. 错误之处：__蒴帽__　　改为：__把"蒴帽"删除即可__
〔分析：藓类（葫芦藓）的孢子体由受精卵发育而来，包括孢蒴、蒴柄和基足三个部分。受精卵在颈卵器中先发育成胚，胚逐渐分化成孢子体。颈卵器随着孢子体的生长而增长。由于孢子体的柄迅速伸长，使颈卵器断裂成上下两部分，上部成为蒴帽。由此可见，蒴帽是颈卵器断裂后留在孢子体上方的部分，是属于配子体的部分。〕
47. （答案一）错误之处：__蒴柄__　　改为：__蒴帽（或营养体、精子器、颈卵器、原丝体等）__
（答案二）错误之处：__配子体__　　改为：__孢子体__
（分析：本题是前后内容不对应的例子，可对前后的内容作相应的改正，因此，就有上述两种不同的答案。在第一种答案中，只要将"蒴柄"改为配子体的任何一部分，如"蒴帽""营养体""精子器""颈卵器""原丝体"等都可以。第二种答案则只能将"配子体"改为"孢子体"。）
48. 错误之处：__原叶体__　　改为：__原丝体__
49. 错误之处：__同型__　　改为：__异型__
50. 错误之处：__没有水也能进行__　　改为：__必须有水才能进行__
（分析：虽然苔藓植物是陆生植物，但有性生殖过程依然离不开水。成熟精子必须在有水的条件下，随水进入颈卵器，才能与卵结合形成合子。因此，如果没有水，苔藓植物就无法完成受精过程。）
51. 错误之处：__原丝体__　　改为：__配子体__
（分析：苔藓植物的配子体是由原丝体发育来的，是产生有性生殖器官的植物体。）
52. （答案一）错误之处：__苔藓植物__　　改为：__种子植物__
（答案二）错误之处：__孢子体占优势，配子体寄生在孢子体上__　　改为：__配子体占优势，孢子体寄生在配子体上__
（分析：本题是前后内容不对应的例子，可对前后的内容作相应的改正，因此，就有上述两种不同的答案。种子植物是孢子体占优势，配子体寄生在孢子体上。而苔藓植物则是配子体占优势，孢子体寄生在配子体上。从上述两种答案来看，第一种较为简单易行，通常会被优先选用。）
53. 错误之处：__苔藓植物__　　改为：__蕨类植物__
（分析：在高等植物中，配子体和孢子体都能独立生活的只有蕨类植物。）

四、参考答案

54. 错误之处：__都有__ 改为：__除苔藓植物外，一般都有__
（分析：在苔藓植物中，简单类型的苔类植物体成扁平的叶状体；比较高级的藓类植物体，虽然有类似根、茎、叶的分化，但结构很简单，多系薄壁细胞所组成，没有真正能行使各种功能的组织，没有维管束结构。因此可以说，苔藓植物还没有真正的根、茎、叶的分化。）

55. 错误之处：__苔藓__ 改为：__蕨类__
（分析：利用孢子进行繁殖的植物称为孢子植物，包括藻类、菌类、地衣、苔藓和蕨类 5 个类群，其中最高级的类群当属蕨类植物。）

56. 错误之处：__裸子植物__ 改为：__把"裸子植物"删除即可__
（分析：裸子植物有颈卵器，但没有精子器；其精子产生于非常简化的雄配子体中，即成熟的花粉粒中。）

57. 错误之处：__腹面__ 改为：__背面__
（分析：在真蕨纲植物的孢子叶上，孢子囊群着生的位置是在孢子叶的叶缘或叶的背面。）

58. 错误之处：__原丝体__ 改为：__原叶体__
（分析：蕨类植物的配子体也称为原叶体，结构很简单，其上产生有性生殖器官精子器和颈卵器。）

59. 错误之处：__都为根状茎__ 改为：__绝大多数为根状茎__
（分析：蕨类植物的茎绝大多数为根状茎，也有少数具有地上气生茎。）

60. 错误之处：__苔藓植物__ 改为：__裸蕨__

61. （答案一）错误之处：__裸子__ 改为：__被子__
（答案二）错误之处：__受精后的产物__ 改为：__大孢子发育而成的__
（分析：本题是前后内容不对应的例子，可对前后内容作相应的改正，因此，就有上述两种不同的答案。裸子植物的胚乳是由大孢子母细胞减数分裂后的大孢子发育而成的，染色体倍数为 n，与颈卵器共同组成雌配子体。与裸子植物不同的是，被子植物的胚乳是受精后的产物，是由中央细胞中的两个极核受精后形成的，染色体倍数为 3n。）

62. 错误之处：__管胞__ 改为：__筛管（或伴胞）__

63. （答案一）错误之处：__裸子植物__ 改为：__苔藓植物__
（答案二）错误之处：__孢子体极为退化，完全寄生在配子体上__ 改为：__配子体极为退化，完全寄生在孢子体上__
（分析：本题是前后内容不对应的例子，可对前后内容作相应的改正，因此，就有上述两种不同的答案。裸子植物的配子体极为退化，完全寄生在孢子体上。而苔藓植物则是孢子体极为退化，完全寄生在配子体上。从上述两种答案来看，第一种较为简单易行，通常会被优先选用。）

64. 错误之处：__松柏纲__ 改为：__银杏纲__
（分析：在裸子植物的 5 个纲中，只有苏铁纲和银杏纲两类植物的精子具有鞭毛，而松柏纲、红豆杉纲和买麻藤纲 3 类植物的精子都没有鞭毛。没有鞭毛的类型是较为进化的类型。）

65. 错误之处：__一定__ 改为：__不一定__

66. 错误之处：__所以也能进行双受精__ 改为：__但不能进行双受精__
（分析：虽然裸子植物的雄配子体也产生 2 个精子，但仅 1 个参与受精，另 1 个消失，不出现被子植物的特有的双受精现象。）

67. 错误之处：__不一定__ 改为：__一定__
（分析：核相交替是指生活史中，单倍体核相和双倍体核相交替的现象。世代交替是指生活史中，有两种或三种植物体，即单倍体植物和双倍体植物交替的现象。从上述两个概念中可以看出，具有世代交替的植物一定有核相交替；具有核相交替的植物则不一定有世代交替。只有核相交替，而没有世代交替的现象主要发生在低等植物中，以藻类为例来看：衣藻、水绵和轮藻都有核相交替，但生活史中只有一种单倍体的植物体；硅藻有核相交替，但生活史中只有一种双倍体的植物体。有核相交替，也有世代交替的现象主要发生在高等植物以及较为进化的一些低等植物中，以藻类较为进化的类型为例来看：紫菜和海带都有核相交替，而且生活史中都出现了两种植物体，即单倍体植物和双倍体植物交替的现象。）

68. 错误之处：__种子植物__ 改为：__被子植物__

（分析：在高等植物中，苔藓植物、蕨类植物和裸子植物都有颈卵器，它们三者合称为颈卵器植物。裸子植物和被子植物都有种子，它们二者合称为种子植物。由于种子植物中的被子植物没有颈卵器，因此，本题应把种子植物改为被子植物。）

69. （答案一）错误之处：__裸子植物__ 改为：__被子植物__

（答案二）错误之处：__3n__ 改为：__n__

（分析：本题是前后内容不对应的例子，可对前后内容作相应的改正，因此，就有上述两种不同的答案。裸子植物的胚乳是由大孢子母细胞减数分裂后所形成的大孢子发育来的，染色体倍数为n，而被子植物的胚乳则由极核受精后发育而来，染色体倍数为3n。）

70. 错误之处：__孢子体世代__ 改为：__配子体世代（或单倍体世代）__

（分析：裸子植物的雌配子体包含胚乳和颈卵器，是由大孢子母细胞减数分裂后所形成的大孢子发育来的，染色体倍数为n。由此可见，胚乳属于配子体世代，也称单倍体世代的部分。）

71. 错误之处：__所有__ 改为：__并非所有__

（分析：买麻藤纲植物是裸子植物中最进化的类群，其颈卵器极其退化或无。因此，并非所有裸子植物都具有颈卵器。）

72. 错误之处：__全由__ 改为：__主要由__

（分析：裸子植物茎的木质部主要由管胞组成，也有木薄壁细胞和木射线。管胞兼具输导水分和支持的双重作用。因木质部主要由管胞组成，所以木材结构比较均匀。）

73. 错误之处：__而且大多能成为种子中的有效胚__ 改为：__但通常只有1个胚能正常发育，成为种子中的有效胚__

（分析：裸子植物中普遍存在两种多胚现象。一为简单多胚现象，即由1个雌配子体上的几个颈卵器的卵细胞同时受精，形成多个胚；另一种是裂生多胚现象，即1个受精卵因细胞分离的结果而产生多数的胚。在发育的过程中，两种多胚现象可以同时存在，但通常只有1个胚能正常发育，成为种子中的有效胚。其他的胚都相继败育，到种子成熟时已看不到任何痕迹。）

74. 错误之处：__2个生殖细胞__ 改为：__1个生殖细胞__

（分析：松属植物的花粉粒成熟时，一般包含2个退化的原叶细胞、1个生殖细胞和1个管细胞。此时的成熟花粉粒也称为雄配子体。不久以后，2个原叶细胞进一步退化仅留痕迹，仅留下管细胞和生殖细胞。）

75. 错误之处：__进化__ 改为：__原始__

（分析：苏铁纲和银杏纲植物是裸子植物中最原始的类群，它们与蕨类植物一样，都具有多数鞭毛的游动精子，这是其原始特征之一。裸子植物精子的演化趋势是，由游动的、多鞭毛的精子，发展到无鞭毛的精子。）

76. 错误之处：__两年__ 改为：__13个月__

（分析：松属植物的受精作用通常是在传粉13个月后才进行，即传粉在第一年的暮春，受精在第二年的初夏。）

77. （答案一）错误之处： 柏科 　改为： 松科
（答案二）错误之处： 离生 　改为： 完全合生
〔分析：本题是前后内容不对应的例子，可对前后内容作相应的改正，因此，就有上述两种不同的答案。苞鳞与珠鳞（种鳞）是离生或是合生，可作为松科、杉科和柏科的区别特征之一。松科是离生的，杉科是半合生的，而柏科则是完全合生的。〕

78. 错误之处： 种子植物 　改为： 被子植物
（分析：种子植物包括裸子植物和被子植物两大类群，它们的受精过程是不一样的。在受精过程中，裸子植物花粉管中的两个精子释放出来后，其中 1 个精子消失，另 1 个精子和卵结合成为合子；被子植物花粉管中的两个精子释放出来后，其中 1 个精子与极核结合成为初生胚乳核，另 1 个精子与卵结合成为合子。由此可见，在种子植物中，只有被子植物才具有双受精作用。）

79. 错误之处： 种子植物 　改为： 被子植物
（分析：在种子植物中，裸子植物的子叶常为多数；只有被子植物可分为单子叶植物和双子叶植物两个类群。）

80. 错误之处： 变种 　改为： 亚种
（分析：变种和亚种都是种内的变异类型。变种是指具有相同分布区的同一种植物，由于微生境不同导致植物间具有可稳定遗传的形态差异的变异类型。亚种则指在不同分布区的同一种植物，由于生境不同导致两地植物在形态结构或生理功能上出现差异的变异类型。）

（四）名词解释

1. 人为分类法：不按植物亲缘关系的远近，只依据植物的形态、习性、生态或经济上的一两个特征或特性作为分类依据的一种分类法。

2. 自然分类法：按照植物间在形态、结构、生理上相似程度的大小，判断其亲缘关系的远近，再将它们进行分门别类，使成系统的一种分类法。

3. 学名：双名法命名的、用拉丁文书写的国际上统一的植物名称。

4. 双名法：即学名的命名法，是林奈所创立的。林奈于 1753 年用两个拉丁单词作为一种植物的名称，第一个单词是属名，是名词，其第一个字母要大写；第二个单词是种名形容词；后边还附有定名人的姓氏或姓氏缩写。这种命名的方法，就称双名法。

5. 种：是分类学上一个基本单位，也是各级单位的起点。同种植物的个体，起源于共同的祖先，具有一定的形态和生理特征以及一定的自然分布区，且能进行自然交配，产生能育的后代（少数例外）。

6. 亚种：种以下的分类单位。是种内个体在地理和生殖上充分隔离后所形成的群体。有一定的形态特征和地理分布，故也称为"地理亚种"。对于亚种的命名，则在原种的完整学名之后，加上拉丁文亚种的缩写（subsp.），然后再写亚种名和定亚种名的人名。

7. 变种：种以下的分类单位。在特征上与原种有一定区别，并有一定的地理分布。一般多用于植物。对于变种的命名，则在原种的完整学名之后，加上拉丁文变种的缩写（var.），然后再写变种名和定变种名的人名。

8. 品种：不是植物分类学中的一个分类单位。品种是人类在生产实践中，经过选择、培育而得，具有一定的经济价值和比较一致的遗传性。种内各品种间的杂交，叫近亲杂交。种间、属间或更高级的单位之间的杂交，叫远缘杂交。育种工作者，常常遵循近亲易于杂交的法则，培育出新的品种。

9. 品系：起源于共同祖先的一群个体。①在遗传学上，一般指自交或近亲繁殖若干代后所获得的某些遗传性状相当一致的后代；②在作物育种学上，指遗传性比较稳定一致而起源于共同祖先的一群个体。品系经比较鉴定，优良者繁育推广后，即可成为品种。

10. 高等植物：指个体发育过程中具有胚胎时期的植物，即苔藓、蕨类和种子植物。它们与低等植物的区别是：除了有胚外，一般又有根、茎、叶的分化（苔藓植物例外）和由多细胞构成的雌性生殖器官。

11. 低等植物：指个体发育过程中无胚胎时期的植物，包括藻类、菌类和地衣。低等植物一般构造简单，无根、茎、叶的分化，生殖器官多为单细胞结构。

12. 显花植物：多指以种子繁殖的植物，包括裸子植物和被子植物。狭义的，仅指被子植物而言。

13. 隐花植物：通常指不开花、不产生种子的植物，包括藻类、菌类、地衣、苔藓和蕨类植物。

14. 孢子植物：藻类、菌类、地衣、苔藓和蕨类植物主要以孢子进行繁殖，所以称为孢子植物。所有植物均有孢子生殖过程，但孢子植物的孢子较为显著，通常均脱离母体而发育，以此区别于种子植物。

15. 种子植物：裸子植物和被子植物产生种子，并主要以种子进行繁殖，故称为种子植物。

16. 维管植物：具有维管系统的蕨类植物和种子植物称为维管植物。

17. 颈卵器植物：苔藓、蕨类及大部分裸子植物都有颈卵器结构，这几类植物合称为颈卵器植物。

18. 孑遗植物和活化石：曾在某一地质时期十分繁盛，后来则大为减退，只剩下个别种存活下来，并有日趋绝灭态势的植物，即称为孑遗植物。孑遗植物常形成大量化石，故常把孑遗植物称为活化石。如银杏、银杉、水杉等都是活化石。

19. 个体发育：一般指多细胞生物体从受精卵开始到成体为止的发育过程。其间包括细胞分裂、组织分化、器官形成，直到性成熟阶段。

20. 系统发育：生物种族的发展史，可以指一个群体（种、属、科……）形成的历史，也可以指生命在地球上起源以后演变至今的整个过程。

21. 生活史：指生物在其一生中所经历的发育和繁殖阶段的全部过程。

22. 世代交替：在植物生活史中，无性与有性两个世代相互交替的现象。其中的无性世代（也称"孢子体世代"），指具有二倍数染色体的植物体的时期；有性世代（也称"配子体世代"）指具有单倍数染色体的植物体的时期。

23. 同型世代交替：在世代交替的生活史中，孢子体和配子体植物在形态构造上基本相同，称为同型世代交替，如绿藻门中的石莼属植物。

24. 异型世代交替：在世代交替的生活史中，孢子体和配子体植物在形态构造上显著不同，称为异型世代交替。可分为两种类型：一类是孢子体占优势，如蕨类植物、裸子植物和被子植物；另一类是配子体占优势，如苔藓植物。

25. 孢子体世代：也称为"无性世代"。植物生活史中产生孢子的或具二倍数染色体的时期。

26. 配子体世代：也称为"有性世代"。植物生活史中产生配子的或具单倍数染色体的时期。

27. 孢子体：植物世代交替中产生孢子的或具二倍数染色体世代的植物体。

28. 配子体：植物世代交替中产生配子的或具单倍数染色体世代的植物体。

29. 雄配子体：也称为小配子体。在种子植物中，由小孢子发育来的成熟花粉粒（2~3个细胞）以及由花粉粒长出的花粉管，统称为雄配子体。

30. 雌配子体：也称为大配子体。在被子植物中，由大孢子发育来的成熟胚囊（一般7~8个细胞）称为雌配子体。在裸子植物中，由大孢子发育而成的胚乳（包含着颈卵器）称为雌配子体。

31. 颈卵器：苔藓、蕨类和裸子植物的雌性生殖器官，形呈烧瓶状，分为腹部和颈部，腹部膨大，内有卵细胞和腹沟细胞各一；颈部狭窄，内有一列颈沟细胞。颈卵器成熟时，颈沟细胞和腹沟细胞解体，形成黏液，颈口开裂，精子借水游入与卵结合。

32. 精子器：通常指苔藓和蕨类植物产生精子的多细胞构造。

33. 原植体：无根、茎、叶分化的植物体。如藻类、菌类、地衣和苔藓等植物的营养体。

34. 原丝体：苔藓植物的孢子萌发后，首先产生一个有分枝的丝状体，称为原丝体。每个原丝体可形成1个叶状的配子体。

35. 茎叶体：苔藓植物的植物体（也称营养体或配子体）有类似茎和叶的分化，称茎叶体。

36. 原叶体：蕨类植物的配子体称为原叶体。原叶体是绿色自养、背腹扁平的叶状体，两性，腹面有假根，也有颈卵器和精子器。颈卵器中的卵受精后，可不经休眠直接发育为幼孢子体。

37. 孢子叶：生有孢子囊的叶。通常在形态和构造上不同于营养叶。发生异形孢子的植物，又有大孢子叶和小孢子叶之分。被子植物的心皮和雄蕊分别相当于大孢子叶和小孢子叶。裸子植物则由两种孢子叶分别形成大孢子叶球和小孢子叶球。

38. 雄球花或小孢子叶球：裸子植物中，由许多雄蕊集中生于中轴上形成的球形花称为雄球花，也称为小孢子叶球。雄蕊相当于小孢子叶，花药相当于小孢子囊，其中的花粉（小孢子）母细胞减数分裂后所形成的单核花粉相当于小孢子。

39. 雌球花或大孢子叶球：裸子植物中，由多数鳞片集中螺旋状着生于中轴形成的球状花称为雌球花，也称为大孢子叶球。每鳞片腋部着生胚珠，胚珠中的珠心相当于大孢子囊，珠心中的大孢子母细胞减数分裂后形成大孢子。

40. 球果：裸子植物中，成熟的雌球花称为球果，由多数着生种子的鳞片（种鳞）组成。

41. 珠鳞：裸子植物的雌球花中，着生胚珠的鳞片称为珠鳞，相当于大孢子叶。珠鳞成熟后即称为种鳞。

42. 苞鳞：裸子植物中，在雌球花上托着珠鳞，或在球果上托着种鳞的苞片称为苞鳞。有些植物的苞鳞与种鳞愈合。

43. 种鳞：裸子植物的球果中，着生种子的鳞片称为种鳞。种鳞和珠鳞是同一结构在不同发育阶段的两个名称，在花期称珠鳞，而在果期则称种鳞。

44. 孢子囊：植物产生孢子的细胞或器官。

45. 孢子：植物所产生的一种有繁殖或休眠作用的细胞。孢子植物的孢子能直接发育成新个体。

46. 孢蒴：苔藓植物孢子体上部膨大的部分，称为孢蒴。孢蒴内产生孢子，成熟后开裂，散出孢子。

47. 小孢子：异形孢子植物中，较小的孢子称小孢子或雄孢子。种子植物中，单核时期的花粉粒也称小孢子。小孢子发育后形成小配子体，也称雄配子体。

48. 大孢子：异形孢子植物中，一种较大的减数孢子称为大孢子。种子植物中，单核时期的胚囊也称为大孢子，大孢子发育后形成大配子体，也称雌配子体。

49. 配子囊：①低等植物产生配子的细胞或结构。②某些真菌（如黑根霉）的多核细胞，其内含物不分化为配子，而在有性过程的接合中，两个细胞便相互融合，这两个融合细胞被称为配子囊。

50. 配子：生物进行有性生殖时所产生的性细胞。

51. 同配生殖：两个形态、大小相似的性细胞（即同形配子）相互结合的有性生殖方式。

见于低等植物中。

52. 异配生殖：两个形态、大小不同的性细胞（一般异形配子或卵和精子）相互结合的一种有性生殖方式。

53. 卵式生殖：卵与精子相互结合的一种有性生殖方式。为多细胞生物所特有的一种高级的异配生殖方式。

54. 接合生殖：低等植物中两个同型配子融合成一个细胞（即合子或接合子）的有性生殖过程，称为接合生殖。如水绵和黑根霉等。

55. 子实体：高等真菌进行有性生殖时，常形成特殊的菌丝组织，其中产生有性孢子，此种组织结构称为子实体。如子囊菌纲的子囊果和担子菌纲的担子果都是子实体。

56. 子囊果：子囊菌纲的子实体称为子囊果，通常有子囊盘、子囊壳和闭囊壳三种类型。

57. 担子果：担子菌纲的子实体称为担子果，根据担子果发育过程中包被情况可分为裸果式、半被果式和被果式三种类型。

58. 地衣：地衣是藻类和真菌两类植物共同生活而形成的共生体。构成地衣的藻类通常为蓝藻和单细胞的绿藻，真菌多数为子囊菌，少数为担子菌和半知菌。在共生体中，藻类进行光合作用，制造养料供给真菌；真菌吸收外界水分、无机盐和二氧化碳供给藻类，相互间形成特殊的生存关系。

59. 同层地衣：地衣构造上可分为上皮层、藻胞层、髓层和下皮层。如果藻胞层和髓层不明显、藻细胞均匀分布于髓中，则称为同层地衣。

60. 异层地衣：如果藻胞层和髓层明显，藻细胞集中于皮层附近，形成一层绿色的藻层，则称为异层地衣。

61. 裂生多胚现象：发生在种子植物中，即由1个受精卵，在发育过程中胚原细胞分裂为2个或2个以上胚的现象。

62. 简单多胚现象：发生于裸子植物中，即由1个雌配子体上的几个颈卵器同时受精，形成多个胚的现象。

（五）分析和问答题

1. 简述藻类植物的生活史类型。

藻类植物的生活史类型主要有以下几种：

（1）生活史中没有发生有性生殖，因而也就没有减数分裂的发生和核相的变化，如藻类植物中的蓝藻和裸藻。

（2）生活史中具有有性生殖，由于有性生殖的出现，生活史中必然有减数分裂的发生和核相的变化。根据减数分裂发生的时间不同，可分为以下三种类型：

A. 减数分裂在合子萌发时发生。生活史中只有一种单倍体植物，合子是生活史中唯一的二倍体阶段，如藻类植物中的衣藻、水绵和轮藻。

B. 减数分裂在配子囊形成配子时发生。生活史中只有一种二倍体植物，配子是生活史中唯一的单倍体阶段，如藻类植物中的硅藻。

C. 减数分裂在孢子囊形成孢子时进行。生活史中出现了单倍体植物和二倍体植物进行世代交替的现象。

藻类植物的世代交替有同型世代交替和异型世代交替两种类型。绿藻门中的石莼属植物为同型世代交替，它们的孢子体和配子体植物在形态构造上基本相同；红藻门中的紫菜属植物和褐藻门中的海带属植物均为异型世代交替，它们的孢子体和配子体植物在形态构造上显著不同。其中，海带属植物为孢子体占优势的异型世代交替，紫菜属植物为配子体占优势的异型世代交替。在世代交替的类型中，同型世代交替在进化上较为低级，异型世代交替则较为高级。在异型世代交替的种类中，孢子体占优势的种类比配子体占优势的种类进化。

2. 列表比较低等植物与高等植物:

低等植物与高等植物比较表

	低等植物	高等植物
类群	藻类、菌类和地衣	苔藓、蕨类、裸子和被子植物
生活环境	多水生或湿生	大多陆生
植物体结构	结构比较简单，是没有根、茎、叶分化的原植体植物，无维管束	一般有根、茎、叶和维管组织的分化（苔藓植物除外）
雌性生殖结构	多数是单细胞的，极少数为多细胞	由多细胞构成
生活史	合子萌发不形成胚而直接发育成新的植物体；有些植物具世代交替	合子形成胚，然后再发育为植物体；具明显的世代交替

3. 利用植物分类检索表，区别真菌植物各纲的特征。

真菌植物根据形态和生殖方式的不同，分为4纲，这4纲可利用植物分类检索表的方式，采用对比的方法，逐步排列，区别如下：

真菌植物分纲检索表

1. 无真正的菌丝体，如有菌丝体，一般不具横隔壁 ………………………………… 藻菌纲
1. 有真正的菌丝体，菌丝内具横隔壁
  2. 只发现无性繁殖，有性生殖不明了 ………………………………………… 半知菌纲
  2. 具有性生殖阶段
    3. 有性生殖产生子囊孢子，子囊孢子生于子囊内 ………………………… 子囊菌纲
    3. 有性生殖产生担孢子，担孢子生于担子上 ……………………………… 担子菌纲

4. 苔藓植物有哪些适应陆地生活的特征？

苔藓植物适应陆地生活的特征主要体现在如下几方面：
（1）假根的产生，能更好地吸收水分和矿物质。
（2）角质层的形成，能更好地起保护作用。
（3）气孔器的出现，具备了调节和控制内外水分平衡的能力。
（4）机械组织的形成，具备了坚强的支撑力。
（5）输导组织的产生，具备了有效运输水分和营养物质的能力。
（6）生殖器官的完善和胚的出现，使之能更好地繁衍后代。

5. 与苔藓植物比较来看，为什么说蕨类植物更能适应陆地生活？

蕨类植物比苔藓植物更能适应陆地生活的特征主要表现在：
（1）维管组织的出现，更有利于水分和营养物质的输导，提高了陆生的生存能力。
（2）孢子体更加发达，植物体有了真正的根、茎、叶，植株更高大，类型更加复杂多样，陆生性更强，适应性更广。
（3）配子体更加退化，独立生活的能力较弱。单倍体的配子体退化，有利于植物在陆地上更好地生存与发展。

6. 裸子植物有哪些比蕨类植物更适应陆生生活的特征？

裸子植物比蕨类植物更适应陆生生活的特征主要体现在以下几方面：
（1）产生种子。种子的出现使胚受到更好的保护以及营养物质的供应，可使植物度过陆地上不利的环境，利于更好地繁衍后代。
（2）孢子体更加发达。裸子植物主根发达，根系庞大，根、茎次生生长旺盛，均为木本植物，且多为乔木。叶多为针形、条形和鳞形，极少数为扁平的阔叶，有厚的角质层，气孔下陷。叶形、叶解剖构造也显示出对陆地上干旱、寒冷等不良环境的适应。

(3) 配子体更加退化。与孢子体的发达相反，裸子植物的配子体在结构上明显退化，完全营寄生生活。雌配子体由胚乳和颈卵器组成，雄配子体为仅具3～4细胞的成熟花粉粒。单倍体的配子体退化，由发达的二倍体的孢子体提供营养与保护，更有利于裸子植物在陆地上的生存与发展。

(4) 受精摆脱了水的束缚。裸子植物的花粉在孢子体的小孢子囊中发育成熟后，借助风传播。胚珠用传粉滴捕获花粉，将其吸入胚珠。由花粉形成花粉管，将精子送至雌配子体，使精子与卵细胞受精。胚珠分泌的传粉滴及花粉管成为运输花粉或精子的条件，裸子植物受精已摆脱了对水的依赖，这是对陆生生活适应的最突出的表现。

7. 填写裸子植物松科、杉科和柏科的特征比较表：

松科、杉科和柏科的特征比较表

特征类型	松科	杉科	柏科
叶形	针形或条形	条形、披针形、钻形或鳞形	鳞形或刺形
叶着生方式	螺旋状排列	螺旋状排列（水杉例外）	交互对生或3～4叶轮生
小孢子囊数/小孢子叶	2	2～9（常3～4）	2～6
胚珠数/珠鳞	2	2～9	1至多个
珠鳞与苞鳞	离生	多为半合生（仅顶端分离）	完全合生
大、小孢子叶球	同株	同株	同株或异株

8. 与裸子植物相比较，被子植物有哪些更能适应陆地生活的特征？

被子植物更能适应陆地生活的特征主要体现在下列几方面：

(1) 有真正的花，更有利于传粉和受精。

(2) 有了果实，种子包被于果皮中，使种子受到更好的保护和传播，能更好地繁衍后代。

(3) 维管组织中有了导管和筛管的分化，输导水分和营养物质的效率更高。

(4) 在有性生殖过程中，出现了双受精现象，这是植物界最进化的受精方式。双受精产生了三倍体的胚乳，作为后代的营养，不仅有利于后代的发育，而且使后代的适应能力更强。

(5) 配子体更加简化。雄配子体（成熟花粉粒）仅由2～3个细胞组成；雌配子体（成熟胚囊）简化成7个细胞8个核（多数种类为此种类型）。这种简化在生物学上具有进化的意义。

(6) 植物种类丰富，类型更加复杂多样，适应性更广。

由于被子植物具备了以上特征，使之比裸子植物更能适应陆地生活，也使之成为当今植物界最进化、最完善的类群，从而在地球上占着绝对优势。

9. 裸子植物与被子植物的多胚现象有何不同？

大多数裸子植物具有多胚现象，产生的原因主要有以下两个方面：

(1) 由一个雌配子体中几个颈卵器内的卵细胞同时受精，形成多胚（简单多胚现象）。

(2) 由一个受精卵在发育过程中，胚原组织分裂为几个胚（裂生多胚现象）。

被子植物中的多胚现象较少，产生的原因可综合为以下四个方面：

(1) 由珠心或珠被细胞分裂并伸入胚囊形成不定胚。

(2) 胚囊中卵以外的其他细胞（常为助细胞）发育为胚。

(3) 产生裂生多胚现象，即一个受精卵分裂成2个或多个独立的胚。

(4) 胚珠中具有两个或两个以上胚囊形成多个胚。

10. 简述被子植物的生活史。

被子植物个体的生命活动，一般从上代个体的种子起，经过种子萌发形成幼苗，并经生长、开花和结果，产生新一代的种子。从上一代的种子到新一代的种子，这一整个生活历程，就叫被子植物的生活史。

在被子植物的生活史中，都要经历两个互相交替的世代，一个是孢子体世代，另一个是配子体世代。孢子体世代从雌雄配子的结合形成合子起至孢子母细胞减数分裂之前止。这一阶段细胞内的染色体数目为二倍的（2n），又称为二倍体世代。配子体世代从花粉母细胞和胚囊母细胞减数分裂形成花粉和胚囊起至合子形成之前止。这一阶段细胞内的染色体数目都是单倍的（n），也称为单倍体世代。

减数分裂和双受精作用是整个生活史的关键，也是两种世代交替转折点。在整个生活史中，孢子体世代所经历的时间比配子体世代长，而且孢子体高度发达。配子体世代非常短促，而且配子体非常退化，寄生于孢子体上。

11. 简述植物界的进化趋势。

（1）形态结构上：植物体由简单到复杂，由单细胞到多细胞，由原核到真核，并逐渐分化形成各种组织和器官，并向有维管组织分化的方向发展。

（2）生态习性上：植物体由水生到陆生，最原始类型的藻类全部生命过程都在水中进行；到了苔藓植物已能生长在潮湿的环境；蕨类植物能生长在干燥环境，但精子与卵结合还需借助于水；种子植物不仅能生长在干燥环境，其受精过程已不需要水的参与。

（3）繁殖方式上：由无性的营养繁殖、孢子繁殖，再到有性的配子生殖；在有性的配子生殖中，从同配进化到异配，再到卵式生殖。

（4）在世代交替的生活史中，由同型世代交替向异型世代交替进化；在异型世代交替中，则由配子体世代占优势向孢子体世代占优势的方向发展。

第十章
被子植物主要分科

一、学习要点和目的要求

1. 双子叶植物纲

（1）掌握双子叶植物的一般特征。掌握木兰科、毛茛科、锦葵科、葫芦科、十字花科、蔷薇科、豆科、芸香科、茄科、旋花科、唇形科、菊科等科的主要特征、代表植物及其经济价值。

（2）理解樟科、石竹科、桑科、壳斗科、山茶科、杨梅科、桃金娘科、大戟科、葡萄科、无患子科、伞形科、玄参科、茜草科等科的主要特征、代表植物及其经济价值。

（3）了解番荔枝科、胡椒科、睡莲科、罂粟科、杜仲科、金缕梅科、苋科、藜科、蓼科、落葵科、五桠果科、酢浆草科、石榴科、菱科、西番莲科、番木瓜科、猕猴桃科、椴树科、梧桐科、杨柳科、木棉科、红树科、卫矛科、冬青科、鼠李科、荨麻科、橄榄科、楝科、槭树科、漆树科、杜鹃花科、夹竹桃科、报春花科、山榄科、木犀科、柿树科、胡桃科、桔梗科、忍冬科、紫草科、胡麻科等科的代表植物及其经济价值。

（4）识别一些常见的植物，并了解其经济价值。

2. 单子叶植物纲

（1）掌握单子叶植物的一般特征。掌握莎草科、禾本科、百合科、兰科等科的主要特征及代表植物。

（2）理解泽泻科、棕榈科、天南星科、薯蓣科等科的主要特征及代表植物。

（3）了解凤梨科、芭蕉科、鸢尾科、石蒜科、鸭跖草科、姜科等科的主要特征及代表植物。

（4）识别一些常见的植物，并了解其经济价值。

3. 被子植物的分类系统

（1）被子植物系统演化的两大学派：掌握被子植物起源两种学说（真花说和假花说）的代表人物和主要观点。

（2）被子植物的主要分类系统：理解恩格勒系统、哈钦森系统、塔赫他间系统和克朗奎斯特系统。

二、学 习 方 法

本章主要介绍被子植物的分科知识，通过学习，要能够掌握被子植物一些常见科的形态特征、识别要点和经济植物，从而在今后的学习和工作中，能够利用所学的分科知识，更好地认识植物，利用植物和改造植物。学习中，可采取列表比较法、检索鉴定法、图例对照法和野外识别法等一些方法，并互相联系、穿插运用。

（一）列表比较法

1. 列表比较木兰科和毛茛科主要特征

在被子植物的分类系统中，英国植物学家哈钦松（Hutchinson）所提出的真花说的观点认为：双子叶植物中的木兰目 MAGNOLIALES 和毛茛目 RANALES 的花与古代裸子植物本内苏铁目十分相似，因此，它们在被子植物中属于原始类型。他们还认为木兰目和毛茛目是被子植物的两个起点，从木兰目演化出一支木本植物，从毛茛目演化出一支草本植物。上述两目的代表科分别为木兰科 MAGNOLIACEAE 和毛茛科 RANUNCULACEAE，它们之间存在着共同的原始特征，如雄蕊多数，心皮多数，离生等，但也有不同之处，具体比较见表 10-1。

表 10-1　木兰科和毛茛科主要特征比较表

科　名	茎	叶	花　序	花	果
木兰科	木本，具环状托叶痕	单叶互生，全缘，托叶早落	花单生	单被花，雄蕊和雌蕊多数，离生，螺旋状排列于柱状的花托上	聚合蓇葖果
毛茛科	草本	叶多互生，分裂或为复叶，无托叶	花单生，或为总状花序、圆锥花序等	多为两被花，雄蕊和雌蕊多数，离生，螺旋状排列在隆起的花托上	聚合瘦果或聚合蓇葖果

2. 比较木兰属和含笑属

木兰属 *Magnolia* 和含笑属 *Michelia* 是木兰科中常见的两个属，它们的外部形态特征非常相似，只能通过一些细小的特征加以辨认，现从叶、花、胚珠（种子）、果实等方面比较见表 10-2。

表 10-2　木兰属和含笑属主要特征比较表

属　名	叶	花	胚珠（种子）	果　实	代表植物
木兰属	常绿或落叶，全缘	单生枝顶	每心皮胚珠2个（种子1~2个）	聚合蓇葖果成熟时球果状	夜合、荷花玉兰、玉兰、紫花玉兰等
含笑属	常绿，全缘	单生叶腋	每心皮胚珠2至数个（种子2至数个）	聚合蓇葖果成熟时穗状	黄玉兰、白玉兰、含笑花、醉香含笑等

3. 比较豆科三个亚科的主要特征

按照恩格勒的意见，豆科包含云实亚科 CAESALPINIOIDEAE、含羞草亚科

MIMOSOIDAE 和蝶形花亚科 PAPILIONOIDAE 三个亚科，它们有许多相同之处，也有一些不同特点，现列表比较见表 10-3。

表 10-3　豆科三个亚科主要特征比较表

亚科名	茎	叶	花序	花	果
含羞草亚科	多木本，稀草本	多二回羽状复叶；有叶枕和托叶	头状或穗状花序	花辐射对称；花瓣或花冠裂片镊合状排列，雄蕊常多数	荚果
云实亚科	多木本，稀草本	一至二回羽状复叶，少为单叶；有叶枕和托叶	圆锥花序、总状花序、伞房花序或簇生	花两侧对称；为假蝶形花冠，花瓣或花冠裂片为上升覆瓦状排列；雄蕊 10 或较少，多分离	
蝶形花亚科	草本、灌木或乔木	单叶或复叶；有叶枕和托叶	总状花序或头状花序，稀单生	花冠两侧对称；蝶形花冠，花瓣或花冠裂片为下降覆瓦状排列；二体雄蕊	

4. 列表比较蔷薇科四个亚科的主要特征

蔷薇科根据花托变化，雌蕊心皮数以及果实类型等性状，可分为绣线菊亚科 SPIRAEOIDEAE、蔷薇亚科 ROSOIDEAE、李亚科 PRUNOIDEAE 和梨亚科 POMOIDEAE 四个亚科，它们有许多共同之处，如大多数植物有托叶，花两性，辐射对称，多为周位花，萼片和花瓣常 5。但它们之间也存在一些不同特点，具体见表 10-4。

表 10-4　蔷薇科四个亚科主要特征比较表

亚科名	茎	叶	花序	花	果
绣线菊亚科	灌木	常无托叶	伞房花序或圆锥花序	花托浅杯状；周位花；雄蕊 5 枚；心皮 1~5 个，多分离；子房上位	聚合蓇葖果或蒴果
蔷薇亚科	灌木或草本	托叶发达	单生或为伞房花序、圆锥花序等	花托凹或凸；周位花；雄蕊多数；心皮多数，分离；子房上位	聚合瘦果或聚合小核果
李亚科	木本	单叶互生，托叶小，早落	花单生或为伞形花序、总状花序等	花托凹陷呈杯状；周位花，雄蕊多数；心皮 1 个；子房上位	核果
梨亚科	木本	单叶互生，有托叶	花单生或为伞形花序、伞房花序、聚伞花序等	花托凹陷与子房愈合；上位花或周位花；雄蕊多数；心皮 2~5 个，合生；子房下位或半下位	梨果

5. 比较玄参科和唇形科的形态特征

按照恩格勒的观点，玄参科 SCROPHULARIACEAE 和唇形科 LABINATAE 都归在合瓣花亚纲管花目中，它们之间在叶和花方面存在着许多相同或相似的形态特征，而在茎、花序和果实方面却存在着一些较为明显的区别特征，现列表比较见表10-5。

表10-5　玄参科和唇形科形态特征比较表

科名	茎	叶	花序	花	果
玄参科	多草本，少为木本；茎为圆柱形	单叶，多对生，少互生或轮生，无托叶	总状、聚伞或圆锥花序	多呈唇形花冠，常为2强雄蕊；雌蕊2心皮合生，子房上位，常2室，每室多数胚珠，花柱顶生	蒴果或浆果
唇形科	多草本，稀灌木；茎常四棱形；具芳香	单叶，多对生，少轮生，无托叶	轮伞花序	唇形花冠，常为2强雄蕊；雌蕊2心皮合生，子房上位，深裂为4室，每室1胚珠，花柱插生于分裂子房的基部	4个小坚果

6. 列表比较菊科两个亚科的主要特征

菊科 COMPOSITAE 根据头状花序中小花花冠的形状及植物体内是否含有乳汁，可分成管状花亚科 TUBULIFLORAE 和舌状花亚科 LIGULIFLORAE。两个亚科之间在叶和果实方面存在着许多相同或相似的形态特征，而在花序中小花花冠的形状及植物体内是否含有乳汁方面却存在着较为明显的区别特征，现列表比较见表10-6。

表10-6　管状花亚科和舌状花亚科主要特征比较表

亚科名	茎	叶	花序	花	果
管状花亚科	多草本、无乳汁	叶常互生，稀对生或轮生；无托叶	头状花序，花序外有1至多列总苞片	头状花序全为管状花，如艾；或中央部分为管状花，边缘部分为舌状花，如向日葵。舌状花冠先端三裂，无性或雌性	瘦果，顶端常有冠毛、刺毛或鳞片
舌状花亚科	多草本、有乳汁			头状花序全为舌状花。舌状花冠先端五裂，小花两性	

7. 列表比较禾本科两个亚科的主要特征

禾本科是国民经济中最重要的一科，也是被子植物中的大科之一，约有600余属，10 000多种，我国约有200余属，1 200多种，各地皆有。本科常分为竹亚科 BAMBUSOIDEAE 和禾亚科 AGROTIAOIDEAE 两个亚科。它们之间在花、花序和果实方面存在着许多相同或相似之处，但在茎和叶方面存在着一些区别特征，具体可用下表作一番比较（表10-7）。

表 10-7 竹亚科和禾亚科形态特征比较表

亚科名	茎	叶	花序	花	果
竹亚科	灌木或乔木，秆的节与节间明显，节间中空	具秆箨和普通叶，秆箨（笋壳）与普通叶明显不同；箨叶通常缩小而无明显的主脉，箨鞘通常厚而革质，箨鞘与箨叶连接处常具箨舌和箨耳。枝生（普通）叶具明显叶脉，叶片与叶鞘连接处常具关节而易脱落	小穗组成总状、穗状或圆锥花序	小花由外稃和内稃各1枚，浆片2~3枚，雄蕊3或6枚，雌蕊1枚所组成。雌蕊多由2心皮合生，子房上位，1室，含1倒生胚珠，柱头二歧，常呈羽毛状	颖果
禾亚科	草本，节与节间明显，节间常中空	叶具叶片和叶鞘，叶片和叶鞘连接处常具叶舌和叶耳，叶片具中脉，叶片与叶鞘之间无明显的关节，也不易自叶鞘上脱落			

8. 列表比较杨属和柳属的主要特征

杨柳科是我国造林和绿化的重要科，最常见的为杨属 *Populus* 和柳属 *Salix*，它们均为木本、单叶互生，柔荑花序，无被花，蒴果。种子基部具丝状长毛，可随风飘荡，俗称杨絮或柳絮。两属的主要区别特征见表 10-8。

表 10-8 杨属和柳属主要区别特征比较表

属名	芽	柔荑花序	雄蕊	苞片	蒴果	花
杨属	冬芽具数枚鳞片、常有顶芽	下垂	4至多数	细裂	2~4裂	风媒花
柳属	冬芽仅有1芽鳞、顶芽退化	直立	常2（1~12）	全缘	2裂	虫媒花

（二）检索鉴定法

在被子植物的分类中，植物检索表是必不可少的鉴定工具。要学好植物分类学，就必须熟练掌握植物检索表的应用。

被子植物分类检索表最常用的不外乎三种，即分科、分属和分种检索表，第一种首先分被子植物为双子叶植物和单子叶植物，再比较其他性状，直至检索至科为止；第二种检索表，则由科或亚科检索至属；第三种检索表则由属检索至种。此外，一些较大的科，还有分亚科检索表，即由科检索至亚科。通过上述检索表的应用，不仅可以检索到某一植物所在的分类位置，而且在检索过程中，该植物所具有的一些可供识别的特征一览无遗。现举例如下：

1. 分科检索表

表 10-9 为单子叶植物纲 MONOCOTYLEDONEA 常见经济植物的分科检索表，编排方式为平行式，每一对照的性状的描写紧紧相接，更易于比较，在一行之末尾或为植物的科或为一数字，此数字重新写在一较低之行，以追寻另一对相对的性状，直至终了为止。

表 10-9 单子叶植物纲常见的经济植物分科检索表

1. 草本植物或稀为木质茎；叶通常不为羽状或扇形分裂，平行脉或弧形脉 ……………………………… 2
1. 棕榈状高大木本；叶通常为羽状或扇形分裂，平行脉或射出脉 …………………… 棕榈科 PALMAE

2. 有花被，常显著，且呈花瓣状 ··· 3
2. 无花被 ··· 9
3. 雌蕊三个至多数，互相分离 ·· 泽泻科 ALISMATACEAE
3. 雌蕊一个，复合性 ··· 4
4. 子房上位，或花被和子房相分离 ·· 百合科 LILIACEAE
4. 子房下位，或花被多少和子房相愈合 ··· 5
5. 花两侧对称或不对称 ·· 6
5. 花常辐射对称，也即花整齐或近于整齐 ·· 8
6. 花被片均成花瓣状；雄蕊和花柱多少有些连合 ··· 兰科 ORCHIDACEAE
6. 花被片并不成花瓣状；雄蕊和花柱相分离 ··· 7
7. 后方一个雄蕊常为不育性，其余 5 个均发育具花药；花序生于一大型的苞片（佛焰苞）中
 ··· 芭蕉科 MUSACEAE
7. 后方一个雄蕊发育而具花药，其余 5 个则退化或变形为花瓣状；萼筒有时呈佛焰苞状
 ··· 姜科 ZINGIBERACEAE
8. 植物体为攀缘性；叶具网状脉和叶柄；雄蕊 3－6 个 ·································· 薯蓣科 DIOCOREACEAE
8. 植物体不为攀缘性；叶具平行脉，基部常为鞘状；雄蕊 6 个 ························ 凤梨科 BAOMELIACEAE
9. 由 1 至多朵小花组成小穗，再由小穗组成各种花序；叶多为带形、线形或披针形 ················· 10
9. 肉穗花序，为一大型具色彩的佛焰苞片所包围；叶多箭形、戟形、或掌状、放射状分裂
 ··· 天南星科 ARACEAE
10. 秆多少呈三棱形，实心；茎生叶呈三行排列；叶鞘封闭；小坚果或瘦果
 ··· 莎草科 CYPERACEAE
10. 秆常呈圆柱形，节间常中空；茎生叶呈二行排列；叶鞘包秆边缘分离；颖果
 ··· 禾本科 GRAMINEAE

2. 分亚科检索表

表 10-10 和表 10-11 分别为豆科 LEGUMINOSAE 和蔷薇科 ROSACEAE 分亚科的检索表，编排方式为定距式，每一种性状的描写在书页左边一定距离处，与之相对应的性状的描写亦写在同样距离处。如此追寻，直至追寻至亚科为止。

表 10-10　豆科分亚科检索表

1. 花冠辐射对称；花瓣镊合状排列，中下部常合生。 ······························ 含羞草亚科 MIMOSOIDEAE
1. 花冠两侧对称；花瓣复瓦状排列，离生。
 2. 花冠假蝶形，最上面 1 花瓣在最里面，呈上升复瓦状排列；雄蕊 10 或较少，多分离。
 ··· 云实亚科 CAESALPINIOIDEAE
 2. 花冠蝶形，最上面 1 花瓣（旗瓣）在最外面，呈下降复瓦状排列；2 体雄蕊。
 ··· 蝶形花亚科 PAPILIONOIDEAE

表 10-11　蔷薇科分亚科检索表

1. 多为蓇葖果，少蒴果；心皮 1～5，多离生；叶多数无托叶 ············ 绣线菊亚科 SPIRAEOIDEAE
1. 果实不裂，非蓇葖果或蒴果，叶有托叶。
 2. 子房上位。
 3. 心皮常多数，离生；聚合瘦果或聚合小核果 ··························· 蔷薇亚科 ROSOIDEAE
 3. 心皮常为 1；核果 ··· 李亚科 PRUNOIDEAE
 2. 子房下位；心皮 2～5，合生；梨果 ·· 梨亚科 MALOIDEAE

3. 分属检索表

表 10-12 为茄科 SOLANACEAE 常见的经济植物分属检索表，编排方式为定距式，以属为最终追寻目标。

表 10-12　茄科常见的经济植物分属检索表

1. 灌木或小乔木。
　　2. 多棘刺蔓性灌木；花单生于叶腋或 2 至数朵簇生 ………………………………… 枸杞属 *Lycium*
　　2. 无刺灌木或小乔木；花排成聚伞花序，极稀近单生于叶腋。
　　　　3. 花冠狭长筒状；果实具 1 至少数种子 ……………………………………… 夜香树属 *Cestrum*
　　　　3. 花冠轮状；果实具多数种子 ……………………………………………………… 茄属 *Solanum*
1. 一年生或多年生草本，稀为半灌木。
　　4. 果为蒴果，二瓣裂 …………………………………………………………………… 烟草属 *Nicotiana*
　　4. 果为浆果。
　　　　5. 花药分离，纵裂 ………………………………………………………………… 辣椒属 *Capsicum*
　　　　5. 花药围绕花柱而靠合。
　　　　　　6. 花药顶孔开裂；单叶，偶有羽状复叶 ……………………………………… 茄属 *Solanum*
　　　　　　6. 花药纵裂，羽状复叶 ……………………………………………… 番茄属 *Lycopersicon*

4. 分种检索表

表 10-13 为百合科 LILIACEAE 葱属 *Allium* 常见的经济植物分种检索表，编排方式为定距式，以种为最终追寻目标。

表 10-13　葱属常见的经济植物分种检索表

1. 叶圆筒状，中空
　　2. 鳞茎球状至扁球状；内轮花丝基部每侧各具 1 齿 ……………………………… 洋葱 *A. cepa* L.
　　2. 鳞茎圆柱状至卵状圆柱状；内轮花丝基部无齿 ………………………………… 葱 *A. fistulosum* L.
1. 叶片扁平条形、线形，实心
　　3. 鳞茎球状或扁球状，外皮白色或微带紫色；叶宽条形，扁平，宽可达 2.5cm；花常淡红色
　　　　………………………………………………………………………………… 蒜 *A. Sativum* L.
　　3. 鳞茎狭圆锥形或狭圆柱形，外皮黄褐色，呈网状纤维质；叶条形，扁平，宽 1.5～7mm；花白色
　　　　或微带红色 ……………………………………………… 韭菜 *A. tuberosum* Rottl. ex Spreng.

（三）图例对照法

在被子植物属和种的鉴定中，除了要用到分属和分种的植物检索表外，植物志、植物图鉴和植物图谱都是必不可少的鉴定工具。因为，需要鉴定的植物标本不一定都具备植物检索表所列的一些形态特征，这时就需要借助有图的鉴定工具对所列的有关属、种的图例逐一进行对照，最终达到鉴定学名的目的。因此，要学好植物分类学，不仅要熟练掌握植物检索表的应用，还要懂得如何查阅有关的植物志、植物图鉴和植物图谱。对一些不认识的植物，都可采集回来，利用上述所列的工具书自行鉴定。如果你能做到这一点，则在你不断充实分类学知识的同时，你的分类水平也将不断提高。

（四）野外识别法

要掌握被子植物的分类知识，单从书本上学是不够的，分类重在野外实践。因此，在野外的分类实践课上，要特别珍惜难得的实践机会，要抓紧时间多识别一些植物，要多问多记，不仅要记住植物所在科的识别要点，还要记住该植物的一些独特的形态特征，同时也要经常采集一些植物标本回实验室练习分类鉴定。通过反复观察、不断练习和经常比较，就能在较短的野外分类实践课时间内，掌握较多而实用的分类学知识。

三、练 习 题

（一）填空题

1. 全世界的被子植物约有_____种，我国约有_____种，根据它们形态特征上的异同，通常分为两个纲，即_____纲（也称_____纲）和_____纲（也称_____纲）。
2. 木兰科植物为_____本植物，枝具有环状_____痕，雄蕊_____，分离，螺旋排列于柱状花托的_____部，心皮常为_____，离生，螺旋排列于柱状花托的_____部，果多为_____果。
3. 列举四种木兰科植物：_____，_____，_____，_____等。
4. 毛茛科植物多为_____本植物，雄蕊_____，分离，心皮常为_____，离生，常呈_____排列于_____，果多为_____果或_____果。
5. 列举四种毛茛科植物：_____，_____，_____，_____等。
6. 桑科是常具乳汁的_____本植物，花_____性，雌蕊由_____心皮合生，子房_____位，果实多为_____果。
7. 列举四种桑科植物：_____，_____，_____，_____等。
8. 石竹科植物的子房是_____胎座，_____室；果实常为_____果，常见的观赏植物有_____，_____，_____等。
9. 蓼科植物多为_____本，茎节常_____，单叶_____生，常具_____鞘；_____果，部分或全部包于宿存的_____内。药用植物有_____和_____等。
10. 锦葵科植物的花，在其花萼的外方常具_____；其雄蕊叫_____雄蕊，果为_____果或_____果。重要的纤维植物有_____和_____等。
11. 西瓜属于_____科，花_____性，子房_____位，果实类型为_____果，胎座类型为_____胎座，主要食用部分为_____。
12. 十字花科植物的花萼_____片，花瓣_____片，_____形排列，_____雄蕊，子房_____位，_____胎座，_____果。
13. 十字花科常见的蔬菜植物有_____，_____，_____和_____等。
14. 蔷薇科分为四个亚科，其中，子房发育形成蓇葖果的是_____亚科，形成梨果的是_____亚科，形成核果的是_____亚科，而_____亚科心皮多数，分离，可发育形成_____果或_____果。
15. 豆科三个亚科区分的主要依据是_____和_____。
16. 假蝶形花冠的花瓣为_____覆瓦状排列，蝶形花冠的花瓣为_____覆瓦状排列。

17. 有一植物的花两性，两侧对称，花瓣5枚，呈上升覆瓦状排列，雄蕊10枚，果为荚果，它属于_____科_____亚科。
18. 柑橘是_____科植物，其叶片为_____复叶，具_____油点，花多为_____性，_____出数，_____胎座，_____果。
19. 伞形科植物的茎多中空，常有_____，叶柄基部常_____；花序多为_____或_____花序；果实为_____果。本科重要的经济植物有_____，_____，_____，_____和_____等。
20. 唇形科的植物多为_____本植物，茎常为_____菱形，单叶_____生，花冠_____形，_____花序，雄蕊_____，心皮_____个，_____果。本科重要的药用植物有_____，_____，_____和_____等。
21. 茄科的花冠_____状，子房_____位，果实为_____果或_____果。本科重要的经济植物有_____，_____，_____，_____和_____等。
22. 菊科植物根据_____和_____可分为_____和_____两个亚科。
23. 向日葵属于_____科_____亚科；花序类型是_____花序，花序外被数层叶质苞片组成的结构，称为_____；边花_____状，_____性；盘花_____状，_____性；_____雄蕊；子房_____位，心皮_____个；果实类型为_____果；主要食用部分为_____。该亚科的常见植物还有_____、_____、_____、_____和_____等。
24. 莴苣为常见的栽培蔬菜，属于_____科_____亚科；该亚科的主要特征表现在_____和_____。
25. 天南星科植物的花序是_____花序，花序外具有1片_____，该科常见的经济植物物有_____、_____、_____和_____等。
26. 小麦麦穗是_____花序，它是由许多_____构成．其中能育小花是由_____，_____，_____，_____和_____组成。
27. 莎草科植物区别于禾本科植物主要特征为：①_____；②_____；③_____；④_____；⑤_____；⑥_____。
28. 百合科植物常为多年生_____本植物，地下常具_____茎、_____茎或_____茎，单叶，花以_____为基数，子房_____位，_____胎座，_____室，果实常为_____或_____。
29. 列举四种百合科药用植物：_____，_____，_____，_____等。
30. 列举四种百合科蔬菜植物：_____，_____，_____，_____等。
31. 列举四种百合科观赏植物：_____，_____，_____，

_____等。

32. 兰科植物花瓣中央有一片特化的_____；雄蕊与雌蕊形成_____；花粉常呈_____；子房_____位，并呈_____，胎座为_____胎座，果实为_____果，种子为_____种子。

33. 列举四种兰科观赏植物：_____，_____，_____，_____等。

34. 在被子植物中，种数最多的科前四名依次为_____、_____、_____和_____。

35. 不少植物的雄蕊特征常是分科的重要依据，如：锦葵科为_____雄蕊，十字花科为_____雄蕊；蝶形花亚科为_____雄蕊；唇形科为_____雄蕊；菊科为_____雄蕊。

36. 有两份攀缘植物的标本，按其卷须可确定是葡萄科或葫芦科植物，如卷须_____，是葡萄科植物，如卷须_____，是葫芦科植物。

37. 当前，影响较大的被子植物分类系统主要有4个，它们分别是_____系统、_____系统、_____系统和_____系统。

38. 被子植物的分类系统是根据_____与_____两种学说建立起来的。

39. 哈钦松分类系统的理论基础是_____说，认为被子植物的花是由裸子植物本内苏铁的_____演化而来，所以现代被子植物最原始的类群是具有_____花的_____目和_____目。

40. 假花说认为被子植物起源于裸子植物的_____植物，因而现代被子植物中的_____类植物是最原始的代表。

41. 克朗奎斯特分类系统认为，有花植物起源于_____；被子植物的原始类型是_____；单子叶植物起源于_____。克朗奎斯特系统接近于_____系统。

42. 在分类学史上，第一个较完善的被子植物分类系统是_____系统。这一系统是由德国植物分类学家_____和_____建立的。

（二）选择题

1. 双子叶植物花部常是_____为基数。
   A. 2　　　B. 3 或 4　　　C. 4 或 5　　　D. 5 或 6

2. 观察被子植物的花冠是合瓣或离瓣，是依据_____。
   A. 花冠顶部的情况判断　　　B. 花冠基部的情况确定
   C. 先看花萼的情况就可决定

3. 木兰科植物的花常为_____。
   A. 单瓣花　　B. 重瓣花　　C. 单被花　　D. 双被花

4. 毛茛科的习性以及雄蕊和雌蕊特征为_____。
   A. 木本或草本，雄蕊多数插生于花萼管上，心皮1至多枚分离或连合，子房上位或下位
   B. 多年生草本，雄蕊及雌蕊多数，分离，螺旋排列在隆起的花托上，子房上位

C. 木本，雄蕊多数，心皮多数，离生，螺旋排列，子房上位
D. 雄蕊一般无定数，心皮一枚，子房上位
E. 以上皆不是

5. 桑树的果实为_____。
   A. 蒴果　　　B. 浆果　　　C. 聚花果　　　D. 坚果　　　E. 聚合果

6. 桑科的花为_____。
   A. 单瓣花　　　B. 重瓣花　　　C. 单被花　　　D. 双被花

7. 草本，节膨大，单叶对生，花两性，整齐，二歧聚伞花序或单生，5基数，特立中央胎座。它是_____。
   A. 蓼科　　　B. 石竹科　　　C. 毛茛科　　　D. 藜科

8. 有一植物为单叶互生，有托叶。花单生，多为两性，5基数，单体雄蕊，花药一室。可判断它属于_____。
   A. 木兰科　　　B. 豆科　　　C. 桑科　　　D. 锦葵科

9. 十字花科和伞形科的心皮数均为_____。
   A. 1　　　B. 2　　　C. 4　　　D. 6

10. 紫云英和花生的雄蕊是_____，陆地棉和木芙蓉的雄蕊是_____，萝卜和油菜的雄蕊是_____，益母草和一串红的雄蕊是_____，向日葵和茼蒿的雄蕊是_____。
    A. 二强雄蕊　　　B. 四强雄蕊　　　C. 单体雄蕊
    D. 聚药雄蕊　　　E. 二体雄蕊

11. 玉兰和含笑的果实是_____，冬瓜和黄瓜的果实是_____，苜蓿和蚕豆的果实是_____，橙和柚的果实是_____，荠菜和油菜的果实是_____，苹果和枇杷的果实是_____，水稻和小麦的果实是_____，野菊花和金盏菊的果实是_____，海岛棉和木槿的果实是_____，板栗和茅栗的果实是_____，桃和李的果实是_____。
    A. 梨果　　　B. 颖果　　　C. 瘦果　　　D. 坚果
    E. 蒴葖果　　　F. 瓠果　　　G. 荚果　　　H. 蒴果
    I. 角果　　　J. 核果　　　K. 柑果

12. 锦葵科的主要特征之一是具单体雄蕊。单体雄蕊即_____。
    A. 仅为一个雄蕊
    B. 多个雄蕊，仅一个离生
    C. 所有雄蕊的花药合生，花丝分离
    D. 所有雄蕊的花丝连合成管，花丝顶端及花药离生
    E. 所有雄蕊的花丝、花药连合成一管状物

13. 锦葵科植物中有各种纤维植物，如海岛棉、陆地棉、苘麻和洋麻等纤维作物，它们被利用的纤维主要是_____。
    A. 木纤维　　　B. 韧皮纤维　　　C. 种子的表皮毛
    D. A和B　　　E. B和C　　　F. A和C

14. 葫芦科的子房为_____。

A. 上位，心皮2，1室，侧膜胎座
B. 上位，心皮2，1室，特立中央胎座
C. 下位，心皮3，1室，侧膜胎座
D. 下位，心皮3，3室，中轴胎座

15. 在下列十字花科植物中，_____ 的果为短角果。
    A. 荠菜　　　　B. 萝卜　　　　C. 油菜　　　　D. 青菜

16. 十字花科的雌蕊由2心皮合生，因假隔膜的产生而隔成2室，其胎座类型为_____。
    A. 中轴胎座　　B. 侧膜胎座　　C. 边缘胎座　　D. 特立中央胎座

17. 蔷薇科四亚科区分的依据之一是_____。
    A. 花萼类型　　B. 花冠类型　　C. 雄蕊类型　　D. 果实类型

18. 有一蔷薇科植物，木本、单叶、叶基常有腺体，心皮通常1，生于凹陷的花托上，但不与花托愈合，子房上位，核果。它属于_____。
    A. 绣线菊亚科　B. 蔷薇亚科　　C. 苹果亚科　　D. 李亚科

19. 蔷薇科中子房下位或半下位的是_____。
    A. 绣线菊亚科　B. 蔷薇亚科　　C. 梨亚科　　　D. 李亚科

20. 蔷薇科四亚科，除_____ 多为上位花外，其余各亚科均为周位花。
    A. 绣线菊亚科　B. 蔷薇亚科　　C. 梨亚科　　　D. 李亚科

21. 蝶形花冠和假蝶形花冠的不同主要在于_____。
    A. 对称与否　　　　　　　　　B. 旗瓣位置的内外不同
    C. 花萼数目的多少　　　　　　D. 花瓣数目的多少

22. 豆科三亚科的区分，主要依据其_____ 不同。
    A. 花冠　　　　B. 花萼　　　　C. 子房位置　　D. 果实

23. 豆科心皮数及果实特征是_____。
    A. 一心皮核果　B. 二心皮角果　C. 一心皮荚果
    D. 二心皮蒴果　E. 以上皆不是

24. 豆目（或豆科）三科（亚科）最重要的共同特征是_____。
    A. 花两性　　　B. 二体雄蕊　　C. 蝶形花冠　　D. 荚果

25. 在下列豆科植物中，_____ 子房于土中发育成荚果。
    A. 大豆　　　　B. 花生　　　　C. 菜豆　　　　D. 豆薯

26. 唇形科不同于玄参科，在于唇形科具有玄参科没有的特征是_____。
    A. 叶对生　　　B. 茎方形　　　C. 花冠唇形　　D. 子房深四裂
    E. 二强雄蕊

27. 下列分类群中具离生心皮的是_____。
    A. 唇形科　　　B. 李亚科　　　C. 十字花科　　D. 毛茛科

28. 茄科马铃薯和旋花科的甘薯（番薯）的食用部分_____。
    A. 均为块根　　　　　　　　　B. 均为块茎
    C. 前者为块茎，后者为块根　　D. 前者为块根，后者为块茎

29. 菊科植物头状花序下部的变态叶称_____。

A. 总苞　　　B. 苞片　　　C. 小苞片　　　D. 副萼
30. 菊科植物的冠毛实际上是由_____演变而成的。
　　A. 花托　　　B. 花萼　　　C. 花冠　　　D. 雄蕊
31. 向日葵边缘的舌状花是_____。
　　A. 雌花　　　B. 雄花　　　C. 中性花　　　D. 两性花
32. 组成菊科植物的果实是_____。
　　A. 1 心皮　　B. 2 心皮　　C. 3 心皮　　D. 4 心皮
33. 下列植物同属一科的是_____。
　　A. 芥菜、油菜、辣椒、洋葱　　　B. 木棉、梨、苹果、柑橘
　　C. 甘蓝、花椰菜、胡萝卜、荠菜　　D. 高粱、玉米、甘蔗、小麦
34. 以下各组植物中，不是属于同一科的是_____。
　　A. 樱桃、梨、山楂、枇杷　　　B. 木槿、棉花、洋麻、苘麻
　　C. 苜蓿、紫云英、花生、蚕豆　　D. 玉米、黍、莴苣、烟草
35. 以下各组植物中，全部都分别属于不同科的是_____。
　　A. 番茄、辣椒、大豆、莴苣，　　B. 水稻、洋葱、荸荠、香蕉
　　C. 柑橘、花生、油菜、紫云英　　D. 葡萄、南瓜、枇杷、苹果
36. 下列选项正确的是_____。

	十字花科	豆科	菊科	锦葵科	禾本科
A.	闭果	角果	颖果	瘦果	坚果
B.	角果	荚果	瘦果	蒴果	颖果
C.	蒴果	裂果	坚果	裂果	瘦果
D.	裂果	干果	闭果	颖果	荚果

37. 单子叶植物的最主要特征表现在_____。
　　A. 胚内仅含 1 片子叶　　　B. 须根系
　　C. 茎内维管束成环状排列　　D. 叶具平行脉或弧形脉
　　E. 花基数是 4~5　　　　　F. 具形成层
38. 莎草科植物具有以下几点特征：_____。
　　A. 草本，秆常三棱形　　　B. 具节和节间，节间中空
　　C. 叶 3 列，叶鞘闭合　　　D. 具有叶舌和叶耳
　　E. 花小，无花被或退化成刚毛或鳞片　F. 颖果
39. 常具由叶鞘重叠而成的树干状假茎的是_____。
　　A. 百合科　　　B. 天南星科　　　C. 芭蕉科　　　D. 石蒜科
40. 百合科花被及子房和果实特征是：_____。
　　A. 花被花瓣状，6 片，排成两轮，子房上位，瘦果或核果
　　B. 与 A 相似，但果实为蒴果或浆果
　　C. 与 B 相似，但子房下位
　　D. 与 C 相似，但内轮中央的 1 片特化为唇瓣
　　E. 以上皆不是
41. 有一单子叶草本植物，花被花瓣状，6 片，排成两轮，内轮中央的 1 片

特化为唇瓣，花粉黏结成花粉块，雄蕊 1 或 2 枚，与花柱和柱头愈合成合蕊柱，子房下位，它是_____。

  A. 百合科   B. 石蒜科   C. 兰科   D. 鸭跖草科

42. 根据以下提示，指出水稻的分类位置_____。

  ① 被子植物门；② 禾本目；③ 双子叶植物纲；④ 豆科

  ⑤ 单子叶植物纲；⑥ 禾本科；⑦ 稻属；⑧ 豆目；⑨ 大豆属。

  A. ①③⑧④⑨ 水稻   B. ①③④⑧⑨ 水稻

  C. ①⑤②⑥⑦ 水稻   D. ①⑤④⑧⑨ 水稻

43. 水稻的圆锥花序是以_____为基本单位。

  A. 小花   B. 小穗   C. 单性花   D. 两性花

44. 小麦的花序属_____。

  A. 总状花序   B. 圆锥花序   C. 穗状花序   D. 复穗状花序

45. 兰科植物花中最独特的结构是_____。

  A. 唇瓣   B. 合蕊柱   C. 花粉块   D. 蜜腺

46. 下列各种果实类型中，最为进化的性状是_____。

  A. 聚花果   B. 聚合果

  C. 单果类中的干果   D. 单果类中的肉质果

47. 下列各种输导组织特征中，最为进化的是_____。

  A. 具网纹或孔纹的导管   B. 具环纹或螺纹的导管

  C. 无导管而具管胞   D. 具筛胞

48. 下列各种性状中，最为进化的是_____。

  A. 两性花   B. 雌雄同株   C. 杂性异株   D. 雌雄异株

49. 大多数植物学家认为，单子叶植物最原始的类群是_____。

  A. 棕榈科   B. 鸭跖草科   C. 泽泻科   D. 天南星科

50. 几乎被植物学家公认的，代表单子叶植物最进化的类群是_____。

  A. 百合科   B. 兰科   C. 禾本科   D. 莎草科

51. 关于被子植物起源研究最有力的证据应是_____。

  A. 现代被子植物的地理分布   B. 古植物化石

  C. 古代气候资料   D. 古地理资料

52. 被子植物因为具有如下特点：_____，所以比裸子植物进化。

  A. 种子包被在果实内   B. 有三倍体胚乳

  C. 有单倍体胚乳   D. 有筛管、伴胞和导管

  E. 雌配子体不能独立生活   F. 有真正的花

  G. 有花粉管   H. 有胚珠

  I. 精子具鞭毛   J. 有双受精现象   K. 有颈卵器

（三）改错题（指出下列各题的错误之处，并予以改正）

1. 被子植物是因为种子外有种皮包被着而得名。

  错误之处：_____ 改为：_____

2. 木兰科植物的叶早落，在枝节上留有环状的叶痕。

　　　　错误之处：＿＿＿＿＿＿＿＿＿＿＿＿＿＿＿＿改为：＿＿＿＿＿＿＿＿＿＿＿＿＿＿＿
3. 木兰科植物的花被片常呈花萼状，分离。
　　　　错误之处：＿＿＿＿＿＿＿＿＿＿＿＿＿＿＿＿改为：＿＿＿＿＿＿＿＿＿＿＿＿＿＿＿
4. 木兰科植物的花常无花萼和花冠之分，而称为无被花。
　　　　错误之处：＿＿＿＿＿＿＿＿＿＿＿＿＿＿＿＿改为：＿＿＿＿＿＿＿＿＿＿＿＿＿＿＿
5. 毛茛科植物的果实为聚合瘦果或聚合核果。
　　　　错误之处：＿＿＿＿＿＿＿＿＿＿＿＿＿＿＿＿改为：＿＿＿＿＿＿＿＿＿＿＿＿＿＿＿
6. 毛茛科植物的花有花萼和花冠之分，而称为重瓣花。
　　　　错误之处：＿＿＿＿＿＿＿＿＿＿＿＿＿＿＿＿改为：＿＿＿＿＿＿＿＿＿＿＿＿＿＿＿
7. 十字花科子房上位，常有1个假隔膜，把子房分成2室，中轴胎座。
　　　　错误之处：＿＿＿＿＿＿＿＿＿＿＿＿＿＿＿＿改为：＿＿＿＿＿＿＿＿＿＿＿＿＿＿＿
8. 无花果是由隐头花序所形成的果实，属于聚合果类型。
　　　　错误之处：＿＿＿＿＿＿＿＿＿＿＿＿＿＿＿＿改为：＿＿＿＿＿＿＿＿＿＿＿＿＿＿＿
9. 桑科、大戟科和菊科的植物通常含有乳汁。
　　　　错误之处：＿＿＿＿＿＿＿＿＿＿＿＿＿＿＿＿改为：＿＿＿＿＿＿＿＿＿＿＿＿＿＿＿
10. 石竹科植物的主要特征之一是草本植物和中轴胎座。
　　　　错误之处：＿＿＿＿＿＿＿＿＿＿＿＿＿＿＿＿改为：＿＿＿＿＿＿＿＿＿＿＿＿＿＿＿
11. 蓼科植物的茎节常膨大，单叶对生，托叶膜质，鞘状包茎。
　　　　错误之处：＿＿＿＿＿＿＿＿＿＿＿＿＿＿＿＿改为：＿＿＿＿＿＿＿＿＿＿＿＿＿＿＿
12. 二体雄蕊是锦葵科的主要特征之一。
　　　　错误之处：＿＿＿＿＿＿＿＿＿＿＿＿＿＿＿＿改为：＿＿＿＿＿＿＿＿＿＿＿＿＿＿＿
13. 木瓜和番木瓜都是葫芦科植物。
　　　　错误之处：＿＿＿＿＿＿＿＿＿＿＿＿＿＿＿＿改为：＿＿＿＿＿＿＿＿＿＿＿＿＿＿＿
14. 萝卜和胡萝卜是同一科的植物。
　　　　错误之处：＿＿＿＿＿＿＿＿＿＿＿＿＿＿＿＿改为：＿＿＿＿＿＿＿＿＿＿＿＿＿＿＿
15. 葫芦科植物的花多为单性，雌雄异株。
　　　　错误之处：＿＿＿＿＿＿＿＿＿＿＿＿＿＿＿＿改为：＿＿＿＿＿＿＿＿＿＿＿＿＿＿＿
16. 洋麻是锦葵科纤维植物，黄麻和苎麻也是锦葵科纤维植物。
　　　　错误之处：＿＿＿＿＿＿＿＿＿＿＿＿＿＿＿＿改为：＿＿＿＿＿＿＿＿＿＿＿＿＿＿＿
17. 蔷薇科根据花托变化，雌蕊心皮数以及种子类型等的不同分为四个亚科。
　　　　错误之处：＿＿＿＿＿＿＿＿＿＿＿＿＿＿＿＿改为：＿＿＿＿＿＿＿＿＿＿＿＿＿＿＿
18. 蔷薇亚科是蔷薇科里唯一子房下位的类型。
　　　　错误之处：＿＿＿＿＿＿＿＿＿＿＿＿＿＿＿＿改为：＿＿＿＿＿＿＿＿＿＿＿＿＿＿＿
19. 李亚科植物的花托凹陷呈杯状，子房上位，瘦果。
　　　　错误之处：＿＿＿＿＿＿＿＿＿＿＿＿＿＿＿＿改为：＿＿＿＿＿＿＿＿＿＿＿＿＿＿＿
20. 桃、李、杏都是核果，由2心皮组成。
　　　　错误之处：＿＿＿＿＿＿＿＿＿＿＿＿＿＿＿＿改为：＿＿＿＿＿＿＿＿＿＿＿＿＿＿＿
21. 梨、苹果、葡萄和番茄都是浆果。

错误之处：_____ 改为：_____

22. 豆科三亚科植物的花都是蝶形花冠和二体雄蕊。
    错误之处：_____ 改为：_____

23. 豆荚是单心皮构成，边缘胎座，子房1至多室。
    错误之处：_____ 改为：_____

24. 葡萄科植物的卷须或花序常与叶互生，浆果。
    错误之处：_____ 改为：_____

25. 葫芦科植物的卷须常与叶对生，瓠果。
    错误之处：_____ 改为：_____

26. 葫芦科和十字花科的胎座均为边缘胎座，但果实为不同类型。
    错误之处：_____ 改为：_____

27. 唇形科植物常有伞形花序，可作为识别特征之一。
    错误之处：_____ 改为：_____

28. 唇形科和玄参科都有唇形花冠，茎常四棱形是玄参科的主要特征之一。
    错误之处：_____ 改为：_____

29. 菊科根据头状花序中小花花冠的形状及果实的类型，区分为2个亚科。
    错误之处：_____ 改为：_____

30. 菊科花序外包被着的绿色部分叫副萼。
    错误之处：_____ 改为：_____

31. 向日葵头状花序的边花是由5枚花瓣连合成管状花冠，而且是两性花。
    错误之处：_____ 改为：_____

32. 向日葵头状花序的盘花是由3枚花瓣连合成舌状花冠，而且是中性花。
    错误之处：_____ 改为：_____

33. 莎草科植物的主要特征是：秆三棱形，实心，有节，叶常二列，有封闭的叶鞘，小坚果。
    错误之处：_____ 改为：_____

34. 禾本科植物的花序复杂，常由小花为基本组成单位，再由小花排列呈穗状、总状、指状、圆锥状等各式花序。
    错误之处：_____ 改为：_____

35. 禾本科植物的小穗由1至多朵小花和基部1枚颖片组成。
    错误之处：_____ 改为：_____

36. 禾本科植物的花称为小花，果实称为瘦果。
    错误之处：_____ 改为：_____

37. 百合科植物花部主要特征是花3基数，子房下位，中轴胎座。
    错误之处：_____ 改为：_____

38. 兰科植物的子房下位，侧膜胎座，浆果。
    错误之处：_____ 改为：_____

39. 兰科植物的合蕊柱是雄蕊与花被愈合而成的。
    错误之处：_____ 改为：_____

40. 恩格勒的被子植物分类系统认为，具分离心皮的木兰科和毛茛科是双子叶植物中最原始的类型。

　　错误之处：_____ 改为：_____

41. 克朗奎斯特系统和恩格勒系统都是以真花学说为基础建立起来的。

　　错误之处：_____ 改为：_____

42. 哈钦松所提出的假花说的观点认为：木兰目和毛茛目的雄蕊多数，心皮多数，离生等特点，都是原始特征。

　　错误之处：_____ 改为：_____

（四）名词解释

1. 木本植物　　　2. 乔木　　　3. 灌木　　　4. 半灌木
5. 草本植物　　　6. 1年生草本植物　　　7. 2年生草本植物
8. 多年生草本植物　9. 藤本植物　　10. 托叶鞘　　11. 环状托叶痕
12. 佛焰苞　　　13. 花盘　　　14. 花莛　　　15. 合蕊柱
16. 花粉块　　　17. 叶枕　　　18. 距　　　　19. 蜡叶标本
20. 浸渍标本

（五）分析和问答题

1. 恩格勒系统、哈钦松系统、塔赫他间系统和克朗奎斯特系统如何对被子植物门进行分纲？列表比较各纲的形态特征。

2. 蔷薇科分为哪几个亚科？分类的主要依据是什么？列表加以比较。

3. 按照恩格勒的意见，豆科分为哪几个亚科？分类的主要依据是什么？列表加以区别。

4. 玄参科 SCROPHULARIACEAE 与唇形科 LABIATAE 两科之间存在着许多相同或相似的形态特征，也有一些相区别之处，请填写下表相比较的内容：

比较的内容		玄参科	唇形科
相同或相似点	茎		
	叶		
	花		
不同点	茎		
	花序		
	花		
	果		

5. 禾本科的形态特征与哪个科比较相似，说说它们的相似之处，并从茎、叶、花、小穗和果实的特征等方面列表加以区别。

6. 写出下列各科的花程式（花公式）

　　（1）木兰科_____；（2）毛茛科_____；
　　（3）十字花科_____；（4）芸香科_____；
　　（5）锦葵科_____；（6）蔷薇亚科_____；

（7）李亚科＿＿＿＿＿＿＿＿＿＿＿；（8）蝶形花亚科＿＿＿＿＿＿＿；
（9）云实亚科＿＿＿＿＿＿＿＿＿；(10) 茄 科＿＿＿＿＿＿＿＿；
（11）唇形科＿＿＿＿＿＿＿＿＿＿；(12) 百合科＿＿＿＿＿＿＿＿；

7. 写出下列植物的有关特征。
    (1) 大豆:子房＿＿＿＿位,＿＿＿＿心皮,＿＿＿＿胎座,＿＿＿＿果。
    (2) 油菜:子房＿＿＿＿位,＿＿＿＿心皮,＿＿＿＿胎座,＿＿＿＿果。
    (3) 南瓜:子房＿＿＿＿位,＿＿＿＿心皮,＿＿＿＿胎座,＿＿＿＿果。
    (4) 蓖麻:子房＿＿＿＿位,＿＿＿＿心皮,＿＿＿＿胎座,＿＿＿＿果。
    (5) 桑:子房＿＿＿＿位,＿＿＿＿心皮,＿＿＿＿胎座,＿＿＿＿果。
    (6) 向日葵:子房＿＿＿＿位,＿＿＿＿心皮,＿＿＿＿胎座,＿＿＿＿果。
    (7) 番茄:子房＿＿＿＿位,＿＿＿＿心皮,＿＿＿＿胎座,＿＿＿＿果。
    (8) 百合:子房＿＿＿＿位,＿＿＿＿心皮,＿＿＿＿胎座,＿＿＿＿果。

8. 写出具有以下特征的被子植物的科名:
    (1) 具有香味的科有＿＿＿＿、＿＿＿＿、＿＿＿＿和＿＿＿＿等;
    (2) 具有乳汁的科有＿＿＿＿、＿＿＿＿、＿＿＿＿和＿＿＿＿等;
    (3) 具有花盘的科有＿＿＿＿、＿＿＿＿、＿＿＿＿和＿＿＿＿等;
    (4) 具子房下位的科＿＿＿＿、＿＿＿＿、＿＿＿＿和＿＿＿＿等;
    (5) 具有单被花的科＿＿＿＿、＿＿＿＿、＿＿＿＿和＿＿＿＿等。

9. 根据以下所描述的植物特征,判断各属哪个科?
    A. 木本,单叶互生;枝具明显环状托叶痕;雄蕊多数、雌蕊为多数离生单雌蕊,螺旋状排列于柱状花托上,聚合蓇葖果:＿＿＿＿科。
    B. 植物体含有乳汁,头状花序全为舌状花,舌状花冠先端五裂,花两性,聚药雄蕊,瘦果:＿＿＿＿科,＿＿＿＿亚科。
    C. 花三基数,具唇瓣,花粉黏结成花粉块,合蕊柱:＿＿＿＿科。
    D. 单叶,有托叶;有副萼,单体雄蕊,蒴果:＿＿＿＿科。
    E. 草本,总状花序,十字花冠,四强雄蕊,角果:＿＿＿＿科。
    F. 有托叶,叶基常有腺体,周位花,核果:＿＿＿＿科,＿＿＿＿亚科。
    G. 有托叶,蝶形花冠,二体雄蕊,荚果:＿＿＿＿科,＿＿＿＿亚科。
    H. 具乳汁,花单性,子房3室,中轴胎座:＿＿＿＿科。
    I. 花三基数,花被花瓣状,子房上位,中轴胎座:＿＿＿＿科。
    J. 草质藤本,植株被毛,有卷须,瓠果:＿＿＿＿科。
    K. 茎有纵棱,叶柄基部成鞘状抱茎,复伞形花序,分果:＿＿＿＿科。
    L. 轮伞花序,茎四棱形,叶对生:＿＿＿＿科。
    M. 叶具叶片、叶鞘、叶耳和叶舌,颖果:＿＿＿＿科。

10. 在括号中填上"→""←",以表示一般公认的从原始到进化的演化方向。
    A. 草本（   ）木本;
    B. 多年生（   ）1年生或2年生乃至短命植物;

C. 单叶（　　）复叶；
D. 常绿性（　　）落叶性；
E. 平行脉（　　）网状脉；
F. 花中各组成部分呈轮状排列（　　）螺旋状排列；
G. 花中各组成部分的数目，定数、少数（　　）不定数、多数；
H. 子房上位（　　）子房下位；
I. 花冠两侧对称（　　）辐射对称；
J. 花两性（　　）花单性；
K. 子房每室有许多胚珠（　　）少数胚珠；
L. 单果（　　）聚花果；
M. 种子中无胚乳（　　）有胚乳。

11. 简述被子植物起源两种学说的代表人物和主要观点。
12. 用真花说的观点说明木兰目的原始性状表现在哪些方面？

四、参 考 答 案

（一）填空题

1. 25 万、3 万、双子叶植物、木兰、单子叶植物、百合
2. 木、托叶、多数、下半、多数、上半、聚合蓇葖
3. 洋玉兰、白兰花、鹅掌楸、含笑（也可写其他植物）
4. 草、多数、多数、螺旋状、隆起的花托上、聚合蓇葖、聚合瘦
5. 牡丹、芍药、乌头、黄连（也可写其他植物）
6. 木、单、2、上、复（或聚花）
7. 桑、榕树、无花果、印度橡皮树（也可写其他植物）
8. 特立中央、1、蒴、石竹、香石竹、十样锦（也可写其他植物）
9. 草、膨大、互、托叶、瘦、花被、大黄、何首乌（也可写其他植物）
10. 副萼、单体、蒴、分、陆地棉、海岛棉（也可写其他植物）
11. 葫芦、单、下、瓠、侧膜、胎座
12. 4、4、十字、四强、上、侧膜、角
13. 卷心菜（包菜）、花椰菜（花菜）、白菜、青菜（也可写其他蔬菜）
14. 绣线菊、梨（或苹果）、李、蔷薇、聚合瘦、聚合小核
15. 花的形状、花瓣排列的方式
16. 上升、下降
17. 豆、云实
18. 芸香、单身、透明、两、4 或 5、中轴、柑
19. 纵棱、成鞘状抱茎、复伞形、伞形、双悬（分）、胡萝卜、旱芹、党参、当归、柴胡（也可写其他植物）
20. 草、四、对、唇、轮伞、2 强、2、4 个小坚、藿香、益母草、丹参、薄荷（也可写其他植物）。
21. 轮、上、蒴、浆、马铃薯、番茄、茄、辣椒、烟草（也可写其他植物）
22. 头状花序中小花花冠的形状、植物体是否含乳汁、管状花、舌状花

四、参考答案

23. 菊科、管状花、头状、总苞、舌、中（无）、管、两、聚药、下、2、瘦、种子、菊花、野菊花、大丽花、万寿菊、除虫菊（也可写其他植物）
24. 菊科、舌状花、头状花序全为舌状花、植物体具乳汁
25. 肉穗、佛焰苞、芋、魔芋、马蹄莲、龟背竹（也可写其他植物）
26. 复穗状、小穗、外稃、内稃、雄蕊、雌蕊、浆片
27. 茎常三棱形、实心、无节、叶常3列、叶鞘闭合、小坚果
28. 草、根状、鳞、球、3、上、中轴、3、蒴果、浆果
29. 川贝母、知母、麦冬、芦荟（也可写其他植物，如黄精、玉竹等）
30. 葱、洋葱、蒜、韭菜（也可写其他植物，如黄花菜、百合、石刁柏等）
31. 郁金香、山丹、文竹、吊兰（也可写其他植物，如凤尾丝兰、百合等）
32. 唇瓣、合蕊柱、花粉块、下、180°扭转、侧膜、蒴、无胚乳
33. 春兰、蕙兰（夏兰）、建兰（秋兰）、寒兰（也可写其他植物，如墨兰等）
34. 菊科、兰科、豆科、禾本科
35. 单体、四强、二体、二强、聚药
36. 与叶对生、侧生于叶柄基部
37. 恩格勒、哈钦松、克朗奎斯特、塔赫他间
38. 真花说、假花说
39. 真花、两性孢子叶球、两性、木兰、毛茛
40. 弯柄麻黄、柔荑花序
41. 种子蕨、木兰目、现代睡莲目的祖先、塔赫他间
42. 恩格勒、恩格勒、帕兰特

（二）选择题

1. C	2. B	3. C	4. B	5. C	6. C
7. B	8. D	9. B	10. E、C、B、A、D		
11. E、F、G、K、I、A、B、C、H、D、J		12. D	13. E	14. C
15. A	16. B	17. D	18. D	19. C	20. C
21. B	22. A	23. C	24. D	25. B	26. B、D
27. D	28. C	29. A	30. B	31. C	32. B
33. D	34. D	35. B	36. B	37. A、B、D	
38. A、C、E	39. C	40. B	41. C	42. C	43. B
44. D	45. B	46. A	47. A	48. D	49. C
50. B	51. B	52. A、B、D、F、J			

（三）改错题（指出下列各题的错误之处，并予以改正）

1. 错误之处：__种皮__ 改为：__果皮__
（分析：根据胚珠或种子外有无子房壁或果皮包被，可将种子植物分为裸子植物和被子植物，前者胚珠或种子裸露，没有子房壁或果皮包被，不形成果实；后者胚珠或种子外有子房壁或果皮包被，形成果实。）

2. 错误之处：__（两处错误）叶早落、叶痕__ 改为：__（分别改为）托叶早落、托叶痕__
（分析：木兰科植物的枝节上有明显的环状托叶痕，这是托叶脱落后留下的痕迹，也是该科的主要识别特征之一。）

3. 错误之处：__花萼状__ 改为：__花冠状__
（分析：木兰科植物为单被花，花被片常呈花冠状。）

4. 错误之处：__无被花__ 改为：__单被花__

（分析：花萼和花冠总称为花被，二者齐备的花为双被花，缺一的为单被花，二者全缺的为无被花。单被花中有的全呈花萼状，如藜、甜菜等藜科植物；也有的全呈花冠状，如玉兰、含笑等木兰科植物以及百合、郁金香等百合科植物。）

5. 错误之处：__聚合核果__ 改为：__聚合蓇葖果__

（分析：毛茛科植物的果实为聚合瘦果或聚合蓇葖果，分别由许多瘦果或蓇葖果聚生在花托上形成的。瘦果为闭果，成熟后果皮不开裂；蓇葖果为裂果，成熟后果皮开裂。）

6. 错误之处：__重瓣花__ 改为：__双被花__

（分析：有花萼和花冠之分的花称为双被花。重瓣花是指有数层花瓣的花，如月季、重瓣朱槿等。）

7. 错误之处：__中轴胎座__ 改为：__侧膜胎座__

〔分析：十字花科植物的胎座为侧膜胎座。侧膜胎座的子房室通常只有1室，但也可因假隔膜（胎座延伸进去的薄膜）的产生而形成假的2至多室，如十字花科就形成假2室。中轴胎座的子房室数通常与心皮数相同，子房室并不是由假隔膜形成的，而是由心皮（子房壁）分隔而成的，心皮边缘于中央形成中轴，胚珠生于中轴上，如锦葵科、芸香科植物。〕

8. 错误之处：__聚合果__ 改为：__复果（或聚花果）__

〔分析：聚合果是由1朵花中多数离生心皮雌蕊的子房发育而来，每1雌蕊都形成1独立的小果，聚生在膨大的花托上。复果是由整个花序发育形成的果实，因此又称聚花果；花序中的每朵花形成独立的小果，聚集在花序轴上，外形似1果实。无花果是由隐头花序所形成的果实，属于复果（或聚花果）类型。〕

9. 错误之处：__菊科__ 改为：__菊科的舌状花亚科__

（分析：菊科分为管状花和舌状花两个亚科，只有舌状花亚科的植物通常含有乳汁。是否含有乳汁常作为菊科两个亚科的主要区别特征之一。）

10. 错误之处：__中轴胎座__ 改为：__特立中央胎座__

（分析：中轴胎座由多心皮构成的多室子房，心皮边缘于中央形成中轴，胚珠生于中轴上，如锦葵科、芸香科植物。特立中央胎座是由中轴胎座演化而来，多心皮构成，子房室间的隔膜消失，形成1室子房，子房室的基部向上有1个中轴，但不达子房顶，胚珠生于此轴周围，如石竹科、报春花科植物。）

11. 错误之处：__对生__ 改为：__互生__

（分析：蓼科除了少数植物，如大黄属植物有基生叶外，绝大多数为互生叶，这也是蓼科的识别特征之一。）

12. （答案一）错误之处：__二体雄蕊__ 改为：__单体雄蕊__

（答案二）错误之处：__锦葵科__ 改为：__豆科蝶形花亚科__

（分析：本题是前后内容不对应的例子，可对前后的内容作相应的改正，因此，就有上述两种不同的答案。单体雄蕊的雄蕊通常多数，花丝联合成管状，而花药分离。二体雄蕊的雄蕊共10个，其中9个雄蕊的花丝连合，1个单生，成2体。单体雄蕊和二体雄蕊分别是锦葵科和豆科蝶形花亚科的识别特征之一。）

13. 错误之处：__都是__ 改为：__都不是__

（分析：木瓜和番木瓜都不是葫芦科植物。木瓜是蔷薇科苹果亚科木瓜属植物，番木瓜是番木瓜科番木瓜属植物。）

14. 错误之处：__是__ 改为：__不是__

（分析：萝卜是十字花科萝卜属的植物；胡萝卜是伞形科胡萝卜属的植物。虽然两者的地下部分有着相似的形态特征，都由主根和下胚轴变态为肉质直根，但地上部分的特征差别很大。）

四、参考答案

15. 错误之处： 雌雄异株　　改为： 雌雄同株或异株
（分析：葫芦科植物的花多为单性，有些为雌雄同株，如葫芦、丝瓜、苦瓜、冬瓜、西瓜、南瓜、甜瓜、黄瓜、佛手瓜等；有些为雌雄异株，如罗汉果、绞股蓝、栝楼等。）

16. 错误之处： 也是　　改为： 都不是
（分析：本题的三种植物都不在同一个科中，其中，洋麻是锦葵科纤维植物，黄麻是椴树科纤维植物，苎麻是荨麻科纤维植物。）

17. 错误之处： 种子类型　　改为： 果实类型
（分析：蔷薇科的四个亚科在花托特征、雌蕊心皮数以及果实类型方面存在着较大的差异，因此，通常以这3个特征作为区分四个亚科的主要依据。）

18. 错误之处： 蔷薇亚科　　改为： 苹果亚科（或梨亚科）
〔分析：蔷薇科里唯一子房下位的类型是苹果亚科（或梨亚科），其他三个亚科均为上位子房。〕

19. 错误之处： 瘦果　　改为： 核果
20. 错误之处： 2心皮　　改为： 1心皮
〔分析：核果可以由1至多心皮组成。桃、李、杏都是核果，它们都是由1枚心皮组成的。〕

21. 错误之处： 梨、苹果　　改为： 把"梨、苹果"删除即可
（分析：梨、苹果都是梨果，是由杯状花托和下位子房愈合在一起发育而成的假果。葡萄和番茄都是浆果，是单纯由子房发育而来的真果，其外果皮膜质，中果皮和内果皮均肉质化，充满液汁。）

22. 错误之处： 都是　　改为： 并非都是
（分析：豆科分为含羞草亚科、云实亚科和蝶形花亚科三个亚科，其中，只有蝶形花亚科具有蝶形花冠和二体雄蕊的特征。）

23. 错误之处： 1至多室　　改为： 1室
（分析：豆荚内部没有分隔，两端是连通的，因此，不论豆荚有多长，子房室都只有1室。）

24. 错误之处： 互生　　改为： 对生
25. 错误之处： 与叶对生　　改为： 侧生于叶柄基部
（分析：葡萄科和葫芦科植物的卷须均为茎卷须，均起攀缘作用，但其着生位置有所不同。前者的卷须与叶对生，后者的卷须侧生于叶柄基部。卷须的着生位置可作为两个科的区别特征之一。）

26. 错误之处： 边缘胎座　　改为： 侧膜胎座
（分析：边缘胎座是由单心皮构成，子房1室，胚珠着生于子房的腹缝线上，如豆科植物的胎座。侧膜胎座是由两个或两个以上心皮合生的1室子房或假数室子房，胚珠着生于腹缝线上，如葫芦科和十字花科植物的胎座。）

27. （答案一）错误之处： 伞形花序　　改为： 轮伞花序
　　（答案二）错误之处： 唇形科　　改为： 伞形科
（分析：本题是前后内容不对应的例子，可对前后的内容作相应的改正，因此，就有上述两种不同的答案。伞形花序是属于无限花序，花着生于花轴的顶端，状如张开的伞，伞形花序可进一步形成复伞形花序，如伞形科植物就有伞形花序和复伞形花序。轮伞花序是属于有限花序，花呈轮状排列于对生叶的叶腋，花序轴及花梗极短，如唇形科的植物常有轮伞花序，可作为识别特征之一。）

28. 错误之处： （后半句的）玄参科　　改为： 唇形科

（分析：唇形科植物的茎常为四棱形，玄参科植物的茎为圆柱形。茎的形状是该两科的主要区别特征之一。）

29. 错误之处：__果实的类型__ 改为：__植物体内是否含有乳汁__

（分析：菊科的果实均为瘦果，因此，果实并不是区分亚科的依据。作为菊科区分两个亚科的主要依据是头状花序中小花花冠的形状以及植物体内是否含有乳汁。）

30. 错误之处：__副萼__ 改为：__总苞__

（分析：有些植物的花具有两轮萼片，外轮的通常叫副萼，如锦葵科植物。菊科花序外包被着的绿色部分通常称为总苞。）

31. 错误之处：__边花__ 改为：__盘花__

32. 错误之处：__盘花__ 改为：__边花__

（分析：向日葵为菊科管状花亚科的主要代表植物之一，其花序由两种花组成，着生于花序边缘的称为边花，形如舌状，也称舌状花；着生于边花内侧的称为盘花，因花冠连成管状或筒状，也称为管状花或筒状花。舌状花常由 3 枚花瓣连合而成，管状花则常由 5 枚花瓣连合而成。）

33. 错误之处：__有节，叶常二列__ 改为：__无节，叶常三列__

（分析：本题所列的莎草科植物的主要特征，不仅是该科的识别特征，也是区别于禾本科植物的特征。禾本科植物与之不同的特征是：秆常为圆柱形，多为空心，有节，叶常二列，叶鞘开启，颖果。）

34. 错误之处：__（两处）小花__ 改为：__（两处都改）小穗__

（分析：禾本科植物先由小花组成小穗，再由小穗为基本单位组成穗状、总状、指状、圆锥状等各式花序。）

35. 错误之处：__1 枚__ 改为：__2 枚（或 1 对）__

（分析：禾本科植物小穗的基部有 2 枚颖片，从着生的位置来看，颖片相当于总苞片。）

36. 错误之处：__瘦果__ 改为：__颖果__

（分析：禾本科植物的花很小，结构很简化，特称为小花。每 1 小花两侧有外稃和内稃各 1 枚，其内有 2 枚浆片、3 枚或 6 枚雄蕊和 1 枚雌蕊。浆片是由花被片变态而来；外稃为花基部的苞片变态所成；内稃为小苞片，是苞片和花之间的变态叶。禾本科植物的果实称为颖果，其最主要的特征是果皮和种皮愈合不易分离，这一点可以与瘦果区别开来。）

37. 错误之处：__子房下位__ 改为：__子房上位__

38. 错误之处：__浆果__ 改为：__蒴果__

39. 错误之处：__花被__ 改为：__花柱、柱头__

（分析：合蕊柱是兰科植物的识别特征之一，是由雄蕊与花柱、柱头愈合而成的特殊结构，呈半圆柱状。）

40. 错误之处：__恩格勒__ 改为：__哈钦松__

（分析：恩格勒是假花说的代表人物，他所代表的被子植物分类系统认为，柔荑花序类植物的无花瓣、单性、木本、风媒传粉等特征是被子植物中最原始的类型。与之不同的是真花说的代表人物哈钦松，他所代表的被子植物分类系统认为，具分离心皮的木兰科和毛茛科是双子叶植物中最原始的类型。）

41. 错误之处：__恩格勒__ 改为：__哈钦松__

42. 错误之处：__假花说__ 改为：__真花说__

（四）名词解释

1. 木本植物：木本植物的茎含有大量的木质，一般比较坚硬。这类植物寿命较长。有乔木、灌木和半灌木的区别。

四、参考答案

2. 乔木：有明显主干的木本植物，植株一般高大，如松、杉、桉树等。

3. 灌木：主干不明显的木本植物，植株比较矮小，常由基部分枝，如玫瑰、迎春、海桐等。

4. 半灌木：也称为亚灌木，主干不明显的木本植物，与灌木的主要区别在于：仅地下部分为多年生；地上部则为1年生，越冬时多枯萎死亡。如菊科的茵陈蒿等。

5. 草本植物：草本植物的茎含木质很少。可分为1年生草本植物、2年生草本植物和多年生草本植物。

6. 1年生草本植物：生活周期在本年内完成，并结束其生命，如水稻、春小麦、花生等。

7. 2年生草本植物：生活周期在两个年份内完成，第一年生长，在第二年才开花，结实后枯死。如冬小麦、萝卜、白菜等。

8. 多年生草本植物：植物的地下部分生活多年，每年继续发芽生长，如甘蔗、甘薯、马铃薯等。

9. 藤本植物：茎干细长，不能直立，匍匐地面或攀缘他物而生长的植物。按其茎的质地，可分草质藤本（如牵牛）和木质藤本（如葡萄）；依其攀附方式，有攀缘藤本（如黄瓜、葡萄等）、缠绕藤本（如牵牛）、吸附藤本（如爬山虎）之别。

10. 托叶鞘：叶柄基部的托叶向两侧发育，最后包围茎节呈鞘状，称托叶鞘。蓼科植物有膜质的托叶鞘，为识别要点之一。

11. 环状托叶痕：当大型托叶脱落后，在节上留下一圈叶痕，称环状托叶痕。木兰科植物有明显的环状托叶痕，可作为识别特征之一。

12. 佛焰苞：指包围整个肉穗花序的一枚大苞片。具佛焰苞的肉穗花序也称为佛焰花序，是天南星科植物的识别特征之一。

13. 花盘：植物花的子房附近由部分花托膨大所成的盘状、杯状、环状或垫状的构造。柑橘类果树的子房周围具明显的环状肉质花盘，是识别特征之一。

14. 花葶：无节和节间、不具叶的总花序轴（总花梗）称为花葶。石蒜科多数植物（如水仙、朱顶红等）为伞形花序生于花葶末端。

15. 合蕊柱：是兰科植物的识别特征之一，是由雄蕊与花柱、柱头愈合而成的特殊结构。合蕊柱的形状多种多样，通常为一肉质的柱状体，最上部为发育雄蕊的花药，花药下面是不育柱头变态的舌状物，称为蕊喙，能育柱头通常位于蕊喙下面，一般凹陷，充满黏液。

16. 花粉块：是兰科植物的识别特征之一，是由药室中的全部花粉黏合在一起所形成的块状结构。

17. 叶枕：指某些双子叶植物（如豆科植物）叶柄基部稍膨大的部分，此处明显凸出或较扁。或指禾本科植物叶位于叶片与叶鞘相接处的环形结构（又名叶颈或叶环），可对叶片的开展度做一定的调节。

18. 距：某些植物花的花萼或花瓣向下部伸长呈一细管状，叫距，距内常含有花蜜，如毛茛科、兰科等科的一些植物中。

19. 蜡叶标本：又称压制标本，就是将新鲜的植物材料用吸水纸压制，使之干燥后装订在白色硬纸（即台纸）上制成的干标本。蜡叶标本能很好地保存植物的形态特征，是植物学教学和科研中必不可少的资料。

20. 浸渍标本：又称液浸标本，就是将新鲜的植物材料，采用化学浸渍液制成的标本。这种标本能保持植物固有的形状和色泽，适用于观察植物的形态和内部构造。浸渍标本可分为防腐性浸渍标本和原色浸渍标本两种。

（五）分析和问答题

1. 恩格勒系统、哈钦松系统、塔赫他间系统和克朗奎斯特系统都把被子植物门分为两个纲。其中,恩格勒系统和哈钦松系统都把被子植物门分为双子叶植物纲和单子叶植物纲,而塔赫他间系统和克朗奎斯特系统都把被子植物门分为木兰纲和百合纲。虽名称不同,但所包含的类群是一样的,即木兰纲包含了所有双子叶植物,而百合纲包含了所有单子叶植物。现把两个纲的主要特征比较如下:

比较要点	双子叶植物纲(木兰纲)	单子叶植物纲(百合纲)
根系类型	主根发达,多为直根系	主根不发达,多为须根系
维管束排列	茎内维管束环状排列	茎内维管束星散排列
次生结构	有形成层和次生结构	无形成层和次生结构
叶脉类型	多为网状叶脉	多为平行脉或弧形叶脉
花部基数	花部5或4基数,少3基数	花部常3基数,少4~5基数
子叶数	胚具两片叶	胚具一片叶
萌发孔数	花粉常具3个萌发孔	花粉常具单个萌发孔

2. 蔷薇科分为四个亚科,分别是绣线菊亚科、蔷薇亚科、李亚科和梨亚科。分类的主要依据是花托变化,雌蕊心皮数以及果实类型等性状。现列表比较如下:

比较要点	绣线菊亚科	蔷薇亚科	李亚科	梨亚科
托叶	常无托叶	托叶发达	托叶小,早落	有托叶
花托	浅杯状	凹陷或凸起	杯状	凹陷与子房愈合
心皮	5枚,离生	多数,离生	1枚	2至5枚,合生
子房位置	上位	上位	上位	下位或半下位
果实类型	聚合蓇葖果	聚合瘦果或聚合小核果	核果	梨果

3. 按照恩格勒的意见,豆科分为三个亚科,分别是含羞草亚科、云实亚科和蝶形花亚科。分类的主要依据是花的形状、花瓣排列方式和雄蕊特点。区别如下:

区别要点	含羞草亚科	云实亚科	蝶形花亚科
花冠类型	辐射对称	假蝶形花冠	蝶形花冠
花瓣排列方式	镊合状排列	上升覆瓦状排列	下降覆瓦状排列
雄蕊特点	雄蕊常多数,合生或分离	雄蕊10或较少,多分离	二体雄蕊

4. 玄参科与唇形科相比较的内容填写如下:

比较的内容		玄参科	唇形科
相同或相似点	茎	多草本,少为木本	多草本,少为木本
	叶	单叶,多对生,少互生或轮生,无托叶	单叶,多对生,少轮生,无托叶
	花	多呈唇形花冠,花两性,常为2强雄蕊;雌蕊2心皮合生,子房上位	唇形花冠,花两性,常为2强雄蕊;雌蕊2心皮合生,子房上位
不同点	茎	茎为圆柱形	茎常四棱形
	花序	总状、聚伞或圆锥花序	轮伞花序
	花	子房常2室,每室多数胚珠,花柱顶生	子房裂为4室,每室1胚珠,花柱插生于分裂子房的基部
	果	蒴果或浆果	4个小坚果

四、参 考 答 案

5. 禾本科与莎草科的形态特征比较相似,相似之处主要在于它们都有狭长的叶片,有叶鞘;花小,由小花集成小穗,再由小穗组成各种类型花序;种子均有胚乳。但它们的差异也是十分明显的,现从茎、叶、花、小穗和果实的特征等方面列表区别如下:

科名	茎	叶	花	小穗	果实
莎草科	多实心,常为三棱形	三列型,叶鞘多封闭	花被退化成鳞片状或刚毛状,常不存在	小花生于鳞(颖)片内,集成小穗,小穗具多数鳞(颖)片	小坚果
禾本科	多空心,常为圆形	二列型,叶鞘多开放	花被发育成浆片	由第一颖、第二颖和几朵小花组成,小穗只具2颖片	颖果

6. 各科的花程式(花公式)如下:

 (1) $* P_{6-15} A_\infty \underline{G}_\infty$

 (2) $* \uparrow K_{5-\infty} C_{5-\infty} A_\infty \underline{G}_\infty$

 (3) $* K_{2+2} C_{2+2} A_{2+4} \underline{G}_{(2:1)}$

 (4) $* K_{(4-5)} C_{4-5} A_{8-10} \underline{G}_{(4-5:4-5)}$

 (5) $* K_5 C_5 A_{(\infty)} \underline{G}_{(2-\infty:2-\infty)}$

 (6) $* K_5 C_5 A_\infty \underline{G}_\infty$

 (7) $* K_5 C_5 A_\infty \underline{G}_{1:1}$

 (8) $\uparrow K_5 C_{1+2+2} A_{(9)+1} \underline{G}_{1:1}$

 (9) $\uparrow K_5 C_5 A_{10} \underline{G}_{1:1}$

 (10) $* K_{(5)} C_{(5)} A_5 \underline{G}_{(2:2)}$

 (11) $\uparrow K_{(5),(4)} C_{(5),(4)} A_{4,2} \underline{G}_{(2:4)}$

 (12) $* P_{3+3} A_{3+3} \underline{G}_{(3:3)}$

7. 所列的植物的有关特征如下:

 (1) 上、1.边缘、荚 (2) 上、2.侧膜、角
 (3) 下、3.侧膜、瓠 (4) 上、3.中轴、蒴
 (5) 上、2.顶生、聚花 (6) 下、2.基生、瘦
 (7) 上、2.中轴、浆 (8) 上、3.中轴、蒴(或浆)

8. 符合有关特征的被子植物的科名如下:
(1) 芸香科、伞形科、唇形科、姜科;(2) 大戟科、夹竹桃科、桑科、菊科的舌状花亚科;(3) 芸香科、唇形科、伞形科、玄参科;(4) 伞形科、菊科、葫芦科、兰科;(5) 木兰科、蓼科、桑科、百合科。(除上述的科外,也可以写其他的科。)

9. A. 木兰 B. 菊、舌状花 C. 兰 D. 锦葵 E. 十字花 F. 蔷薇、李 G. 豆、蝶形花 H. 大戟 I. 百合 J. 葫芦 K. 伞形 L. 唇形 M. 禾本

10. A. 草本(←)木本; B. 多年生(→)1年生或2年生乃至短命植物;
C. 单叶(→)复叶; D. 常绿性(→)落叶性; E. 平行脉(←)网状脉;
F. 花中各组成部分呈轮状排列(←)螺旋状排列;
G. 花中各组成部分的数目,定数、少数(←)不定数、多数;
H. 子房上位(→)子房下位; I. 花冠两侧对称(←)辐射对称;
J. 花两性(→)花单性; K. 子房每室有许多胚珠(→)少数胚珠;
L. 单果(→)聚合果; M. 种子中无胚乳(←)有胚乳。

11. 被子植物起源两种学说的代表人物和主要观点简述如下：

（1）真花说的代表人物和主要观点：

A. 代表人物：英国植物学家哈钦松、前苏联植物学家塔赫他间和美国植物学家克朗奎斯特。

B. 主要观点：被子植物的花是由已灭绝的裸子植物的本内苏铁目的两性孢子叶球演化来的，孢子叶球主轴的顶端演化为花托，生于伸长主轴上的大孢子叶演化为雌蕊，其下的小孢子叶演化为雄蕊，下部的苞片演化为花被。据此，他们认为两性花比单性花原始；花各部分分离、多数比连合、有定数为原始；花各部分螺旋状排列比轮状排列为原始；木本植物比草本植物原始；柔荑花序类要比离生心皮（木兰目和毛茛目）进化；无被花种类是由有被花类特化而来。因此认为木兰目植物应是现代被子植物中的原始类群。

（2）假花说的代表人物和主要观点：

A. 代表人物：德国植物学家恩格勒和柏兰特。

B. 主要观点：被子植物花的雄蕊和心皮分别相当于一个极端退化的裸子植物单性孢子叶球的雄花和雌花，因而设想被子植物来自裸子植物的麻黄类中的弯柄麻黄。由于裸子植物，尤其是麻黄和买麻藤都是以单性花为主，所以原始的被子植物，也必然是单性花。因此，柔荑花序类植物的无花瓣、单性、木本、风媒传粉等特征是被子植物中最原始的类型。与此相反，有花瓣、两性、虫媒传粉等是进化的特征。他们认为多心皮类植物是较进化的类群。

12. 真花说的观点认为：两性花比单性花原始；花各部分分离、多数比连合、有定数原始；花各部分螺旋状排列比轮状排列原始；木本植物比草本植物原始；离生心皮比柔荑花序类原始。

根据真花说的观点，现代的木兰目植物是具有上述特点的代表植物，其原始性状主要表现在：木本；两性；雄蕊和雌蕊多数，离生，螺旋排列于柱状花托上等。

植物学考试模拟试卷 1

试题部分

一、填空题（每空 0.5 分，共 20 分）

1. 植物细胞的基本结构包括_____和_____两部分；绿色植物特有的细胞器是_____，它是一类与合成和积累同化产物有关的细胞器。根据其结构和功能的不同，又可分为_____、_____和_____。
2. 分化程度较浅的薄壁组织，在一定条件下，可以恢复分裂，转化为_____组织，此现象称为细胞的_____。
3. 植物体由_____、_____、_____等三种组织系统把地上和地下，营养器官和繁殖器官汇连成一个有机体。
4. 被子植物木质部由_____、_____、_____和_____等四个基本组成部分构成。
5. 根的维管柱包括_____、_____、_____和_____。
6. 棉叶的叶肉有_____组织和_____组织的分化，因此被称为异面叶，叶脉最主要的组成部分是_____。
7. 减数分裂是有性生殖阶段发生的一种特殊的有丝分裂，例如花粉母细胞形成_____或胚囊母细胞形成_____的时候；同源染色体的联会发生在前期 I 的_____期。
8. 蚕豆属于豆科的_____亚科，其种子属于_____类型，其幼苗属于_____类型，其花为_____体雄蕊，其果实类型称为_____。
9. 落花与花柄基部产生的_____结构有关；稻叶展开或卷曲与叶片上表皮分布着数列_____有关；根与茎维管束的连接是通过发生在_____部位的"过渡区"实现的。
10. 双受精是_____与_____融合和_____与_____融合，它是_____植物所特有的有性生殖过程。
11. 裸子植物中只有_____科和_____科的精子具鞭毛，反映出它们对水的依赖性较其他裸子植物强。

二、选择题（每题 1 分，共 20 分）

（一）单项选择题

1. 在植物细胞中，为单层膜结构且与合成蛋白质有关的细胞器是_____。
   A. 粗糙型内质网 B. 微管 C. 核糖体 D. 微体
2. 禾本科植物秆的明显伸长，除茎尖伸长区外，主要是节间基部_____的活动。
   A. 侧生分生组织 B. 居间分生组织
   C. 初生增厚组织 D. 基本分生组织

3. 小麦籽粒紧贴种皮的1~2层胚乳细胞称为糊粉层，主要贮藏_____。
   A. 淀粉　　　　　B. 脂类　　　　　C. 蛋白质　　　　D. 纤维素
4. 在植物界系统进化中，种子植物受精作用摆脱了水的限制，更适于陆地生活是由于出现了_____。
   A. 颈卵器　　　　B. 精细胞和卵细胞　C. 花粉管　　　　D. 双受精
5. 某科植物为木本，单叶互生，有环状托叶痕；花两性，雄蕊和雌蕊多数，螺旋状排列在花托上；果多为聚合蓇葖果。它是_____。
   A. 木兰科　　　　B. 毛茛科　　　　C. 十字花科　　　D. 豆科
6. 下列植物中最早出现维管组织分化是_____。
   A. 苔藓植物　　　B. 蕨类植物　　　C. 裸子植物　　　D. 被子植物
7. 马铃薯块茎主要的贮藏物质是_____。
   A. 脂类　　　　　B. 蛋白质　　　　C. 淀粉　　　　　D. 纤维素
8. 雌配子体与下列成对应名称的是_____。
   A. 单核胚囊　　　B. 二核胚囊　　　C. 四核胚囊　　　D. 成熟胚囊
9. 假种皮是由下述哪一种结构发育来的？_____。
   A. 珠被　　　　　B. 珠心　　　　　C. 初生胚乳核　　D. 珠柄
10. 在植物界系统进化中，最早出现颈卵器结构的类群是_____。
    A. 藻类植物　　　B. 菌类植物　　　C. 地衣　　　　　D. 苔藓植物

（二）多项选择题

1. 典型的次生分生组织有_____。
   A. 木栓形成层　　B. 束间形成层　　C. 原形成层　　　D. 原表皮
   E. 基本分生组织
2. 下述结构特点符合禾本科植物根的有_____。
   A. 只有初生结构　　　　　　　　　B. 发育后期外皮层常形成厚壁组织
   C. 内皮层细胞壁常为五面增厚　　　D. 内皮层留有通道细胞
   E. 原生木质部常为多原型　　　　　F. 没有次生生长
3. 下列植物具有颈卵器的有_____。
   A. 藻类植物　　　B. 苔藓植物　　　C. 蕨类植物
   D. 裸子植物　　　E. 被子植物
4. 以下论点正确的有_____。
   A. 龙眼食用部分是假种皮　　　　　B. 绿藻是真核生物
   C. 百合是复雌蕊　　　　　　　　　D. 颖果特点是果皮和种皮愈合
   E. 分泌细胞属于外分泌结构
5. 下列细胞器中，与细胞壁分化建成有关的是_____。
   A. 线粒体　　B. 高尔基体　　C. 微管　　D. 内质网　　E. 微体
6. 属于蕨类植物和裸子植物输导结构的有_____。
   A. 筛管　　　B. 导管　　　C. 伴胞　　　D. 管胞　　　E. 筛胞
7. 下列特征哪些是茎所特有的？_____。

A. 有定芽　　　B. 皮层具细胞间隙　　C. 具厚角组织　　D. 分枝外起源
E. 韧皮部外始式分化　F. 具节和节间　　G. 具有内皮层　　H. 具有髓

8. 下列结构属于同功器官的有_____。
   A. 块根　　　B. 块茎　　　C. 苞片　　　D. 枝刺　　　E. 茎卷须

9. 下述结构中可能产生不定胚现象的有_____。
   A. 反足细胞群　B. 合子　　　C. 珠心　　　D. 胎座　　　E. 珠被

10. 裸子植物比被子植物原始主要表现在_____。
    A. 多数种类维管束内无导管和伴胞　　B. 具颈卵器　　C. 具有花粉管
    D. 配子体不能独立生活　　　　　　E. 胚乳是雌配子体的一部分
    F. 不形成果实　　　　　　　　　　G. 不具胚珠

三、改错题（每题1.5分，共15分）

1. 叶绿体中一叠扁平圆盘形的囊状构造为基质片层。
   错误之处：_____ 改为：_____

2. 柑橘叶及果皮中常见到的黄色透明小点的油囊分泌腔，是由于细胞间的胞间层溶解，细胞相互分开而形成的。
   错误之处：_____ 改为：_____

3. 侧根原基发生于内皮层，是内始式。
   错误之处：_____ 改为：_____

4. 菌根是高等植物根部与某些细菌形成的共生体。
   错误之处：_____ 改为：_____

5. 广义的树皮（软树皮）是指心材以外的部分。
   错误之处：_____ 改为：_____

6. 茎的横切面是与茎的纵轴垂直所作的切面，在横切面上所见的导管、管胞、木薄壁组织和木纤维，都是横切，所见的射线是作辐射状线条形，显示了它们的高度和宽度。
   错误之处：_____ 改为：_____

7. 苹果属于芸香科，子房上位、柑果。
   错误之处：_____ 改为：_____

8. 珠心、珠被、珠柄三个部分汇合处称为胎座。
   错误之处：_____ 改为：_____

9. 某些植物的子房不经受精，直接发育为果实的现象称无融合生殖。
   错误之处：_____ 改为：_____

10. 真蕨纲植物的孢子囊群着生于孢子叶的叶缘或叶的腹面。
    错误之处：_____ 改为：_____

四、名词解释（每题2.5分，共15分）

1. 胞间连丝　　　2. 分蘖　　　3. 通道细胞
4. 不活动中心　　5. 蜡叶标本　　6. 多精入卵现象

五、绘图和填图题（其中绘图6分，填图4分，共10分）

1. 绘一个成熟的倒生胚珠纵切面简示模式图，标明有关结构名称。
2. 按照标线上的序号填写下图各部分的名称。

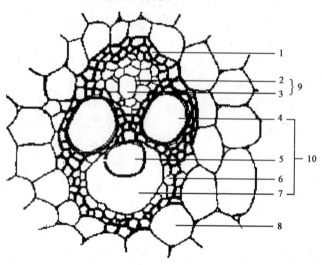

水稻茎横切面一个维管束放大图

1. _____ 2. _____ 3. _____ 4. _____ 5. _____
6. _____ 7. _____ 8. _____ 9. _____ 10. _____

六、分析和问答题（每题5分，共20分）

1. 比较厚角组织与厚壁组织的异同点。
2. 在横切面上，如何辨别双子叶植物老根与老茎成熟区的构造？
3. 何谓花粉败育？花粉败育对农业生产影响如何？
4. 为什么说被子植物是当今植物界最进化、最完善的类群？

参考答案

一、填空题（每空0.5分，共20分）

1. 细胞壁、原生质体、质体、叶绿体、有色体、白色体
2. 分生、脱分化
3. 皮组织系统、维管组织系统、基本组织系统
4. 导管、管胞、木纤维、木薄壁细胞
5. 中柱鞘、初生木质部、初生韧皮部、薄壁组织（或薄壁细胞）
6. 栅栏、海绵、维管束
7. 花粉粒、胚囊、偶线（合线）
8. 蝶形花、双子叶无胚乳、子叶留土、二、荚果
9. 离层（离区）、泡状细胞（运动细胞）、下胚轴一定
10. 卵、精子、极核、精子、被子
11. 苏铁、银杏

二、选择题（每题 1 分，共 20 分）

（一）单项选择题

1. A　　2. B　　3. C　　4. C　　5. A　　6. B　　7. C　　8. D　　9. D　　10. D

（二）多项选择题

1. A、B　　2. A、B、C、D、E、F　　3. B、C、D　　4. A、B、C、D　　5. B、C、D
6. D、E　　7. A、D、F　　8. A、B　　9. C、E　　10. A、B、E、F

三、改错题（每题 1.5 分，共 15 分）

1. 错误之处：基质片层　　改为：基粒
2. 错误之处：细胞间的胞间层溶解，细胞相互分开　　改为：细胞溶解后
3. 错误之处：内皮层，是内始式　　改为：中柱鞘，是内起源
4. 错误之处：细菌　　改为：真菌
5. 错误之处：心材　　改为：维管形成层
6. 错误之处：高度　　改为：长度
7. 错误之处：苹果　　改为：柑橘
8. 错误之处：胎座　　改为：合点
9. 错误之处：无融合生殖　　改为：单性结实
10. 错误之处：腹面　　改为：背面

四、名词解释（每题 2.5 分，共 15 分）

1. 胞间连丝：穿过细胞壁的细胞质细丝，它连接相邻细胞的原生质体。电镜研究表明，胞间连丝与相邻细胞中内质网相连，从而构成了一个完整的膜系统。胞间连丝主要起细胞间的物质运输和刺激传递的作用。

2. 分蘖：通常指禾本科植物茎干基部在地面下或近地面处的密集分枝方式，产生分枝的节称为分蘖节，节上产生不定根。

3. 通道细胞：在根的"U 形"加厚（或五面壁加厚或"马蹄铁形"加厚）的内皮层上，少数正对原生木质部的内皮层细胞保持薄壁状态，这种薄壁的细胞称为通道细胞。它们是皮层与中柱之间物质转移的途径。

4. 不活动中心：位于根尖分区中最先端的中心部分，有一些分裂活动弱甚至不分裂的细胞，形成一个近圆形的区域，称为不活动中心。当根冠破坏后，此区域细胞会恢复分生能力形成新的根冠。

5. 蜡叶标本：又称压制标本，就是将新鲜的植物材料用吸水纸压制，使之干燥后装订在白色硬纸（即台纸）上制成的干标本。蜡叶标本能很好地保存植物的形态特征，是植物学教学和科研中必不可少的资料。

6. 多精入卵现象：指两个或两个以上的精细胞同时进入一个卵细胞的现象。但一般来说，多精入卵时，最后卵细胞也只选一个结合。少数情况会发生两个以上精子同时和卵结合，因而产生了多倍体。

五、绘图和填图题（其中绘图 6 分，填图 4 分，共 10 分）

1. 成熟的倒生胚珠纵切面简示模式图及有关结构的名称如下：

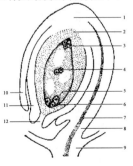

倒生胚珠结构模式图

1. 合点	2. 珠心	3. 反足细胞	4. 极核
5. 卵细胞	6. 助细胞	7. 维管束	8. 珠柄
9. 胎座	10. 外珠被	11. 内珠被	12. 珠孔

2. 标线上的序号所对应的各部分名称如下：

1. 维管束鞘	2. 伴胞	3. 筛管	4. 孔纹导管
5. 环纹导管	6. 薄壁细胞	7. 气隙	8. 薄壁组织
9. 韧皮部	10. 木质部		

六、分析和问答题（每题5分，共20分）

1. 比较厚角组织与厚壁组织的异同点。

相同点：均是机械组织，均起支持巩固作用。

主要区别如下：

厚角组织由活细胞构成，壁的增厚部分常位于细胞的角隅处，增厚的壁属于初生壁性质，具可塑性和延伸性。

厚壁组织由死细胞构成，细胞壁均匀增厚，增厚的壁属于次生壁性质，没有可塑性和延伸性。

2. 在横切面上，如何辨别双子叶植物老根与老茎成熟区的构造？

可通过以下三个方面进行辨别：

（1）通过观察初生木质部的发育方式进行辨别。根为外始式，茎为内始式。

（2）通过观察周皮内方有无皮层进行辨别。茎的周皮内方可能还有皮层存在，而根由于木栓形成层起源于中柱鞘，故周皮内方没有皮层存在。

（3）通过观察中央有否髓部存在进行辨别。在根中，由于初生木质部的发育方式为外始式，因此在其发育后期，原先的髓部已被初生木质部所取代而无髓部存在。在茎中，由于初生木质部的发育方式为内始式，故中央的髓部终生存在。

3. 何谓花粉败育？花粉败育对农业生产影响如何？

花粉败育指的是花粉粒的发育不正常。花粉败育有各种方式，如花粉母细胞减数分裂不正常，产生不正常的四分体，或花粉停留在单核或双核阶段，不能产生精细胞，绒毡层细胞延迟退化或提前解体等。

花粉败育对农业生产既有不利之处，也有有利之处。不利之处在于直接影响受精和结实，引起作物减产。有利之处在于花粉败育是雄性不育的一种类型，可作为不育系进行杂种优势的育种工作。

4. 为什么说被子植物是当今植物界最进化、最完善的类群？

在当今的植物界，已知的被子植物20多万种，约占植物界的一半。被子植物种类丰富，类型复杂多样，有极其广泛的适应性，这与它结构的复杂化和完善化是分不开的，具体表现在以下几方面：

（1）生殖器官出现了花的结构，更有利于传粉和受精。

（2）生殖器官出现了果实的结构，种子包被于果皮中，使种子受到更好的保护和传播，能更好地繁衍后代。

（3）输导组织中有了导管、筛管和伴胞的分化，输导水分和营养物质的效率大大提高。

（4）在有性生殖过程中，出现了双受精现象，这是植物界最进化的受精方式。双受精产生了三倍体的胚乳，作为后代的营养，不仅有利于后代的发育，而且使后代的生命力和适应环境的能力大大增强。

（5）配子体高度简化。雄配子体（成熟花粉粒）仅由2～3个细胞组成；雌配子体（成熟胚囊）简化成7个细胞8个核（多数种类为此种类型）。这种简化在生物学上具有进化的意义。

由于被子植物具备了以上特征，从而使之成为当今植物界最进化、最完善的类群，在地球上占着绝对优势。

植物学考试模拟试卷 2

试题部分

一、填空题（每空 0.5 分，共 20 分）

1. 细胞有丝分裂一般包括_____分裂和_____分裂两个阶段；但有时会多次进行第一个阶段的分裂，其结果形成的是_____细胞，如_____型胚乳形成时。
2. 周皮包括_____、_____、_____三部分。
3. 根尖中，与向地性生长有关的部位是_____区；有丝分裂最旺盛的是_____区；细胞伸长迅速，体积明显增大的部位是_____区。
4. 植物的营养枝多为_____分枝，果枝多为_____分枝，禾本科植物的分枝方式特称为_____。
5. 落叶与叶柄基部产生_____结构有关；水稻叶较粗糙，是因为叶表皮有_____细胞突起的原因；根与茎维管束联系的部位称为_____。
6. 被子植物生活史是指从_____到_____的整个生活历程。世代交替中两个关键的环节是_____和_____。
7. 形成层的原始细胞分为_____和_____两种形态，其中的_____分化形成次生韧皮部和次生木质部。
8. 雄性不育植物的雄蕊在形态结构上一般可分为_____型，_____型和_____型。
9. 大多数真核藻类都具有性生殖，有性生殖是沿着由_____生殖、_____生殖到_____生殖的方向演化。
10. 油菜属于_____科，其种子属于_____类型，其幼苗属于_____类型，其花为_____强雄蕊，其胚乳发育属于_____型胚乳，其果实类型称_____，其胎座类型属于_____胎座。
11. 当前，影响较大的被子植物分类系统主要有四个，它们分别是_____系统、_____系统、_____系统和_____系统。

二、选择题（每题 1 分，共 20 分）

（一）单项选择题

1. 在植物细胞中，为非膜性结构且与合成蛋白质有关的细胞器是_____。
   A. 内质网　　　　　B. 微管　　　　　C. 核糖体　　　　　D. 微体
2. 下列植物中，属于无限双韧维管束类型的是_____。
   A. 小麦　　　　　　B. 油菜　　　　　C. 花生　　　　　　D. 南瓜
3. 要观察根的初生构造时选择切片最合适的部位是_____。

A. 根尖伸长区　　　　B. 根尖分生区　　　　C. 根尖根毛区　　　　D. 根毛区以上的部位
4. 植物的一个年轮包括_____。
　　A. 心材和边材　　　　B. 早材和晚材　　　　C. 硬材和软材　　　　D. 夏材和秋材
5. 叶是由茎尖生长锥周围的_____发育而成的。
　　A. 腋芽原基　　　　B. 叶原基　　　　C. 心皮原基　　　　D. 萼片原基
6. 在高等植物系统进化中，最早出现维管组织分化的类群是_____。
　　A. 苔藓植物　　　　B. 蕨类植物　　　　C. 裸子植物　　　　D. 被子植物
7. 雄配子体与下列成对应名词的是_____。
　　A. 花粉母细胞　　　　B. 单核花粉粒　　　　C. 成熟花粉粒　　　　D. 精子
8. 外胚乳是由下述哪一种结构发育来的？_____。
　　A. 珠被　　　　B. 珠心　　　　C. 初生胚乳核　　　　D. 胎座
9. 在下列植物中，配子体最发达的是_____。
　　A. 苔藓植物　　　　B. 蕨类植物　　　　C. 裸子植物　　　　D. 被子植物
10. 某种植物多为单叶互生，无托叶；花两性，花萼、花瓣各4片，四强雄蕊，子房上位，角果、具假隔膜等主要特征，它是_____。
　　A. 毛茛科　　　　B. 唇形科　　　　C. 十字花科　　　　D. 茄科

（二）多项选择题
1. 属于被子植物输导结构的有_____。
　　A. 导管　　　　B. 管胞　　　　C. 筛管　　　　D. 筛胞　　　　E. 纤维
2. 下列结构属于同源器官的有_____。
　　A. 块根　　　　B. 块茎　　　　C. 叶卷须　　　　D. 苞片　　　　E. 心皮
3. 下述生殖过程中可能产生多胚现象的有_____。
　　A. 受精卵形成裂生胚　　B. 一个胚珠中形成两个胚囊　　C. 单性结实
　　D. 助细胞或反足细胞发育成胚　　E. 珠心形成不定胚
4. 在植物细胞中，具双层膜结构且有遗传自主性的有_____。
　　A. 高尔基体　　　　B. 微体　　　　C. 线粒体
　　D. 叶绿体　　　　E. 内质网
5. 下列属于复合组织的有_____。
　　A. 韧皮部　　　　B. 表皮　　　　C. 侧生分生组织
　　D. 薄壁组织　　　　E. 树皮
6. 下列是初生分生组织的有_____。
　　A. 原表皮　　　　B. 基本分生组织　　　　C. 原形成层
　　D. 维管形成层　　　　E. 木栓形成层
7. 指出单子叶植物茎特有的特征：_____。
　　A. 表皮下具厚角组织　　B. 维管束散生　　C. 老茎表面有周皮　　D. 有髓射线
　　E. 具外韧维管束　　　　F. 无形成层
8. 指出花药完整的壁所包括的部分：_____。
　　A. 周皮　　　　B. 表皮　　　　C. 中层　　　　D. 内皮层
　　E. 纤维层　　　　F. 绒毡层　　　　G. 形成层　　　　H. 糊粉层

9. 下列属于低等植物的有_____。
   A. 水绵　　　B. 地钱　　　C. 蘑菇　　　D. 马尾松　　　E. 白玉兰
10. 裸子植物和被子植物均属于_____。
   A. 种子植物　　　B. 高等植物　　　C. 显花植物
   D. 颈卵器植物　　　E. 孢子植物　　　F. 低等植物

三、改错题（每题 1 分，共 10 分）

1. 乙醛酸循环体存在于高等植物叶的光合细胞内，它们常和叶绿体、线粒体相配合，执行光呼吸的功能。
   错误之处：_____改为：_____
2. 老的筛管失去输导能力，主要由于筛板上形成侵填体的缘故。
   错误之处：_____改为：_____
3. 根瘤是由固氮真菌侵入宿主根部形成的瘤状共生体。
   错误之处：_____改为：_____
4. 在根的次生生长过程中，第一次木栓形成层是由中柱鞘细胞恢复分裂能力而形成的，茎也不例外。
   错误之处：_____改为：_____
5. 叶芽将来发展为叶、花芽发展为花或花序。
   错误之处：_____改为：_____
6. 胚珠着生的位置称合点。
   错误之处：_____改为：_____
7. 某些植物不经雌雄性细胞融合而产生有胚种子的现象称作单性结实。
   错误之处：_____改为：_____
8. 从裸子植物种子的结构来说，种皮、胚乳和胚的染色体倍数依次为 2n、3n、2n。
   错误之处：_____改为：_____
9. 柑橘属于蔷薇科、子房下位、梨果。
   错误之处：_____改为：_____
10. 豆荚是单心皮构成，边缘胎座，子房 1 至多室。
   错误之处：_____改为：_____

四、名词解释（每题 2.5 分，共 15 分）

1. 细胞的全能性　　　2. 胼胝体　　　3. 凯氏带
4. 假年轮　　　5. 种　　　6. 个体发育

五、绘图和填图题（其中绘图 6 分，填图 4 分，共 10 分）

1. 绘轮廓图表示成熟的萝卜肉质直根横切面的结构，注明各部分名称。
（本题必须注明：周皮、皮层、次生韧皮部、次生木质部、形成层、初生木质部和初生韧皮部 7 个方面。）
2. 按照标线上的序号填写下图各部分的名称。

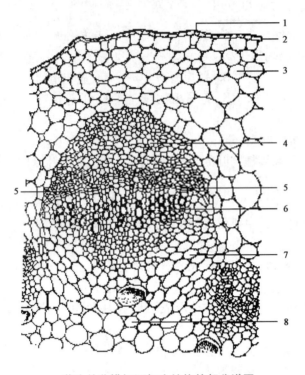

花生幼茎横切面初生结构的部分详图

1. _____ 2. _____ 3. _____ 4. _____
5. _____ 6. _____ 7. _____ 8. _____

六、分析和问答题（每题 5 分，共 20 分）

1. 比较导管与管胞的异同点。
2. 禾谷类植物茎的结构有哪些特点？
3. 裸子植物与被子植物的多胚现象有何不同？
4. 写出木兰科植物的识别特征、花程式和 5 种观赏植物的名称。

参考答案

一、填空题（每空 0.5 分，共 20 分）

1. 核、胞质、多核、核
2. 木栓层、木栓形成层、栓内层
3. 根冠、分生、伸长
4. 单轴、合轴、分蘖
5. 离层（离区）、硅、过渡区
6. 上一代种子、新一代种子、减数分裂、受精作用
7. 纺锤状原始细胞、射线原始细胞、纺锤状原始细胞
8. 花药退化、花粉败育、无花粉
9. 同配、异配、卵式

10. 十字花、双子叶无胚乳、子叶出土、四、核、角果、侧膜
11. 恩格勒、哈钦松、克朗奎斯特、塔赫他间

二、选择题（每题1分，共20分）

（一）单项选择题
1. C　　2. D　　3. C　　4. B　　5. B　　6. B　　7. C　　8. B　　9. A　　10. C

（二）多项选择题
1. A、B、C　　　　2. C、D、E　　　　3. A、B、D、E　　　4. C、D　　　　5. A、B、E
6. A、B、C　　　　7. B、F　　　　　　8. B、C、E、F　　　9. A、C　　　　10. A、B、C

三、改错题（每题1分，共10分）

1. 错误之处：乙醛酸循环体　　改为：过氧化物酶体
2. 错误之处：侵填体　　改为：胼胝体
3. 错误之处：真菌　　改为：细菌
4. 错误之处：茎也不例外　　改为：茎中第一次木栓形成层可由表皮、皮层或初生韧皮部的部位发生
5. 错误之处：（发展为）叶　　改为：（发展为）枝和叶
6. 错误之处：合点　　改为：胎座
7. 错误之处：单性结实　　改为：无融合生殖
8. （答案一）错误之处：裸子植物　　改为：被子植物
   （答案二）错误之处：3n　　改为：n
9. 错误之处：柑橘　　改为：梨（或苹果、山楂、枇杷等）
10. 错误之处：1至多室　　改为：1室

四、名词解释（每题2.5分，共15分）

1. 细胞的全能性：指植物的大多数生活细胞，在适当条件下都能由单个细胞经分裂、生长和分化形成一个完整植株的现象或能力。

2. 胼胝体：在筛板和筛域上形成的一层胼胝质的垫状物称为胼胝体。胼胝体形成后，筛管即失去输导能力，而被新筛管所替代。

3. 凯氏带：在幼根内皮层细胞的径壁和横壁上，有一条兼呈木化和栓化的带状加厚结构，称之为凯氏带。这一结构对根的吸收作用有特殊意义，它具有加强控制根的物质运转的作用。

4. 假年轮：由于外界气候反常或严重的病虫害等因素的影响，暂时阻止了形成层的活动，后来又恢复活动，因此在同一个生长季节中，可产生二个或二个以上的生长轮，这就叫假年轮。

5. 种：是分类学上一个基本单位，也是各级单位的起点。同种植物的个体，起源于共同的祖先，具有一定的形态和生理特征以及一定的自然分布区，且能进行自然交配，产生正常的后代（少数例外）。

6. 个体发育：一般指多细胞生物体从受精卵开始到成体为止的发育过程。其间包括细胞分裂、组织分化、器官形成，直到性成熟阶段。

五、绘图和填图题（其中绘图6分，填图4分，共10分）

1. 成熟的萝卜肉质直根横切面轮廓图及有关结构的名称如下：

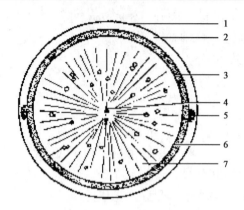

萝卜肉质根横切面轮廓图

1. 周皮   2. 皮层   3. 次生韧皮部   4. 初生木质部
5. 初生韧皮部   6. 形成层   7. 次生木质部

2. 标线上的序号所对应的各部分名称如下：
   1. 角质膜   2. 表皮   3. 皮层薄壁组织   4. 初生韧皮部
   5. 束中形成层   6. 初生木质部   7. 髓射线   8. 髓

六、分析和问答题（每题5分，共20分）

1. 比较导管与管胞的异同点。

相同点：同为输导水分和溶解于水中的无机盐的组织，都存在于木质部，细胞均为木化的死细胞，侧壁上都有各式增厚的纹理。

主要区别如下：

导管由多细胞（导管分子）纵向连接而成，端壁具穿孔，输导效率高，是被子植物主要的输水组织。

管胞是单独的细胞，没有互相连接，端壁无穿孔，水分和无机盐主要通过侧壁上的纹孔由一管胞进入另一管胞，互相沟通，输导效率低，是蕨类植物和裸子植物的唯一输水组织，被子植物也有管胞，但不是主要的。

2. 禾谷类植物茎的结构有哪些特点？

（1）维管束为有限维管束，无束中形成层，因而无次生结构。
（2）节和节间很明显，多数种类的节间其中央部分解体，形成中空的秆。
（3）茎的表皮终生存在，无周皮的形成。
（4）维管束散生在薄壁组织和机械组织之中，有的植物其维管束虽然近似分为两轮，但内外排列上仍有参差。
（5）没有皮层和维管柱的界限，只能划分为表皮、基本组织和维管束三个部分（或划分为表皮、机械组织、薄壁组织和维管束四个部分）。

3. 裸子植物与被子植物的多胚现象有何不同？

大多数裸子植物具有多胚现象，产生的原因主要有以下两个方面：

（1）由一个雌配子体中几个颈卵器内的卵细胞同时受精，形成多胚（简单多胚现象）。
（2）由一个受精卵在发育过程中，胚原组织分裂为几个胚（裂生多胚现象）。

被子植物中的多胚现象较少，产生的原因可综合为以下四个方面：

（1）由珠心或珠被细胞分裂并伸入胚囊形成不定胚。
（2）胚囊中卵以外的其他细胞（常为助细胞）发育为胚。
（3）产生裂生多胚现象，即一个受精卵分裂成2个或多个独立的胚。
（4）胚珠中具有两个或两个以上胚囊形成多个胚。

4. 写出木兰科植物的识别特征、花程式和5种观赏植物的名称。

（1）识别特征：木本；单叶互生；托叶早落，在枝上留下环状托叶痕；花大，单生，萼瓣不分（或单被花）；

花两性，雄蕊和雌蕊多数、分离、螺旋状排列于柱状花托上；子房上位；聚合蓇葖果。

(2) 花程式：$* P_{6-15} A_{\infty} \underline{G}_{\infty}$

(3) 观赏植物：洋玉兰（荷花玉兰）、白兰花（白玉兰）、鹅掌楸（马褂木）、含笑、夜合（也可写其他植物）。

植物学考试模拟试卷 3

试题部分

一、名词解释（每题2分，共20分）
1. 胞间连丝 2. 维管束 3. 盾片 4. 凯氏带 5. 年轮
6. 心皮 7. 假果 8. 卵式生殖 9. 世代交替 10. 模式标本

二、填空题（每空0.5分，共15分）
1. 植物的根尖从顶端起可依次分为_____、_____、_____和_____四区。
2. 双子叶植物茎中的维管形成层细胞通过平周分裂，向内产生_____，向外产生_____。
3. 异面叶的叶肉组织分化为_____组织和_____组织。
4. 被子植物的花粉囊壁在花粉母细胞时期具有四层结构，自外向内依次为_____、_____、_____和_____。
5. 西瓜的主要食用部分为_____，桃的主要食用部分为_____。
6. 种子萌发所需要的外界条件是_____、_____、_____。
7. 被子植物胚乳的发育，一般有_____和_____两种基本方式。
8. _____和_____是被子植物生活史中的联系环节和转折点。
9. 水绵属于_____门，其有性生殖方式为_____生殖。
10. 常用的分类检索表有_____和_____两种格式。
11. 植物的成熟组织可分为_____组织、_____组织、_____组织、_____组织和_____组织（结构）。

三、选择题（下列各题有一个或一个以上正确答案，请选择你认为正确的答案，每题1分，共10分）
1. 下列细胞器，具有双层单位膜的有_____。
　　A. 微体　　　　　B. 液泡　　　　　C. 线粒体　　　　D. 叶绿体
2. 属于保护组织的结构是_____。
　　A. 纤维　　　　　B. 表皮　　　　　C. 周皮　　　　　D. 导管
3. 花生的果为_____。
　　A. 蒴果　　　　　B. 角果　　　　　C. 荚果　　　　　D. 蓇葖果
4. 下列属于同功器官的是_____。
　　A. 根状茎和鳞茎　　　　　　　　　B. 茎卷须和叶卷须
　　C. 茎刺和茎卷须　　　　　　　　　D. 茎刺和叶刺

5. 蓼型胚囊发育的植物，种子的胚乳细胞为_____。
   A. 单倍体　　　　　B. 二倍体　　　　　C. 三倍体　　　　　D. 四倍体
6. 草莓是_____。
   A. 聚花果　　　　　B. 聚合果　　　　　C. 单果　　　　　　D. 复果
7. 单体雄蕊是_____植物的识别特征。
   A. 菊科　　　　　　B. 蝶形花科　　　　C. 唇形科　　　　　D. 锦葵科
8. 水稻、小麦等禾本科植物的果实为_____。
   A. 颖果　　　　　　B. 坚果　　　　　　C. 瘦果　　　　　　D. 菁荚果
9. 高等植物中的_____在其生活史中孢子体发达，配子体退化，但二者都能独立生活。
   A. 裸子植物　　　　B. 苔藓植物　　　　C. 蕨类植物　　　　D. 被子植物
10. 下列植物，属于裸子植物的有_____。
    A. 银杏　　　　　　B. 油松　　　　　　C. 圆柏　　　　　　D. 桃

四、判断正误（正确的打√；错误的打×，并加以改正。10 分）

1. 纹孔是细胞壁次生增厚时，没有增厚的区域。　　　　　　　　　　　　　　　（　）
2. 筛管分子成熟后是具有细胞核的生活细胞。　　　　　　　　　　　　　　　　（　）
3. 子叶出土幼苗的形成是上胚轴快速生长的结果。　　　　　　　　　　　　　　（　）
4. 细胞平周分裂的结果是增加细胞的层数。　　　　　　　　　　　　　　　　　（　）
5. 根毛和侧根的来源是一致的。　　　　　　　　　　　　　　　　　　　　　　（　）
6. 在木材的切向切面上可以看到射线的长度和宽度。　　　　　　　　　　　　　（　）
7. 杂性花是指一种植物既有单性花，又有两性花。　　　　　　　　　　　　　　（　）
8. 3-细胞型花粉粒具有一个营养细胞和两个精子。　　　　　　　　　　　　　　（　）
9. 苔藓植物、蕨类植物和裸子植物都具有颈卵器。　　　　　　　　　　　　　　（　）
10. 萝卜和胡萝卜均为十字花科植物。　　　　　　　　　　　　　　　　　　　（　）

五、简答题（每题 5 分，共 20 分）

1. 被子植物木质部和韧皮部的主要功能是什么？它们的基本组成如何？
2. 有些多年生的木本植物（如老槐树），有时茎已中空，但仍能正常生长，这是为什么？
3. 低等植物和高等植物各有什么主要特征？各包括哪些类群？
4. 表述花程式 $\uparrow K_{(5)} C_{1+2+2} A_{(9)+1} G_{1:1:1-\infty}$ 的含义，写出对应的科名和 3 种代表植物。

六、论述题（20 分）

1. 列表比较双子叶植物根和茎外部形态和初生结构上的区别。
2. 玉兰、毛茛、陆地棉、油菜（芸薹）、黄瓜、苹果、大豆、马铃薯、向日葵、百合分别属于哪个科？用定距式检索表将上述 10 种植物加以区别。

七、填图题（5 分）

按照标线上的序号填写下图各部分的名称。

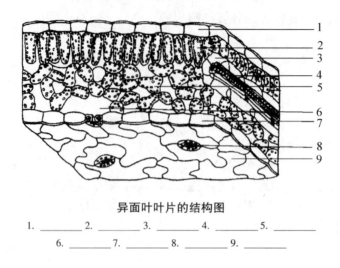

异面叶叶片的结构图

1. _____ 2. _____ 3. _____ 4. _____ 5. _____
6. _____ 7. _____ 8. _____ 9. _____

参考答案

一、名词解释

1. 胞间连丝：是穿过细胞壁的细胞质细丝，它连接相邻细胞间的原生质体，是细胞间物质、信息传输的通道。

2. 维管束：植物体内由原形成层分化而来的，担负运输作用的束状构造，包含木质部和韧皮部，根据维管束内形成层的有无和维管束能否继续增大，可将维管束分为有限维管束和无限维管束；还可根据木质部和韧皮部的位置和排列情况，将维管束分为外韧维管束、双韧维管束和周木维管束等几种类型。

3. 盾片：禾本科植物种子的胚中只有一片发育完全的子叶，形如盾状，称之为盾片。

4. 凯氏带：在根的内皮层细胞初生壁的横向壁和径向壁上，有一条栓质化和木质化的带状加厚结构，称之为凯氏带。这一结构具有控制根的选择性吸收和运输的作用。

5. 年轮：也称生长轮。在一个生长季节内，早材和晚材共同组成一轮显著的同心环层，代表着一年中形成的次生木质部。在有明显季节性气候的地区中，一般每年形成一轮，故习惯上称为年轮。

6. 心皮：心皮是构成雌蕊的基本单位。是具有生殖作用的变态叶（大孢子叶）。雌蕊由心皮卷合发育而成。单雌蕊由一个心皮构成，如桃的雌蕊；复雌蕊由两个或两个以上心皮构成，如黄瓜的雌蕊。

7. 假果：有些植物的果实，除子房外，还有花的其他部分（如花托、花被等），甚至整个花序都参与果实的形成和发育，这种果实称为假果，如梨、西瓜、凤梨。

8. 卵式生殖：卵与精子相互结合的一种有性生殖方式。为多细胞生物所特有的一种高级的异配生殖方式。

9. 世代交替：在植物的生活史中，二倍体阶段的孢子体世代（也称无性世代）与单倍体阶段的配子体世代（也称有性世代）有规律地交替出现的现象。

10. 模式标本：植物新种命名所依据的标本。

二、填空题

1. 根冠、分生区、伸长区、成熟区（或根毛区）

2. 次生木质部、次生韧皮部

3. 栅栏、海绵

4. 表皮、药室内壁、中层、绒毡层

5. 胎座、中果皮

6. 充足的水分、适宜的温度、足够的氧气
7. 核型胚乳、细胞型胚乳
8. 减数分裂、受精作用
9. 绿藻门、接合
10. 定距式、平行式
11. 保护、薄壁（或基本）、机械、输导、分泌

三、选择题
1. C、D 2. B、C 3. C 4. B、D 5. C
6. B   7. D   8. A 9. C   10. A、B、C

四、判断正误（正确的打√；错误的打×，并加以改正）
1. √
2. ×，筛管分子成熟后是没有细胞核的生活细胞。
3. ×，上胚轴改为下胚轴。
4. √
5. ×，根毛是由表皮细胞向外凸出形成的，而侧根起源于中柱鞘。
6. ×，长度改为高度。
7. √
8. √
9. √
10. ×，萝卜为十字花科植物，胡萝卜为伞形科植物。

五、简答题
1. 被子植物木质部和韧皮部的主要功能是什么？它们的基本组成如何？

木质部的主要功能是输送水分和无机盐，韧皮部的主要功能是运输有机物质（同化产物）。

被子植物木质部包括导管、管胞、木纤维和木薄壁细胞。

韧皮部由筛管、伴胞、韧皮纤维与韧皮薄壁细胞构成。

2. 有些多年生的木本植物（如老槐树），有时茎已中空，但仍能正常生长，这是为什么？

因为多年生木本植物（如老槐树）中空的部分主要是髓和心材，其中的心材主要起支持和加固作用，髓主要起贮藏营养物质的作用。空心的树通常失去髓和部分心材，虽然减弱了机械支持力量，但对植物体的生长发育影响不大，因为植物体所需的水分可由边材的导管和管胞负责供应，而植物体所需的有机物质可由韧皮部的筛管负责供应。因此，虽然形成空心树干，仍能正常生长。

3. 低等植物和高等植物各有什么主要特征？各包括哪些类群？

低等植物是植物界起源较早，构造简单的一群植物，主要特征是：①多水生或湿生；②没有根、茎、叶的分化；无维管束构造；③雌性生殖器官多为单细胞；④有性生殖的合子不形成胚，直接萌发成新植物体。

低等植物包括藻类、菌类和地衣。

高等植物在形态构造和生理上较复杂，主要特征是：①大多陆生；②植物体常有根、茎、叶和维管组织的分化（苔藓植物除外）；③雌性生殖器官是由多个细胞构成的；④合子形成胚，再长成植物体。

高等植物包括苔藓植物、蕨类植物、裸子植物和被子植物四类。

4. 表述花程式 $\uparrow K_{(5)} C_{1+2+2} A_{(9)+1} \underline{G}_{1:1:\infty}$ 的含义，写出对应的科名和3种代表植物。

由花程式可以看出这类植物是两性花，离瓣花。$\uparrow$表示两侧对称；$K_{(5)}$表示萼片合生，5裂；C_{1+2+2}表示花瓣5片，排成3轮；$A_{(9)+1}$表示雄蕊10枚，其中9个合生，一个分离；$\underline{G}_{1:1:\infty}$表示雌蕊子房上位，1心皮，1室，每室多个胚珠。根据特征可知是豆科（蝶形花亚科）植物，如刺槐、紫藤、大豆。

六、论述题
1. 列表比较双子叶植物根和茎外部形态和初生结构上的区别。

双子叶植物根与茎的主要区别

比较部分	根	茎
部位	一般在地下	一般在地上
节、叶、芽	无节、节间、芽	有节、节间、芽
分枝发生	侧根由中柱鞘发生（内起源）	侧枝是外起源
附属器官	幼根有根毛进行吸收作用	可有毛或其他附属器官，但无吸收作用
根冠	有	无类似结构
内皮层	明显，具凯氏带（有些具五面加厚）	不明显，有的具淀粉鞘
维管柱的分界	与皮层分界明显	不明显
中柱鞘	显著	无明显中柱鞘
初生木质部分化	外始式	内始式
初生木质部与初生韧皮部的排列	初生木质部呈辐射状，与初生韧皮部相间排列	初生木质部与初生韧皮部内外排列成维管束
髓射线	无	有
髓	在根的发育后期，髓部基本上为后生木质部所占据	髓部大多终生保留

2. 玉兰（木兰科）　　毛茛（毛茛科）　　陆地棉（锦葵科）
　 油菜（十字花科）　黄瓜（葫芦科）　　苹果（蔷薇科）
　 大豆（豆科）　　　马铃薯（茄科）　　向日葵（菊科）
　 百合（百合科）

检索表之一：
1. 草本。
　2. 胚有一片子叶；叶具平行脉，具鳞茎……………百合
　2. 胚有两片子叶；叶具网状脉，不具鳞茎
　　3. 花两侧对称；荚果………………………………大豆
　　3. 花辐射对称；果非荚果
　　　4. 攀缘茎；单性花；瓠果………………………黄瓜
　　　4. 直立茎；两性花；非瓠果
　　　　5. 头状花序；聚药雄蕊；子房下位…………向日葵
　　　　5. 非头状花序；非聚药雄蕊；子房上位
　　　　　6. 合瓣花；浆果……………………………马铃薯
　　　　　6. 离瓣花；非浆果
　　　　　　7. 具副萼；单体雄蕊……………………陆地棉
　　　　　　7. 无副萼；雄蕊分离
　　　　　　　8. 花瓣4，四强雄蕊……………………油菜
　　　　　　　8. 花瓣5；雄蕊多数……………………毛茛
1. 木本。
　9. 花大型，子房上位；蓇葖果………………………玉兰
　9. 花较小，子房下位；梨果…………………………苹果

七、填图题

1. 上表皮　　　2. 栅栏组织　　3. 维管束鞘　　4. 维管束　　5. 海绵组织
6. 气腔（或孔下室）　7. 下表皮　　8. 气孔　　9. 表皮细胞

植物学考试模拟试卷 4

试题部分

一、名词解释（每个 2 分，共 20 分）

1. 纹孔　　2. 传递细胞　　3. 外始式　　4. 心材　　5. 聚花果
6. 皮孔　　7. 栅栏组织　　8. 合点　　9. 单体雄蕊　　10. 生活史

二、填空题（每空 0.5 分，共 15 分）

1. 细胞壁根据形成时间和化学成分的不同，分为三层：相邻细胞的共有层是＿＿＿＿；细胞停止生长前形成的壁层为＿＿＿＿；某些细胞停止生长后形成的壁层是＿＿＿＿。
2. 周皮包括＿＿＿＿、＿＿＿＿和＿＿＿＿三部分。
3. 常见的幼苗主要有＿＿＿＿和＿＿＿＿两种类型。
4. 在根的初生结构中，从横切面上看由外向内分别为＿＿＿＿、＿＿＿＿和＿＿＿＿。
5. 从茎或叶上产生的根称为＿＿＿＿。
6. 根据芽发育后所形成器官的不同，把芽分为＿＿＿＿、＿＿＿＿和＿＿＿＿。
7. ＿＿＿＿和＿＿＿＿合称为花被，根据花被的数目或花被的有无，通常将花分为＿＿＿＿、＿＿＿＿和＿＿＿＿。
8. 被子植物经过双受精后，＿＿＿＿发育成胚；＿＿＿＿形成胚乳；＿＿＿＿发育成种皮。
9. 裸子植物胚乳的染色体数为＿＿＿＿。多数被子植物胚乳的染色体数为＿＿＿＿。
10. 在高等植物中，孢子体和配子体的生活方式有不同类型：＿＿＿＿植物的孢子体寄生在配子体上，＿＿＿＿植物的配子体寄生在孢子体上，＿＿＿＿植物的孢子体和配子体都能独立生活。
11. 被子植物的分类系统是根据＿＿＿＿和＿＿＿＿两种学说建立的。

三、选择题（下列各题有一个或一个以上正确答案，请选择你认为正确的答案，每题 1 分，共 10 分）

1. 控制植物细胞生长、遗传、代谢及繁殖的结构是＿＿＿＿。
    A. 叶绿体　　　　B. 核糖体　　　　C. 细胞核　　　　D. 线粒体
2. 属于厚壁组织的有＿＿＿＿。
    A. 纤维　　　　　B. 管胞　　　　　C. 石细胞　　　　D. 传递细胞
3. 南瓜茎的维管束是＿＿＿＿。
    A. 外韧维管束　　B. 周木维管束　　C. 双韧维管束　　D. 周韧维管束
4. 当年播种、当年开花结果，然后死亡的植物是＿＿＿＿。

  A．1 年生植物 B．2 年生植物 C．多年生植物 D．草本植物
5．根尖吸收水和无机盐的主要部位是_____。
  A．根冠 B．分生区 C．伸长区 D．根毛区
6．二细胞（二核）时期的花粉粒中含有_____。
  A．两个精子   B．一个营养细胞和一个精子
  C．一个营养细胞和一个生殖细胞 D．两个生殖细胞
7．我们吃苹果，实际上食用的主要部分是原来花的_____。
  A．托杯（花筒） B．花冠 C．子房壁 D．胚珠
8．植物种的拉丁学名中包括_____。
  A．科名 B．属名 C．种加词 D．命名人的姓氏缩写
9．下列植物中，属于藻类的是_____。
  A．海带 B．紫菜 C．地钱 D．水绵
10．下列植物中，具辐射对称花的有_____。
  A．牵牛 B．玉兰 C．百合 D．一串红

四、判断正误（正确的打√；错误的打×，并加以改正。10 分）

1．伴胞和石细胞都是死细胞。 （ ）
2．居间分生组织通常位于节间或叶柄基部，故属于次生分生组织。 （ ）
3．在木材的径向切面上，年轮呈纵行平行带状。 （ ）
4．刺槐的刺和皂荚的刺均为茎刺。 （ ）
5．叶片、叶柄、托叶三部分俱全的叶称为完全叶。 （ ）
6．花药壁中的绒毡层细胞含有较多的蛋白质和酶，并有油脂、胡萝卜素和孢粉素等物质，可为花粉粒的发育提供营养物质和结构物质。 （ ）
7．被子植物中，成熟的花粉粒为雄配子，而成熟的胚囊为雌配子。 （ ）
8．单雌蕊子房发育的果为单果，复雌蕊子房发育的果为复果。 （ ）
9．异配生殖是较卵式生殖更为高级的一种生殖方式。 （ ）
10．种和品种都是分类单位。 （ ）

五、简答题（共 25 分）

1．简述减数分裂的特点及意义。
2．比较羽状复叶与具有对生叶序的小枝的区别。
3．树苗移栽时，为什么要多带些土，并剪去上部的一些枝叶？
4．为何异花传粉比自花传粉优越？植物的哪些性状是对异花传粉的适应？
5．写出下列拉丁学名的中文名称：
  （1）*Pinus*：_____； （2）*Oryza*：_____；
  （3）MAGNOLIACEAE：_____； （4）*Populus*：_____；
  （5）LEGUMINOSAE：_____； （6）COMPOSITAE：_____；
  （7）ROSACEAE：_____； （8）SOLANACEAE：_____；
  （9）CUCURBITACEAE：_____； （10）GRAMINEAE（Poaceae）：_____。

六、论述题（10分）

被子植物具哪些显著的特征而使这一类群成为植物界中最高级、最繁茂和分布最广的类群？

七、绘图题（10分，每小题2分）

绘出下列类型胎座、花序、复叶的模式图。

1. 侧膜胎座　　2. 中轴胎座　　3. 二歧聚伞花序　　4. 伞房花序　　5. 二回羽状复叶

参考答案

一、名词解释

1. 纹孔：细胞形成次生壁时，在初生壁的一些位置上不沉积壁物质，形成一些间隙，这种在次生壁中未增厚的部分称为纹孔。

2. 传递细胞：是一些具有胞壁向内生长特性的、能行使物质短途运输功能的特化的薄壁细胞。传递细胞的特点是在产生次生壁时，纤维素微纤丝向细胞腔内形成许多皱褶突起，并与质膜紧紧相靠，形成了壁-膜器，使质膜的表面积大大增加，提高了细胞内外物质交换和运输的效率。

3. 外始式：一般指的是根的初生木质部细胞分化成熟的顺序是从外部开始，逐渐向内，即成熟的顺序是向心进行的。原生木质部在外，后生木质部在内，这种分化成熟的顺序由外及内的方式就称为外始式。根和茎的初生韧皮部细胞分化成熟的顺序也是外始式。

4. 心材：指生长的乔木或灌木的内部木材，是较老的次生木质部，不包含活的细胞，并已失去了输导和贮藏功能。少数植物在生长后期，心材被菌类侵入而腐蚀，形成空心树干，但仍能生活。

5. 聚花果：由整个花序发育而成的果实，也叫复果。如桑葚、无花果。

6. 皮孔：周皮上的一个分离区域，常呈透镜形，由排列疏松的栓化或非栓化的细胞组成；在皮孔的部位，木栓形成层向内形成栓内层，向外产生松散的薄壁细胞（补充组织）。皮孔常见于老茎的周皮上，是植物体内部组织与外界进行气体交换的通道。

7. 栅栏组织：异面叶的叶肉组织的一种类型，是一列或几列长柱形的薄壁细胞。其长轴与上表皮垂直相交，作栅栏状排列。栅栏组织细胞的叶绿体含量较多。

8. 合点：珠柄维管束进入胚珠的一点，即珠心、珠被、珠柄三者的愈合部分。

9. 单体雄蕊：花药完全分离而花丝连合成一束。如锦葵科植物的雄蕊。

10. 生活史：指生物在其一生中所经历的发育和繁殖阶段的全部过程。如被子植物个体的生命活动，一般可以从上代个体产生的种子开始，经过种子萌发，形成幼苗，并经过生长、开花、传粉、受精、结果，产生新一代的种子。从种子到种子，这一整个生活历程，就是被子植物的生活史。

二、填空题

1. 胞间层、初生壁、次生壁
2. 木栓层、木栓形成层、栓内层
3. 子叶出土幼苗、子叶留土幼苗
4. 表皮、皮层、维管柱（或中柱）
5. 不定根
6. 枝芽（叶芽）、花芽、混合芽
7. 花萼、花冠、两被花、单被花、无被花
8. 合子、初生胚乳核、珠被
9. n、3n
10. 苔藓、种子、蕨类

11. 真花学说、假花学说

三、选择题
1. C 2. A、C 3. C 4. A 5. D 6. C 7. A 8. B、C、D 9. A、B、D 10. A、B、C

四、判断正误（正确的打√；错误的打×，并加以改正）
1. ×，伴胞是生活细胞，石细胞是死细胞。
2. ×，居间分生组织是由于顶端分生组织衍生而遗留在某些器官局部区域的分生组织，因此属于初生分生组织。
3. √
4. ×，皂荚的刺为茎刺，而刺槐的刺为托叶刺。
5. √
6. √
7. ×，"雄配子"改为："雄配子体"；"雌配子"改为："雌配子体"。
8. ×，单果为一朵花中的一个单雌蕊或复雌蕊形成的果实，复果是由整个花序发育成的果实。
9. ×，卵式生殖是较异配生殖更为高级的一种生殖方式。
10. ×，种是分类学上的基本单位，而品种不是植物分类学中的分类单位，属于栽培学上的变异类型。

五、简答题
1. 简述减数分裂的特点及意义。

减数分裂的特点如下：
（1）减数分裂只发生在植物的生殖过程中。
（2）减数分裂形成的子细胞其染色体数目为母细胞的半数。
（3）减数分裂由两次连续的分裂来完成，故形成的四个子细胞称为四分体。
（4）减数分裂过程中染色体有配对、交叉、互换等现象。

在被子植物中，减数分裂发生于花粉母细胞开始形成花粉粒和胚囊母细胞开始形成胚囊的时期。减数分裂具有重要的生物学意义。这表现在：

（1）减数分裂是有性生殖的前提．是保持物种稳定性的基础。减数分裂导致配子的染色体数目减半，而在以后的受精过程中，两配子结合成合子，合子的染色体重新恢复到亲本的数目。这样，每一种植物的染色体数目保持了相对的稳定，也就是在遗传上具有相对的稳定性。

（2）减数分裂中，由于同源染色体之间发生交叉和片段互换，产生了遗传物质的重组，丰富了植物遗传性的变异性。这对增强适应环境的能力和繁衍种族极为重要。

2. 比较羽状复叶与具有对生叶序的小枝的区别。

对生叶序的小枝与羽状复叶主要区别是：①羽状复叶叶轴的顶端没有顶芽，而小枝顶端常有顶芽；②羽状复叶小叶的叶腋无腋芽，芽只出现在叶轴腋处，而小枝叶腋处都有腋芽；③复叶脱落时，先是小叶脱落，最后叶轴脱落，而小枝上只有叶脱落；④羽状复叶的小叶与叶排成一平面，小枝上的叶与小枝成一定角度。

3. 树苗移栽时，为什么要多带些土，并剪去上部的一些枝叶？

植物根部的吸收作用主要通过根毛区来进行，树苗在移栽时多带些土，可减少幼根和根毛的损失，有利于根从土壤中吸收水分和矿质营养，缩短缓苗期；树苗带土移栽时，考虑到部分根毛和幼根还会受到一定损害，剪去一些次要的枝叶，有利于保持植物体内的水分平衡，提高成活率。

4. 为何异花传粉比自花传粉优越？植物的哪些性状是对异花传粉的适应？

异花传粉植物的雌配子和雄配子是在差别较大的生活条件下形成的，遗传性具有较大的差异，由它们结合产生的后代具有较强的生活力和适应性，往往植株强壮，结实率高，抗逆性也强；而自花传粉则相反。如长期连续的自花传粉，往往导致植株变矮，结实率降低，抗逆性变弱；栽培植物则表现出产量降低、品质变差、抗不良环境能力衰减，甚至失去栽培价值。所以异花传粉比自花传粉优越。

植物有许多特殊的适应异花传粉的性状，常见的有下列几种方式：

（1）单性花。具有单性花的植物，必然是异花传粉。如雌雄同株的玉米、瓜类、胡桃等和雌雄异株的桑、杨、柳等。

（2）雌雄蕊异熟。如玉米的雄花序比雌花序先成熟。有些植物的花为两性花，但雌雄蕊的成熟也有先后，从而避免了自花受精的可能性。如向日葵、苹果、梨等的雄蕊比雌蕊先熟；而油菜、木兰、甜菜则为雌蕊比雄蕊先熟。

（3）雌雄蕊异长。两性花中雌蕊和雄蕊的长度不同，也不能进行自花传粉，如荞麦和报春花等。

（4）自花不孕。柱头的选择性使落在本花柱头上的花粉不能萌发，或不能完全发育以达到受精的结果，如荞麦、番茄、桃、梨、苹果、葡萄等。

5. 拉丁学名的中文名称：

（1）*Pinus*：松属　　　　　　　　　　　（2）*Oryza*：稻属

（3）MAGNOLIACEAE：木兰科　　　　　（4）*Populus*：杨属

（5）LEGUMINOSAE：豆科　　　　　　　（6）COMPOSITAE：菊科

（7）ROSACEAE：蔷薇科　　　　　　　　（8）SOLANACEAE：茄科

（9）CUCURBITACEAE：葫芦科　　　　　（10）GRAMINEAE（Poaceae）：禾本科

六、论述题

被子植物具哪些显著的特征而使这一类群成为植物界中最高级、最繁茂和分布最广的类群？

被子植物成为现代植物界最高级、最繁茂和分布最广泛的植物类群，是因为它们具有如下特征：

（1）具有真正的花。被子植物的花由花被、雄蕊群、雄蕊群等部分组成，花被增强了传粉效率，有利于异花传粉。

（2）胚珠包被在子房中，子房受精后发育成果实，这对种子的保护和传播有重要意义。被子植物与裸子植物相比，闭合心皮和包被胚珠要比开放心皮和裸露胚珠更加复杂和完善。

（3）具双受精现象。当两个精子由花粉管送入胚囊后，一个与卵细胞结合形成合子，将来发育为2n的胚，另一个与2个极核结合形成3n的胚乳，这种具有双亲特性的胚乳作为营养物质，使被子植物的子代变异性更大，生活力更强，适应性更广。

（4）被子植物孢子体比裸子植物的更发达，体内组织分化更精细、完善，生理机能效率更高。

（5）被子植物的配子体进一步简化。发育成熟的雄配子体含有1个营养细胞和2个精细胞；发育成熟的雌配子体（即成熟胚囊）包括1个卵细胞，2个助细胞，1个中央细胞和3个反足细胞，无颈卵器；并且配子体寄生在孢子体上。

（6）被子植物传粉方式多种多样，如虫媒、风媒、鸟媒、水媒等，因而被子植物可适应各种生活环境。

（7）被子植物的生活型多种多样，可以生长在平原、高山、沙漠、盐碱地、湖泊、河流，甚至海水中。

被子植物的上述特征，使之具备了优越于其他各类植物的内部环境，从而具有更强有力的生存竞争能力。

七、绘图题

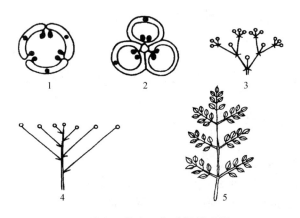

胎座、花序、复叶的模式图

1. 侧膜胎座　　2. 中轴胎座　　3. 二歧聚伞花序　　4. 伞房花序　　5. 二回羽状复叶

植物学考试模拟试卷 5

试题部分

一、名词解释（每个 2 分，共 20 分）

1. 赤道面
2. 细胞分化
3. 通道细胞
4. 花芽分化
5. 髓射线
6. 侵填体
7. 种鳞
8. 营养器官变态
9. 无融合生殖
10. 四强雄蕊

二、填空题（每空 0.5 分，共 15 分）

1. 植物细胞中，进行光合作用的细胞器是_____，与呼吸作用有关的细胞器是_____。
2. 侧生分生组织包括_____和_____，其中前者的活动使植物的根、茎增粗，后者可形成次生保护组织。
3. 纤维属_____组织，传递细胞属_____组织。
4. 种子植物的分枝方式有_____、_____和_____三种类型。其中_____分枝在裸子植物中占优势，_____分枝在被子植物中占优势。
5. 叶在茎或枝条上排列的方式叫_____。常见的有_____、_____、_____和_____。
6. 传粉是_____的必要前提。植物的传粉有_____和_____两种方式，其中_____是植物界最普遍的传粉方式。
7. 被子植物的生殖过程中，子房发育成_____，子房壁发育成_____，胚珠发育成_____。
8. 十字花科植物的雄蕊为_____雄蕊，锦葵科为_____雄蕊，菊科为_____雄蕊。
9. 蔷薇科分为_____、_____、_____和_____四个亚科。

三、选择题（下列各题有一个或一个以上正确答案，请选择你认为正确的答案，每题 1 分，共 10 分）

1. 薄壁组织具有_____功能。
   A. 吸收　　B. 同化　　C. 贮藏　　D. 通气
2. 茎上的叶和芽的发生属于_____。
   A. 内起源　　B. 外起源　　C. 内始式　　D. 外始式
3. 在初生根和初生茎的结构中，最先分化出的导管是_____。
   A. 网纹导管和孔纹导管　　B. 梯纹导管和孔纹导管
   C. 环纹导管和螺纹导管　　D. 孔纹导管和螺纹导管

4. 在有显著季节性气候的地区中，植物的一个年轮包括_____。
   A. 心材和边材　　　　B. 早材和晚材　　　C. 春材和夏材　　　D. 硬材和软材
5. 马铃薯、洋葱的地下茎分别是_____。
   A. 球茎、鳞茎　　　　B. 根状茎、鳞茎　　C. 块茎、球茎　　　D. 块茎、鳞茎
6. 在下列花序类型中，花通常是单性的有_____。
   A. 总状花序　　　　　B. 柔荑花序　　　　C. 伞形花序　　　　D. 伞房花序
7. 花粉管进入胚囊的途径通常是穿过_____进入胚囊。
   A. 反足细胞　　　　　B. 助细胞　　　　　C. 中央细胞　　　　D. 极核
8. 下列果实类型中，属于假果的是_____。
   A. 梨果　　　　　　　B. 瓠果　　　　　　C. 柑果　　　　　　D. 聚花果
9. 外胚乳是由下列哪一结构发育而来的_____。
   A. 珠心组织　　　　　B. 胎座　　　　　　C. 珠被　　　　　　D. 珠柄
10. 以真花学说为基础的被子植物分类系统有_____。
    A. 恩格勒系统　　　　B. 哈钦松系统　　　C. 塔赫他间系统　　D. 克朗奎斯特系统

四、判断正误（正确的打√；错误的打×，并加以改正。10分）
1. 具有细胞壁是植物细胞的显著特征之一。（ ）
2. 细胞有丝分裂的中期是研究染色体数目、形态和结构的最佳时期。（ ）
3. 水稻和小麦等禾本科植物拔节时，茎迅速长高是顶端分生组织活动的结果。（ ）
4. 传递细胞最显著的特征是细胞壁向内生长，突入细胞腔内，形成许多不规则的突起。（ ）
5. 黄瓜和牵牛的茎均为缠绕茎。（ ）
6. 葡萄和豌豆的卷须均为叶卷须。（ ）
7. 一个花粉母细胞经减数分裂，最终形成4个单核花粉粒。（ ）
8. 豌豆和一串红的花均为辐射对称花。（ ）
9. 白果是银杏的果实。（ ）
10. 单元论对于被子植物的起源有比较合理的解释。（ ）

五、简答题（20分）
1. 细胞核由哪几部分构成？各部分的功能是什么？
2. 比较表皮和周皮的区别。
3. 玉米是单子叶植物，无次生生长，其茎秆增粗的原因是什么？
4. 同功器官和同源器官的区别如何？举例说明。

六、论述题（20分）
1. 试述成熟花粉粒的结构特点。
2. 菊科植物的鉴别特征是什么？菊科植物有何繁殖生物学特性？

七、填图题（5分）
按照标线上的序号填写下图各部分的名称。

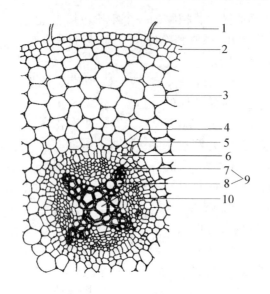

棉根横切面，示初生结构

1. _____ 2. _____ 3. _____ 4. _____ 5. _____
6. _____ 7. _____ 8. _____ 9. _____ 10. _____

参考答案

一、名词解释

1. 赤道面：细胞有丝分裂中期，染色体逐渐集中到细胞中部，所有染色体的着丝点，都排在中部平面上，这个面称为赤道面，亦称"赤道板"，此时由于染色体排列在一个平面内，故是计数染色体数目最适宜的时候。

2. 细胞分化：在生物个体发育中，细胞向不同的方向发展，各自在结构和功能上表现出差异的一系列变化的过程称为细胞分化。

3. 通道细胞：单子叶植物根的内皮层细胞，在发育早期细胞壁仅具凯氏带，以后多数细胞的细胞壁五面加厚，只有少数对着原生木质部的内皮层细胞，壁不增厚，仍保持薄壁状态，这些细胞称为通道细胞。它们是皮层与维管柱之间物质交流的通道。

4. 花芽分化：植物经过一定时期的营养生长后，在适宜条件下转为生殖生长，此时，茎尖顶端分生组织将不再形成叶原基和腋芽原基，而是逐渐形成花及花序原基，分化为花及花序。这一过程称为花芽分化。

5. 髓射线：在茎的初生构造中，维管束之间的薄壁组织区域称为髓射线，也称为初生射线。髓射线外连皮层，内接髓部，是茎内横向运输的途径。髓射线细胞具有贮藏作用，其中一部分细胞可变为束间形成层。

6. 侵填体：导管和管胞被周围的薄壁组织从纹孔处侵入，在其细胞腔内膨大和沉积树脂、单宁、油类等物质，形成部分或完全阻塞导管或管胞腔的突起结构，称为侵填体。侵填体形成后，导管即失去输水能力。侵填体对防止病菌的侵害以及增强木材的致密程度和耐水性能都有一定的作用。

7. 种鳞：裸子植物的球果中，着生种子的鳞片称为种鳞。种鳞和珠鳞是同一结构在不同发育阶段的两个名称，在花期称珠鳞，而在果期称种鳞。

8. 营养器官变态：在自然界中，由于环境的变化，植物器官因适应某一特殊环境而改变它原来的功能，因而也改变其形态和结构，经过长期的自然选择，已成为该种的特征，这种由于功能的改变所引起的植物器官的一般形态和结构上的变化称为变态。这种变态与病理的或偶然的变化不同，而是健康的、正常的遗传。

9. 无融合生殖：有些植物可不经过雌雄配子的融合而产生有胚的种子，这种现象称为无融合生殖。它包括三种类型，即孤雌生殖、无配子生殖和无孢子生殖。

10. 四强雄蕊：一朵花中雄蕊共六枚，其中四枚较长，两枚较短。如十字花科植物的雄蕊。

二、填空题

1. 叶绿体、线粒体
2. 维管形成层（形成层）、木栓形成层
3. 机械、薄壁（基本）
4. 单轴分枝（总状分枝）、合轴分枝、假二叉分枝、单轴分枝、合轴分枝
5. 叶序、互生、对生、轮生、簇生
6. 受精、自花传粉、异花传粉、异花传粉
7. 果实、果皮、种子
8. 四强、单体、聚药
9. 绣线菊亚科、蔷薇亚科、苹果（或梨）亚科、李（或桃）亚科

三、选择题

1. A、B、C、D 2. B 3. C 4. B、C 5. D
6. B 7. B 8. A、B、D 9. A 10. B、C、D

四、判断正误（正确的打√；错误的打×，并加以改正）

1. √
2. √
3. ×，"顶端分生组织"改为："居间分生组织"。
4. √
5. ×，牵牛的茎为缠绕茎，黄瓜的茎为攀缘茎。
6. ×，葡萄的卷须为茎卷须。
7. √
8. ×，"辐射对称花"改为："两侧对称花"。
9. ×，白果是银杏的种子。
10. √

五、简答题

1. 细胞核由哪几部分构成？各部分的功能是什么？

细胞核由核被膜、核仁、染色质、核基质组成。

核被膜包括核膜和核膜以内的核纤层两部分。核膜由两层膜组成。外膜表面附着有大量核糖体，内质网常与外膜相通连。内膜和染色质紧密接触。核被膜上有整齐排列的核孔，核孔是核内外物质交换的通道。核膜对大分子的出入是有选择性的。核膜内面的核纤层与细胞分裂中核膜崩解和重组有关。

核仁为细胞核内折光性很强的匀质小球体，是核内合成和贮藏 RNA 的场所，是形成核糖体亚单位的重要场所。

核仁以外、核膜以内经碱性染液染色后容易着色的部分叫染色质，其余部分叫核基质。染色质中含有控制细胞一切活动的遗传物质，它控制了植物的遗传性状。核基质是核的支架，染色质附着于核基质之上。

2. 比较表皮和周皮的区别。

（1）表皮是初生保护组织，存在于幼嫩的植物体部分（茎、叶、花、果等）的表面层，周皮是取代表皮的次生保护组织，存在于加粗生长的根和茎的表面。

（2）表皮通常只有一层细胞。表皮通常没有叶绿体，上有各种毛被、蜡质和许多气孔。周皮是由次生分生组织——木栓形成层的分裂活动产生的，包括木栓层、木栓形成层和栓内层。与表皮最大的不同在于，周皮是由多层细胞构成的，比表皮厚得多。周皮的木栓层层数较多，细胞排列紧密，无胞间隙，成熟时为死细胞，细胞壁高度栓质化，不透水、不透气。

（3）表皮通过气孔与外界进行气体交换。周皮与外界交换气体的通道是皮孔。

3. 玉米是单子叶植物，无次生生长，其茎秆增粗的原因是什么？

玉米茎（秆）增粗的原因有两种：一方面，在其茎尖叶原基的下方，靠近茎轴的外围，有初生增厚分生组织，它主要进行平周分裂，使幼茎不断地增粗；另一方面，玉米茎中有成万上亿个薄壁细胞，它们的分裂和长大，必然导致总体的增大。

4. 同功器官和同源器官的区别如何？举例说明。

同功器官是指起源和构造不同而形态功能相同或相似的器官。例如块根与块茎，虽然从来源上看，前者为根，后者为茎，但均有贮藏的功能。又如茎刺与叶刺、茎卷须和叶卷须。同功器官是植物对外界环境趋同适应的结果。

同源器官是指外形和功能有差别，而来源相同者。如茎刺、茎卷须、鳞茎和根状茎都是茎的变态，块根、支持根和贮藏根都是根的变态。同源器官是植物对不同的环境趋异适应的结果。

六、论述题

1. 试述成熟花粉粒的结构特点。

成熟花粉粒由外壁、内壁、一个营养细胞和一个生殖细胞（或两个精子）组成。

（1）外壁：花粉粒外壁较厚。硬而缺乏弹性。外壁有的光滑，有的具各种纹饰。外壁上的孔、沟是外壁不连续的部分，也是花粉粒萌发时，花粉管伸出的地方，称萌发孔或萌发沟。花粉外壁的主要成分是孢粉素，此外还有纤维素、类胡萝卜素、类黄酮素、脂类及活性蛋白质等。外壁的蛋白质来源于绒毡层，起识别作用。

（2）内壁：花粉粒内壁较薄，软而有弹性，在萌发孔处较厚。主要成分是纤维素、果胶质、半纤维素及活性蛋白质等。内壁蛋白质是花粉本身制造的，不起识别作用。内壁还含有与花粉管萌发及穿入柱头有关的酶类。

（3）生殖细胞（或精子）：生殖细胞最初紧贴着花粉内壁，呈梭形，后来整个生殖细胞脱离花粉的壁，游离到营养细胞的细胞质中，呈圆球形。生殖细胞在成熟花粉粒中，仅由它本身的质膜和周围营养细胞的质膜所包围，成为一个裸细胞浸没在营养细胞之中。生殖细胞形成后不久，即进行DNA复制。3-细胞型花粉，生殖细胞就在花粉里完成有丝分裂形成2个精子；2-细胞型花粉，生殖细胞在花粉里停滞在分裂前期，直至花粉萌发，继续在花粉管中完成分裂而形成2个精子。精子是被质膜包被的裸细胞，细胞质中含有一般的细胞器，但无质体，细胞核具浓厚的染色质和核仁。精子形状多样。

（4）营养细胞：成熟花粉粒中，营养细胞较大，核结构疏松，细胞质多，富含多种细胞器和贮藏物质，代谢活动较旺盛，可以合成RNA，因此，对花粉管延长和生殖细胞分裂起重要作用。

2. 菊科植物的鉴别特征是什么？菊科植物有何繁殖生物学特性？

菊科植物的鉴别特征是：常为草本。叶互生。头状花序（由舌状花、二唇花、管状花等组成），外围有总苞片，聚药雄蕊，子房下位，1室，1胚珠。连萼瘦果，常有冠毛。

菊科起源较晚，但分化剧烈，进化速度快，生态适应广（能适应各种不同的环境，如高山的雪莲，沙漠的短命菊），生活周期短，性状高度特化，有利于后代的繁殖。

菊科植物的无性繁殖结构和有性生殖器官具高度变异。在无性繁殖方面，很多种类具块茎、块根、匍匐茎或根状茎，极大地促进了繁殖的成功率。在有性生殖方面，如花序和花的构造高度特化，与虫媒传粉形成巧妙的适应。总苞1至多列，起着保护作用，周边的舌状花具有一般虫媒花冠所特有的作用——招引传粉昆虫；而中间盘花数量大，如向日葵的盘花可达数百个，最多可达千余个，大大提高了传粉的效率，更有利于后代繁衍。此外，在一朵花中，通常雄蕊先于雌蕊成熟，由于花药结合成药筒，药室内向开裂，因而成熟的花粉粒就散落于花药筒内，当昆虫采蜜时，引起花丝收缩，或花柱的伸长，柱头下面的毛环把花粉从花筒内推出，花粉被来访的昆虫带走，直至花粉全部散落到花药枯萎。此时，雌蕊开始成熟，柱头开始伸出花药筒外，柱头裂片展开，授粉面裸露，准备接受传粉昆虫从另一个花序带来的花粉，借此顺利完成异花传粉。

此外，菊科植物果实的顶端具有由萼片转变成的冠毛或刺毛，有利于果实的远距离传播。上述的变异使菊科很快地发展与分化，从而达到属、种、个体数均居现今被子植物之冠。

七、填图题

1. 根毛　2. 表皮　3. 皮层薄壁组织　4. 凯氏点　5. 内皮层　6. 中柱鞘　7. 原生木质部
8. 后生木质部　9. 初生木质部　10. 初生韧皮部

植物学考试模拟试卷 6

试题部分

一、名词解释（每个 2 分，共 20 分）
1. 细胞周期   2. 内起源   3. 泡状细胞   4. 胎座   5. 单性结实
6. 孢子   7. 早材   8. 营养繁殖   9. 真果   10. 根瘤

二、填空题（每空 0.5 分，共 10 分）
1. 角果和荚果分别为_____和_____两科所特有的果实。
2. 裸子植物的种子是由_____个世代的产物组成的。胚属于_____世代；胚乳是_____世代。种皮是由珠被发育来的，属于_____世代。
3. 胚胎的发生从合子开始，其第一次分裂多为不均等横裂为两细胞，靠合点端的一个细胞较小，称为_____，靠珠孔端的一个细胞较大，成为_____，此时称为二细胞的_____，以后_____多次分裂形成胚体。
4. 判断下列植物各属于哪个科：
   小麦_____；板栗_____；南瓜_____；荞麦_____；
   枣_____；核桃_____；郁金香_____；桂花_____；
   刺槐_____；合欢_____。

三、选择题（下列各题有一个或一个以上正确答案，请选择你认为正确的答案，每题 1 分，共 10 分）
1. 联会发生在减数分裂前期 I 的_____。
   A. 细线期   B. 偶线期   C. 粗线期   D. 双线期   E. 终变期
2. 下列哪一种植物细胞的细胞壁常常内突生长？_____。
   A. 通道细胞   B. 薄壁细胞   C. 保卫细胞   D. 传递细胞
3. 根茎增粗的主要原因是_____活动的结果。
   A. 初生分生组织   B. 侧生分生组织   C. 居间分生组织   D. 顶端分生组织
4. 禾本科植物根的内皮层细胞在发育过程中常五面增厚，不增厚的壁为_____。
   A. 横壁   B. 径向壁   C. 外切向壁   D. 内切向壁
5. 莲藕是_____。
   A. 球茎   B. 根状茎   C. 鳞茎   D. 块茎
6. 胚囊中的卵器指_____。
   A. 卵细胞   B. 1 个卵细胞和两个助细胞

C. 1个卵细胞和两个极核　　　　　　D. 卵细胞和3个反足细胞
7. 下列果实类型中，属于裂果的有_____。
   A. 荚果　　　　　B. 角果　　　　　C. 蓇葖果　　　　D. 蒴果
8. 杨柳科植物的特点有_____。
   A. 单性花　　　　B. 柔荑花序　　　C. 无花被　　　　D. 蒴果
9. 表示变种等级的缩写符号是_____。
   A. sp.　　　　　　B. f.　　　　　　C. var.　　　　　D. subsp.
10. 具根、茎、叶的桃树幼苗_____。
    A. 为孢子体，处于无性世代　　　　B. 为孢子体，处于有性世代
    C. 为配子体，处于无性世代　　　　D. 为配子体，处于有性世代

四、判断正误（正确的打√；错误的打×，并加以改正。10分）
1. 植物细胞壁上的纹孔是细胞间沟通和水分运输的通道，纹孔处无细胞壁。（　）
2. 绝大部分蕨类植物和裸子植物中其输导主要是靠导管和筛管。（　）
3. 皮孔是表皮上的通气组织。（　）
4. 马铃薯和甘薯的食用部分均为块根。（　）
5. 海带食用的是孢子体，紫菜食用的是配子体。（　）
6. 桑葚和无花果均为聚花果（复果）。（　）
7. 异型世代交替是指在植物的生活史中，孢子和配子在形态构造上显著不同。（　）
8. 地钱属低等植物，石松属高等植物。（　）
9. 伞形科植物茎常中空，伞形或复伞形花序，子房上位，双悬果。（　）
10. 假花学说是恩格勒系统的理论基础。（　）

五、简答题（共25分）
1. 比较导管与管胞的结构特点、功能和分布。
2. 禾谷类植物胚与双子叶植物胚的发育有何异同点？
3. 番茄的果实在生长发育过程中，为什么其颜色先白后绿，最后呈红色？
4. 简述植物界的进化趋势。
5. 被子植物中的单、双子叶植物有何主要区别？

六、论述题（20分）
1. 如何从宏观上和解剖特点上分辨木材三切面？
2. 试述蓼型胚囊的发育过程及结构。

七、填图题（5分）
按照标线上的序号填写下图各部分的名称。

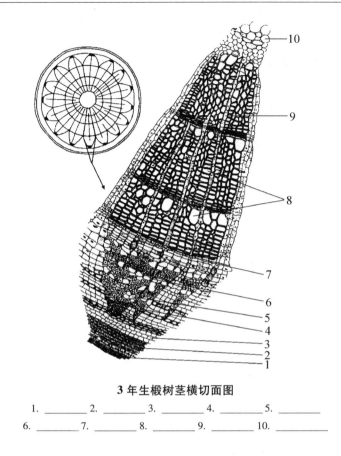

3 年生椴树茎横切面图

1. _____ 2. _____ 3. _____ 4. _____ 5. _____
6. _____ 7. _____ 8. _____ 9. _____ 10. _____

参考答案

一、名词解释

1. 细胞周期：持续分裂的细胞，从第一次分裂结束开始，到第二次分裂结束为止的整个过程，称为一个细胞周期，包括分裂间期和分裂期。

2. 内起源：器官起源于组织内部的方式，如侧根起源于根维管柱最外部的中柱鞘一定部位称为内起源。

3. 泡状细胞：也叫运动细胞。存在于禾本科植物叶相邻两叶脉的上表皮中，由多个大型薄壁细胞组成，中间细胞大，两侧细胞小，横切面呈扇形，细胞内含有大液泡，与叶卷曲运动有关。

4. 胎座：子房中胚珠着生的部位称为胎座，通常在腹缝线上。

5. 单性结实：有些植物不经过受精也能结实，这种现象称为单性结实，单性结实的果实不产生种子，为无籽果实。

6. 孢子：有些植物在生活史的某一阶段能够产生一种具有繁殖能力的特化细胞，这种细胞称为孢子。

7. 早材：在温带的生长季初期（即春季），气候温和，雨水充沛，适宜于植物形成层的活动，所产生的次生木质部一般较多，其中的导管和管胞直径较大而壁较薄，这部分木材称早材或春材。早材质地较疏松，颜色较浅。

8. 营养繁殖：植物营养体的一部分脱离母体（在有些情况下不分离开）直接形成新个体的繁殖方式。如扦插、压条等。

9. 真果：仅由子房发育而成的果实。如桃、番茄等。

10. 根瘤：是豆科植物根与根瘤细菌的共生结构。由土壤中的根瘤菌侵入根部皮层，从而引起这部分细胞的迅速分裂，使根的外部膨大成瘤状，故称为根瘤。根瘤中的根瘤菌能固定空气中的氮。

二、填空题

1. 十字花科、豆科
2. 3、新一代的孢子体（2n）、雌配子体（n）、老一代的孢子体（2n）。
3. 顶细胞、基细胞、原胚、顶细胞
4. 小麦　禾本科　；板栗　壳斗科　；南瓜　葫芦科　；荞麦　蓼科　；
   枣　鼠李科　；核桃　胡桃科　；郁金香　百合科　；桂花　木犀科　；
   刺槐　豆科（蝶形花亚科）　；合欢　豆科（含羞草亚科）　。

三、选择题

1. B　　　　2. D　　　　3. B　　　　4. C　　　　5. B
6. B　　　　7. A、B、C、D　　8. A、B、C、D　　9. C　　　10. A

四、判断正误（正确的打√；错误的打×，并加以改正）

1. ×，"纹孔处无细胞壁"改为"纹孔处无次生壁，但有胞间层和初生壁"。
2. ×，绝大部分蕨类植物和裸子植物主要靠管胞和筛胞输导。
3. ×，皮孔是周皮上的通气组织。
4. ×，马铃薯的食用部分为块茎，甘薯的食用部分为块根。
5. √
6. √
7. ×，"孢子"改为"孢子体"；"配子"改为"配子体"。
8. ×，地钱和石松均为高等植物。
9. ×，"子房上位"改为"子房下位"。
10. √

五、简答题

1. 比较导管与管胞的结构特点、功能和分布。

（1）结构：导管是由许多长管状的、细胞壁木化的死细胞纵向连接而成的结构，组成导管的每一个细胞称为导管分子。导管分子在发育过程中伴随着细胞壁的次生加厚与原生质体的解体，两端的细胞初生壁被溶解，形成了穿孔。多个导管分子以末端的穿孔相连，组成了一条长的管道。导管的端壁与侧壁以较大角度结合，侧壁常有环纹、螺纹、梯纹、网纹和孔纹五种增厚方式。管胞是一个两端尖斜，径较小，壁较厚，两端不具穿孔的管状死细胞。管胞是独立的细胞，没有纵向相连。成熟后原生质体解体，仅存木化的细胞壁。相叠的管胞各以其偏斜的末端相互穿插而连接，水分和矿物质主要通过侧壁上的纹孔运输。管胞的侧壁也常形成环纹、螺纹、梯纹、网纹和孔纹五种加厚纹理。

（2）功能：两者都有输导水分和无机盐类的功能。导管比管胞的输导效率高得多。管胞除了运输水分与无机盐的功能外，还具有机械支持作用。

（3）分布：导管分布于被子植物的木质部中，管胞主要分布于蕨类植物和裸子植物的木质部中。虽然管胞也存在于被子植物的木质部中，但不是主要的输水结构。

2. 禾谷类植物胚与双子叶植物胚的发育有何异同点？

相同点：都经历了原胚期、器官分化期和成熟胚期三个阶段，原胚之前的细胞分裂基本相同。

主要区别如下：

双子叶植物胚的发育，从形态上的变化来看，大体可分为球形胚期、心形胚期、鱼雷胚期和成熟胚期。器官的分化从心形胚时期开始，到胚成熟时，具有两片发育完全的子叶。

禾谷类植物胚的发育，从形态变化来看大体上可分为梨形胚期、不对称胚期和成熟胚期。器官的分化从不对称胚期开始，到胚成熟时，只有一片发育完全的子叶。

3. 番茄的果实在生长发育过程中，为什么其颜色先白后绿，最后呈红色？

这与质体的转变有关，在番茄果实的发育过程中，最初果实细胞内含有白色体，以后转化成叶绿体，最后叶绿体失去叶绿素而转化成有色体，果实的颜色也从灰白色变成绿色，最后成为红色。

4. 简述植物界的进化趋势。

（1）形态结构上：植物体由简单到复杂，由单细胞到多细胞，由原核到真核，并逐渐分化形成各种组织和器官，并向有维管组织分化的方向发展。

（2）生态习性上：植物从水生到陆生，最原始类型的藻类全部生命过程都在水中进行；到了苔藓植物已能生长在潮湿的环境；蕨类植物能生长在干燥的环境，但精子与卵结合还需借助于水；种子植物不仅能生长在干燥环境，而且产生了花粉管，其受精过程已不再受外界水的限制。

（3）繁殖方式上：由无性的营养繁殖、孢子繁殖，再到有性的配子生殖；在有性的配子生殖中，从同配生殖、异配生殖，再到卵式生殖。

（4）在世代交替的生活史中，由同型世代交替向异型世代交替进化；在异型世代交替中，则由配子体世代占优势向孢子体世代占优势的方向发展。

5. 被子植物中的单、双子叶植物有何主要区别？

	双子叶植物	单子叶植物
种子	胚常具 2 片子叶	胚内仅含 1 片发育完全的子叶
根	主根发达，多为直根系	主根不发达，常形成须根系
茎	茎中维管束呈环状排列，具形成层，有次生构造	茎中维管束星散分布，无形成层，通常没有次生构造
叶脉	叶常具网状脉	叶常具平行脉或弧形脉
花	花部常 5 或 4 基数，极少 3 基数	花部常 3 基数
花粉	常具 3 个萌发孔	常具单个萌发孔

六、论述题

1. 如何从宏观上和解剖特点上分辨木材三切面？

（1）横向切面：

宏观上：最明显的是生长轮或年轮，呈许多同心圆环状排列，这是形成层周期性活动的结果，每一年轮都由春材（早材）和秋材（晚材）组成，此外，根据色泽的深浅也可看出心材和边材，色泽浅的是边材，深的是心材。

解剖特点：最明显的是木射线。木射线通常呈放射条状排列，由薄壁细胞组成。可看出木射线的长度和宽度，此外还可看到导管、管胞、木纤维及木薄壁细胞的横切面形状，为口径大小不一的圆孔状。

（2）径向切面：

宏观上：生长轮呈宽带状纵行排列，构成木材的花纹。

解剖特点：木射线最为凸出，长方形的木射线细胞整齐排列，好似一段砖墙横卧在茎中，显示了木射线的长度和高度，导管、管胞呈凹入的管槽，可见其壁上有不同类型的加厚纹饰，木纤维呈长梭状，两端尖锐。

（3）切向切面：

宏观上：生长轮大多呈"V"字形纹理，靠近径向切面处呈宽带状纵行排列。

解剖特点：木射线束横切面呈梭状（纺锤状）纵行排列，显示其高度与宽度及射线的细胞列数，并可见到射线束两端细胞的形状，依此可将木射线区分为同型射线与异型射线。

2. 试述蓼型胚囊的发育过程及结构。

通常在靠近珠孔端的珠心表皮下，逐渐形成一个与周围细胞显著不同的细胞，即孢原细胞。孢原细胞的体积较大，细胞质较浓，细胞器丰富，RNA 和蛋白质含量高，液泡化程度低，细胞核大而显著，壁上具有很多胞间连丝。孢原细胞形成后，则进一步发育长大成胚囊母细胞。其发育的形式随植物不同而有差异。有些植物如小麦水稻等，其孢原细胞不经分裂，直接长大发育为胚囊母细胞。而很多被子植物，包括棉花等作物，其孢原细胞先进行一次平周分裂，形成内、外两个细胞：靠近珠孔端的称为周缘细胞，远离珠孔端的称为造孢细胞。周缘细胞继续进行平周分裂和垂周分裂，增加珠心的细胞层数，而造孢细胞则长大形成胚囊母细胞。胚囊母细胞经过减数分裂形成四分体。四分体一般呈直线排列，如水稻胚囊的形成。在四分体中，通常是近珠孔端的三个细胞退化，远珠孔端的一个细胞逐渐发育为单核胚囊。并从珠心组织中不断吸取营养物质，体积不断增大，细胞核也稍有增大，同时出现大液泡。以后单核胚囊连续进行三次有丝分裂形成八核胚囊：第一次分裂形成的两个核，分别移到胚囊细胞的两端，形成二核胚囊。第二次分裂，形成四核胚囊。胚囊细胞进一步长大，核暂时游离于共同的细胞质中。第三次分裂，形成八核胚囊。随后，每一端的四核中，各有一核移向胚囊的中央，互相靠拢，称为极核，极核与周围细胞质共同组成胚囊的中央细胞。靠近珠孔端的三个核，中间的一个分化为卵细胞，其他两个分化为助细胞，这三个细胞合称卵器。位于合点端的三个核，形成三个反足细胞。至此，单核胚囊发育成为一个具有7个细胞，包括1个卵细胞，2个助细胞，1个中央细胞（含2个极核）和3个反足细胞的成熟胚囊。

七、填图题

1. 周皮　　2. 皮层厚角组织　　3. 皮层薄壁细胞　　4. 韧皮纤维　　5. 韧皮部　　6. 韧皮射线
7. 形成层　　8. 次生木质部　　9. 木射线　　10. 髓

植物学考试模拟试卷 7

试题部分

一、名词解释（每个 2 分，共 20 分）
1. 细胞器   2. 成膜体   3. 合轴分枝   4. 维管射线   5. 叶迹
6. 二强雄蕊   7. 聚合果   8. 核型胚乳   9. 双名法   10. 系统发育

二、填空题（每空 0.5 分，共 15 分）
1. 无丝分裂与有丝分裂的主要区别在于无丝分裂时无_____的形成。
2. 根据分生组织来源和性质不同，分生组织可分为_____、_____和_____。
3. 种子一般由_____、_____和_____三部分组成，有些植物种子成熟时无_____存在。
4. 多歧聚伞花序、单歧聚伞花序、二歧聚伞花序都属于_____花序。
5. 举出下列花冠类型的植物：
   （1）舌状花冠_____，（2）漏斗状花冠_____，
   （3）蝶形花冠_____，（4）十字花冠_____，
   （5）唇形花冠_____，（6）钟状花冠_____。
6. 常用的植物分类阶元，依次为_____、_____、_____、_____、_____、_____和_____，其中_____是分类的基本单位。
7. 苔藓植物由于没有真根，同时精子有_____，受精时离不开_____的媒介，所以这一类群植物未得到发展，在系统演化主干上成为一个_____。苔藓植物通常分为_____纲和_____纲。
8. 维管植物包括_____植物、_____植物和被子植物。

三、选择题（下列各题有一个或一个以上正确答案，请选择你认为正确的答案，每题 1 分，共 10 分）
1. 甘薯块根的增粗过程是维管形成层和_____共同活动的结果。
   A. 木栓形成层   B. 额外（副）形成层   C. 束间形成层   D. 束中（内）形成层
2. 下列属于次生分生组织的是_____。
   A. 居间分生组织   B. 束间形成层   C. 顶端分生组织   D. 木栓形成层
3. 根据维管束内形成层的有无和维管束能否继续扩大，将维管束分为_____。
   A. 无限维管束   B. 有限维管束   C. 外韧维管束   D. 双韧维管束
4. 根中凯氏带存在于内皮层细胞的_____。

A. 横向壁和径向壁上 B. 横向壁和切向壁上
C. 径向壁和切向壁上 D. 所有方向的细胞壁上
5. 广义的树皮包括_____。
   A. 初生韧皮部 B. 次生韧皮部
   C. 形成层 D. 历年产生的周皮和各种死亡组织
6. 禾本科植物叶的组成包括_____。
   A. 叶片 B. 叶鞘 C. 叶舌 D. 叶耳
7. 雄蕊中，与花药开裂有关的细胞层为_____。
   A. 药隔 B. 药室内壁 C. 中层 D. 绒毡层
8. 珠柄、合点、珠孔三者在一条直线上叫_____。
   A. 弯生胚珠 B. 直生胚珠 C. 倒生胚珠 D. 横生胚珠
9. 被子植物生活史中，配子体阶段始于_____。
   A. 大、小孢子 B. 雌、雄配子
   C. 成熟花粉、成熟胚囊 D. 受精卵
10. 大蒜、棉、辣椒分别属于_____。
    A. 锦葵科、百合科、茄科 B. 百合科、茄科、锦葵科
    C. 茄科、锦葵科、百合科 D. 百合科、锦葵科、茄科

四、判断正误（正确的打√；错误的打×，并加以改正。10分）
1. 植物细胞有丝分裂过程中，染色体的复制一般在分裂前期。（　）
2. 成熟的导管分子和筛管分子都是死细胞。（　）
3. 种子萌发时，通常是胚芽首先突破种皮向上生长，伸出土面形成幼叶。（　）
4. 双子叶植物根的木栓形成层最初发生于中柱鞘。（　）
5. 禾本科植物的分蘖是一种特殊的地下或近地面处的分枝方式。（　）
6. 花生果和马铃薯一样都在土壤内发育，都属于茎的变态。（　）
7. 地衣是一类很特殊的植物，由藻类和真菌共生而成。（　）
8. 在植物进化过程中，胚首先出现在蕨类植物中。（　）
9. 柏科植物的珠鳞与苞鳞是分离的。（　）
10. 木兰科植物的雌雄蕊多数、分离，螺旋状排列于伸长的花托上。（　）

五、简答题（共20分）
1. 为什么玉米的单产一般要比小麦的高？
2. 简述木本植物茎维管形成层的产生及其活动的结果。
3. 植物有性生殖经历了怎样的发展过程？
4. 写出下列花程式对应的科名
   (1) $*P_{6\sim15}A_{\infty}\underline{G}_{\infty}$
   (2) $*P_{3+3}A_{3+3}\underline{G}_{3:3}$
   (3) $*K_{2+2}C_{2+2}A_{2+4}\underline{G}_{2:1}$
   (4) $*K_{(5)}C_5A_{(\infty)}\underline{G}_{3\sim\infty:3\sim\infty}$

(5) ＊ $K_{(5)} C_{(5)} A_5 \underline{G}_{2:2}$

六、论述题（20 分）
1. 列表比较双子叶植物与禾本科植物叶的区别。
2. 试述被子植物的双受精过程及其生物学意义。

七、实验题（5 分）
简述芹菜叶柄厚角组织临时装片的制作过程和观察结果。

参考答案

一、名词解释
1. 细胞器：是细胞内具有特定结构和功能的亚细胞结构。如叶绿体、线粒体等。
2. 成膜体：在细胞核分裂的早末期或晚后期，两极的纺锤丝消失，纺锤体出现了形态变化，但在两子核间的纺锤丝却保留下来，并且增多微管而向赤道面四周离心地扩展，形成了桶状构形，称为成膜体。
3. 合轴分枝：顶芽生长到一定阶段停止生长，而由其下腋芽代替生长形成新的侧枝，之后其顶芽又停止生长，再由其下腋芽形成新侧枝，茎主干实际上是由主茎和各级侧枝分段连接而成，节间很短。
4. 维管射线：也称为次生射线，是由维管形成层所产生的、呈径向排列的次生组织系统。见于双子叶植物的老根和老茎中，包括木射线、韧皮射线和维管束之间的次生射线。维管射线有横向运输功能，有时也有贮藏功能。
5. 叶迹：叶痕内的点状突起，是枝条与叶柄间的维管束断离后留下的痕迹，称为维管束痕或叶迹。也指茎内维管束由节部斜向伸入叶柄，维管束斜生于茎内的部分。
6. 二强雄蕊：雄蕊4个，其中两个较长，另两个较短。如唇形科植物。
7. 聚合果：花中有多枚离心皮雌蕊，每一雌蕊形成一个果，一朵花内形成由多枚小果聚合而成的果实，如草莓等。
8. 核型胚乳：主要特征是在胚乳发育的早期，核分裂时不伴随着细胞壁的形成，因此在胚乳发育过程中有一个游离核时期。核型胚乳形成的方式在单子叶植物和双子叶离瓣花植物中普遍存在，是被子植物中最普遍的胚乳形成方式。
9. 双名法：植物学名的命名方法。由拉丁文写成，一个植物学名由名词性的属名，形容词性的种加词和命名人的姓氏（或姓氏缩写）构成，属名、命名人名的第一个字母要大写。
10. 系统发育：指生物界或某个生物类群产生、发展的历史。

二、填空题
1. 纺锤体
2. 原分生组织、初生分生组织、次生分生组织
3. 种皮、胚、胚乳、胚乳
4. 有限
5. （1）舌状花冠：如蒲公英、向日葵花序的边花等
   （2）漏斗状花冠：如甘薯、牵牛等
   （3）蝶形花冠：如花生、刺槐、豌豆等
   （4）十字花冠：如油菜、萝卜等

(5) 唇形花冠：如一串红、益母草等
　　(6) 钟状花冠：如南瓜、连翘、桔梗等
6. 界、门、纲、目、科、属、种、种
7. 鞭毛、水、盲枝（侧枝）、苔、藓
8. 蕨类、裸子

三、选择题

1. B　　　2. B、D　　3. A、B　　4. A　　　5. A、B、C、D（其中C可以不选）　　6. A、B、C、D
7. B　　　8. B　　　　9. A　　　　10. D

四、判断正误（正确的打√；错误的打×，并加以改正）

1. ×，染色体的复制一般在分裂间期。
2. ×，成熟的筛管分子是无核的生活细胞。
3. ×，种子萌发时，通常是胚根首先突破种皮向下生长。
4. √
5. √
6. ×，马铃薯属于茎的变态，而花生果虽在土壤内发育，但它是果实。
7. √
8. ×，"蕨类植物"改为"苔藓植物"。
9. ×，柏科植物的珠鳞与苞鳞是愈合的。
10. √

五、简答题

1. 为什么玉米的单产一般要比小麦的高？

　　玉米属 C_4 植物，是高光效植物。其叶片中的维管束鞘细胞只有一层，体积较大，内含丰富的细胞器和较大的叶绿体，而且在维管束鞘周围毗连着一层排列成环状或近于环状的叶肉细胞，构成"花环型"的结构，这种结构有利于将叶肉细胞中由四碳化合物所释放出来的 CO_2 再行固定还原，提高了光合效率，增加了有机物的积累，产量也就高。而小麦属 C_3 植物，为低光效植物。其维管束鞘通常有二层细胞，外层为薄壁细胞，体积较大，叶绿体较叶肉细胞中小而少；内层为厚壁细胞，体积较小，不含细胞器和叶绿体，同时也没有"花环"结构出现。其光合作用主要在叶肉细胞中进行，因而光合效率比玉米等 C_4 植物低，单产也就低。

2. 简述木本植物茎维管形成层的产生及其活动的结果。

　　维管形成层的产生：木本植物茎的初生分生组织中的原形成层，在形成成熟组织时，并没有全部分化为维管组织。在维管束的初生木质部和初生韧皮部之间，留下了一层具有潜在分裂能力的组织，成为束中形成层。当束中形成层开始活动时，与束中形成层相接的髓射线细胞恢复分裂能力，形成束间形成层，使整个茎的形成层成为圆筒状，横切面上则为圆环状。

　　形成层的活动结果：维管形成层可分为纺锤状原始细胞和射线原始细胞两种，其中纺锤状原始细胞进行平周（切向）分裂向外产生次生韧皮部，向内产生次生木质部，构成轴向次生维管系统；射线原始细胞进行平周（切向）分裂向外产生韧皮射线，向内产生木射线，构成径向次生射线系统。茎的增粗，主要是形成层进行这种次生生长的结果。在次生生长过程中，形成层也通过垂周分裂而扩大了形成层自身的周径。一般形成层向内分裂形成的木质部远比向外形成的韧皮部多。随着形成层细胞不断分裂，次生木质部占了茎的大部分，而次生韧皮部则被挤到茎的周边，参与树皮的形成。

3. 植物有性生殖经历了怎样的发展过程？

　　一切生物都有繁殖后代的能力，原始细菌和蓝藻以营养繁殖和无性繁殖来繁衍后代，而真核植物则普遍存在着有性生殖方式。有性生殖有同配生殖、异配生殖和卵式生殖三种类型。

　　同配生殖中，雌雄配子的形态和大小几乎一样；异配生殖的两种配子在形态和大小上均有区别。卵式生殖是精子和卵的受精过程，在植物界是一种最进化的有性生殖形式。

从有性生殖的进化过程看，同配生殖最为原始，异配生殖其次，卵式生殖最为高等。从绿藻门中的团藻目植物如盘藻、实球藻、空球藻、团藻等植物中可以明显看到有性生殖的进化过程。

低等植物中较为进化的类群如红藻门和褐藻门的植物出现了卵式生殖。其雄性生殖器官为精子囊，雌性生殖器称为卵囊，两者多为单室结构，只有少数褐藻植物开始具有多室的配子囊结构。高等植物的有性生殖器官都是多细胞结构，苔藓植物和蕨类植物的雌性生殖器称为颈卵器，雄性生殖器称为精子器。在苔藓植物中，颈卵器和精子器最为发达，但随着类群越来越进化，有性生殖器官则变得越来越简化，在种子植物中，以花粉（后期形成花粉管）代替了精子器，从而完全摆脱了受精时需要水的条件，但种子植物中的裸子植物还保留着颈卵器，被子植物则以简化的胚囊代替了颈卵器。

4. 花程式对应的科名：
(1) $*P_{6\sim15}A_{\infty}\underline{G}_{\infty}$ 木兰科
(2) $*P_{3+3}A_{3+3}\underline{G}_{3:3}$ 百合科
(3) $*K_{2+2}C_{2+2}A_{2+4}\underline{G}_{2:1}$ 十字花科
(4) $*K_{(5)}C_5 A_{(\infty)}\underline{G}_{3\sim\infty:3\sim\infty}$ 锦葵科
(5) $*K_{(5)}C_{(5)}A_5 \underline{G}_{2:2:\infty}$ 茄科

六、论述题

1. 列表比较双子叶植物与禾本科植物叶的区别。

	双子叶植物	禾本科植物
表皮细胞	形状不规则，无长、短细胞之分	表皮细胞为规则长方体，有一种长细胞和两种短细胞（硅细胞和栓细胞）
泡状细胞	无	上表皮中分布有泡状细胞
气孔器	保卫细胞肾形，副卫细胞有或无	保卫细胞长哑铃形，副卫细胞近菱形
叶肉	由栅栏组织和海绵组织构成，栅栏组织具有较强的同化功能	叶肉由形态相似的叶肉细胞构成，无栅栏组织和海绵组织之分，有些种类（如小麦、大麦）的叶肉细胞有"峰、谷、腰、环"结构
叶脉	多为网状脉，较大的叶脉维管束为无限维管束，由木质部、韧皮部和形成层构成	多为平行脉，叶脉维管束为有限维管束，由木质部和韧皮部构成。玉米、甘蔗等具"花环型"结构
叶类型	多为背腹型叶，少数为等面型叶	等面型叶

2. 试述被子植物的双受精过程及其生物学意义。

花粉管中的两个精子释放到胚囊后，一个精子与卵细胞合点端的无壁区接触，两细胞的质膜先融合，精核进入卵细胞的细胞质中，并与卵核靠近，随后，两核的核膜融合，核质相融，两个核的核仁也融合成一个大核仁。至此，卵细胞受精过程完成，成为合子（具有二倍染色体），它将来发育成胚。另一个精子进入中央细胞后，其精核与极核（或次生核）的融合过程与精核和卵核融合过程基本相似，但融合的速度较卵融合快。精核与极核（或次生核）融合形成初生胚乳核，将来发育成胚乳。

受精后，胚囊中的反足细胞最初经分裂而略有增多，作为胚和胚乳发育的养料，但最终全部消失。

被子植物的双受精作用具有重要的生物学意义。

（1）受精作用实质上是雌、雄配子的相互同化过程，通过单倍体的雌配子——卵细胞与单倍体的雄配子——精子的结合，形成了一个二倍体的合子，由合子发育成新一代植物体，恢复了各种植物原有染色体数目，保持了物种的稳定性。

（2）由于雌、雄配子间存在遗传差异，精、卵融合将父母本具有差异的遗传物质组合在一起，通过受精形成的合子及由它发育形成的新个体具有父母本的遗传特性，同时具有较强的生活力和适应性。又由于雌、雄配子本身相互之间的遗传差异（由减数分裂过程中所发生的遗传基因交换、重组所决定的），因而在所形成的后代中就可能形成一些新的变异，极大地丰富了后代的遗传性和变异性，为生物进化提供了选择的可能性和必然性。

（3）双受精不仅使合子或由合子发育成的胚具有父母双方丰富的遗传特性，而且作为胚发育中的营养来源的胚乳，也是通过受精而来的，同样具有父、母本的遗传特性，作为新生一代胚期的养料，可以巩固和发展这一特点提供物质条件。使后代具更强的生活力和适应性。因此，被子植物的双受精，是植物界有性生殖过程最进化、最高级的形式。

七、实验题

芹菜叶柄厚角组织临时装片的制作过程和观察结果：

仪器和材料：显微镜、单面（或双面）刀片、载玻片、盖玻片、镊子、芹菜叶柄、培养皿、水、番红染液。

操作步骤：取芹菜叶柄作徒手横切切片，选取较薄的一片置于载玻片上，加一滴番红染液，盖上盖玻片。

观察结果：在低倍镜下观察，可见芹菜叶柄棱角处表皮内方，有成片分布、近于等径的多角形细胞，其细胞壁在角隅处加厚。这些细胞群为厚角组织。厚角组织细胞为活细胞，细胞中可观察到叶绿体。

参考文献

张宪省，贺学礼，2003．植物学［M］．北京：中国农业出版社．

郑湘如，王丽，2007．植物学）［M］．2版．北京：中国农业大学出版社．

许鸿川，2008．植物学（南方本）［M］．2版．北京：中国林业出版社．

许鸿川，2008．植物学实验技术［M］．2版．北京：中国林业出版社．

徐汉卿等，1996．植物学［M］．北京：中国农业出版社．

杨悦，1995．植物学［M］．北京：中央广播电视大学出版社．

徐汉卿，1994．植物学［M］．北京：中国农业大学出版社．

曹慧娟，1992．植物学［M］．2版．北京：中国林业出版社．

陆时万，徐祥生，沈敏健，1991．植物学（上册）［M］．2版．北京：高等教育出版社．

吴国芳，冯志坚，马炜梁，等，1991．植物学（下册）［M］．北京：高等教育出版社．

吴万春，陈飞鹏，2005．植物学［M］．2版．广州：华南理工大学出版社．

李扬汉，1984．植物学［M］．上海：上海科学技术出版社．

南京农学院，华南农学院，1981．植物学．上海：上海科学技术出版社．

中山大学，南京大学，1978．植物学（系统、分类部分）［M］．北京：人民教育出版社．

杨继，2007．植物生物学［M］．2版．北京：高等教育出版社．

周云龙，1999．植物生物学［M］．北京：高等教育出版社．

贺学礼，2004．植物学学习指南［M］．北京：高等教育出版社．

李正理，张新英，1983．植物解剖学［M］．北京：高等教育出版社．

上海辞书出版社，1978．辞海生物分册［M］．上海：上海辞书出版社．

沈显生，1997．中国东部高等植物分科检索与图谱［M］．合肥：中国科学技术大学出版社．

福建科学技术委员会，等，1985—1995．福建植物志（1～6卷）［M］．福州：福建科学技术出版社．

中国科学院植物研究所，1978—1982．中国高等植物图鉴（1～5册，补编1～2册）［M］．北京：科学出版社．